网络管理

（第3版）

郭 军 编著

北京邮电大学出版社
·北京·

内 容 简 介

本书的第2版于2003年出版，2004年被评为北京市高等教育精品教材，在许多高校的相关课程教学中得到采用。本次改版主要增加了网络管理的新标准 NETCONF、NETCONF 的管理信息和操作的描述语言 XML，以及 NGN 业务量控制、数字内容安全、基于数据挖掘的网络故障告警关联分析等内容。

全书分为12章，由序篇、上篇（网络管理模型）和下篇（网络管理功能及其关键技术）3部分组成。序篇介绍网络管理的基本概念，及其相关的基础理论和技术；上篇从 OSI 系统管理模型出发，讲解 CMIP、TMN 和 SNMP 3 大网络管理模型的体系结构、管理信息模型和通信协议，并对新型网络管理模型以及 XML 和 NETCONF 协议进行了介绍；下篇首先讲解 OSI 定义的网络管理 5 个功能领域，然后介绍业务量控制、路由选择、网络自愈、信息安全、智能化网络管理等关键技术。

本书可以作为信息工程、通信工程、自动化、计算机科学技术等本科专业及信息与计算机类专业研究生的教材和教学参考书，也可作为专业技术人员的参考和培训资料。

图书在版编目(CIP)数据

网络管理/郭军编著．—3版．—北京：北京邮电大学出版社，2007(2019.6重印)
ISBN 978-7-5635-1573-8

Ⅰ．网…　Ⅱ．郭…　Ⅲ．计算机网络—管理—高等学校—教材　Ⅳ．TP393

中国版本图书馆 CIP 数据核字(2007)第 176684 号

书　　　名	网络管理（第3版）
作　　者	郭　军
责任编辑	卢昌军
出版发行	北京邮电大学出版社
社　　址	北京市海淀区西土城路10号（邮编：100876）
发行部	电话：010—62282185　传真：010—62283578
E-mail	publish@bupt.edu.cn
经　　销	各地新华书店
印　　刷	北京鑫丰华彩印有限公司
开　　本	787 mm×960 mm　1/16
印　　张	24.25
字　　数	527千字
版　　次	2001年9月第1版　2003年9月第2版　2008年1月第3版　2019年6月第7次印刷

ISBN 978-7-5635-1573-8　　　　定　价：39.00元

·如有印装质量问题，请与北京邮电大学出版社发行部联系·

第 3 版前言

为了满足广大师生学习网络管理技术的迫切需要,作者从 1997 年开始编写有关讲义和教材。1999 年,作为原邮电部重点教材,作者出版了《网络管理与控制技术》,并在北京邮电大学信息工程、自动化、信息与计算科学等本科专业以及研究生的教学中实际采用。2001 年,在此书的基础上,结合教学实践和技术的最新进展,编写出版了《网络管理》。该书用一个完整的框架,将多方面的网络管理知识统一起来,形成了一个内容丰富、结构新颖的网络管理教程。该书出版以来,受到了读者的欢迎,除了作者所在的北京邮电大学之外,也被其他一些高校选为教材。

2003 年,《网络管理(第 2 版)》出版,对第 1 版的内容进行了大量的修改。除了文字表达方面之外,根据技术的进步增删了大量的内容,在各章之后增加了与要求重点掌握的内容相关的习题,使复习和考查有了具体内容和参考,增强了本书作为教材的实用性。2004 年《网络管理(第 2 版)》被评为北京市高等教育精品教材。

本次改版主要增加了网络管理的新标准 NETCONF 以及 NETCONF 的管理信息和操作的描述语言 XML,以及 NGN 业务量控制、数字内容安全技术、基于数据挖掘的网络故障告警关联分析等内容。XML 本身是一种用途越来越广泛的文本标记语言,在万维网中发挥着极为重要的作用。而 NET-CONF 是一种新型的基于 Web 的网络管理标准,有着广阔的发展前景。这两部分内容对于学习和运用最新的网络管理技术十分重要。NGN 业务量控制、数字内容安全、基于数据挖掘的网络故障告警关联分析等是网络管理的重要新兴支撑技术。

本书共 12 章,分为序篇、上篇和下篇。

第 1 章为序篇,介绍网络管理的基本概念,网络管理的重要性,相关的基础理论和技术,以及本书的主要内容。

第 2 章至第 6 章为上篇,讲述网络管理模型。第 2 章详细介绍 CMIP 的组织模型、信息模型和通信模型；第 3 章从功能体系结构、信息体系结构和物理体系结构 3 个方面对 TMN 进行分析和讲解，并讨论它的设计方法；第 4 章对目前广泛应用的基于 TCP/IP 协议的网络管理模型 SNMP 的发展历史、基本概念、体系结构、通信模型和信息模型进行讲解；第 5 章深入讲述 SNMP 的发展，包括 SNMPv2、SNMPv3 和 RMON 的体系结构、通信模型和信息模型等；第 6 章简要介绍新型网络管理模型，包括基于 Web 的模型、基于 CORBA 的模型和基于主动网技术的模型，具体讲解基于 Web 管理的关键技术 XML 以及一种新兴的网络管理协议 NETCONF。

第 7 章至第 12 章为下篇，讲述网络管理功能及其关键技术。网络管理模型为建立网络管理系统的基础结构提供参考，而网络管理系统的作用要通过网络管理功能来实现。因此本书将网络管理模型和网络管理功能及其关键技术作为相对独立、互为补充、同等重要的两个方面，包含在网络管理课程之中，这也是本书最重要的特色。第 7 章介绍 OSI 提出的网络管理功能域的概念，以及各个功能域的主要功能；第 8 章介绍电路转接网络、分组转接网络、ATM 网络、NGN 中的业务量控制技术；第 9 章介绍电路转接网络、分组转接网络和 IP 网络的路由选择技术；第 10 章介绍光纤传输网络自愈技术，包括 APS 技术、SHR 技术和 DP 技术；第 11 章介绍网络信息安全技术，包括网络信息安全的基本概念和基本理论，认证技术、防火墙技术、VPN 技术和数字内容安全技术；第 12 章介绍专家系统、智能 Agent、计算智能、数据挖掘等智能技术在网络管理中的应用。

作　者
2007 年 10 月

目 录

序 篇

第1章 导 论

1.1 网络与网络管理 ······ 3
  1.1.1 网络技术的发展 ······ 3
  1.1.2 网络管理的重要性 ······ 4
  1.1.3 网络管理的目标 ······ 4
  1.1.4 网络管理的方式 ······ 6

1.2 网络管理基础理论与技术 ······ 6
  1.2.1 网络性能分析理论 ······ 6
  1.2.2 网络的可靠性理论 ······ 7
  1.2.3 网络优化理论 ······ 8
  1.2.4 人工智能理论与技术 ······ 9
  1.2.5 面向对象的分析与设计技术 ······ 10
  1.2.6 数据库技术 ······ 11
  1.2.7 计算机仿真技术 ······ 13

1.3 本书的主要内容 ······ 14
  1.3.1 网络管理体系结构 ······ 14
  1.3.2 管理信息通信协议 ······ 15
  1.3.3 管理信息模型 ······ 16
  1.3.4 网络管理功能 ······ 16
  1.3.5 业务量控制 ······ 17
  1.3.6 路由选择 ······ 18
  1.3.7 网络自愈 ······ 19
  1.3.8 网络信息安全 ······ 19
  1.3.9 智能化网络管理 ······ 20

上篇　网络管理模型

第 2 章　OSI 系统管理模型

2.1　OSI 系统管理体系结构 ……………………………………………………… 25
2.1.1　OSI 系统管理体系结构 ……………………………………………… 25
2.1.2　Agent 的支持服务 …………………………………………………… 27
2.2　公共管理信息协议 …………………………………………………………… 29
2.2.1　管理信息通信 ………………………………………………………… 29
2.2.2　公共管理信息服务(CMIS) …………………………………………… 29
2.2.3　公共管理信息协议(CMIP) …………………………………………… 33
2.3　管理信息模型 ………………………………………………………………… 36
2.3.1　管理信息模型 ………………………………………………………… 36
2.3.2　被管对象类 …………………………………………………………… 37
2.3.3　属性 …………………………………………………………………… 39
2.3.4　管理操作 ……………………………………………………………… 39
2.3.5　通报 …………………………………………………………………… 41
2.3.6　行为 …………………………………………………………………… 41
2.3.7　包 ……………………………………………………………………… 41
2.3.8　被管对象的命名 ……………………………………………………… 42
2.3.9　兼容性与同质异构 …………………………………………………… 45
2.3.10　OSI 的管理信息结构标准 …………………………………………… 46
2.4　被管对象定义法 ……………………………………………………………… 47
2.4.1　GDMO 简介 …………………………………………………………… 47
2.4.2　模板(templates) ……………………………………………………… 49
2.4.3　模板说明 ……………………………………………………………… 50
2.5　对象描述语言 ………………………………………………………………… 60
2.5.1　ASN.1 ………………………………………………………………… 60
2.5.2　模板 meta 语言 ……………………………………………………… 63
2.6　被管对象定义例 ……………………………………………………………… 64
2.6.1　模板的利用 …………………………………………………………… 64
2.6.2　被管对象定义例 ……………………………………………………… 64

第 3 章　电信管理网

3.1　新型电信网管理体系结构的要求 …………………………………………… 74

3.1.1　需要改进的管理方法 …………………………………… 74
　　3.1.2　新型管理体系结构的要求 ……………………………… 75
3.2　TMN 概要 ……………………………………………………… 76
　　3.2.1　TMN 的基本概念 ………………………………………… 76
　　3.2.2　TMN 的应用 ……………………………………………… 77
3.3　TMN 功能体系结构 …………………………………………… 78
　　3.3.1　TMN 功能块 ……………………………………………… 79
　　3.3.2　TMN 功能成分 …………………………………………… 80
　　3.3.3　TMN 参考点 ……………………………………………… 81
　　3.3.4　TMN 的数据通信功能 …………………………………… 83
　　3.3.5　TMN 参考模型 …………………………………………… 84
3.4　TMN 信息体系结构 …………………………………………… 85
　　3.4.1　面向对象的方法 …………………………………………… 85
　　3.4.2　Manager 与 Agent ………………………………………… 85
　　3.4.3　共享的管理知识(SMK) ………………………………… 86
　　3.4.4　逻辑分层结构 ……………………………………………… 87
3.5　TMN 物理体系结构 …………………………………………… 88
　　3.5.1　TMN 的物理元素 ………………………………………… 89
　　3.5.2　TMN 标准接口 …………………………………………… 91
　　3.5.3　功能配置和物理配置 ……………………………………… 93
　　3.5.4　通信功能的实现 …………………………………………… 93
3.6　TMN 设计 ……………………………………………………… 95
　　3.6.1　TMN 设计策略 …………………………………………… 95
　　3.6.2　有关概念及术语 …………………………………………… 95
　　3.6.3　基于 EOC 的 TMN ……………………………………… 97

第 4 章　SNMP 网络管理模型

4.1　SNMP 的发展历史 …………………………………………… 103
4.2　SNMP 体系结构 ……………………………………………… 105
　　4.2.1　基本体系结构 ……………………………………………… 105
　　4.2.2　三级体系结构 ……………………………………………… 106
　　4.2.3　多 Manager 体系结构 …………………………………… 108
4.3　SNMP 管理信息模型 ………………………………………… 108
　　4.3.1　管理信息结构 ……………………………………………… 108
　　4.3.2　编码 ………………………………………………………… 116
　　4.3.3　MIB-II ……………………………………………………… 117

- 4.4 SNMP 通信模型 …… 126
  - 4.4.1 服务功能 …… 126
  - 4.4.2 对象访问策略 …… 127
  - 4.4.3 实例标识 …… 128
  - 4.4.4 SNMP 消息 …… 129
  - 4.4.5 SNMP 的操作 …… 131
  - 4.4.6 SNMP MIB 组 …… 133
  - 4.4.7 传输层的支持 …… 135

第 5 章 SNMP 模型的发展

- 5.1 SNMPv2 …… 138
  - 5.1.1 SNMPv2 对 SNMPv1 的改进 …… 138
  - 5.1.2 SNMPv2 网络管理框架 …… 139
  - 5.1.3 SMIv2 …… 140
  - 5.1.4 协议操作 …… 147
  - 5.1.5 SNMPv2 MIB …… 151
  - 5.1.6 对符合 SNMPv2 的陈述 …… 153
- 5.2 SNMPv3 …… 154
  - 5.2.1 SNMP 体系结构 …… 154
  - 5.2.2 SNMPv3 的应用 …… 164
  - 5.2.3 安全子系统 …… 167
  - 5.2.4 访问控制子系统 …… 175
- 5.3 RMON …… 178
  - 5.3.1 基本概念 …… 178
  - 5.3.2 RMON MIB …… 180
  - 5.3.3 RMON1 …… 181
  - 5.3.4 RMON2 …… 192

第 6 章 新型网络管理模型

- 6.1 基于 Web 的网络管理 …… 196
  - 6.1.1 基本概念 …… 196
  - 6.1.2 两种实现方案 …… 197
  - 6.1.3 关键技术 …… 198
  - 6.1.4 WBM 的安全性 …… 199
  - 6.1.5 WBM 的标准 …… 199
- 6.2 基于 CORBA 的网络管理 …… 200

  6.2.1 CORBA 的基本概念 …… 200
  6.2.2 基于 CORBA 的网络管理 …… 201
  6.2.3 CORBA 与 TMN 的结合 …… 202
 6.3 基于主动网的网络管理 …… 203
  6.3.1 主动网的基本概念 …… 203
  6.3.2 委派管理模型 …… 203
  6.3.3 移动代理模型 …… 204
 6.4 可扩展标记语言 XML …… 206
  6.4.1 概述 …… 206
  6.4.2 文档描述 …… 206
  6.4.3 逻辑结构 …… 207
  6.4.4 物理结构 …… 208
  6.4.5 XML 的标记法及符号定义 …… 209
  6.4.6 XML 应用实例——基于 DTD 及 XML Schema 的 XML 文档 …… 212
 6.5 NETCONF 协议 …… 214
  6.5.1 概述 …… 214
  6.5.2 对传送协议的要求 …… 216
  6.5.3 RPC 模型 …… 217
  6.5.4 子树过滤(Subtree Filtering) …… 218
  6.5.5 操作 …… 223

下篇　网络管理功能及其关键技术

第 7 章　OSI 网络管理功能

 7.1 概述 …… 237
 7.2 配置管理 …… 239
  7.2.1 资源清单管理功能 …… 239
  7.2.2 资源提供功能 …… 240
  7.2.3 业务提供功能 …… 241
  7.2.4 网络拓扑服务功能 …… 242
 7.3 性能管理 …… 244
  7.3.1 网络性能指标 …… 245
  7.3.2 性能监测功能 …… 246
  7.3.3 性能分析功能 …… 246
  7.3.4 性能管理控制功能 …… 247
 7.4 故障管理 …… 247

  7.4.1　告警监测功能 ………………………………………………… 248
  7.4.2　故障定位功能 ………………………………………………… 248
  7.4.3　电路测试功能 ………………………………………………… 249
  7.4.4　业务恢复功能 ………………………………………………… 249
 7.5　安全管理 …………………………………………………………… 249
  7.5.1　风险分析功能 ………………………………………………… 250
  7.5.2　安全服务功能 ………………………………………………… 251
  7.5.3　告警、日志和报告功能 ……………………………………… 252
  7.5.4　网络管理系统的保护功能 …………………………………… 253
 7.6　计费管理 …………………………………………………………… 253
  7.6.1　费率管理功能 ………………………………………………… 253
  7.6.2　账单管理功能 ………………………………………………… 253

第8章　业务量控制技术

 8.1　基本概念 …………………………………………………………… 256
  8.1.1　网络拥塞 ……………………………………………………… 256
  8.1.2　拥塞的扩散 …………………………………………………… 257
  8.1.3　业务量控制 …………………………………………………… 258
 8.2　电路转接网络的业务量控制 ……………………………………… 258
  8.2.1　一般原则 ……………………………………………………… 258
  8.2.2　控制方法 ……………………………………………………… 259
 8.3　分组转接网络的拥塞控制 ………………………………………… 260
  8.3.1　基本概念 ……………………………………………………… 260
  8.3.2　控制方法 ……………………………………………………… 262
 8.4　ATM网络的业务量控制 …………………………………………… 263
  8.4.1　主要特点 ……………………………………………………… 263
  8.4.2　网络级控制——VP控制 ……………………………………… 265
  8.4.3　呼叫级控制——CAC ………………………………………… 266
  8.4.4　信元级控制——UPC ………………………………………… 270
 8.5　NGN及其业务量控制 ……………………………………………… 272
  8.5.1　NGN的基本概念 ……………………………………………… 272
  8.5.2　NGN的业务量控制 …………………………………………… 274
  8.5.3　RACF的应用 ………………………………………………… 275

第9章　路由选择技术

 9.1　基本概念 …………………………………………………………… 278

9.1.1 路由选择 …… 278
9.1.2 路由选择的作用 …… 278
9.2 电路转接网络的路由选择 …… 279
9.2.1 我国电话交换网的路由结构 …… 279
9.2.2 动态路由选择控制 …… 280
9.3 分组转接网络的路由选择 …… 284
9.3.1 基本要求及方法类别 …… 284
9.3.2 静态策略 …… 284
9.3.3 动态策略 …… 285
9.4 IP 网络的路由选择 …… 287
9.4.1 IP 网络及其路由选择 …… 287
9.4.2 RIP 协议 …… 288
9.4.3 OSPF 协议 …… 289
9.4.4 EGP 协议 …… 291
9.4.5 BGP 协议 …… 292

第 10 章 网络自愈技术

10.1 概 述 …… 295
10.1.1 SDH 光纤传输网络故障及自愈 …… 295
10.1.2 自愈体系 …… 296
10.1.3 故障恢复速度及备用容量效率 …… 296
10.2 自动保护切换（APS） …… 297
10.2.1 APS 的两种体系结构 …… 297
10.2.2 APS 协议 …… 298
10.2.3 异径 APS(APS/DP) …… 298
10.3 自愈环 …… 298
10.3.1 自愈环(SHR) …… 298
10.3.2 单向自愈环(U-SHR) …… 300
10.3.3 双向自愈环(B-SHR) …… 301
10.4 分布式故障恢复 …… 303
10.4.1 基本概念与术语 …… 303
10.4.2 可用的路由选择算法 …… 307
10.4.3 分布式恢复的性能测定 …… 309
10.4.4 DRA 中的容量一致性问题 …… 310
10.4.5 分布式故障恢复算法（DRA） …… 314

第11章 网络信息安全技术

11.1 信息安全基础 ... 321
- 11.1.1 基本概念 ... 321
- 11.1.2 数据加密标准 ... 321
- 11.1.3 公开钥密码体制 ... 326
- 11.1.4 消息摘要 ... 328
- 11.1.5 ISO信息安全体系标准 ... 328

11.2 认证技术 ... 330
- 11.2.1 概述 ... 330
- 11.2.2 消息认证 ... 330
- 11.2.3 身份验证 ... 331
- 11.2.4 数字签名 ... 332

11.3 防火墙技术 ... 332
- 11.3.1 概述 ... 332
- 11.3.2 体系结构 ... 333
- 11.3.3 关键技术 ... 336

11.4 虚拟专用网络技术 ... 338
- 11.4.1 概述 ... 338
- 11.4.2 VPN的用法 ... 339
- 11.4.3 VPN的安全协议 ... 340

11.5 数字内容安全技术 ... 341
- 11.5.1 基本概念 ... 341
- 11.5.2 DRM技术 ... 341
- 11.5.3 CBF技术 ... 342
- 11.5.4 微支付技术 ... 343

第12章 智能化网络管理

12.1 基于专家系统的网络管理 ... 346
- 12.1.1 概述 ... 346
- 12.1.2 网络管理专家系统的设计 ... 347
- 12.1.3 网络管理专家系统的应用 ... 348

12.2 基于智能Agent的网络管理 ... 350
- 12.2.1 Manager、Agent与智能Agent ... 350
- 12.2.2 网络管理智能Agent(IANM)结构 ... 351

12.2.3 基于 IANM 的网络管理模型 ·· 352
12.3 基于计算智能的宽带网络管理·· 353
  12.3.1 宽带网络管理与计算智能·· 353
  12.3.2 基于神经网络的 CAC ·· 354
  12.3.3 基于遗传算法的路由选择·· 355
12.4 基于数据挖掘的网络故障告警关联分析···································· 357
  12.4.1 概述·· 357
  12.4.2 告警序列模式挖掘的相关定义·· 358
  12.4.3 告警序列模式挖掘算法··· 359

缩略语 ·· 363

参考文献 ··· 369

序　篇

第 1 章 导论

1.1 网络与网络管理

1.1.1 网络技术的发展

在信息领域中,传统上网络按功能被划分为3种:第1种是主要用于双方交流信息的通信网络(电话网),第2种是主要用于向大众单向传播信息的传媒网络(广播电视网),第3种是主要用于信息资源共享(其次还有计算能力共享)的计算机网络(互联网、Internet)。随着技术的进步,这3种网络正在走向融合,即用一种网络实现交流信息、传播信息、共享信息的3种功能。"三网合一"后的网络应该怎样称呼?是叫"通信网络"还是叫"信息网络",还是干脆只叫"网络",还没有最后统一。虽然国内很多人倾向于叫"信息网络",但从人们的认识习惯上讲,"信息网络"这个词主要代表"信息共享网络",也即计算机网络、Internet。本书为了简单,用"网络"这个词来泛指上述3大类型网络及其融合后的网络。

从上述名称的讨论中就可以看出,网络是交流信息、传播信息、共享信息的通道和手段。这无疑是信息时代的基本技术。信息时代的到来,是与网络技术的高速发展密不可分的。

近20年来,网络技术的发展速度是惊人的。从传输技术来看,出现了电缆、微波、卫星、光缆等多种传输手段,传输速率越来越高,传输标准也从准同步数字序列(PDH)过渡到了同步数字序列(SDH);从交换技术来看,出现了电路交换、分组交换、多址发送、异步转移模式(ATM)、高速分组交换等多种交换方式,处理速度越来越快,信道利用率越来越高;从系统技术来看,出现了固定通信系统、卫星通信系统、移动通信系统等多种系统,系统的容量越来越大,性能越来越高;从业务来看,开展了电话、电报、传真、广播、电视、数据、图像、视频点播、短信、彩信、Web、E-mail 等多种多样的业务。如此发达的网络技术,的确对整个社会产生了深刻的影响,极大地改变了人们的工作和生活方式。听广播、看电视、收发电子邮件、上网查询信息、上网购物,人们已经一刻也离不开网络了。

1.1.2 网络管理的重要性

为了能够系统深入地对网络管理进行讨论,我们应先对其下一个定义。网络管理是指对网络的运行状态进行监测和控制,使其能够有效、可靠、安全、经济地提供服务。从这个定义可以看出,网络管理包含两个任务:一是对网络的运行状态进行监测,二是对网络的运行状态进行控制。通过监测了解当前状态是否正常,是否存在瓶颈问题和潜在的危机;通过控制对网络状态进行合理调节,提高性能,保证服务。监测是控制的前提,控制是监测的结果。从这个定义可以看出,网络管理具体地说就是网络的监测和控制。

随着网络技术的高速发展,网络管理的重要性越来越突出。第一,网络设备的复杂化使网络管理变得复杂。网络设备复杂有两个含义:一是功能复杂,二是生产厂商多,产品规格不统一。这种复杂性使得网络管理无法用传统的手工方式完成,必须采用先进有效的手段;第二,网络的经济效益越来越依赖网络的有效管理。现代网络已经成为一个极其庞大而复杂的系统,它的运营、管理、维护和提供(OAM&P)越来越需要科学的方法和技术手段。没有一个有力的网络管理系统作为支撑,就难以在网络运营中有效地疏通业务量,提高接通率,减少掉话率,避免诸如拥塞、故障等问题,使网络经营者在经济上受到损失,给用户带来麻烦。同时,现代网络在业务能力等方面具有很大的潜力,这种潜力也要靠有效的网络管理来挖掘;第三,先进可靠的网络管理也是用户所要求的。当今时代,人们对网络的依赖越来越强,普通人通过网络打电话、发传真、发邮件,企业通过网络发布产品信息,获取商业情报,甚至组建企业专用网。在这种情况下,用户不能容忍网络的故障,同时也要求网络有很高的安全性,使得通话内容不被泄露、数据不被破坏、专用网不被侵入、电子商务能够安全可靠地进行。

与现代网络的要求相比,网络管理在理论和技术上还需要有一个较大的发展和提高。由于网络技术高速发展,网络管理在理论和方法上处于滞后状态,对于网络中的新问题缺少理论分析方法和模型,尤其对于高速网络的监测与控制,实时性要求很严,传统的方法已经不能适应。在技术上,网络管理标准尚不完备,已经制定的标准也有不统一的问题。另外,网络管理系统的开发需要运用先进的软件技术以及昂贵的开发环境和条件,只有大的通信设备生产厂商以及少数科研单位能够承担,这对网络管理技术的发展也产生了限制。在技术人才方面也存在问题,从事网络管理的研究和开发,不仅需要具有较多的网络通信专业知识、计算机软件知识,还需要网络管理的专门理论和技术。目前这样的人才十分匮乏,必须尽快培养,才能适应信息产业高速发展的需求。

1.1.3 网络管理的目标

网络管理要达到一个什么样的目标呢?要回答这个问题,首先应该回答网络经营者以及用户对网络的基本要求。

首先，网络应是有效的。也就是说，网络要能准确及时地传递信息。人们打电话要能听清对方的谈话内容，能够辨认出对方的声音，要能以正常的速度讲话；发传真要求对方能看得清楚，要求与原件上的文字、图形、图像特征一致；通过网络观看活动图像，要求图像不要有过大的时延和抖动等。需要注意的是，这里所说的网络的有效性(availability)与通信的有效性(efficiency)意义不同。通信的有效性是指传递信息的效率。而这里所说的网络的有效性，是指网络的服务要可用，要有质量保证。

其次，网络应是可靠的。网络必须保证能够稳定地运转，不能时断时续，要对各种故障以及自然灾害有较强的抵御能力和有一定的自愈能力。在许多场合下，网络的中断会产生很大的经济损失，有时甚至会产生政治上、军事上的重大损失。但是我们也应当明确，绝对可靠的网络是不存在的，因为网络的软硬件故障是不可避免的，同时自然灾害、人为破坏更是突发性的并难以预料。为了获得高度可靠的网络，必须增加大量的投资及维护力量。因此以盈利为目的的网络经营者需要在可靠性和成本之间权衡，以求得较好的经济效益。

第三，现代网络要有开放性。即网络要能够容纳多厂商生产的设备，不同的网络要能够实现互联。这是现代网络高速发展，技术进步快、生产厂商多、设备更新换代周期短这些特点所要求的。如果网络只能接受少数种类的设备，它的发展就会受到阻碍。因此国际标准化组织(ISO)早在20世纪70年代就提出了开放式系统互联(OSI)的网络模型，并在此模型基础上提出了基于远程监控的系统管理模型。

第四，现代网络要有综合性。即网络业务不能单一化，要由电信网、计算机网、广播电视网分立的状态向融合网络(convergence network)过渡，使各种不同的业务提高统一的网络平台提供。网络的综合性，会给网络经营者带来更大的经济效益，同时也给用户带来更大的方便，使人们的通信方式更加多样、更加自然、更加快捷。

第五，现代网络要有很高的安全性。随着人们对网络依赖性的增强，对网络安全性的要求也越来越高。普通用户要求网络有较高的通话保密性，企业客户则要求连接到网上的计算机系统有安全保障，数据库的数据不能被非法访问和破坏，系统不被病毒侵蚀。有专网的客户要求专网不被侵入。同时，还要防止和限制非法有害信息在网上传播。

最后，是网络要有经济性。网络的经济性有两个方面：一是对网络经营者而言的经济性，二是对用户而言的经济性。对网络经营者而言，网络的建设、运营、维护等开支要小于业务收入，否则，无利可图的网络的经济性就无从谈起。对用户来说，网络业务要有合理的价格，如果价格太高用户承受不起，或虽能承受得起但感到付出的费用超过了业务的价值，那么用户便会拒绝应用这些业务，网络的经济性也无从谈起。

网络管理的根本目标就是满足运营者及用户对网络的上述有效性、可靠性、开放性、综合性、安全性和经济性的要求。

1.1.4 网络管理的方式

网络管理的方式是随着网络的发展而变化的。早期以人工交换电话网为主的网络的管理是采用人工方式进行的,由于网络设备构成和网络业务都比较简单,管理内容也相对简单。例如,业务流量的控制以及转接路由的选择由话务员的接续来完成,不可能产生网络拥塞现象,设备和线路故障也比较容易查找。自动交换机和计算机网络出现以后,情况发生了变化,即交换机和路由器等网络设备本身具有了一些网络管理功能,出现了人工与自动相结合的管理方式。但这时网络设备的管理功能还是很有限的。这时的管理方式主要是以网络管理中心为主的集中方式。随着计算机技术的进步和网络的高速发展,网络设备越来越复杂,因而要求网络设备自身要有较强的自我管理功能。由于网络设备自身具有了较强的网络管理功能,使得网络管理方式从以集中为主变为以分散为主。为了能够综合管理整个网络,在网络之上又建立了管理网,使得网络管理系统在体系结构上更加合理。

1.2 网络管理基础理论与技术

网络管理是一门高度综合和复杂的技术,除其自身包含丰富的内容之外,还涉及多个学科的基础理论和技术。本节对网络管理所涉及的若干基础理论和技术进行简单地介绍。

1.2.1 网络性能分析理论

网络的性能分析在网络管理中具有重要作用。在网络规划阶段,需要根据网络的成本和性能要求选择网络的结构和技术,通过性能分析排除网络中的瓶颈。在运营阶段,网络性能的异常也能通过性能分析来发现。

网络的性能是通过性能指标来反映的。主要的网络性能指标有下列几项:

(1) 业务量:某条电路的业务量是指在观察时间内该条电路被占用的时间。业务量的量纲是时间。

(2) 业务量强度:是指电路被占用时间与观察时间之比。业务量强度的单位是爱尔兰(Erlang)。在实际应用中通常将"业务量强度"的"强度"二字省略,因此一般所说的"业务量"指的是"业务量强度"a,即

$$a = 业务量/观察时间$$

(3) 时延:网络的时延主要包括传输时间、服务时间和等待时间。传输时间是很小的,在性能分析中所说的时延主要指服务时间和等待时间。

(4) 呼损:在损失制系统中,由于设备忙而使得一个呼叫发生(或一个数据包发送)后被"损失"掉的概率 p_c,即

$$p_c = 被拒绝的呼叫次数/总呼叫次数$$

(5) 吞吐量：单位时间内通过的业务量被定义为吞吐量，即吞吐量等于单位时间发生的业务量减去单位时间内损失掉的业务量 T_r，即

$$T_r = a(1 - p_c)$$

网络性能分析的理论基础是排队论和马尔科夫链理论。

通过排队论，我们可以用"信道数 m"、"业务量 λ"和"等待时间 ω" 3 个要素来描述各种典型网络，获得各性能指标间的关系。排队论的基本模型有 M|G|1 模型（泊松输入过程、一般服务过程、1 条输出信道）、M|M|1 模型（泊松输入过程、泊松服务过程、1 条输出信道）和 M|D|1 模型（泊松输入过程、定常时间服务过程、1 条输出信道）3 种。排队论的基本模型是假定对于呼叫实行先来先服务（FCFS）原则，但这并不是网络中唯一的服务原则，比如还有随机服务原则和优先级队列服务原则。对于这些服务原则，排队论中也有相应的分析模型和方法。对于多级转接系统的分析要采用多级排队模型。多级排队模型又分为 3 种：开放型、闭合型和混合型。

排队论是网络性能分析最基本的理论，但对一些系统的较精确的分析（如电路转接系统中的阻塞的精确分析），则需要采用马尔科夫链理论。

通常将网络划分为电路转接、信息转接和多址接入 3 种典型系统，对这 3 种典型系统采用不同的模型和方法加以分析。

电路转接系统指电话交换机类的损失制网络，在这种系统中，主要分析业务量和呼损之间的关系。

信息转接系统包括 X.25、FR、SMDS 和 ATM 这些分组交换系统。X.25 是最早利用公用数据网的分组交换网；FR 是帧中继分组交换网，与 X.25 相比简化了误码检测和流量控制；SMDS 为多兆位数据交换服务，是一种高速（1～34 Mbit/s）分组交换网；ATM 为宽带分组交换网中传送信息的模式，即异步传送模式。信息转接系统中的性能分析主要讨论吞吐量、等待时间、队列长度等性能。

多址接入系统包括 ALOHA、CSMA、POLLING 等系统。ALOHA 是最简单的多址接入系统，各用户均通过公用信道随机发送信息，因而会发生碰撞；CSMA 是改进的 ALOHA 系统，各用户采用载波监听的方式来检测公用信道是否已被其他用户占用，以减少碰撞；POLLING 是采用轮询方式的多址接入系统，由控制中心依次询问各个用户是否有信息发送，或采用在各用户中依次传递令牌的方式，用户只在持有令牌的时候才发送信息。多址接入系统的性能分析主要讨论信道利用率、吞吐量、碰撞概率、重发次数等性能。

1.2.2 网络的可靠性理论

网络的可靠性问题是一个十分重要的问题，随着通信在生活的各个领域的重要性越来越被人们所认识，网络的可靠性要求也越来越高。为了提高网络的可靠性，可以增加备

用信道和设备,但这必然会增加成本。同时,即使有足够的备用信道和设备,也无法保证网络是绝对可靠的,因为获得高可靠性,在技术上有很大的难度。因此,不能追求网络的绝对可靠性,而只能在成本和技术的可行性的限制条件下来讨论网络的可靠性。

讨论可靠性,首先要定义什么是可靠。网络的可靠性有3种定义:第1种定义为全网的联通性;第2种定义为以端间正常通信为基础的全网的综合可靠度;第3种定义利用随机图的概念将网络是否可靠定义为网中尚未连接的端数是否大于某规定值。

第1种定义是网络可靠性最常用的定义,可以根据图论中图的连通性来研究,连通性越好,可靠性越高。根据这一定义,可靠性的计算方法是很简单的,但是在端点数和边数较大时,计算量却是很大的。实际上这种定义下的可靠性计算是NP问题。

第2种定义将全网的可靠性计算简化为任意两端之间的可靠性计算,同时在计算端间可靠度的时候,不仅要考虑它们之间的连通性,还要考虑呼损、时延等质量指标,从而获得端间的综合可靠度。而全网的综合可靠度虽可以由各个端间的综合可靠度来大致反映,但精确计算也是非常繁杂的。

第3种定义用随机图来描述网络。所谓随机图就是边的存在不是确定型的,而是概率型的。从这一点说,它与实际的网络是不相符的。但是对于节点数很多的网络,由随机图模型计算出的结论是有参考价值的,尤其对于强破坏发生时网络的可靠性的计算很有价值。这对前两种定义在节点数大的情况下无法实施计算的不足具有很大的补偿性。

网络可靠性的理论基础是图论。虽然对于以上3种定义都有理论模型和计算方法,但这些模型往往只在网络规模较小时才有效,对于有一定规模的实际网络,只能采取近似的方法计算可靠性。

网络的可靠性计算在网络的规划阶段是很重要的:一个好的网络可靠性的计算,可以在网络的可靠性满足要求的前提下,优化网络结构,降低成本。

1.2.3 网络优化理论

网络的优化包含两个方面的内容:一个是在现有网络设备条件下,通过采取合理的控制措施(如前述的路由选择、流量分配、流量控制等),提高网络的性能和利用率;另一个是进行合理的规划和设计,达到网络建设规模适当、结构合理、投资节省等优化目标。

在网络的规划设计中,首先要进行业务需求预测。通过业务需求预测,可以估算出未来各类业务的总的增长情况以及各局间的业务量。这种预测结果,便是确定网络的建设规模和网络合理结构的基础数据。进行业务需求预测可以采用多种方法,但最常用的两种方法是时序外推法和相关回归法。

用时序外推法预测业务量是假定业务量的发展随着时间的推移呈现规律性,先利用历史数据找出这一关系,利用这一关系便可以求出将来的业务量了。显然,关键的步骤是求出业务量与时间之间的关系。常用的方法是首先假定它们之间的关系可以用某些简单的数学函数(如线性函数、指数函数等)来表达,利用历史数据和最小二乘法,便可以确定具体的关系曲线;用相关回归法预测业务量是假定业务量与其他相关数据(如国民经济产值)相关,在预测时同样先要求出业务量与相关数据之间的关系,然后将相关数据在未来年份的预测值代入这一关系,求出未来年份的业务量。业务量与相关数据之间的关系同样可以利用它们的历史数据和最小二乘法求出。

下一步便是进行网络结构的规划设计,包括设备和技术的选择、网络拓扑结构的确定、局址的确定、局间容量的确定等。设备和技术的选择要进行技术经济分析,要考虑它们的性能价格比、发展前景、维护成本等。网络的拓扑结构、局址、局间容量的计算可以采用图论和线性规划中的方法。

1.2.4 人工智能理论与技术

网络管理是一个很复杂的问题,随着网络的发展,传统的理论和方法在越来越多的问题上显示出了局限性。近年来,人工智能理论与技术在网络管理中的重要性已经被人们所认识。

人工智能是研究用计算机模拟人的智能行为的理论。主要目标是模拟人的问题求解、感知、推理、学习等方面的能力。

问题求解是人工智能的核心问题,当计算机有了对某些问题的求解能力以后,在应用场合遇到这类问题时,便会自动找出正确的解决策略。这种问题求解能力是基于规则的,是能够举一反三的。有了问题求解能力的计算机就能比普通计算机更灵巧地分析问题、处理问题,从而适用于更加复杂多变的应用场合。

感知的研究是要赋予计算机视觉、听觉、触觉、味觉等机能,使计算机能够更加直接和自然地获取信息。感知的研究与模式识别的研究有很大的交叉,在目前阶段对于改善人机接口的操作性能有很大的现实意义。

推理是人的思维的一个重要方面,推理的3种主要形式是归纳推理、演绎推理和模糊推理。人工智能中推理的研究就是要模拟这3种推理形式,实现诸如故障诊断、数学定理证明、模糊问题判断等功能。

在人工智能中,"学习"一词有多种含义。在专家系统等应用中,它指的是知识的自动积累;在模式识别系统中,它指的是用已知模式训练系统,使其掌握各类模式的特征;在问题求解中,它指的是根据执行情况修改计划;在数学推理系统中,它指的是根据一些简单的数学概念和公理形成较复杂的概念,做出数学猜想等。

20世纪90年代,人工神经网络理论的发展为人工智能又注入了新的生机。人工神经网络在自组织、自适应、自学习、并行计算等方面明显优于传统的人工智能,由人工神经网络模型实现的记忆、联想、识别等机能更接近人的同类机能。

近年来,在人工智能领域,遗传算法的研究非常引人注目。所谓遗传算法,就是模拟生物进化原理,优胜劣汰、自然选择。应用遗传算法,使一些复杂的优化问题有了解决的办法。

模式识别是应用计算机模拟人的认识机能对事物进行辨别分类的理论。识别的对象可以是文字、声音、图像等具体对象，也可以是状态、程度等抽象对象。这些对象与数字形式的对象相区别。模式识别的方法有两种：一种是统计决策方法，另一种是句法方法。

统计决策方法把模式识别的过程分为预处理（包括数字化、去噪声、归一化等）、特征抽取、模式匹配几个阶段。其中特征抽取在理论上有关键意义。因为特征被认为是模式固有的和本质的信息，这样的信息是分辨模式的根据。

句法方法又称为结构法。其基本思想是把一个模式描述为较为简单的子模式的组合，子模式又可被描述为更简单的子模式的组合，最终得到一个树型结构。在树型结构底层的子模式称为模式基元。树型结构用特定的语法来描述。识别过程是先辨别基元，然后进行语法分析，即分析输入模式的语法与参照模式的语法是否一致。

模式识别除应用于智能人机接口方面之外，还在故障诊断、网络信息安全、认证等方面具有重要的实用价值。

1.2.5 面向对象的分析与设计技术

早期的网络采取现场维护控制方式。今天，这种方式正在向远程监控方式过渡，同时，被管对象也由物理设备转为表示物理设备状态和动作的数据。以远程监控方式为基础，综合网络管理系统成了网络管理的下一个目标。在当今这种设备种类繁杂、厂商众多，管理要求多样的网络环境下，要实现综合网络管理系统其复杂性是可想而知的。为了克服这种复杂性，面向对象的分析与设计技术被公认为是最有力的工具而得到应用。

面向对象的分析与设计技术与面向过程技术相比的根本区别在于：面向过程技术是将处理问题的方案看成一个过程，然后把过程逐步分解为更小的过程，直至小过程的复杂度易于处理为止；面向对象技术是将问题看成是事物（对象）之间的相互作用，通过定义有关对象的属性、可产生的或被施加的操作以及对象之间的相互关系来处理问题。从语言学的角度来讲，面向过程技术是以动词为中心，而面向对象技术是以名词为中心。

为什么面向对象技术优于面向过程技术呢？除了这种技术更符合人们以名词为中心的思维习惯，因而更易于理解和掌握以外，这种技术所特有的抽象性、封装性、继承性以及同质异构性在克服复杂性方面的优势是关键因素。

面向对象技术的抽象性是简化分析和设计的非常有利的手段。对于一个事物，不同的人有不同的观点。这一点，也是综合网络管理系统设计要遵守的一个准则。比如，对于同一部设备，维护人员想看到的是它的可靠性能和当前运转的状态，而财务人员想看到的是它的购入价格、折旧和维护费用。利用抽象性，可以用各种各样较单纯的观点来观察同一对象，这对于网络管理中大型复杂对象的管理具有决定性的意义。在网络管理中，抽象性有两种应用方法：一种是先将网络资源逐级分类（类中有类），然后从各类资源中找出相同性，作为对象进行描述；另一种是构造公共型对象，用来表示那些对网络资源的公共"观点"。在具体实现上，抽象性是通过定义对象的公开属性和公开操作来实现的。这种公开属性和操作就是外部世界与该对象进行相互作用的接口,该接口便成了外部世界对该对象的"观点"。

抽象性提供了对于复杂对象的单纯接口,而封装性则是对复杂的个体实现细节的隐藏。事实上,封装性是抽象性的保障。它将对象所包含的特殊化信息和操作隐藏在对象的内部,对外提供标准的属性和标准的操作。运用这一特性,不但多厂商、多类型的同类网络设备可以用共同的被管对象描述,而且变化了的网络设备结构、技术以及功能也可以被管理在已有的管理系统中。封装化对系统综合十分重要,系统模型成为模块化模型,并且各模块与其他模块相互独立,与实现的细节无关。系统模型上的各种应用程序和信息都用统一的方式来理解,而与具体网络资源无关。

继承性是指对象具有派生能力,即父对象可以派生出子对象。子对象除继承父对象的属性和操作之外,还可增加一些属性和操作。这种派生能力可以非常方便地表达事物从一般到特殊,从简单到复杂的层次关系。例如,对于动物、哺乳动物、狗这3类对象,先定义动物对象,然后将哺乳动物作为动物的派生对象(子对象)来定义,在定义哺乳动物对象时,只需定义哺乳动物的一般动物之外的属性及行为(操作)即可。最后在定义狗对象时,再将哺乳动物对象作为其父对象。应用继承性,既层次化地分解了问题,又给事物赋予了不同的抽象观点。

同质异构性是指同一个对象,在不同的应用场合表现出不同的结构。这一特性对网络设备的升级改造十分有利。随着新技术、新设备的不断引入,网络资源的管理系统会出现多种版本。例如对调制解调器的管理,最初是针对数据调制解调器建立的对象,现在又有了传真调制解调器。这两种调制解调器的数据发送方法是不同的(一种是 ASCII 数据,另一种是 bitmap 数据)。那么现在调制解调器的数据发送操作该怎样实现呢?同质异构性为这个问题的解决提供了很好的办法,即对于调制解调器这个对象来说,数据发送这个操作仍然只有一个函数名称(从而保证了调制解调器这个对象的外部接口不变),但却有两个不同的函数程序,具体使用哪个则应根据调用参数来确定。如果参数是 ASCII 数据就调用对应数据调制解调器的函数,否则就调用对应传真调制解调器的函数。

1.2.6 数据库技术

在现代网络管理模型中,数据库是管理系统的心脏。在网络管理系统中这个数据库被称为管理数据库(MDB),它存储通过操作命令提取出来的管理信息库(MIB)中的信息,而 MIB 是管理信息的概念集合。

数据库不是数据的简单堆积,为了满足多个用户共享数据的需要,要将相关数据按照合理的数据模型在计算机中进行组织和存储,以提供方便、高效、可靠、一致的信息服务。数据库的控制、管理和维护需要有数据库管理系统(DBMS),由 DBMS 提供定义数据模式和操纵数据(包括数据的添加、删除、修改、查询、报表等)的语言、编程环境及运行环境。数据库按其采用的数据模型分为层次数据库、网络数据库和关系数据库3种。与层次数据库和网络数据库相比,关系数据库具有数据结构简单清晰、描述数据模式和编写数据操作程序的语言功能强、用户性能好等优点,已经成为实际应用中最主要的数据库种类。随着关系数据库应用的深入,还制定了有关的国际标准,如数据操作语言 SQL 国际标准,这为各种商业关系数据库系统之间数据的互换提供了条件,给应用带来了很大方便。

随着面向对象的分析与设计思想被普遍接受,面向对象数据库系统也已经产生并得到了广泛应用。在面向对象数据库系统中,数据和对应的操作被封装在一起构成对象实体,由于对象实体不但有数据,还有"行为",因而不论被拖放(被引用或继承)到哪里,都具有确定的和现成的"性格举止"。这不但为编程带来了方便,同时也保证了不对数据进行非法操作,从而有利于数据的可靠性和一致性。

随着图形技术的成熟,数据库系统的可视化已经流行。在可视化数据库系统中,用户界面是基于图形的(一般为窗口形式),这种界面使操作方法形象、直观、易于理解,结果的输出可以用图形、图像甚至活动图像等多种形式,使数据库中的数据变得生动自然。

数据库技术的进步为网络管理数据库的开发提供了有效的工具。面向对象的设计方法与网络管理系统中对网络设备的对象化定义方法相一致,使得数据操作更加简捷,可靠性和一致性更易于保证。另外,图像用户界面满足了用图形方式查看网络的各个层次细节的要求。

数据库设计分为 4 个步骤:需求分析、概念设计、逻辑设计和物理设计。在需求分析阶段,首先要定下数据库的用户和应用程序,然后定义这些用户和程序对数据库的需求。在这个阶段,可使用自然语言来描述;在概念设计阶段,要设计概念数据模型,即用实体-关系数据模型方法(ER)定义信息结构和信息间的相互制约关系。在这一阶段仍不涉及数据在计算机中存放的具体细节;在逻辑设计阶段,主要工作是选择一个适当的数据库管理系统(DBMS),并把概念数据模型转化为逻辑模型,即适应于所选 DBMS 的逻辑数据结构;在物理设计阶段,要根据查询、更新等操作对响应时间、吞吐量等性能的要求,设计数据文件的结构和数据查询的索引。

网络管理数据库中的数据可大体分为 3 类:感测数据、结构数据和控制数据。感测数据表示测量到的网络状态,结构数据描述网络的物理和逻辑构成,控制数据存储网络的操作设置。感测数据是通过网络的监测过程获得的原始信息,包括节点队列长度、重发率、链路状态、呼叫统计等。这些数据是网络的计费管理、性能管理和故障管理的基本数据。对应感测数据,结构数据是静态的(变化缓慢的)网络信息,包括网络拓扑结构、交换机和中继线的配置、数据密钥、用户记录等。这些数据是网络的配置管理和安全管理的基本数据。控制数据代表网络中那些可调整参数的设置,如中继线的最大流、交换机输出链路业务分流比率、路由表等。控制数据主要用于网络的性能管理。

开发网络管理数据库有时不能直接利用商业 DBMS,这是由于商业 DBMS 不能很好地满足网络管理数据库在一些方面的要求。网络管理数据库的实时性要求很高,尤其在高速网络中,响应速度要求在毫秒级。另外,为了保证 24 小时联机工作,网络管理数据库要求很高的容错性能。为满足这些要求,常常需要开发专用的数据库系统。

1.2.7 计算机仿真技术

在网络规划中,要根据性能和成本来选择拓扑结构和技术,因此必须对各种候选网进行性能分析与预测。通过性能分析,还可以排除网络中的瓶颈,发现异常性能,在发生故障时,确定操作策略。由此可见,性能分析预测在网络管理中具有非常重要的意义。进行性能分析预测可以用解析、经验、实验、计算机仿真等不同方法。在这些方法中,解析的方法基于排队论模型,特点是速度快,缺点是模型对负荷性质和网络动作要做某些假定,这些假定常常与实际不太相符。这种方法只能对网络的大概性能进行分析预测。基于经验的方法是根据经验对变化了的网络进行性能推测,这种方法只在网络变化较小时有效。实验的方法是从运行中的网络中测定性能。这种方法一般是不现实的,网络规模大、造价高,不可能采用建了以后再确定性能的方法。与上述3种方法相比,计算机仿真有突出的优点,已经成为网络性能分析预测的主要方法。

用计算机仿真方法进行性能分析预测,网络由计算机程序来模拟,通信协议为程序的算法,对网络资源的随机需求,利用随机数发生器来模拟,这样的模型称为概率模型。这样的模型可以忠实地模拟现实网络,将有关网络动作的大量信息包含进来,而无须进行解析法中的简化。虽然这种模型需要强大的计算能力,处理时间常常需要几天,但目前这却是无法替代的方法。

用计算机仿真的方法进行网络性能分析预测的目的,通常不只是调查在给定条件下系统的性能,而且要对多种可选系统进行比较。在网络计算机仿真中包含3个要素:

(1) 网络业务需求和网络资源需求模型;

(2) 系统对这些需求的处理模型;

(3) 在模型中采用的关于性能分析预测的统计方法。

网络的业务和资源需求来自网络的应用(如电话、电子邮件、文件传送等),这些需求在不同的时间尺度上有不同的模型。如以分为尺度的呼叫模型、以秒为尺度的突发脉冲串模型、以毫秒为尺度的分组模型、以微秒为尺度的ATM信元模型。一般的分析只在一个时间尺度上进行,但有时也同时考虑多个时间尺度。对网络资源的需求一般由需求数和占用时间决定。建立资源需求模型时还要考虑通信业务与时间的关系,如上午10时业务量往往达到高峰。在建立网络需求模型时,要把对网络的需求变换为业务模型,这通常是比较复杂的。因为网络的业务是动态的,对网络资源的需求既与具体应用有关,也与这些应用是否有交互接口有关。为了正确地建立资源需求模型,系统的业务模型需要仔细推敲。

系统对需求的处理模型是网络仿真的主要因素。仿真模型可以对系统很小的细节都不略掉,从协议栈的应用层到物理层都包含进去。但是在具体的分析中,也要考虑仿真时间与模型的详细度之间的关系,尽量在模型中只包含那些与所求的性能测度有关内容。

在处理模型中,首先生成表示进入系统的用户的事件,然后利用协议模型模拟系统对事件的处理。协议模型并不一定真正实现协议,而往往进行抽象处理,只考虑对所求性能有关的部分。在处理模型中,对于某一时刻发生的事件进行的处理,与该时刻的系统状态有关。对这种基于事件的处理,离散事件模拟系统(DES)是一个非常好的工具。目前,DES的建模工具已经发展到了第4代,这些基于图形的第4代工具可以完整地提供性能评价所需要的环境,有些还可以用动画的方式演示网络的业务流以及协议的处理。

在模型中采用何种关于性能分析预测的统计方法是网络仿真的第3个要素。在DES仿真模型中,对一些性能参数来说,离散事件之间存在相关性,对这些参数的计算就不能用事件相互独立时的统计公式,而要采用能够处理这种相关性的专门的方法。另外,在网络的DES中,也和实际网络一样存在定常和过渡两种状态。在测算性能参数时,要注意这两种状态的区别,在分析预测定常状态的性能时,要排除过渡状态数据的影响。相反,在考察诸如故障修复时间这类过渡性能时,要分析过渡状态的数据。

1.3 本书的主要内容

1.3.1 网络管理体系结构

网络管理体系结构也称组织模型,它是建立网络管理系统的基础。不同的管理体系结构会带来不同的管理能力、管理效率和经济效益,决定网络管理系统的不同的复杂度、灵活度和兼容性。

传统的网络管理系统是对应具体业务和设备的,不同的业务、不同厂商的设备需要不同的网络管理系统。各种网络管理系统之间没有统一的操作平台,相互之间也不能互通。许多管理操作是现场的物理操作。

国际标准化组织提出的基于远程监控的管理框架是现代网络管理体系结构的核心。这一管理框架的目标是打破不同业务和不同厂商设备之间的界限,建立统一的综合网络管理系统,变现场的物理操作为远程的逻辑操作。

在这一管理框架中,网络资源的状态和活动用数据定义和表示。远程监控系统对网络资源的管理操作变为简单的对数据库的操作。

在基于远程监控的管理框架下,OSI开发了远程监控模型——系统管理模型。它的核心是一对相互通信的系统管理实体(进程)。管理进程与一个远程系统相互作用,去实现对远程资源的控制。在这种体系结构中,一个系统中的管理实体担当 Manager 角色,而另一个系统的对等实体担当 Agent 角色,Agent 负责访问被管资源的数据(被管对象)。Manager 角色与 Agent 角色不是固定的,而是由每次通信的性质所决定的。担当 Manager 角色的进程向担当 Agent 角色的进程发出操作请求,担当 Agent 角色的进程对被管对象进行操作和将被管对象发出的通报传向 Manager。

这些建议已被普遍接受,并形成了两种主要的网络管理体系结构,即基于 OSI 模型的公共管理信息协议(CMIP)体系结构和基于 TCP/IP 模型的简单网络管理协议(SNMP)体系结构。

CMIP 体系结构是一个通用的模型,它能够对应各种开放系统之间的管理通信和操作,开放系统之间既可以是平等关系,也可以是主从关系。因此它既能够进行分布式的管理,也能够进行集中式的管理。

SNMP 体系结构最初是一个集中式模型。在一个系统中只有一个顶层管理站,管理站下设多个代理,管理站中运行管理进程,代理中运行 Agent 进程。两者角色不能互换。从 SNMPv2 开始,分布式模型开始采用,在这种模型中,顶层管理站可以有多个,被称为管理服务器。在管理服务器和代理之间,加入中间服务器。管理服务器运行管理进程,代理运行 Agent 进程,中间服务器在与管理服务器通信时运行 Agent 进程,在与代理通信时运行 Manager 进程。

CMIP 体系结构和 SNMP 体系结构具有各自的优点。CMIP 的优点是通用和完备,而 SNMP 的优点是简单和实用。在实际中,CMIP 在电信网管理标准 TMN 中得到了应用,而 SNMP 在计算机网络管理尤其是 Internet 的管理中得到了应用。随着 Internet 的迅猛发展,SNMP 的影响也日益强大,其自身也得到了较快的改善。

为了适应网络管理发展的需要,IETF 又提出了一个新的网络管理协议 NETCONF,它采用 XML 描述管理信息及操作,为基于 Web 的管理打下了坚实的基础。

1.3.2 管理信息通信协议

要实现对远程管理信息的访问,需要有通信协议,这种协议被称为管理信息通信协议。对此,ISO 提出了基于 OSI 的公共管理信息协议(CMIP),而 IETF 则提出了基于 TCP/IP 的简单网络管理协议(SNMP)。

CMIP 采用连接型协议传送管理信息,Manager 和 Agent 是一对应用层的对等实体,通过调用公共管理信息服务元素(CMISE)来交换管理信息。CMIP 支持 7 种管理信息通信服务,这些服务能够以被管对象为单位实现灵活的、大量的管理信息的传递,还能够在远程建立和删除被管对象实例,实现对远程被管对象的指定的"动作"。Agent 处被管对象的事件以通报的方式随机向 Manager 报告。

SNMP 可以在无连接的用户数据报协议(UDP)的支持下传递管理信息。SNMP 只提供获取(get)、设置(set)、陷阱(trap)等简单的通信功能,以变量为单位进行操作。Manager 主要采用轮询的方式对 Agent 处的管理信息进行访问。这些特点使 SNMP 的资源、技术、成本等方面的开销大大小于 CMIP,在实用性方面具有明显的优势。但 SNMP 在信息安全性方面存在问题,尽管 SNMPv3 已经对此进行了改进,但问题并没有彻底解决。另外,采用无连接的协议不能保证管理信息通信的高可靠性。

1.3.3 管理信息模型

采用基于远程监控的管理框架，必须对多厂商的网络设备以及异构网络的信息进行统一的、一致的和规范的描述。否则 Manager 就无法读取、设置和理解远程的管理信息。为此 OSI 提出了公共信息模型作为标准管理信息模型。公共信息模型采用面向对象技术，提出了被管对象的概念对被管资源进行描述。被管对象是被管资源及其属性的抽象描述，它独立于各个厂商的设备等具体被管资源，具有统一的、一致的和规范的定义。被管对象对外提供一个管理接口，通过这个接口，可以对被管对象执行操作，或将被管对象内部发生的随机事件用通报的形式向外发出。

OSI 被管对象将行为、属性、操作和通报封装在对象边界上。Manager（或 Agent）只能看到被封装在对象边界上的被管对象的特性，对象边界以内的特性是不可见的。通过被管对象类说明，封装的行为、属性、操作、通报和该类实例的完整性和一致性得到定义。

OSI 系统管理采用被管对象类的概念，每个对象实例是一个类的成员。OSI 被管对象类都被赋予了一个全局唯一的标识符。同时，属性、动作和通报这些类成分的说明都被赋予独立的标识符，使它们能够在多个对象类的定义中被重复利用。

新的被管对象类可以通过继承现有被管对象类来定义。在新的被管对象类中，被继承的被管对象类的特性（属性、动作、通报和行为）得以利用，同时也可以扩充新的特性。这种继承机制利用被管资源的共性，使程序代码被重复利用，加强了用户接口的一致性。

在 SNMP 标准中采用了与 OSI 不同的管理信息模型。无论是管理站还是 Agent，都维护一个本地的管理信息库（MIB）。MIB 的信息结构和数据类型在 SNMP 的标准之一管理信息结构（SMI）中定义。为了保证 SNMP 的简单性，MIB 只存储简单的数据类型：标量和标量表。虽然 SNMP 也采用被管对象的概念，但在 SMI 中，被管对象只是一个原子数据元素，并不具备封装和继承等特征。因此，SNMP 的被管对象定义及程序代码的可重复利用性很低。

1.3.4 网络管理功能

OSI 将网络管理功能划分为配置管理、性能管理、故障管理、安全管理和计费管理 5 个领域。

（1）配置管理的作用是管理网络的建立、扩充和开通。主要包括定义和管理配置信息、设置和修改配置参数值和属性值、开通和终止网络服务、配置软件等功能。配置管理是最基本的网络管理功能，它负责建立网络资源管理信息库，来支持其他管理所需要的管理信息。配置管理的关键是如何定义管理信息和通过网络对其进行读取和修改。由于网络设备来自多个厂商，因此管理信息定义和操作的一致性和互通性就成了一个非常复杂的问题。要解决这一问题，必须建立统一的网络管理框架和管理信息模型。在这方面，通过多年的研究，已经形成了比较系统的体系。

(2) 性能管理的作用是维护网络服务质量（QoS）和网络运营效率。为此，性能管理要提供性能监测功能、性能分析功能以及性能管理控制功能。同时，还要提供性能数据库的维护以及在发现性能严重下降时启动故障管理系统的功能。进行性能管理，首先要设立有效的网络性能指标，通过对性能指标的监测和计算对网络所提供的服务质量和运营效率进行评价。在性能管理中，关键和热点问题是业务量控制和路由选择问题。网络的性能最终体现在业务量传递的质量和效率。由于业务量在网络中流动时具有无限的自由度，因此业务量控制是一个极其复杂的问题。做得好，不但能够保证服务质量，还能疏通更多的业务量，提高网络运营效率。做不好，不但会使服务质量下降（如呼损率上升，时延增大），甚至会产生过负荷和拥塞，导致网络瘫痪。路由选择是一个与业务量控制密切相关的问题。

(3) 故障管理的作用是迅速发现和纠正网络故障，动态维护网络的有效性。故障管理的主要功能有告警监测、故障定位、测试、业务恢复以及修复等。同时还要维护故障日志。进行故障管理，一方面要进行有效的告警监测、故障定位和故障修复，但由于网络自身所固有的脆弱性，绝对避免故障是不可能的，因此，另一方面还必须有业务恢复机制和手段。尤其在高速度大容量通信的条件下，发生故障时必须及时恢复业务，否则会造成严重的损失。因此，以快速恢复业务为目的的网络自愈理论与技术是故障管理领域的热点。

(4) 安全管理的作用是提供信息的保密、认证和完整性保护机制，使网络中的服务、数据和系统免受侵扰和破坏。目前采用的主要网络安全措施包括通信伙伴认证、访问控制、数据保密和数据完整性保护等。一般的安全管理系统包含风险分析功能、安全服务功能、告警、日志和报告功能、网络管理系统保护功能等。安全管理的理论基础是密码学，现代密码学的两大成果是 DES 加密标准和公开密钥密码体制，它们在网络安全管理中发挥基础作用。另外，防火墙、虚拟专用网等技术也是网络安全管理的关键技术。

(5) 计费管理的作用是正确地计算和收取用户使用网络服务的费用，进行网络资源利用率的统计和网络的成本效益核算。计费管理主要提供费率管理和账单管理功能。计费管理的关键并不在网络技术本身，而是如何运用（网络）经济理论制定合理的资费政策和计费方法，既保证网络运营者能够获得更高的经济效益，同时也能够通过提高资源利用率等手段降低成本和价格，使用户也获得利益和实惠，减少计费争议，提高网络信息企业的信誉。因此，计费管理不单单涉及技术问题，还需要更多地引入经济理论加以指导。

1.3.5 业务量控制

业务量控制一直是网络管理的核心内容之一。为了防止网络出现过负荷，保证网络所提供服务的质量，需要进行业务量控制。所谓业务量控制就是控制进入网络中通信信道的业务量，使其保持在设计值之下，以防止发生过负荷和拥塞，保证网络的疏通能力和所提供服务的质量。

拥塞是网络中交换机、路由器或线路设备发生严重过负荷后所产生的现象。拥塞的发生会严重影响网络的性能和服务质量,这是由于发生拥塞后,重复呼叫次数会大量增加,网络设备被大量无效呼叫占用,使得接通率迅速下降,造成网络局部甚至整体瘫痪。在自动电话网中,主要采用呼叫量控制和路由选择控制两种方法。在信息转接网络(分组交换网)中,主要采用缓冲区预分配、许可证、抑制分组等方法。在信息转接网中还可以采用流量控制的方法来消除拥塞。流量控制在通信双方之间进行业务量控制,保证发送方按接收方所能承受的速率传送数据。它能够防止网中流量过大、排队等待时间过长以至出现死锁现象。

在高速信息转接网络(ATM交换网,高速分组交换网)中,业务量控制的目标是保证服务质量(QoS)和提高资源利用率。这显然是此类网络的核心问题,并得到了深入的研究。在ATM交换网中,一般采用虚通道(VP)级、虚通路(VC)级和信元(Cell)级的3级控制模式。在VP级进行最大允许速率(MPR)的优化设置,在VC级进行呼叫接纳控制(CAC),在Cell级进行用法参数控制(UPC)。

高速信息转接网络的带宽控制与业务量控制关系密切。在宽带信息转接网中,从活动图像这样实时性要求极高的业务到数据文件传递这样非实时性业务都在一个统一的资源环境中处理。为此,如何对随机产生的各类业务分配带宽便成为一个直接影响网络性能和效率的关键问题。要进行有效的带宽控制,首先要建立带宽各异的多业务混合系统业务量模型。

1.3.6 路由选择

路由选择是网络管理的另一个核心内容。对于电路转接网络(电话网)来说,路由选择直接关系到全网呼损的大小。同时,在网络过负荷时,组织和选择迂回路由也是疏散业务量的有效手段。对于信息转接网络来说,路由选择直接关系到全网的平均时延,合理地选择路由也是避免网络因时延过大进入死锁的关键。因此在某些情况下,路由选择也会被当作业务量控制的手段。但与业务量控制的目标不同,路由选择的主要目标是提高网络正常状态下的性能(接通率、时延等)。

传统的电话网采用静态路由方案,这种方法虽然简单,但灵活性差。随着电话网向无级化过渡,动态路由方案也逐渐被采用。动态路由方案可以根据网络中负荷的分布状况适时地进行接续路由的调整,使业务量向负荷较轻的区域或路线转移,能够充分有效地利用网络资源。

在信息转接网络中,路由选择有简单和优化方案两类。在简单方案中,有扩散式、选择扩散式、随机式、固定式等种类。优化方案也存在多种,如集中式、分布式、孤立式、分层式。最短路由算法是优化方案中的核心算法。在Internet中,组播路由选择(Multicast Routing)技术在会议电视、视频点播、新闻发布、商业邮件等方面得到了重要应用。

路由选择的基本方法是图论中的最短路算法、最大流算法及最小费用流算法。在电路转接网络中,路由选择一般以全网的呼损最小为目标,而在信息转接网络中,全网的平均时延最小是路由选择的一个主要目标。

1.3.7 网络自愈

网络在网络设备发生硬件故障、程序误操作以及数据错误等问题时都会产生故障。而且一旦发生故障，往往会产生较大的经济损失，有时甚至会产生较大的政治、社会等多方面的不良影响。一般来讲，网络越发达，故障所带来的损失和影响也就越大。但是，绝对避免故障又是不现实的。因此人们要求网络第一要尽量少出故障，第二一旦出了故障应能迅速修复。第一个要求是对网络可靠性的要求，主要应在设备制造和网络设计阶段解决。而要满足第二个要求，就必须采取及时有效的故障诊断和修复的方法。

网络的故障诊断一般分为故障检测和故障定位两个阶段。故障检测的目的是进行警报监测和故障相关数据的收集，以便及时发现故障。为了给故障定位提供准确有用的信息，减少冗余信息产生的混乱，在这一阶段还要进行各种警报及信息的相关分析。故障检测的理论基础是检测理论。故障定位的目的是迅速准确地找出故障的根源，以便进行隔离和修复。在故障定位中，传统的是采用可靠性理论中的故障树方法。故障树的构成原理是，首先分析预测出网络设备中各个构成要素可能产生的故障，并将它们作为潜在的根本原因。以这些潜在的根本原因为叶子，通过叶子的组合向上构成功能性故障，功能性故障组合构成更高级别的功能性故障，最终形成一棵倒置的描述故障关系的树。每一个外部可见故障都对应故障树的一个子树，也即与一个或多个潜在的根本原因相对应。因而，一旦发生故障，便可以根据它所对应的子树确定检查范围，为迅速查明根本原因提供了有效的手段。

故障修复需要时间，有时甚至需要很长时间（如无人值守的中继站的设备故障）。在有些情况下，不允许耗费时间修复故障，这就需要网络要有自愈机制。

网络自愈是在网络发生故障时自动恢复业务的必要机制。特别是在大容量高速通信网络的场合，没有有效的网络自愈机制，可能会导致严重的损失。近年来，对于光纤传输网络自愈机制的研究得到深入的开展。自动保护切换（APS）、自愈环（SHR）、自愈网（SHN）3种机制已经得到应用。APS就是对系统的设备进行备份配置，一旦使用中的设备发生故障，立即切换到备份设备。SHR利用环形网络所固有的双路特性实现自愈。SHN简单地说就是具有APS功能的网络，它是基于数字交叉连接技术实现的。

为了使故障修复时间足够短，需要有高速的控制机制。这种要求集中控制方式难以满足，因此SHN多采用分布控制方式。20世纪90年代以来，分布式故障修复（DR）理论得到了发展和应用。在DR理论中，包括分布式故障修复算法（DRA）、路由选择理论、替代路由评价理论等。

1.3.8 网络信息安全

网络信息安全的基础是密码学和信息安全技术。现代密码学的两个主要成果是数据加密标准(DES)和公开密钥密码体制。这两个成果为信息的加密和认证这两个网络信息安全的关键问题提供了解决方法。此外,防火墙、虚拟专用网、反病毒等技术也是网络信息安全的关键技术。这些技术在实际应用过程中不断发展和提高,已经形成了自身的技术体系。

用密码学的方法对信息加密的一般原理是,利用加密密钥和加密算法使信息由明文变为密文,在需要将密文还原成明文时,再利用密钥和解密算法进行反变换。按加密和解密算法所用的密钥是否相同,将密码分为对称密钥密码体制和非对称密钥密码体制。对称密钥密码体制加密和解密的密钥相同,非对称密钥密码体制加密和解密的密钥不同,而且加密密码可以公开,因此也称为公开密钥密码体制。

对称密钥密码体制又分为序列密码和分组密码。序列密码算法以明文的比特为加密单位,优点是每一比特的密文数据发生错误对数据整体影响不大,适用于通信线路的数据流加密。分组密码算法以数据块为加密单位,优点是容易检测出数据文件中的信息是否被篡改,适用于数据库加密。

公开密钥密码体制由于加密密钥和解密密钥分离互异,因而可以做到对加密人也不公开解密密钥,使得解密密钥真正私有化和解密化,因而大大增强了密码的保密性。在公开密钥密码体制中,RSA 算法最为著名。

目前在网络安全管理方面,数据加密标准 DES 和公开密钥密码体制得到了广泛的应用。如通信线路上的数据流加密,数据库中的数据文件加密,访问者的身份认证,数字签名等。

除密码学之外,模式识别的方法在网络信息安全方面也得到应用。如指纹识别、面容识别在身份认证中具有很好的应用。

防火墙是网络信息安全的一项重要技术。它在内部网络和外部网络之间设置一道屏障,阻止对信息资源的非法访问。防火墙的实现主要采用数据包过滤、应用网关、代理服务等技术。到目前,防火墙已经有包过滤型、双宿网关型、屏蔽主机型、屏蔽子网型等几种类型。

虚拟专用网是通过公用网络建立临时连接的技术,目的是提供一条穿越公用网络的安全隧道。这种技术可以帮助远程用户、公司分支结构、商业伙伴及供应商与公司的内部网络建立可靠的安全连接,保证数据的安全传输。

1.3.9 智能化网络管理

随着网络的发展,只利用传统的管理方法已经不够。人们通过引入智能技术,使许多以前认为难以解决的问题得到了解决。

在网络管理中,专家系统技术首先得到了应用。专家系统能够利用专家的经验和知识,对问题进行分析,并给出专家级的解决方案。专家系统一般由知识库、规则解释器和数据库 3 部分组成。知识库中存放"如果;<前提>,于是;<后果>"形式的各种规则。

数据库中存放事实(如系统的状态、资源的数量)和断言(如系统性能是否正常)。当＜前提＞与数据库中的事实相匹配时,规则将让系统采取＜后果＞中指示的行动,通常是改变数据库中的断言,或向用户提问并将其回答加到数据库中。

在网络管理中运用的专家系统按功能大致分为3类:维护类、提供类和管理类。维护类专家系统提供网络监控、障碍修复、故障诊断功能,以保证网络的效率和可靠性。提供类专家系统辅助制订和实现灵活的网络发展规划。管理类专家系统辅助管理网络业务,当发生意外情况时辅助制定和执行可行的策略。

网络管理专家系统有脱机和联机两种类型。脱机型专家系统是简单的类型。当发现网络存在问题以后,利用脱机型专家系统解决问题。专家系统询问网络的配置情况和观察到的状态,根据得到的信息进行分析,最后给出诊断结果和可能的解决方案。脱机型专家系统的缺点是不能实时地使用,只能用于问题的诊断,而网络是否已经发生问题却要先由人来判断。联机型专家系统与网络集成在一起,定时监测网络的变化状况,分析是否发生了问题以及应该采取什么行动。

目前的专家系统技术还存在一些缺点。①比较脆弱。通常它们被设计为一个专门知识范围内的基于规则的封闭系统。只有在专门知识的范围之内它才能发挥作用,一旦超过了这个范围就会完全失效。②通用性差。现代通信系统是由许多"完整的"子系统组成,这种状况设置了人为的界限,使得难以跨越这些界限实现诸如专家系统的智能系统。此外,由于缺少标准的"知识接口"和形式,使不同的专家系统之间难以相互沟通。③知识获取难。在其他领域中应用的知识表达方法常常不适合于网络,网络中的知识表达主要是基于经验的,而不是依赖推导的。对于网络的快速变化,专家系统难以补充足够的知识。

近来,分布式人工智能的多 Agent 技术在网络管理中的应用得到了重视。在基于远程监控的网络管理模型中,Agent 的管理操作完全由远程的 Manager 控制,管理操作命令和操作结果的传递造成了网络业务量的升高,同时网络管理的实时性也受到了限制。解决这一问题的一个有效方法是采用分布式人工智能中的智能 Agent 来代替模型中的 Manager 和 Agent,使得各个管理实体都自治地、主动地、实时地,同时又相互协同地工作。

宽带网络的管理对智能技术提出了更高的要求。宽带网络的主要特点是:业务种类多、容量大、高速处理。面对这样的特点,基于计算智能的网络管理受到了人们的重视。计算智能主要包含人工神经网络、遗传算法和模糊逻辑控制。计算智能具有并行运算、模糊处理、机器学习等特点。这些特点为解决高速网络的管理与控制问题提供了可能性。目前计算智能已经在组播路由选择、带宽分配、接纳控制、拥塞控制以及网络设计等多个问题中得到成功的应用。

小 结

网络管理在当今信息化社会中是一门用途广泛的技术。随着网络技术的迅猛发展，网络管理的内容不断丰富，已经形成了一个比较完整的理论和技术体系。社会各行各业急需大批系统地掌握网络管理知识的人才。学好本课程是信息工程、自动化、通信工程、计算机科学与技术等专业学生的重要任务。

本章的教学目的是使学生对网络管理建立初步的概念，了解它的重要性，相关的基础理论和技术以及本课程的主要内容。本章对于了解网络管理技术的整个体系结构十分重要。

思考题

1-1 什么是网络管理？简述它的重要性。

1-2 网络管理的目标是什么？

1-3 网络管理主要涉及哪些基础理论与技术？

1-4 面向对象的分析技术与面向过程的分析技术相比有哪些主要区别？面向对象分析技术的优点是什么？

1-5 网络管理的 5 个功能领域是什么？

1-6 网络管理的主要内容是什么？

上篇　网络管理模型

第 2 章

OSI系统管理模型

网络管理模型定义网络管理的框架、方式和方法。不同的管理模型会带来不同的管理能力、管理效率和经济效益，决定网络管理系统的不同复杂度、灵活度和兼容性。国际标准化组织提出的基于远程监控的管理框架是现代网络管理模型的基础。在此基础上，提出了建立综合网络管理系统的建议。这些建议已被普遍接受，并形成了两种主要的网络管理模型，即以 OSI（Open System Interconnection）模型为基础的系统管理模型（CMIP）和以 TCP/IP 模型为基础的网络管理模型（SNMP）。本章介绍 OSI 系统管理模型，它从体系结构（组织模型）、管理信息通信协议（通信模型）和管理信息模型 3 个方面对网络管理模型进行了规范。我们在学习、研究和应用网络管理模型时，要特别注意这 3 个方面的区别和联系。

2.1 OSI 系统管理体系结构

2.1.1 OSI 系统管理体系结构

早期的网络主要是以机电设备为主的电信网络和广播电视网络。受机电设备特点的限制，对这些网络的管理具有本地性和物理性的特点。即技术人员要到现场进行物理作业来管理各种传输装置、复用设备、交换机等网络资源。通过连接仪器、操作按钮来监视和改变网络资源的状态。

早期网络管理的另一个特点是，管理作业一般都是在发现故障或接到用户申告之后才开始。这种策略被称为故障驱动的事后策略。

电子学，特别是微处理器的发展推动了网络技术的进步。采用新技术的网络资源的监测和控制已经不必采用现场物理操作的方式，因而提出了以远程监控为基础的网络管理的新框架。网络的性能状况定期地甚至实时地得到监视，使管理系统有了预测问题的能力。这大大改变了原来的网络维护管理方式，将本地物理管理变成了远程逻辑管理。对于网络管理者来说，这种变化意味着从根据现场观测的局部信息进行孤立判断，转变为对有明确定义的全局信息进行解释。

在新的管理框架中,将网络资源的状态和活动用数据加以定义后,远程监控系统中需要完成的功能就成为一组简单的数据库的操作功能(即建立、提取、更新、删除功能)。基于远程监控的管理框架如图 2.1 所示。网络管理系统 NMS 在远程,通过通信对本地的物理资源的逻辑表示(数据)进行访问,本地也存在一些对这些数据的应用。

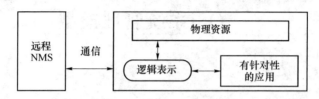

图 2.1　基于远程监控的管理框架

这个远程监控管理框架已经成为现代网络管理模型的基础。基于这个框架,OSI 开发了系统管理模型,对系统(网络)管理的组织模型(体系结构)、通信模型和管理信息模型进行了规范和定义。系统管理模型是现代网络管理的第一个标准模型,是理论上最规范、结构上最完备、功能上最强大的模型。

如图 2.2 所示,系统管理体系结构建立在 OSI 的两个开放系统的概念之上。一般地,一个开放系统是指配备了 OSI 七层协议的系统,它可以代表一套设备,如电话交换机、路由器等。这些开放系统的互联便构成网络。七层协议意味着开放系统可以在七个不同的层次实现互联,形成不同层次的网络。在 OSI 七层协议中,下层对上层提供服务,上层对下层进行应用。通信是在两个开放系统中相同层次的对等实体之间进行的。这些原则在整个网络技术体系中都是有效的。

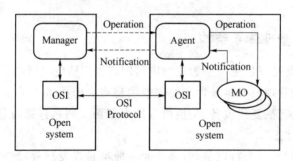

图 2.2　OSI 系统管理体系结构

在图 2.2 中,在左边开放系统的应用层上配置一个 Manager 实体,在右边开放系统的应用层上配置一个 Agent 实体,这样便可形成两个系统之间的管理与被管理的关系:左边的为管理系统,右边的为被管系统。管理系统通过 Manager 发出访问被管系统中的管理信息的操作(operation)请求,被管系统通过 Agent 接受这个请求,实现这个访问,并将应答(访问结果)反馈给 Manager。同时,如果被管系统中发生了什么意外情况,也可以通过 Agent 主动地向管理系统发送通报(notification),管理系统通过 Manager 接受。Manager 发送给 Agent 的操作请求以及 Agent 发送给 Manager 的应答和通报都通过下层的 OSI 通信协议传递。

在系统管理体系结构中,管理系统和被管系统必须能够正确理解所交换的管理信息,包括被管系统收到管理系统的操作请求后,要知道这个操作请求是对什么管理信息的请求;管理系统收到应答或通报后,要能理解它的含义。为了实现这个目的,OSI 提出了公共管理信息模型,对资源的管理信息进行描述。

公共管理信息模型采用面向对象技术,提出了被管对象(MO,Managed Object)的概念来描述被管资源。被管对象对外提供一个管理接口,通过这个接口,可以对被管对象进行操作,也可以将系统中的随机事件用通报的形式向外发出。因此,管理信息的本地操作就成了 Agent 对被管对象的操作和向 Manager 转发被管对象发出的通报。

在系统管理体系结构中,管理系统和被管系统的角色不是固定的。因为一个管理实体既有 Manager 角色,也有 Agent 角色。当它以 Manager 角色与其他开放系统通信时,它就是管理系统,而当它以 Agent 角色与其他开放系统通信时,它就是被管系统。

2.1.2 Agent 的支持服务

在系统管理体系结构中,Agent 承担访问被管对象和向 Manager 转发被管对象发出的通报的任务。在完成上述任务的时候,Agent 需要进行对被管对象的访问控制,以防止非法访问。同时,还要选择通报的转发对象,即被管对象产生一个通报后,Agent 要决定将这个通报转发给哪些 Manager。此外,Agent 还要对本地发生的重要事件做日志,按照预先制定的时间表进行一些自主的管理操作等。为了使这些功能标准化,OSI 制定了如下 4 个标准:

① 事件报告功能(event report function);
② 日志控制功能(log control function);
③ 访问控制(access control);
④ 时间表功能(scheduling function)。

上述标准功能被称为 Agent 支持服务(support service)。为了实现支持服务,定义了一种特殊的被管对象——支持被管对象(support managed object)。对应上述 4 个标准功能,分别有鉴别器、日志控制、访问控制和时间表 4 类支持被管对象。

图 2.3 是包含这些支持被管对象的 Agent 进程示意图。下面结合图 2.3 分别讨论这些支持服务的作用和工作过程。

(1) 事件处理

当被管对象产生通报时,Agent 需要决定向哪些 Manager 转发。为此,对应各个通报,要有对应的事件转发鉴别器(event forwarding discriminator),由它来选择和过滤通报的转发目的地。事件转发鉴别器包含两个必要属性：鉴别器结构（discriminator construct）和目的地（destination）。前者保存一个转发条件（predicate），后者包含事件转发目的地，目的地可以是多个。这样，当某个被管对象产生一个通报后，Agent 便根据该通报所对应的鉴别器的结构来判断是否满足转发条件，如果满足，则根据鉴别器中提供的目的地，确定该通报所发往的 Manager。

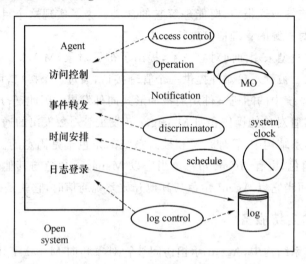

图 2.3 Agent 进程

（2）日志

为了记录本地所发生的重要事件，需要有选择地将事件报告存储在日志（log）中。日志控制（支持被管对象）的作用就是选择需要存储的事件报告和控制日志的登录。

日志控制含有一个鉴别器结构属性，用来选择哪些事件报告将被保存在日志中。日志控制还有一个状态属性，对这个属性进行操作来控制日志登录活动的暂停和恢复。

日志有容量限制，根据充满后的处理方法，日志被分为两种类型：

① 当日志被充满时，复位到起始点，原有记录被新记录覆盖；

② 当日志被充满时，停止登录。

当日志中的记录数达到设定的阈值时可以发出通报，提醒 Manager 采取适当措施。

日志中的记录是具有只读属性的对象，它们的属性包括记录标识符，记录被登录到日志中的时间以及与被登录的事件报告有关的数据。

（3）访问控制

Agent 收到来自 Manager 对某个被管对象的访问操作请求时，必须要对这个访问的合法性进行判断。如果合法，才进行访问，否则要拒绝访问。这种访问控制是保证网络管理系统安全性的基本要求。因此，需要为被管对象定义访问控制，即定义需要控制的对象和操作,以及可以在这些对象上进行操作的 Manager。这样,Agent 收到某个 Manager 的访问请求后,便能对是否接受这个请求作出正确的判断。

(4) 时间表

Agent 在对 Manager 的访问请求进行应答、转发通报、登录日志以及完成其他自主操作的过程中,需要进行多重访问、事件转发以及其他操作的同步,因此在被管系统中还需要定义时间表这类支持被管对象,来实现时间控制。

2.2 公共管理信息协议

2.2.1 管理信息通信

为了支持 Manager 与 Agent 之间的通信,OSI 提出了公共管理信息协议(CMIP)。CMIP 位于应用层,直接为 Manager 和 Agent 提供服务。提供 CMIP 服务的实体被称为 CMIP 协议机,实体中包含 3 个服务元素:公共管理信息服务元素(CMISE)、联系控制元素(ACSE)和远程操作服务元素(ROSE)。CMIP 实体与 Manager/Agent 实体相结合构成系统管理应用实体(SMAE)。

如图 2.4 所示,Manager 和 Agent 利用 CMISE 提供的服务建立联系(association),实现管理信息的交换。而 CMISE 利用 ACSE 控制联系的建立、释放和撤销,利用 ROSE 实现远程操作和事件报告。ROSE 向远程系统以异步的方式发送请求和接收应答,即发出一个请求后,收到它的应答之前,可以继续发送其他请求或接收其他请求的应答。

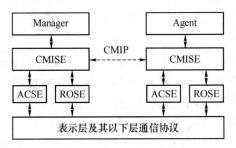

图 2.4 管理信息通信模型

2.2.2 公共管理信息服务(CMIS)

CMISE 的功能由 12 个功能单元来提供。如表 2.1 所示,功能单元分为两大类:第一类是核心功能单元,每个核心功能单元对应 CMISE 提供的一种服务;第二类是扩充功能单元,用来提供附加功能。每种 CMIS 服务包含一个核心功能单元,零到若干个扩充功能单元。

表 2.1　CMISE 的功能单元

核心功能单元	扩充功能单元
M-EVENT-REPORT	Multiple reply
M-GET	Multiple object selection
M-SET	Filtering
M-ACTION	Cancel get
M-CREATE	Extended service
M-DELETE	
M-CANCEL-GET	

因此，CMIS 包含 7 种服务：

(1) M-EVENT-REPORT：用于 Agent 向 Manager 转发有关被管对象的事件。

(2) M-GET：用于 Manager 通过 Agent 获取被管对象的信息。

(3) M-CANCEL-GET：用于 Manager 通知 Agent 取消发出的某个 M-GET 请求。

(4) M-SET：用于 Manager 通过 Agent 修改被管对象的属性值。

(5) M-ACTION：用于 Manager 通过 Agent 对被管对象执行指定的操作。

(6) M-CREATE：用于 Manager 通过 Agent 创建新的被管对象实例。

(7) M-DELETE：用于 Manager 通过 Agent 删除被管对象的实例。

其中 M-GET、M-SET、M-ACTION、M-CREATE、M-DELETE 和 M-CANCEL-GET 支持 Manager 的操作请求，而 M-EVENT-REPORT 支持 Agent 发送通报。M-GET、M-CREATE、M-DELETE 和 M-CANCEL-GET 是确认型（confirmed）服务，即要求对等实体返回确认或应答信息。M-EVENT-REPORT、M-SET 和 M-ACTION 可以是确认型的，也可以是非确认型（unconfirmed）的，取决于操作和通报的类型。服务是否是确认型的，由它的操作值（operation value）来指出（参见 2.2.3 节）。

扩充功能单元用来对基本服务进行功能扩充。Multiple reply 功能单元用以实现对一个操作的链式应答，例如，通过一个 M-ACTION 操作实现多个被管对象属性值的更新操作时，每个被操作的被管对象都会进行应答，从而引起链式应答。Multiple object selection 功能单元用以实现一个操作面向多个被管对象进行。Filtering 功能单元用以指定执行操作的被管对象需要满足的条件，以便进行有条件的操作。Cancel get 功能单元用于提供 M-CANCEL-GET 服务中需要的参数。Extended service 功能单元允许功能调用者直接访问表示层提供的服务。

Manager 和 Agent 用 CMIS 服务原语调用上述 7 种服务。每种服务有 request、indication、response 和 confirm 4 个服务原语。例如 M-GET.req、M-GET.ind、M-GET.rsp 和 M-GET.conf。其中 request 和 confirm 原语由服务启动方调用，以发出请求和接收应答或确认；indication 和 response 原语由服务响应方调用，以接收请求和反馈应答或确认。显然，对于确认型服务的调用，上述 4 种类型的原语都将被用到。而对于非确认型服务,只用 request 和 indication 两种。

图 2.5 是 Agent 应用 M-EVENT-REPORT 服务的过程,由于存在 M-EVENT-REPORT.rsp 和 M-EVENT-REPORT.conf 两个原语的调用,可见这个 M-EVENT-REPORT 是确认型服务。图中的两条竖线代表两个对等的 CMIP 实体,因为 M-EVENT-REPORT 服务由 Agent 启动,所以左边的 CMISE 服务用户是 Agent,右边的是 Manager。图的纵向表示时间,由上向下的方向是正向。

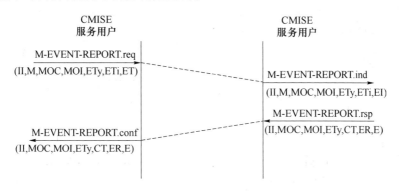

图 2.5 确认型 M-EVENT-REPORT 服务过程

调用 CMIS 服务时需要由调用者给出参数。如图 2.5 所示,indication 原语的参数与 request 原语的相同,而 confirm 原语的参数与 response 原语的相同。下面讲一下图 2.5 中各原语参数的意义,以使我们对 CMIS 服务有更深入的了解。

II = Initiator Identifier:对发出 request 请求的 CMISE 用户进行标识。这个参数在所有原语中都是不可缺少的,并且在整个管理域中要能唯一地对 CMISE 用户进行标识。在本例中标识发送通报的 Agent 实体。

M = Mode:指出服务是否为确认型的。

MOC = Managed Object Class:指出操作面向哪个被管对象类或事件报告来自哪个被管对象类。

MOI = Managed Object Instance 被管对象实例:指出操作面向哪个被管对象实例或事件来自哪个被管对象实例。由 MOI 和 MOC 便可确定与操作或通报相关的系统资源。

ETy = Event Type:通过事件代码说明报告的是什么类型的事件。但对事件代码的解释要结合 MOC 进行,因为不同的被管对象可以定义不同的事件代码。

ETi = Event Time:检测到事件的时间。

EI = Event Information:对事件发生的原因和环境等情况进行说明的参数。

CT = Current Time:指出(应答)原语发出的时间。

ER = Event Response:传递接收者对事件报告的应答。

E = Error：当发生错误时，用这个参数传递错误信息。

显然，最后的 3 个参数只在 response 和 confirm 原语中才有必要包含。

如果一个服务请求引起链式应答，则对应一个 request 原语，响应方要用多个 response 原语应答。图 2.6 描述了一个引起链式应答的 M-GET 服务过程。

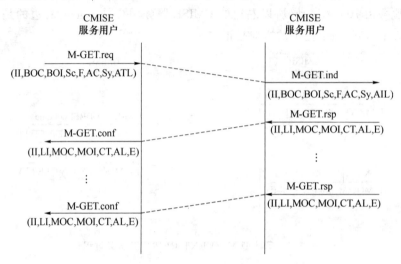

图 2.6 M-GET 原语的链式服务过程

在图 2.6 中，左边的 CMISE 服务用户是 Manager，右边的是 Agent。Manager 调用 M-GET.req 原语请求读取 Agent 处多个被管对象的属性值，Agent 用多个 M-GET.rsp 原语进行应答，每个被管对象一个原语。

在图 2.6 的原语中，出现了一些新的参数。特别需要说明的是，操作涉及哪些被管对象要由 BOC（Base Object Class）、BOI（Base Object Instance）、Sc（Scope）和 F（Filter）共同决定。在 OSI 系统管理模型中，被管对象的类型由被管对象类标识符指定，而被管对象的名字由包含树给出（参见 2.3 节）。BOC 指出本次操作的一个或一组被管对象类。BOI 在包含树上确定本次操作的被管对象子树的顶点。包含树的每个节点对应一个被管对象，上级节点上的被管对象包含它的所有下级节点上的被管对象。由 Sc 确定操作的范围。范围有 3 种选择：①只选子树的顶点（基础被管对象本身）；②选择子树中第 n 层的所有节点；③选择从子树顶点开始向下的整个子树。F 参数给出执行操作需要满足的条件，从而对前 3 个参数确定的操作范围内的被管对象进一步进行筛选。当这 4 个参数所确定的被操作的被管对象为多个时，便引起链式应答。其他新出现的参数的意义如下：

AC = Access Control：对被管对象进行安全访问控制的参数。

Sy = Synchronization：指出操作在多个对象或多个属性上进行时所要求的同步方式。分原子同步和尽量同步两种（参见 2.3 节）。

AIL = Attribute Identifier List：指出要读取的属性。如果省略这个参数，意味着要读取指定的被管对象的所有属性。

LI = Link Identifier：用于标识多重应答中的各个被管对象的包含关系。

AL = Attribute List：给出读取出来的属性的标识符及其值。

表 2.2 列出各种 request 和 response 原语及其参数，并对新出现的参数进行了说明。

表 2.2 CMIS 原语

原 语	参数意义
M-EVENT-REPORT.req (I I,M,MOC,MOI,ETy,ETi,EI)	
M-EVENT-REPORT.rsp (I I,MOC,MOI,ETy,CT,ER,E)	
M-GET.req (I I,BOC,BOI,Sc,F,AC,Sy,AIL)	
M-GET.rsp (I I,LI,MOC,MOI,CT,AL,E)	LI 只在链式应答时才出现，下同
M-CANCEL-GET.req(I I,GII)	GII：get 发起方标识符
M-CANCEL-GET.rsp(I I,E)	
M-SET.req (I I,M,BOC,BOI,Sc,F,AC,Sy,AIL)	
M-SET.rsp (I I,LI,MOC,MOI,CT,AL,E)	
M-ACTION.req (I I,M,BOC,BOI,Sc,F,AC,Sy,AT,AA)	AT：动作类型　AA：动作变量
M-ACTION.rsp (I I,LI,MOC,MOI,CT,AT,AR,E)	AR：动作结果
M-CREATE.req (I I,MOC,MOI,SOI,AC,ROI,AL)	SOI：上级实例　ROI：参照实例
M-CREATE.rsp (I I,MOC,MOI,CT,AL,E)	
M-DELETE.req (I I,BOC,BOI,Sc,F,AC,Sy)	
M-DELETE.rsp (I I,LI,MOC,MOI,CT,E)	

2.2.3 公共管理信息协议(CMIP)

OSI 通信协议分两部分定义。一部分是对上层用户提供的服务，另一部分是对等实体之间的信息传输协议。在管理通信协议中，CMIS 是向上提供的服务，CMIP 是 CMIS 实体之间的信息传输协议。

图 2.7 所描述的 CMISE 与 ACSE 和 ROSE 的关系显示了 CMIP 与另外两个应用层协议——联系控制协议(ACP,Association Control Protocol)和远程操作协议(ROP,Remote Operation Protocol)的关系。即 CMIP 的功能都被映射到 ACP 和 ROP 之上。ACP 实现管理联系的建立、释放和撤销，ROP 实现远程操作和事件报告。

需要说明的是，CMIP 并不是系统管理所必须使用的协议。根据 OSI 网络管理论坛的建议，有些系统管理应用，如软件或文件更新也可以通过文件传送访问管理标准(FTAM)中的文件传送协议(FTP)来实现。图 2.7 描述了 OSI 网络管理论坛提出的协议剖面图。其中的管理专用 ASE(Application Service Entity)对应图 2.4 中的 Manager 和 Agent 实体。管理应用是实现系统(网络)管理功能的各种应用程序,如性能监测、故障诊断、计费等应用程序。

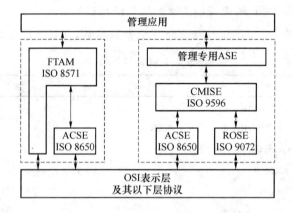

图 2.7　网络管理论坛协议剖面图

CMIP 所支持的服务是 7 种 CMIS 服务。CMIP 提供 CMIS 服务原语供 Manager 和 Agent 调用,然后 CMIP 实体将服务原语转变为协议数据单元(PDU),按照确定的规则与远程的对等实体进行 PDU 的交换。

CMIP 的 PDU 对应服务原语进行定义。由服务请求方 CMIP 实体发给服务应答方 CMIP 实体的 PDU 对应各种 request 原语进行定义,而由服务应答方 CMIP 实体发给服务请求方 CMIP 实体的 PDU 对应各种 response 原语进行定义。PDU 的作用是按照预先定义的格式和数据类型传递服务原语及其参数。CMIP 的 PDU 格式是在 ROSE PDU 格式基础上定义的,目的是为了便于在通信时向 ROSE PDU 进行映射。其一般格式如图 2.8 所示。

Invoke ID	Operation Value	BOC/MOC	BOI/MOI	Informaton

图 2.8　CMIP PDU 的一般格式

从图 2.8 可见,PDU 由若干字段构成,各个字段具有确定的数据类型。一个 Manager 和一个 Agent 建立了联系以后,可能会进行多个管理操作,例如发出多个 M-GET. req 请求,读取多个被管对象的属性值。由于请求与应答是异步进行的,先发出的请求不一定先得到应答,所以每个 PDU 都需要一个 Invoke ID,以使 response PDU 与它的 request PDU 相对应。Operation Value 用来区分不同的服务。表 2.3 列出了它的值与各种服务的对应关系。

表 2.3 CMISE 服务与 CMIP 的 Operation Value

Service	OV
M-EVENT-REPORT confirmed	0
M-EVENT-REPORT unconfirmed	1
Multiple responses	2
M-GET	3
M-SET confirmed	4
M-SET unconfirmed	5
M-ACTION confirmed	6
M-ACTION unconfirmed	7
M-CREATE	8
M-DELETE	9
M-CANCEL-GET	10

其中的 Multiple responses 不是 CMISE 的一个独立服务,只用于多重应答。

BOC／MOC 和 BOI／MOI 这两个字段用来传递服务原语中对应的参数。由于所有的服务都含有这两个参数,所以这两个字段在所有的 PDU 中都包含。服务原语中的参数除了启动方标识符 II 之外,其他的都包含在 Information 字段中。由于不同的原语具有不同的参数,因此具有不同的 Information。II 参数的作用是在 CMISE 调用 ROSE 时标识远程通信的对等实体,因此不必包含在 PDU 中。

CMIP 操作的一般过程是:

(1) CMISE 用户(Manager 或 Agent)构造一个 request 服务原语,将原语交给 CMIP 协议机,启动操作服务;

(2) CMIP 协议机根据收到的原语及其参数得知请求的是何种服务后,构造相应的 CMIP PDU,然后调用 ROSE 服务原语 RO-INVOKE.req,向 ROSE 提出发送 CMIP PDU 的请求;

(3) ROSE 收到 RO-INVOKE.req 原语后,构造包含 CMIP PDU 的 ROSE PDU,调用表示层的服务向目的系统的 ROSE 传送;

(4) 目的系统的 ROSE 收到对方的 ROSE PDU 后,将其中的 CMIP PDU 取出,并通过 RO-INVOKE.ind 原语将其上交给响应方的 CMIP 协议机;

(5) 响应方 CMIP 协议机从 RO-INVOKE.ind 原语中取出 CMIP PDU,分解其中的 CMIS 服务参数,根据这些参数构造一个相应的 CMIP indication 服务原语,交给响应方的 CMISE 用户(Agent 或 Manager);

(6) 如果服务是非确认型的,至此 CMIP 便完成了一次服务。否则,还将利用 response 服务原语进行一个反向的确认或应答过程。反向过程与正向过程类似,只是因为传递的是应答,因此调用的 ROSE 服务不是 RO-INVOKE 而是 RO-RESULT,详细过程此处不再赘述。

图 2.9 以非确认型 M-SET 为例,对上述过程进行了描述。

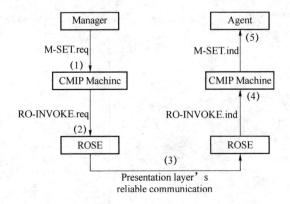

图 2.9　M-SET 的操作过程

2.3　管理信息模型

采用基于远程监控的管理框架,必须对多厂商的网络设备以及异构网络的信息进行统一、一致和规范的描述。否则 Manager 就无法读取、设置和理解远程的管理信息。为此 OSI 提出了基于 CMIP 的管理信息模型作为标准管理信息模型。管理信息模型采用面向对象技术,提出了被管对象的概念对被管资源进行描述,定义的各种标准被管对象类被赋予全局唯一的对象标识符,对被管对象(实例)的命名采用包含树的方法进行。

2.3.1　管理信息模型

OSI 的管理信息模型具有以下基本特征:
① 管理信息的定义与 CMIS 兼容,能够通过 CMIP 进行访问;
② 有一个公共的全局命名结构,对管理信息进行标识;
③ 用面向对象的方法建立信息模型,管理信息被定义在被管对象中。

管理信息模型中的被管对象是所代表的资源的一个管理视图。所谓管理视图,就是以某种管理为目的对被管资源进行的抽象。被管资源有方方面面的特性,但对某种特定的管理来说,只对某些方面的特性感兴趣。例如,电话交换机是一种被管资源,它有体积、重量、颜色等外观特性,也有容量、交换方式等技术特性,还有价格、厂商、出厂日期、购买日期等经济特性。不同的管理任务关心不同的特性,如性能管理关心技术特性,不关心经济特性,而计费管理关心经济特性,不关心技术特性等。因此对于电话交换机这个资源,根据不同的任务可以有不同的管理视图。另外,为了进行管理,往往不仅需要了解基本特性,还需要在这些基本特性的基础上进行统计和分析。因此对被管资源进行抽象,一方面是指提取相关特性,忽略无关特性,另一方面是指对基本特性的观测结果进行加工和提炼。

图 2.10 是对被管对象概念的一个图示说明。被管对象可以被看做是一个将它所代表的资源包围起来的不透明的球,球的表面开有"窗口"。外界只能通过窗口对资源进行观测,因而有些特性是观测不到的;资源通过窗口向外界报告内部的情况,但不是所有的情况都向外界报告。这些特点体现了面向对象技术的抽象性和封装性,即被管对象是资源的抽象,是对资源的封装。球面上

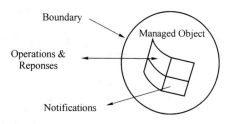

图 2.10 被管对象的概念图

的"窗口"被称为被管对象的界面,在系统管理模型中,Agent 就是通过这个界面与被管对象进行交互。因此,通过这个界面的管理信息有以下 3 种:

① Agent 对被管对象的管理操作,M-GET,M-SET 等;

② 管理操作的应答;

③ 被管对象产生事件通报,Agent 接到后,用 M-EVENT-REPORT 向 Manager 转发。

2.3.2 被管对象类

从以上的讨论中可知,利用管理信息模型对网络资源进行管理,就要定义被管对象对资源进行抽象描述。因此,在管理信息模型中,被管对象定义是一个主要问题。根据对管理信息模型的要求,被管对象的定义应该有统一性、一致性和可重用性。统一性要求定义的被管对象要有全局唯一的意义和名称标识,一致性除了要求定义的风格一致外,还要求类似的特性以类似或相同的被管对象定义,可重用性要求定义的说明规范能够被重用。

为了满足这些要求,被管对象的定义应以类为单位进行。一个被管对象类可以对资源的多个类似特性或多个类似资源进行描述。例如,一个系统可能有多个类似的 MODEM,对它们的管理方法也是类似的。那么我们就可以定义一个 MODEM 被管对象类,统一确定所有这些 MODEM 的管理信息模型。而每个具体的 MODEM 的管理信息就是这个被管对象类的一个具体的值——实例。因而,被管对象定义严格地说是指被管对象类定义。有了被管对象类的概念后,单说"被管对象"时,一般是指被管对象实例。

定义被管对象类,就是要对它具有的属性(attribute)、可以进行的操作(operation)、能够发出的通报(notification)等特性(property)进行定义。另外,还要对它的行为(behavior)以及命名方法等特性进行说明。

继承(inheritance)机制是面向对象技术的主要优点之一,在被管对象类定义中,这种机制发挥着非常重要的作用。所谓继承就是在定义新类的时候,指定一些现有的类为父

类,新类对父类中各种特性的定义(说明)加以自动引用。新类也称子类(subclass),父类也称超类(superclass)。在管理信息模型中,除了最先定义的 Top 类之外,其他的类都是从现有的类派生出来的。所有被管对象类之间的继承关系形成了一个继承层次结构(inheritance hierarchy),顶端为 Top。图 2.11 显示了这个继承层次结构顶部的一个局部。

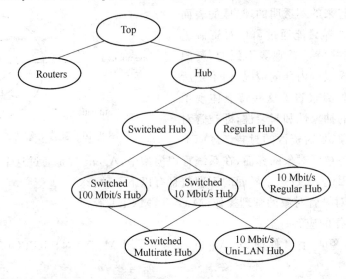

图 2.11 继承层次结构例

继承机制大大简化了被管对象类的定义,通常情况下只需在现有类的基础上做一些扩充。这种扩充可以由标准化组织完成,也可以由厂商来完成。扩充过程被称为特殊化。可以看出,继承机制提供了一个简单一致的方法对被管对象类进行定义。

管理信息模型允许多重继承,就是说一个被管对象类可以有多个超类。另外,管理信息模型中的继承是严格的。即超类的所有属性、操作和通报都自动出现在它的子类中,没有被忽略的。在一定限度内,属性值的范围可以改变,附加的参数可以被加到通报和动作中,现有的参数范围可以改变,也可以增加、删减或改变对属性值的限制。管理信息模型对这类修改进行了严格的限制,使得扩充的被管对象与没有扩充的父对象可以并存,以保证在系统改造或多厂商环境中的互通。

图 2.11 给出了一个继承层次结构例,对包含路由器和集线器的网络的被管对象类进行了描述。Top 下面派生出 Routers 和 Hub 两类,而 Hub 类下面又派生出 Switched Hub 和 Regular Hub 两类。Switched Hub 下面又派生出 Switched 100 Mbit/s Hub 和 Switched 10 Mbit/s Hub,而 Regular Hub 下面又派生出 10 Mbit/s Regular Hub。在上述派生过程中,子类都只对一个超类进行继承,因此是单一继承。而最下层的 Switched Multirate Hub 和 10 Mbit/s Uni-LAN Hub 分别从两个超类进行继承,因此是多重继承。

2.3.3 属性

(1) 单一属性

管理信息模型用被管对象的属性表示资源中需要管理的各种数据。对应数据的不同类型,属性值的数据类型可以多种多样,可以是简单的,也可以是队列、树、链表等结构。

属性定义包括设置它的取值范围。对同一属性、同一被管对象类的不同实例可以取不同的值。因此在定义一个属性时,需要给出它的取值范围。例如,在定义 X.25 虚电路被管对象时,包含一个分组尺寸的属性。对于这个属性,理论上可以取集合{16,32,64,128,256,512,1024,2048,4096}中的任意值。

为了给出取值范围,需要定义属性值的两个集合,一个是允许值集合,另一个是要求值集合。

允许值集合用来限定属性可能取的值。例如,如果属性表示的是旋转角度,则基本数据类型可以是整数,允许值集合应被限制在 0~359 之间。但是,除非必要,一般应避免允许值集合的说明。如果不说明允许值,属性所取的值在基本数据类型内没有限制。

要求值集合用来说明要求属性支持的特定的值。例如,一个数据速率属性可能具有一个没有限制的允许值范围,只要是正整数就可以,可是,如果一个数据速率属性对应 300/1 200 bit/s MODEM,就可以要求这个属性至少支持 300 和 1 200 这两个值。如果没有要求值的说明,就不要求具体实例支持某个特定值。

被管对象类的任何实例必须支持所有的要求值,对允许值中的值则可以支持,也可以不支持,但一定禁止允许值集合以外的值。这意味着,Manager 预期属性被设置为它所要求的值的任何一种,而不希望读出允许值集合以外的值。

属性定义还包括定义其访问规则,即 read、write 和 read-write。这些规则对属性操作的合法性进行限制。

每个被定义的属性都有一个全局唯一的标识符。当 Manager 要访问被管对象的某个属性时,需要指出它的标识符,来唯一地对它进行确定。

(2) 属性组

为了提高对属性的访问效率,可以将属性组成组。属性组同样被赋予标识符,使其中的属性能够被整体地操作。

属性组分固定的和可扩充的两种。顾名思义,固定属性组总是具有相同的成员,而可扩充属性组可以有附加的属性,附加的属性是从超类继承的或引入的。例如,可以将若干被管对象中的计数器属性组成一个属性组,以便 Manager 通过指定这个属性组的标识符,将这些计数器的值在一次操作中读出。

2.3.4 管理操作

Manager 可以通过 Agent 对被管对象进行管理操作。管理操作包括 M-GET、

M-SET、M-CREATE、M-DELETE 和 M-ACTION 5 类。其中,前两类是对被管对象中属性的操作,后三类是对被管对象整体的操作。因此,在定义被管对象属性时,要指出这个属性是否能够进行 M-GET 或 M-SET 操作,以及执行操作所要满足的条件。而在定义被管对象时,需要指出对这类被管对象实例进行 M-CREATE、M-DELETE 和 M-ACTION 操作时的方法。

(1) M-GET 和 M-SET

M-GET 是读取被管对象属性的值,M-SET 是修改被管对象属性的值,修改包括用新值更新旧值、用默认值更新、增加成员、减少成员 4 种操作。其中后两种操作只能在值为集合型的属性上进行。

M-GET 和 M-SET 被定义为对被管对象而不是直接对属性进行操作,以便能够通过被管对象建立限制条件,实现对属性的有条件操作。

不提供新属性值的操作 M-GET 和 M-SET with default 还可以用于对属性组进行操作。

(2) M-CREATE、M-DELETE 和 M-ACTION

M-CREATE 用来建立一个被管对象的实例。被管对象建立后,它的属性值可以从被管对象定义中的必要值中获得,或者从 M-CREATE 请求中给出的数据中获得。

M-CREATE 与 M-DELETE 相反,它的作用是删除一个被管对象的实例。如果一个被管对象包含其他被管对象,在删除它之前,必须删除被包含的所有被管对象。

M-ACTION 是一个通用操作,可在指定的被管对象上执行一个有效的过程。这个操作一般用于完成一些简单的 get 或 set 以外的操作。例如,它可以按照被管对象的行为描述,修改被管对象的属性,调用多个应答和发送通报。不同的被管对象可以对 M-ACTION 进行不同的定义,以进行不同的操作。例如,对于一个计数器被管对象,可以定义它的 M-ACTION 操作是清零操作,即如果对它进行 M-ACTION 操作,就将它的值清零。而对于一个 300/1 200 MODEM 被管对象,可以定义它的 M-ACTION 是将速率设成最低速率 300 bit/s。

(3) 多重操作和同步

如前所述,Manager 能够发出多重操作的请求,例如,一个面向多个被管对象的 M-GET。Agent 在收到多重操作请求时需要以正确的同步关系来完成操作。

同步的方式有以下两种:

① 尽量同步(best-efforts synchronization):操作在每个被选出的被管对象上独立进行;

② 原子同步(atomic synchronization):或者所有操作都被成功完成,或者都不完成。

当 CMIP 的一个操作涉及多个被管对象的多个属性并要求原子同步时,一般要求在所有属性上的子操作都成功才算这个操作成功。

2.3.5 通报

为了向 Manager 报告发生的事件，被管对象中包含通报特性。对通报进行定义时，要定义通报包含的参数和触发通报的事件。常用的通报已由系统管理功能标准定义，并给予了详细的说明。其中包括被管对象的建立和删除、状态变化、一般属性变化、告警报告、安全告警报告等。

通报的定义可以被写成可扩充的形式，以便在通报被继承时增加更多的参数。

定义产生通报的被管对象时，不定义通报是否引起 M-EVENT-REPORT。这种控制通过在 2.1.2 节中讲述的事件传递鉴别器来完成。

2.3.6 行为

行为特性用于描述被管对象的内部动作。通过行为特性，可以将属性、操作和通报等特性联系起来。行为的定义可以用属性和操作来说明，还可以将通报包含在说明之中。在被管对象中，一个属性值的变化会产生通报。例如，在多 Manager 环境中，负责配置管理的 Manager 改变了配置数据以后，会对性能产生影响。因此这种改变要向负责性能管理的 Manager 进行通报。再例如，同一个包中的两个属性可能存在相互制约的关系，在这种情况下，对一个属性的操作也会对另一个属性产生影响。这些情况必要时可利用行为特性进行说明。

2.3.7 包

为了使一个被管对象类的定义能表示更多的类似资源，一般需要在定义中包含一些可选项。例如，一个 MODEM 的被管对象类，可以包含一个 image 属性来表示具有传真功能的 MODEM 的图像存储器的容量。但由于早期的简单 MODEM 没有传真功能，因此这个 image 属性应是一个可选项。但是采用通常的由系统对可选项进行设置的方法是不可取的，因为两个相互通信的系统可能会有不同的设置，这样会大大增加它们互通失败的可能性。为了解决这个问题，管理信息模型提出了条件包（conditional package）的概念。

条件包是属性、通报、操作和行为的集合。集合中的元素在被管对象描述中或者完全出现，或者不出现，满足条件就出现，不满足条件就不出现。当远程系统要访问条件包中的特性时，首先要检查一下该被管对象是否满足包出现的条件，如果不满足就不会再去访问，从而可以避免出现差错。

为了定义技术的一致性，被管对象类定义中的必要元素也被放在一个或多个包中，称为必要包（mandatory package）。必要包中的元素一定出现在类的所有实例中。

2.3.8 被管对象的命名

(1) 包含关系

被管对象的命名是对被管对象实例的标识方法。在网络管理中,操作是面向被管对象实例进行的,因此需要对被管对象的实例进行唯一地指定。例如,一个远程管理系统要访问本地被管系统中的一个 MODEM 被管对象,它必须把这个被管对象在它的整个管理范围内唯一地标识出来。

管理信息模型以被管对象的包含关系为基础对被管对象进行命名。利用包含关系对被管对象进行命名,就是从大到小指出包含操作对象的各级被管对象的名字。在上面的例子中,就是首先要指出本地系统的名字(如哪个城市),再指出子系统的名字(如哪个网络),再指出下级子系统的名字(如哪台主机),最后指出操作对象的名字(如哪个 MODEM)。这种命名方法是很自然的,与我们日常所熟悉的标识一个人或一个单位的方法是一致的。

在管理信息模型中,为了使被管对象的包含结构是一种简单的树型结构,规定一个被管对象不能直接包含在一个以上的被管对象中。这与实际中事物的包含关系有所不同,比如,一个人可能同时属于多个组织或单位。定义树型结构的包含关系,是为了使每个被管对象有唯一的名字。在实际中,如果一个资源被包含在多个系统之中,就需要为这个资源实现多个被管对象的实例,并将它们包含在不同的被管对象(代表不同的系统)之中。也就是说,同一类的不同被管对象(实例)可以被直接包含在不同类的被管对象(实例)中。

在管理信息模型的开发初期,曾要求所有被管系统的最高层容器都是 system 被管对象或者是它的一个子类。这样,每个系统的被管对象都将在 system 之下形成一棵包含树。可是后来发现,允许其他被管对象担当这个角色会带来一些方便。例如,假设某个系统在一个互联网络中作为网络的区域 Manager,那么在它的管理区域中会存在多个 system(网络),每个 system 下面是一棵包含树。如果允许区域 Manager 将这些 system 树包含在一个 network 被管对象之下,那么各个网络中的被管对象就能够独立于区域 Manager 命名,从而有利于分布式管理系统的实现。

(2) 名字结构和用法

被管对象的名字有局部形(local form)和全局形(global form)两种形式。局部形仅相对于包含它的最高层被管对象(通常是 system 被管对象)标识被管对象,全局形在局部形前面增加一个被管对象所在系统的全局标识构成。

被管对象的局部形名字在它被建立时由本地操作或通过 Create 远程操作的结果进行分配。如果被管系统中只有一个包含树,则局部形名字能在整个被管系统之内标识被管对象。如果被管系统中有多个包含树,则局部形名字只能在某一个包含树的内部标识被管对象,这时要在被管系统中标识被管对象,需要用全局形名字。

被管对象名的局部形是从包含树的最高层被管对象开始向下一步一步构造的。从包含对象到被包含对象的每一步给出名字的一个成分,这个成分被称为相对区分名(RDN)。将所有 RDN 链接起来,便形成局部形名字。

在一个给定的包含被管对象中,标识被包含被管对象的方法是给出一个用于命名该被管对象的属性和该属性的值。因而相对区分名由一个属性值断言(AVA)构成,AVA 由数据对(attribute-id, attribute value)给出。它指出用于命名的属性(attribute-id)和它的值(attribute value)。因此,为了提供唯一的名字,数据对(attribute-id, attribute value)在包含被管对象的范围内必须是唯一的。

为了结构上一致,全局标识也采用 AVA。管理信息模型中定义了两种方法实现全局部,一种方法是 system 被管对象中的 systemTitle 属性作为命名属性,另一种方法是用 systemId 属性作为命名属性。systemTitle 属性存放被管系统注册名 system-title。system-title 在 OSI 参考模型中的 Naming and Addressing 部分中定义,并且在全局环境下唯一。利用这个属性时,全局标识由一个 AVA 构成。SystemId 属性可将被管对象名连接到另一个命名层次结构 OSI Directory 中。例如,名录信息树(Directory Information Tree)中的一个 RDN 序列能够标识一个名录子树,该子树中包含 system 被管对象的一个标识符。只要这个标识符在该子树中是唯一的,就可以用它作为一个 RDN,这个 RDN 与标识该名录子树的 RDN 序列链接就能形成所需的全局标识。

为了构造全局名,命名结构以统一的风格向上扩展,每一步都基于 AVA,一直连到全局命名树。在管理信息模型中,命名树中的对象之间的关系用上下级关系描述,即一个对象被称为离根较近的对它命名的若干对象的下属(subordinate),反过来,这些对象被称做这个对象的上级(superior)。

(3) 名字绑定(name binding)

为了进行被管对象的命名,管理信息模型提出了名字绑定的概念。作为被管对象的一种特性,名字绑定在被管对象类定义时定义。名字绑定的作用是说明被管对象之间的包含关系。更严格地说,名字绑定是对象类之间的一种关系,它指出 A 类的对象包含 B 类的对象时利用的命名属性。

(4) 命名例

图 2.12 是系统管理模型定义的 OSI 网络层被管对象 network subsystem 包含结构的一部分。network subsystem 被管对象包含在 system 被管对象中。图中:cLNS = connectionless-mode network service 表示无连接型网络服务,cONS = connection-mode network service 表示连接型网络服务。从图中可以看出,一个 network subsystem 包含若干个 network Entity,每个 network Entity 包含 cLNS 和 cONS 两个被管对象,每个 cLNS 包含若干个 linkage 被管对象,而每个 cONS 包含若干个 linkage 被管对象和若

43

个 network Connection 被管对象。

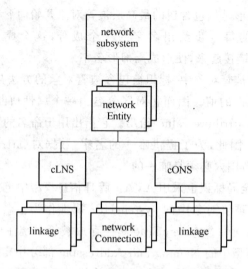

图 2.12 网络层被管对象的命名例（一个包含树例）

图 2.13 给出了图 2.12 中某个 network connection 被管对象的名字构成方法。即：

AVA（subsystemId = "NetworkSubsystem"）指出这个被管对象包含在 network subsystem 中；

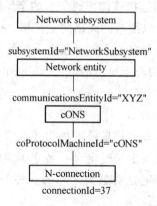

图 2.13 某个 network connection 被管对象的命名

AVA（communicationsEntityId = "XYZ"）指出这个被管对象包含在 XYZ 这个 network Entity 中；

AVA（coProtocolMachineId = "cONS"）指出这个被管对象包含在 cONS 中；

AVA（connectionId = 37）指出这个被管对象的 connectionId 为 37。由此我们获得该被管对象名字的局部形：{subsystemId = "NetworkSubsystem", communicationsEntityId = "XYZ", coProtocolMachineId = "cONS", connectionId = 37}。而它的全局名

就是在这个局部形的前面再加上包含这个 network subsystem 的 system 的全局标识。如前所述,这个全局标识既可以利用 systemTitle 属性,也可以利用 systemId 属性。

2.3.9 兼容性与同质异构

(1) 兼容性要求和方法

在许多情况下,需要管理系统管理与已知的被管系统略有差异(所含的被管对象略有不同)的系统。例如,随着设备升级,原有的被管对象做了更新,而管理系统没有及时升级。这就需要旧版本的管理系统能够管理新版本的被管对象。另外,一些厂商会对标准被管对象进行一些专用特性的扩充。当一个厂商的 Manager 管理另一个厂商的被管对象时,至少要能对它们的标准特性进行管理。

为了处理这类问题,需要定义兼容(compatible)被管对象的概念。说一个被管对象兼容另一个被管对象是指后者的定义是前者的子集,即后者所拥有的特性,前者都有。因此前者"包容"了后者。由于被管对象的继承是严格继承,子类拥有父类所有的特性,所以子类兼容父类。有了这个概念,上述问题就可以描述为:如何使 Manager 管理与已知的被管对象不同但与其兼容的被管对象。

解决这个问题可以采用两种方法。第一种方法是被称为"尽量管理(best-efforts management)"的方法,这种方法只需要 Manager 能够接收并忽略那些非已知的扩充信息,使其不对其他操作产生影响。例如,如果它发出了一个获取被管对象的所有属性的值的操作,它必须准备接收新版被管对象可能具有的新属性的值。

第二种方法是让扩充的被管对象表现得像没有扩充一样。这种方法要求被管系统必须能够在响应被管对象属性值读取请求时只向 Manager 传送其已知的属性值。这种方法被称为同质异构(allomorphism),意思是同一个被管对象对应不同的 Manager 发来的操作,可以表现出不同的结构。显然,要实现同质异构,被管系统需要知道被兼容的被管对象类的结构。

这两种方法的主要差别是:"尽量管理"将责任交给了管理系统,而"同质异构"把责任交给了被管系统。

(2) 兼容性定义

下面具体给出兼容被管对象的定义。被管对象 O 与类 C 兼容的条件是,被管对象 O:

① 具有所有在 C 中定义的属性和在属性上的操作——可以有更多的属性;
② 支持所有在 C 中定义的动作——可以支持更多的动作;
③ 具有所有在 C 中定义的通报——可以具有更多的通报;
④ 只在 C 的定义中有扩充许可的条件下扩充 C 中定义的动作或通报的参数;
⑤ 对每个在 C 中定义的属性,所取的值包括要求值的集合,不超出允许值的集合;

⑥ 对属性、动作和通报的行为定义不与 C 中的定义相冲突。

当子类 S 由超类 C 派生时,继承规则保证 S 与 C 兼容。但是,满足上述兼容条件并不一定要求一个被管对象类是另一个的子类(尽管在大多数情况下是这样)。

(3) 尽量管理和同质异构

"尽量管理"就是尽力而为,但并不主动地有所作为。如果 Manager 保证自己的操作对它已知的被管对象是有效的,那么只要操作是面向兼容被管对象的,操作便会被正确执行。但是,Manager 必须准备忽略来自兼容被管对象的非已知的信息。在许多情况下,用这种方法处理非已知属性是合理的,优点是对系统改造和多厂商环境有很大的灵活性。

同质异构的方法是被管系统将被管对象作为它所兼容的另一类被管对象来看待。在实现时要求被管系统按照被兼容类的能力限制被管对象,具体地:

① 将对所有属性的操作转化为只对被兼容类中定义的属性的操作;

② 被管对象中的通报被传送的条件是它们在被兼容类中也有定义。

在其他情况下被管对象恢复自身的性质。例如,当执行 Set with default 时,应用被管对象类定义的默认值设置规则,而不应用同质异构类定义的规则。

同质异构是一个可选的系统能力。即系统中的各个被管对象能否被同质异构地管理是可选择的。

目前还没有一个标准机制能让被管系统知道一个被管对象应与哪类的实例进行同质异构。实际的做法是:Manager 通过 CMIP 请求建立一个特定的类,接到请求后,被管系统建立一个兼容的被管对象,向 Manager 返回实际建立的类的值,并将请求的类的值放入从 Top 继承的同质异构属性中。以后再收到对该同质异构类的操作请求时,被管系统就对已建立的兼容被管对象进行操作。但是,还没有定义处理与同质异构类有关的通报的机制。因此,对通报只能应用"尽量管理",无论是事件报告还是日志登录。

2.3.10　OSI 的管理信息结构标准

在上述管理信息模型的基础上,OSI 开发了一套管理信息结构标准,明确了管理信息模型的基本概念,为定义被管对象提供了指南,并对一般的、通用的管理信息进行了定义。管理信息模型由如下 4 个标准组成:

① 管理信息模型(MIM);

② 管理信息定义(DMI);

③ 被管对象定义指南(GDMO);

④ 一般管理信息(GMI)。

管理信息模型(MIM)建立被管对象的基本概念,是 SMI 系列其他标准的基础,所有被管对象定义必须遵循这个标准。管理信息定义(DMI)标准将系统管理标准所需的所有管理信息定义集中到单个文本中,作为被管对象定义者的一个单独的参考点。被管对象定义指南(GDMO)可以帮助人们完整地定义被管对象、属性、通报等管理信息。为了保证与系统管理的其他部分的兼容,所有管理信息的定义都应遵守 GDMO。一般管理信息(GMI)标准说明 OSI 各层公共的一般信息。它包括对服务接入点(SAP)对象的定义,连接型(CO)和无连接型(CL)协议机对象等,并希望支持不同 OSI 层的被管对象间的一致性。因此它是定义 OSI 层协议被管对象的基本部分。

2.4 被管对象定义法

被管对象定义是利用管理信息模型管理网络资源的核心任务之一。为了使被管对象定义能够统一、一致、规范和高效,OSI 制定了 GDMO 等标准对定义者进行指导。

2.4.1 GDMO 简介

上面讲述的管理信息模型提供了在 OSI 管理环境下建立被管对象的概念和原则。但是仅靠这个模型还不足以让人们清楚被管对象如何定义。GDMO 提供了按照管理信息模型定义被管对象的原则和方法。它包含被管对象定义者可以利用的素材,也提供了被管对象描述法的语法和语义。GDMO 的目标是为定义者提供背景信息和描述工具,为定义被管对象提供方便条件。

GDMO 制定了开发被管对象类的一般原则,指出了被管对象定义者必须注意的全局问题,并强调了各个定义之间的方法的一致性。

(1) 一般原则

GDMO 的一般原则首先强调要保持一个开阔的视野来开发被管对象类,在定义过程中要充分应用结构化机制(子类、多重继承、包、包含以及属性组),从而达到重复利用不同环境下的定义,降低定义过程的复杂性,提高定义的一致性的目的。

另一个重要原则是保持与被管资源的复杂度相对应的管理功能的复杂度。为了减小系统的总复杂度,对简单资源保持相应简单的管理功能是很重要的。但是,有时也会出现要求进行复杂管理的被管资源自身只有简单的管理功能,这时,管理系统就要为管理这类资源付出额外的负担。这种问题通常采用层次化管理结构来解决,在这种结构中,将 Manager 划分成不同的层次,高层 Manager 需要低层 Manager 的支持,由低层 Manager 代管资源。通过代管者对信息进行预处理,来协调 Manager 发出的复杂命令与被管资源简单的管理能力之间的矛盾。

(2) 全局性问题

GDMO 指出的全局性问题包括注册、命名、选项和一致性等问题。

① 注册

GDMO 描述了一个用于为定义的被管对象类及其成分分配全局唯一的对象标识符

的注册树结构。注册树结构给出了一个对象标识符的分配模式,这个分配模式是定义被管对象类时分配对象标识符的标准模型。

一个对象标识符的值由一个整数序列构成,这些整数被称为弧,由它们定义注册树的结构。如图 2.14 所示,第一个(最左面的)弧定义树的初始分枝,并指定负责分配第二个弧的注册机构(registration authority),以下的弧依此类推。标准中已经定义了 3 个一级弧,一个由 ITU 使用,一个由 ISO 使用,还有一个由 ISO-ITU 联合使用。分配模式在 GDMO 中描述,由于它是 ISO 和 ITU 联合开发的标准,因此以 ISO-CCITT 联合建立的注册模式为基础。在这种模式下,二级弧由 ISO 和 ITU 联合分配给特定的主题域或者标准族。标号为"ms"弧整数值为 9 的标识符为系统管理标准保留。"ms"之下的弧在 GDMO 中定义和分配。

三级弧用于标识标准组,目前,在这一级分配了 4 个弧,对应系统管理概览(System Management Overview)、公共管理信息协议(CMIP)标准、系统管理功能(System Management Function)标准和管理信息结构(SMI)标准。四级弧用于标识不同的标准组,五级弧标识各类具体标准,例如抽象句法描述 1(ASN.1)的各种模块、被管对象类和属性类型。六级弧用于标识具体的对象类。例如,在 GDMO 中分配给第 49 个属性类型的对象标识符为:{joint-iso-itu(2) ms(9) smi(3) part4(4) attribute(7) type-49(49)}。

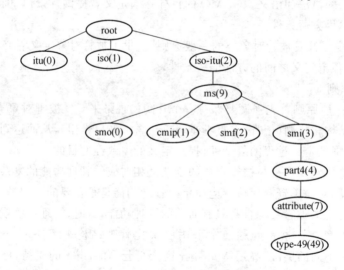

图 2.14 对象类标识符注册树例

定义被管对象类和它们成分的先决条件是相关的组织能够分配对象标识符值。有两种分配方法:一是获得一个专用的对象标识符弧,从而使自己成为信息对象的一个注册机构;二是利用现有的注册机构的服务。建立一个专用的注册机构要通过相关的国家标准组织获得允许使用的弧,在这个弧之下为想要注册的信息对象分配对象标识符。

② 命名

需要适当地选择将被用于作为被管对象命名属性的数据类型。一般选择容易读的数据类型,即选择 Graphic String,它允许使用任何标准字符集。

③ 选项

一般地讲,标准中的选项会在互通时引起问题,所以 GDMO 原则上不允许在被管对象的定义中存在选项,除非它与被管资源的某些标准的可选特征或者某些标准的 OSI 管理功能子集有关。

④ 一致性

为了使不同的标准所定义的被管对象具有一致性,GDMO 提出了许多建议。这些建议提倡利用现有的被管对象类的定义减轻被管对象定义者的负担,通过减少解决类似问题的方法来减轻管理设备的最终用户的负担,同时还提倡被管对象定义者将对其他开发者有用的定义设计为可重用的。

2.4.2 模板(templates)

被管对象类的描述法以模板为基础。所谓模板是对被管对象类及其特性进行描述的一种预定的格式,每个模板包含若干结构(或称成分)。模板的定义给出整个预定格式的全部语法,包括各个成分的顺序,哪些成分可以省略,哪些可以重复,各个成分怎样构成等。定义者所要做的是将格式当中需要填充的空间填上适当的内容。

模板可以同其他模板结合构成一个被管对象类的完整的定义。利用模板产生的说明片段被赋予一个标号,用于其他模板的引用。这种标号和引用机制提供了组合被管对象类的各个部分定义构成其整体定义的方法。

(1) 模板间的引用

GDMO 中定义的多数模板能够引用其他模板。例如,MANAGED OBJECT CLASS 模板能够引用若干个 PACKAGE 模板。引用的结果是将被引用模板的具体的说明片段引入到引用模板中。

为了进行引用,模板被赋予标号。如果被引用模板与引用模板在同一文件中,则模板标号本身就能唯一标识被引用模板。如果不在同一文件中,模板标号前面需要加上文件标识符。标识符可以是它的名字,也可以是 ASN.1 对象标识符。

这种引用机制提供了模块化的开发手段和被管对象类定义的重复利用机制。任何基于模板的说明片段都可以用这种机制引用,不管它包含在哪个文件中。具体地,这个机制允许被管对象类定义者利用其他标准中定义的信息类型和被管对象类,并且按照自己的目的对它们进行加工。最明显的例子是,所有的被管对象类都是 Top 这一被管对象类的加工类。

(2) 内联(in-line)模板

内联模板是指将被引用模板的定义嵌入在引用模板的定义之中。例如,将一个属性模板的定义嵌入到引用它的被管对象类模板的定义之中。与内联模板定义相对应的方法是被引用模板在引用模板的外部进行定义,引用模板在需要的地方给出被引用模板的标号对它进行引用。因为模板标号将由被引用模板的完整的文本所替换,所以这两种方法是完全等效的。用哪种方法更好取决于定义的复杂度,如果复杂度较低,可以采用内联模板的方法,但对于比较复杂的定义,完全采用内联模板会使定义难以阅读。

(3) 对 ASN.1 模块的引用

在被管对象类定义中为了说明与管理协议传递的数据项有关的内容,GDMO 中的一些模板包含对 ASN.1 数据类型或数据值的引用。通常将 ASN.1 类型和值的定义集中在一个 ASN.1 模块中,然后对 ASN.1 模块进行引用。ASN.1 模块也被放在包含引用模板的文件中。

2.4.3 模板说明

被管对象类定义包含以下元素:
① 属性及其值域;
② 对属性的操作;
③ 对被管对象的其他操作;
④ 可以发出的通报;
⑤ 行为定义;
⑥ 属性组;
⑦ 包;
⑧ 命名。

为了说明这些要素,定义了以下 9 个模板:
① 被管对象类(managed object class)模板;
② 包(package)模板;
③ 参数(parameter)模板;
④ 属性(attribute)模板;
⑤ 属性组(attribute group)模板;
⑥ 行为(behavior)模板;
⑦ 动作(action)模板;
⑧ 通报(notification)模板;
⑨ 名字绑定(name binding)模板。

(1) 被管对象类模板

MANAGED OBJECT CLASS 模板是被管对象类定义的核心。除 NAME BINDING 模板之外,所有其他模板都被这个模板直接或间接引用。模板的结构如图 2.15 所示。需要注意的是,模板是文本描述的格式,其本身也是由文本构成的,并不包含图形。此处的图示仅仅是为了让我们便于理解模板中各结构的位置和关系。

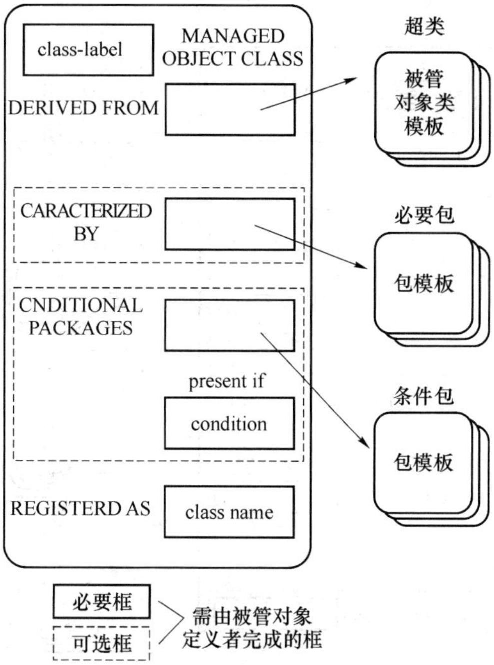

图 2.15 被管对象类模板

所有被管对象类都从一个或多个超类继承特性,top 是继承层次的顶点。模板中的 DERIVED FROM 结构用于指出超类。虽然这个结构为可选的,但除了 top 之外,其他被管对象类的定义中一定都包含这个结构。因此它在图 2.15 中被作为必要(mandatory)元素。

模板的其余部分是对超类进行加工的说明。即通过引用一个或更多的包模板对继承的定义进行加工。包可以包含一些元素对继承的超类的定义进行补充,或进一步说明继承的属性的值域。

CHARACTERIZED BY 结构列出包含在这个类的所有实例中的必须包。CONDITIONAL PACKAGES 结构列出类的条件包。条件包是否包含在类的实例中取决于生成实例时是否满足指定的条件。

REGISTERED AS 结构用于分配一个全局唯一的标识符,作为对应一个被管对象类定义的被管对象类的名字。当需要标识被管对象类时,通过 CMIS 服务原语中的参数传送这个标识符。

(2) 包模板

包模板是将被管对象类的逻辑上相关的特性子集放在一起。如图 2.16 所示,包模板将定义在 BEHAVIOUR、ATTRIBUTE、NOTIFICATION、ACTION 和 PARAMETER

模板中的要素集中在一起。从被管对象类模板中可见,包将被必要地或有条件地加到被管对象类的定义中。

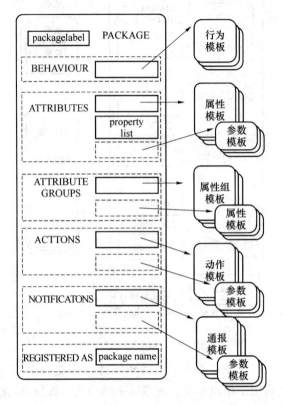

图 2.16　包模板

BEHAVIOUR DEFINITION 结构用来说明包的行为。这种行为可能包含属性值之间的关系,包的要素的行为与被管对象代表的资源之间的关系,以及被管对象的行为与它的操作和通报之间的关系。

ATTRIBUTES 结构用 property list 列出包含在包中的所有的属性,并定义:
① 可用于属性上的操作(GET,REPLACE,ADD,REMOVE);
② 属性的默认值、初始值、允许值和要求值;
③ 说明对 CMIS 错误报告字典的扩充参数,用于对该属性有效的操作。

为属性指出的默认值用于 Replace with default 操作,也可用在被管对象建立的时候。值本身可以用一个 ASN.1 值定义为一个静态值,或者给出所采用的继承规则,将默认值定义为一个继承值。继承规则使得被管对象定义者可以设置动态的默认值。例如,默认值可以被定义为根据其他被管对象的属性值确定。如果不说明默认值,默认值的确定将不受限制。

可以定义被管对象建立时必需的初始值。与默认值类似,初始值可以是一个静态值,也可以是通过继承规则获得的继承值。如果省略初始值说明,初始值可以通过 Create 操作中指定的值确定,或者通过本地的方法设定。

ATTRIBUTE GROUPS 结构指出包含的属性组。属性组为访问逻辑上相关的属性集合提供了一个有效手段。在一个属性组上进行 Get 操作与分别在每个属性上进行 Get 操作具有相同的效果。属性组可以是一个在 ATTRIBUTE GROUP 模板中定义的固定的组织,也可以通过在这个结构中包含另外的属性进行扩充。

ACTIONS 和 NOTIFICATIONS 结构指出包含的动作和通报。动作和通报的参数需要说明。这里的参数有两个作用:

① 对于特定的操作或通报,对 CMIS 错误报告字典进行必要的扩充;

② 对于特定的包,扩充操作或通报的语法。

REGISTERED AS 结构用于为包定义分配一个全局唯一的标识符。如果包被 CONDITIONAL PACKAGES 结构引用,它必须有一个全局标识符,放在被管对象类的 Packages 属性中。Manager 只要读出 Packages 属性中的内容,就知道在给定的被管对象中选用了哪些条件包。

(3) 参数模板

PARAMETER 模板如图 2.17 所示,它提供一个通用的扩充机制。CMIP 中的一些字段,特别是用来传递 CMIS 错误信息、操作语法和通报语法的字段被定义为可扩充的,即这些字段的定义要由对它进行扩充的对象类来决定。PARAMETER 就是主要的扩充类之一。

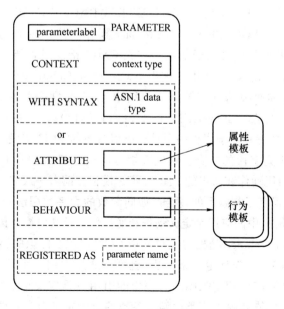

图 2.17 参数模板

可扩充语法结构的定义一般具有如下的形式：

```
Datatype::= SEQUENCE {
    ……
    label      OBJECT IDENTIFER,
    ……
    extension ANY DEFINED BY label
    ……
}
```

PARAMETER 模板允许用语法结构说明替换可扩充语法结构定义中的 ANY DEFINED BY 部分，为了定义参数应用环境，还要给出所需的行为。

CONTEXT 结构用来标识参数应用的环境。在 ACTION-INFO、ACTION-REPLY、EVENT-INFO 和 EVENT-REPLY 环境下，参数被用于填充动作或通报语法结构中的 ANY DEFINED BY 部分。使动作或通报的定义得到扩充，将当初不确定的信息明确下来。在 SPECIFIC-ERROR 环境下，通过传递特定的参数，可以使 CMIS 传递特殊的错误信息。当参数不能用上述已经定义的环境说明用法时，需要定义 context-keyword 环境。在这个环境下，可以指定 PDU 中的某个特定字段来传递参数。例如，一个动作应答语法结构可能包含多个可扩充的字段。这时，可以用 context-keyword 环境指出传递参数的字段。

PARAMETER 模板可以被许多其他模板在多种环境下为多种目的所引用。采用 SPECFIC-ERROR 环境，通过指出 ATTRIBUTE 或 PACKEGE 模板，可以将参数与属性相关联。它的作用是，当属性上的 Get 或 Replace 操作不能用现有的 CMIS 错误信息表示时，用参数来为这些操作定义错误信息。扩充 CMIS 错误报告能力的参数的用法也适用于 NAME BINGING 模板，在那里它被用于 Create 和 Delete 操作中。

为了定义与动作和通报信息有关的语法结构元素，常常需要将参数在 context-keyword、ACTION-INFO、ACTION-REPLY、EVENT-INFO、EVENT-REPLY 环境下使用。context-keyword 环境被用于指出一个存放所用参数的 PDU 字段。其他的环境用于用参数填充 PDU 的可扩充字段的场合。这些环境可以被用于 NOTIFICATION 或 ACTION 模板本身，或者用于引用动作和通报的 PACKAGE 模板。前者一般只用在希望将一个属性类型与一个动作或通报字段相联系的场合。如同参数的大多数用法一样，参数在 ACTION 和 NOTIFICATION 模板中的应用是定义动作和通报信息及其应答的语法结构。

syntax-or-attribute-choice 结构定义填充由 CONTEXT 标识的字段的 ASN.1 语法。它既可以直接引用 ASN.1 类型定义来完成，也可以通过引用一个 ATTRIBUTE 模板来完成。在后一种情况下，对 ATTRIBUTE 模板的引用只是定义语法的一个手段，并不意味着协议中传送的参数值来源于该类属性。参数的行为定义对参数的用法进行说明。

由 REGISTERED AS 结构为参数分配全局唯一的标识符。

（4）属性模板

ATTRIBUTE 模板被用于定义属性类型及其行为的语法结构。它的结构如图 2.18 所示。

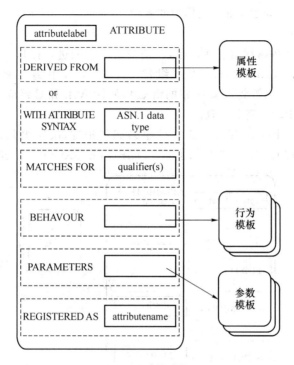

图 2.18　属性模板

可以从现有的一般的属性定义继承属性类。例如，一个一般的计数器的定义可能定义了适用于所有计数器的一般的行为和语法结构。它可以被加工为错误计数器、PDU 计数器等。

WITH ATTRIBUTE SYNTAX 结构定义属性值如何在管理协议中传递，并指出属性取集合值（set-valued）还是取单值（single-valued）。基于 ASN.1 SET OF 类型的属性取集合值，其他的取单值。

MATCHES FOR 结构用于说明属性值的合法匹配规则。例如，在集合值属性的场合，对属性值用相等测试是合法的，而用有序测试可能是不合法的。当 CMIS 过滤器被应用到属性时，匹配规则决定哪些过滤器操作符是合法的。例如，一个测试属性当前值是否与特定值相等的过滤器操作符只在 MATCHES FOR 结构指定 EQUALITY 时才是有效的。

BEHAVIOUR 结构用于说明属性的行为。这个行为是面向所有包含这类属性的包的。不能将只对特定包的行为包含在这里，除非可以肯定某个属性只用于某个包。当一个给定的匹配规则对于属性值来说不明确时，行为定义有助于消除模糊。

PARAMETERS 结构指出对应该属性类型的参数。在这个环境下，参数一般只用于扩充 CMIS 的错误报告字典中对应该属性的错误信息。

REGISTERED AS 结构为属性分配全局唯一标识符。当需要标识这个属性类型时，通过 CMIS 服务原语的参数传送这个标识符。它也可作为被管对象实例名（相对区分名）的一部分，来标识 Get 和 Replace 操作中的属性。

（5）属性组模板

属性组的作用是将属性组织在一起，以便按组对它们进行操作。可以使用的操作是 Get 和 Replace with default，属性组提供组名供这些操作使用，组名被解释为各个成员属性名的组合。例如，如果被管对象 O 中的组 G 由属性 A、B 和 C 组成，则操作"Get O;G"与操作"Get O;A，B，C"完全等效。

ATTRIBUTE GROUP 模板定义属性组的成员条件，决定组是固定的还是可扩充的，并描述组合的目的。图 2.19 显示了 ATTRIBUTE GROUP 模板的结构。

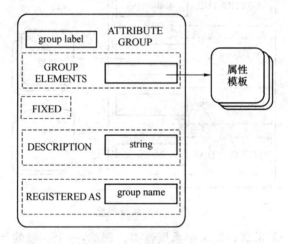

图 2.19　属性组模板

GROUP ELEMENTS 结构定义组内所有必要的属性成员。

如果属性组被定义为可扩充的（省略 FIXED 结构），GROUP ELMENTS 结构可以被省略，或者被用于定义组的核心成员。组的扩充方法是当它被引用在 PACKAGE 模板中时增加属性。

如果属性组被定义为固定的（通过包含 FIXED 结构），意味着在 GROUP ELEMENTS 结构中列出的属性完整地定义了组成员。

当被管对象被示例时，它所包含的任何属性组的定义必须与被管对象所包含的属性一致，即属性组中不能包含被管对象没有示例的属性。为了保证这一点，属性组的成员必须在引用这个组的包中的 ATTRIBUTES 结构中被引用。

DESCRIPTION 结构用于对组进行文本描述。例如，可能希望定义一个由所有计数器属性构成的组，这时，文本描述应指出这个组的成员条件是对所有计数器型属性开放的。这样的属性组可以被定义为可扩充的并且没有固定的成员，成员由每个被管对象类定义。相反,对特定的被管对象类,也可能希望定义一个由用于控制和监测操作性能的一组属性构成的属性组。这样的属性组的成员可以被定义为固定的。

REGISTERED AS 结构为属性组推广标识符,它可用于 CMIS 服务原语中定义属性操作的参数中,特别是 Get 和 Replace 操作中。

(6) 行为模板

BEHAVIOUR 模板如图 2.20 所示,被用于定义被管对象或它的成分的一个行为元素。行为定义目前没有限定,可由可读文本、形式化的描述技术、高级语言、对标准条款的引用等组成。

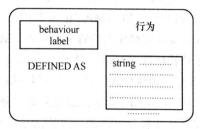

图 2.20 行为模板

(7) 动作模板

ACTION 模板用于定义对被管对象的操作,并且这些操作不能像 Get 或 Replace 那样用预定义的方法建模。模板的结构如图 2.21 所示。

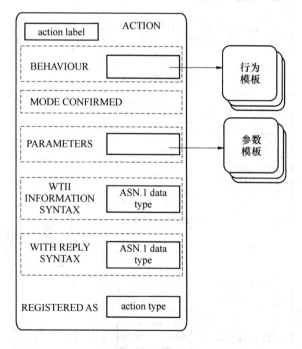

图 2.21 动作模板

BEHAVIOUR 结构被用于描述该 Action 操作的行为,包括:

① Action 对被管对象的效果;
② Action 对资源的效果;
③ 有关 Action 的限制,例如,Action 将被拒绝的条件。

MODE CONFIRMED 结构定义 Action 的操作模式。如果包含 MODE CON-

FIRMED，Action 用确认模式操作，即必须进行应答。如果不包含，由 CMIS 的用户进行判断，是否用确认模式进行 Action 的操作。

PARAMETERS 结构用来说明可用于该动作所有用法的有关参数。在这里，参数只用于对 CMIS 错误报告字典的扩充。

WITH INFORMATION SYNTAX 结构和 WITH REPLY SYNTAX 结构用于在 Action 请求和对应的应答中说明由 CMIP 传送的语法结构。无论 Action 取何种操作模式，两个结构都可以省略。对于 Action 请求，不一定需要提供动作类型以外的任何附加的参数，并且在确认模式下，如果没有特殊的信息需要在确认中传递，应答语法结构也可以省略。

REGISTERED AS 结构为动作分配全局唯一标识符。当需要标识这个动作类型时，通过 CMIS 服务原语的参数传送这个标识符。

(8) 通报模板

通报模板用于定义由被管对象发出的通报。模板结构如图 2.22 所示。

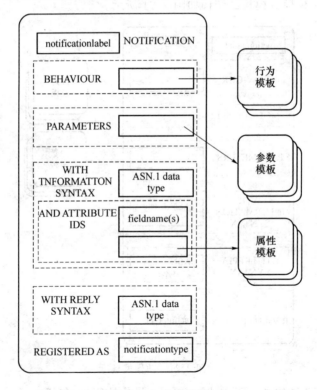

图 2.22 通报模板

BEHAVIOUR 结构用于定义与通报有关的行为，包括：

① 通报是作为某些资源相关事件的直接结果，还是作为某些派生事件如计数器超过阈值的结果；

② 资源中能够触发通报的事件。

通报的操作模式不能定义,所有通报都可以根据 CMIS 用户的要求,在确认模式或非确认模式下操作。

PARAMETERS 结构用来说明可用于该通报所有用法的通报类参数。在这里,参数只用于说明对 CMIS 的错误报告字典的扩充,以满足该动作的需要。

WITH INFORMATION SYNTAX 结构和 WITH REPLY SYNTAX 结构用于在 Notification 请求和对应的 Notification 应答中说明由 CMIP 传送的语法结构。两个结构都可以省略。对于 Notification 请求,不必要提供通报类型以外的任何附加的参数,并且在确认模式下,如果没有特殊的信息要在确认中传递,应答语法结构也可省略。

REGISTERED AS 结构为通报分配全局唯一标识符。当需要标识这个通报类型时,通过 CMIS 服务原语的参数传送这个标识符。

(9) 名字绑定

NAME BINDING 模板提供定义合法的包含和可能的示例的方法。模板结构如图 2.23 所示。

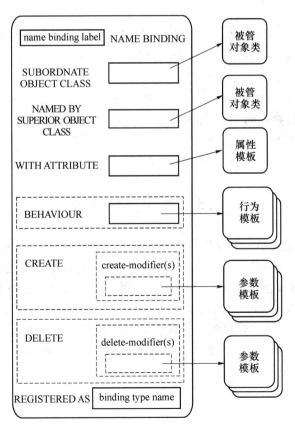

图 2.23 名字绑定模板

名字绑定为 SUBORDINATE OBJECT CLASS 结构所标识的被管对象类的实例定义,当它们被包含在由 NAMED BY SUPERIOR OBJECT CLASS 结构所标识的被管对象类的实例中时的命名属性。限定句 AND SUBCLASS 可以被加到这两个结构中。这个限定句允许名字绑定不仅用于在结构中指出的基本被管对象类,也用于基本类的所有子类(在继承层次中的任何深度上)。在给定的被管对象类可能被进一步加工时,AND SUBCLASS 限定句是有用的。

在某些情况下,可能有特殊的限制条件应用于包含关系。例如,一个被管对象类的实例包含另一个被管对象类的实例的数量可能有一个限度。这样的限制利用 BEHAVIOUR 结构进行说明。

NAME BINDING 模板对能否通过 CMIS 远程建立或删除给定类的被管对象进行定义。CREATE 结构和 DELETE 结构用于这个目的,其中的参数用来对 CMIS 错误报告字典进行扩充。

CREATE 结构用于说明在建立下级被管对象类的实例时,是否允许使用引用对象或自动实例命名。如果模板中没有 CREATE 结构,通过 CMIS 远程建立下级被管对象类的实例是不允许的。

DELETE 结构用于说明在删除一个上级对象之前是否必须删除所有被包含的对象,或者删除上级对象是否破坏所有被包含的对象。这个结构定义的规则是从删除点通过包含层次结构向下递归的。如果被管对象 A 包含 B,而 B 又包含位于包含层次底层的 C,A 和 B 都是在有 DELETES-CONTAINED-OBJECT 限定句的名字绑定下建立的,就可以只删除 A(因而 B 和 C 被删除)。如果模板中没有 DELETE 结构,通过 CMIS 远程删除下级被管对象类的实例是不允许的。

REGISTERED AS 结构为名字绑定分配一个全局唯一的标识符。

2.5 对象描述语言

为了明确和规范地描述管理信息协议和管理信息模型,需要形式化描述语言。对管理信息协议的描述,主要任务是定义 PDU,而对管理信息模型的描述,主要任务是定义被管对象。因此,管理模型所采用的描述语言必须能够有效地描述对象。著名的 ASN.1 (Abstract Syntax Notation One)就符合这一要求,因而在管理信息定义中被广泛应用。但是,OSI 系统模型中的被管对象模板描述语言没有直接采用 ASN.1,而采用了一种与其关系十分密切的 meta 语言。本节首先介绍 ASN.1 的基本规则和用法,然后对模板 meta 语言进行简要说明。

2.5.1 ASN.1

ASN.1 由 ITU 和 ISO 联合开发,用于应用层实体中对象的描述。ASN.1 是抽象句法描述语言,所谓抽象句法就是独立于表示层编码技术对应用层的数据进行描述的句法。抽象句法既可以定义数据类型,也可以为数据类型赋值。

在管理模型中,ASN.1一方面用于描述和定义存储对象规则,即对象的类型和数据值;另一方面也用于描述和定义传递对象的规则,例如PDU格式。在这里,主要介绍数据类型的定义。

所谓数据类型(type)是对某类数据值(value)的概括。例如,所有整数的集合用INTEGER这个数据类型来概括。数据类型分简单的和结构化的两种。简单数据类型通过直接指定所包括的数据值来定义,例如通过指定TRUE或FALSE这两个值定义BOOLEAN这个数据类型。结构化数据类型由简单数据类型构造而成。ASN.1预先定义了近10种简单数据类型,包括BOOLEAN、INTEGER、REAL、BIT STRING、OCTET STRING、OBJECT IDENTIFIER、NULL等。描述和定义对象,主要是定义它的数据类型。显然,简单数据类型的对象是不难定义的,较为复杂的是定义结构化数据类型的对象。

ASN.1中的基本符号是ASCII字符,除了0,1,…,9,A,B,…,Z,a,b,…,z这些数字和字母保持固有意义,没有特别约定外,定义式中其他符号的意义都有明确约定。表2.4给出了这些符号及其意义。

表 2.4 ASN.1 的约定符号

符 号	意 义
::=	defined as / 定义为
|	or / 或
−	signed number / 有符号数
−−	followings are comments / 后面的是注释
{ }	start and end of a list / 清单的开始和结束
[ ]	start and end of a tag / 标签的开始和结束
( )	start and end of a subtype / 子类型的开始和结束
..	range / 范围

ASN.1采用Backus-Nauer Form(BNF)句法语言定义对象,其基本形式为:

<name> ::= <definition>

即::=符号左边为被定义对象的名称,右边为它的定义,::=读做"定义为"。

在ASN.1中,保留了一些具有约定意义的词作为关键词(Keyword),关键词中的所有字母都是大写的,例如,INTEGER、REAL、STRING、TRUE、FALSE、BEGIN、END等。如上所述,基本数据类型的名称由关键词组成,因此都是大写的。利用现有数据类型定义的数据类型的名称第一个字母要大写。

例如:StudyGrade ∷= INTEGER(0..5)

定义了一个新的数据类型 StudyGrade,它是取值范围为 0~5 之间的整数。

为了定义结构化数据类型,BNF 提供了 3 种构造机制(construction mechanism):

① CHOICE { type1, type2, …}

② SET 或 SEQUENCE { type1, type2, …}

③ SET OF 或 SEQUENCE OF { type1}

CHOICE 是选择类型,从类型清单中选择其一;SET 是集合类型,将类型清单中的所有类型集合起来;SEQUENCE 是序列类型,将类型清单中的所有类型按序排列起来。SEQUENCE 与 SET 的区别是包含的子类型在结构中的位置是确定的;SET OF 和 SEQUENCE OF 是重复结构,其中包括任意个清单中的那个类型的数据,SET OF 和 SEQUENCE OF 的区别为是否与所包含的数据的顺序有关。

利用以上机制,ASN.1 能够灵活地构造各种复杂的数据类型(结构)。例如,下述 3 个 ASN.1 模块定义了一个用于进行学生管理的数据类型 StudentRecord。

```
student-record      StudentRecord ∷= SET
{   name                OCTET STRING,
    student-class       CHOICE {UnderGraduate,Graduate} }


UnderGraduate ∷= SEQUENCE
{   math-grade          StudyGrade,
    physical-grade      StudyGrade }


Graduate ∷= SEQUENCE
{   pass-at             BOOLEAN,
    pass-ar             BOOLEAN,
    degree-paper        StudyGrade }
```

第一个模块是 SudentRecord 这个数据类型的定义模块,第一个词 student-record 是这个模块的标号,用于对模块的引用,标号的第一个字母要小写。StudentRecord 是一个 OCTET STRING 和一个 CHOICE 结构的集合,前者用于记录学生的姓名,后者用于记录学生的成绩,由于有本科生和研究生两类学生,所以记录学生成绩的数据类型要在 UnderGraduate 和 Graduate 两类中进行选择。模块中的 name 和 student-class 分别是 StudentRecord 结构中第一个字段和第二个字段的名称,用于区分和称呼结构内的不同字段,字段名称的第一个字母也要小写。模块中出现了 OCTET STRING、UnderGraduate 和 Graduate 这 3 个数据类型,第一个是现有数据类型,而后两个是新提出的,它们的定义由后续的两个模块给出。

为了便于在传送数据时进行编码,ASN.1 对数据类型赋予标签(tag)。tag 有 4 类:

universal、application、context-specific 和 private。universal tag 是在各个应用中都通用的,例如 BOOLEAN 和 INTEGER 的 universal tag 分别是[1]和[2]。application tag 用于特定应用内部,可以压制 universal tag。例如,对 student-record 模块,我们可以为 OCTET STRING 类型(universal tag 为[4])和 CHOICE 结构分别赋予标签[0]和[1]。

```
student-record          StudentRecord :: = SET
{   name               [0]    OCTET STRING,
    student-class      [1]    CHOICE {UnderGraduate, Graduate}    }
```

这样一来,在传递 name 数据时就可以不再按 universal tag [4]编码,而按 application tag [0]编码。利用这个功能在一些情况下会提高编码效率。使用关键字 IMPLICIT 可以强制按照定义的 tag 进行编码。例如,如果将 IMPLICIT 加在 name 的 tag 之后,即:

```
student-record          StudentRecord :: = SET
{   name               [0]    IMPLICIT    OCTET STRING,
    student-class      [1]    CHOICE {UnderGraduate, Graduate}    }
```

则在传递 name 数据时就按 application tag [0]编码。

context-specific tag 是 application tag 的子集,仅用于特定应用的特定环境。在上面的例子中,如果定义如下 context-specific tag:

```
UnderGraduate :: = SEQUENCE
{   math-grade         [0]    StudyGrade,
    physical-grade     [0]    StudyGrade}
```

则在传递 math-grade 和 physical-grade 数据时均可按 context-specific tag[0]编码。

private tag 为厂商定义的专用数据类型提供 tag。

2.5.2 模板 meta 语言

模板 meta 语言由 GDMO 提出,采用类似于 BNF 的语法,因此与 ASN.1 相似,只要了解了它与 ASN.1 的不同之处,就可以在 ASN.1 有关知识的基础上正确使用。因此,在这里只将有关要点进行如下说明:

① 分号(;)用于终止结构和终止模板。

② 空格、空行、注释和行尾只起分隔符的作用。在需要标识一个元素结束,另一个元素开始时使用。

③ 注释由双连字符(--)引导,在行尾或遇到另外的双连字符终止。可以出现在任何分隔区中,但不能出现在结构名或模板名所包含的空格之间。

④ 方括号([ ])用于指出模板定义中的可选元素。

⑤ 右圆括号后的星号(*)指出可选元素可以出现 0 或多次。

⑥ 选择对象由竖线(|)分割。这个符号只在支持件的定义中使用。

⑦ 将由用户确定的字符串括在尖括号(<>)中。

⑧ 附件由一个引用标号、后接符号—>>、后接一个由文本字符串和符号构成的语法定义组成。

⑨ 分隔串出现在模板定义中自然语言文本或形式说明文本之中。它们由任意的字符串组成,字符串可以由以下任意一个分割符引导和终止。分割符是" $ % ` & * ' ' ~ ? @ \。如果分隔串由某个分隔符开始,则这个分隔串直到再次遇到相同的分隔符才结束。

2.6 被管对象定义例

本节通过一个虚拟的例子来说明怎样利用模板来定义被管对象类。通过这个例子我们还可以对被管对象中所包含的各种特性有一个更加具体和感性的了解。

2.6.1 模板的利用

通过 2.4 节可知,模板具有如下的一般构造:
<template-label>TEMPLATE-NAME
　　CONSTRUCT-NAME(<construct-argument>);
　　(CONSTRUCT-NAME(<construct-argument>);)*
(REGISTERED AS <object-identifier>);
(supporting productions
(<definition-label> - > <syntactic definition>)*)

模板总是以一个 template-label 开始,它是用户定义的一个字符串,用来对模板进行命名。TEMPLATE-NAME 指出模板类型,例如,如果是属性模板,则为 ATTRIBUTE。

模板的主体由一个或多个结构组成,每个结构有一个用于标识结构类型的 CONSTRUCT-NAME,并常常包含因结构类型而异的结构参数(construct-argument)。每个结构由一个分号(;)终止。使用的结构类型及其顺序决定于模板类型。

根据模板类型,模板常常要求(或允许)为说明片段分配一个全局唯一的标识符,即一个 ASN.1 对象标识符值。模板中的最后一个结构 REGISTERED AS 就是用于这个目的。省略这个结构时,它后面的分号不能省略,以标志模板结束。唯一例外的是 BEHAVIOUR 模板,它不存在 REGISTERED AS 结构和它后面的分号。

模板定义可以包含一些支撑件(supporting productions)来定义复杂参数构造。在这种情况下,要把支撑件的名字放在结构参数中,用来指出追加在模板定义后面的支撑件的定义。

2.6.2 被管对象定义例

以下的例子说明怎样利用 GDMO 中的模板定义被管对象类。为了使例子清楚和易于理解,这里的资源是一个虚拟的简单资源。模板定义中包含的注释和模板后面的文本用于描述被管对象类的特性和它们的定义方法。

为了说明怎样表达被管对象类的实例与它的上级对象之间的包含关系,定义了一个名字绑定。另外,假设这个类的所有实例包含在 DMI 中定义的 system 被管对象类的实例中。

图 2.24 描述了这个被管对象类的总体结构和它的成分模板间的关系。

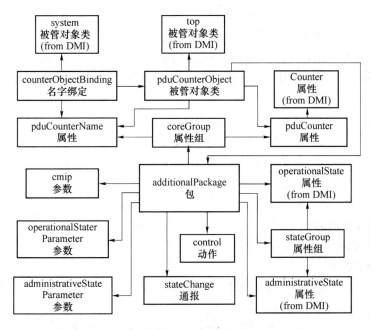

图 2.24 pduCounterObject 被管对象类的结构

pduCounterObject 定义给出该被管对象类的总体结构。它直接由国际标准中的 top 定义派生,所以它继承了 top 的所有特征。

pduCounterObject MANAGED OBJECT CLASS
    DERIVED FROM "CCITT REC.X.721(1992)|ISO/IEC 10165-2:1992":top;
    CHARACTERIZED BY
        basePackage PACKAGE--内联 PAKAGE 定义
            ATTRIBUTE   pduCounterName
                GET;
                pduCounter
                    INITIAL VALUE syntax.initialZero
                    GET;
        ;--内联 PACKAGE 定义结束

```
            ;-- CHARACTERIZED BY 结构结束
        CONDITIONAL PACKAGES additionalPackage
            PRESENT IF * 需要 enable/disable 控制 * ;
    REGISTERED AS {object-identifier 1 } ;
```

在 CHARACTERIZED BY 结构中包含一个必要包 basePackage，其中有两个属性，一个是 pduCounterName，将用作命名属性；另一个是 pduCounter，完成 pduCounterObject 的主要功能——PDU 计数，两个属性都是只读的，pduCounter 被定义为具有 0 初始值。因为对这两个属性的行为描述就已充分描述了该被管对象类的作用，因此 basePackage 中没有另外引入行为特性。basePackage 的定义是内联定义，但为了能被其他被管对象类引用，仍被赋予一个标号。由于不打算将它作为条件包利用，因而没有 REGISTERD AS 结构。

CONDITIONAL PACKAGES 结构引入了第二个包 additionalPackage，只在需要 enable/disable 控制时，它才被示例。这个包通过引用导入，它的功能在后面描述。因为不对这个例子进行注册，被管对象类的 REGISTERED AS 结构指出的，是一个虚拟的对象标识符值。

```
    pduCounterName ATTRIBUTE
        WITH ATTRIBUTE SYNTAX syntax.CounterName;
        MATCHES FOR QEUALITY;
        BEHAVIOUR
            counterNameBehavior BEHAVIOUR
                DEFINED AS
                    * 此属性是 pudCounterObject 被管对象类的命名属性。
                      除了为包含在给定的超类中的 pudCounterObject 类的
                      实例提供一个唯一的名字外，没有其他功能。*
                ;-- 嵌入的 BEHAVIOUR 模板结束
        ;-- BEHAVIOUR 结构结束
    REGISTERED AS {object-identifier 2} ;
```

pduCounter 属性是 DMI 中定义的 counter 属性的增强版。增强的内容只是该计数器的目的和值域的行为说明。

```
    pduCounter ATTRIBUTE
        DERIVED FROM "CCITT REC. X.721(1992) | ISO/IEC 10165-2 :
                        1992" : counter ;
        BEHAVIOUR
            pduCounterBehavior BEHAVIOUR
                DEFINED AS
```

                * 此计数器对由 pduCounterObject 被管对象类建模的资源
                  收到的 PDU 进行计数,值是无界的。*
        ; -- 嵌入的 BEHAVIOUR 模板结束
        ; -- BEHAVIOUR construct 结束
REGISTERED AS {object-identifier 3};

additionalPackage PACKAGE
    BEHAVIOUR
        additionalPackageBehavior BEHAVIOUR
            DEFINED AS
                        * 此包向 pduCounterObject 被管对象类增加操作控制。
                          operationalState 属性指出 pduCounterObject 是否可
                          操作。如果它的值为 enabled,则计数器对收到的
                          PDU 进行计数。如果为 disabled,计数器停止计数。
                          administrativeState 属性反映该计数器对外部 Manager
                          的有效性。如果它的值为 locked,对计数器的读取
                          将是失败的。如果为 unlocked,计数器将是可读的。*
        ;
    ;
ATTRIBUTES
    "CCITT REC. X.721 (1992) | ISO/IEC 10165-2
        :1992" : operationalState GET,
    "CCITT REC. X.721 (1992) | ISO/IEC 10165-2
        :1992" : administrativeState GET,
    pduCounter cmipErrorParameter GET;
    --pduCounter 属性在这里重复是为了与一个参数相联系,该参数能够
    --反映当 administrativeState 为 locked 状态时试图读取计数器的出错条件。
ATTRIBUTE GROUPS
    stateGroup
    "CCITT REC. X.721 (1992) | ISO/IEC 10165-2
            :1992" : operationalState,
    "CCITT REC. X.721 (1992) | ISO/IEC 10165-2
            :1992" : administrativeState,
    --属性组的成员由此结构完全定义。
    coreGroup;

```
        ACTION
            control;
        NOTIFICATIONS
            stateChange
                    operatioanlStateParameter
                    administrativeStateParameter;
            --在 stateChange 通报中携带两个参数。
REGISTERED AS {object-identifier 4};


stateGroup ATTRIBUTE GROUP
    DESCRIPTION
            *没有必要成员的可扩充的组。包括该被管对象类中所有
            state 属性。*;
REGISTERED AS {object-identifier 5};


coreGroup ATTRIBUTE GROUP
    GROUP ELEMENTS pduCounterName, pduCounter ;
    FIXED;
    DESCRIPTION
            *固定组。包括作为必要包的一部分定义的属性。* ;
REGISTERED AS {object-identifier 6};


control ACTION
    BEHAVIOUR
        controlBehaviour BEHAVIOUR
            DEFINED AS
                    *此控制动作提供控制 pduCounterObject 的两个状态属性
                    的手段。动作的参数值:enable、disable、lock 及 unlock
                    分别影响状态属性。但是,当 administritiveState 为 locked 时,
                    enable/disable 值是无效力的。*
                ;
        ;
    -- MODE CONFIRMED 结构被省略,所以此动作可以被确认,也可以不被确认。
    PARAMETERS cmipErrorParameter ;
    --此参数扩充 CMIP 错误报告,使其能够在错误响应中指出
```

--被管对象处于 locked 状态。
    WITH INFORMATION SYNTAX syntax.ControlSyntax ;
REGISTERED AS {object-identifier 7} ;

stateChange NOTIFICATION
    BEHAVIOUR
        stateChangeBehaviour BEHAVIOUR
            DEFINED AS
                * 为状态属性值的变化提供一个一般的通报机制。
                将此通报和对属性进行了指定的参数包含在一个包中，
                就可用此通报来报告特定状态的属性值的变化。*
            ;
    ;
    WITH INFORMATION SYNTAX syntax.StateChangeSyntax;
REGISTERED AS {object-identifier 8} ;

operatinalStateParameter PARAMETER
    CONTEXT EVENT-INFO
    --此参数完成事件信息语法结构定义
ATTRIBUTE "CCITT REC. X.721 (1992) | ISO/IEC 10165-2
        :1992" : operationalState;
-- ATTRIBUTE 结构定义此参数的语法结构与 operationalState 属性的语法结构相匹配。
BEHAVIOUR
    operationalStateParamBehavior BEHAVIOUR
        DEFINED AS
            * 此参数将 operationalState 属性的当前值插入到通报的信息结构中。*
        ;
;
REGISTERED AS {object-identifier 9} ;

administrativeState PARAMETER
    CONTEXT EVENT-INFO
    --此参数完成事件信息语法结构定义
ATTRIBUTE "CCITT REC. X.721 (1992) | ISO/IEC 10165-2
        :1992" : administrativeState;

-- ATTRIBUTE 结构定义此参数的语法结构与 administrativeState 属性的语法结构相匹配。
BEHAVIOUR
  administrativeStateParamBehavior BEHAVIOUR
    DEFINED AS
      * 此参数将 administrativeState 属性的当前值插入到通报的信息结构中。*
  ;
;
REGISTERED AS {object-identifier 10};

cmipErrorParameter PARAMETER
  CONTEXT SPECIFIC-ERROR
  WITH SYNTAX syntax.CMIPErrorSyntax;
  --此参数完成事件信息语法结构定义。
BEHAVIOUR
  cmipErrorBehavior BEHAVIOUR
    DEFINED AS
      * 当 Manager 试图执行一个被禁止的操作,并且 administrativeState 为 locked 时返回此参数。*
  ;
;
REGISTERED AS {object-identifier 11};

下面的名字绑定为 pduCounterObject 被管对象类建立命名结构。该类的实例可能被包含在 system 被管对象类中,在这种情况下,用 pduCounterName 属性构成相对区分名。AND SUBCLASSES 的采用使该名字绑定不仅可用于这两个指出的类,而且也可用于它们的子类。CREATE 和 DELETE 结构指出可通过 Create 和 Delete 操作被动态示例的子类和被删除的实例。

counterObjectBinding NAME BINDING
  SUBORDINATE OBJECT CLASS pduCounterObject AND SUBCLASSES;
  NAMED BY SUPERIOR OBJECT CLASS
    "CCITT REC. X.722(1992) | ISO/IEC 10165-2 : 1992" : system
    AND SUBCLASS;
  WITH ATTRIBUTE pduCounterName;
  CREATE;
  DELETE DELETES-CONTAINED-OBJECTS;

```
REGISTERD AS {object-identifier 12} ;
```
这些模板需要的 ASN.1 定义包含在以下模块中：
```
syntax {asn1-module-identifier} DEFINITIONS ∷ =
BEGIN
CounterName ∷ = GRAPHIC STRING
initialZero ∷ = INTEGER{0}
StateChangeSyntax ∷ = SET OF SEQUENCE {
    attributeID      OBJECT IDENTIFIER,
    attributeValue   ANY DEFINED BY attributeID }
ControlSyntax ∷ = INTEGER {
    enable(0),
    disable(1),
    lock(2),
    unlock(3) }
CMIPErrorSyntax ∷ = IA5STRING {″Operation rejected as
                Administrative state is locked″}
END
```

小　结

网络管理模型是网络管理的基础，也是本课程的主要内容。它包括网络管理组织模型(体系结构)、管理信息模型和管理信息通信模型(协议)3个主要部分。OSI 系统管理模型是现代网络管理模型的起点，也是理论上最完善、功能上最强大的模型。本章是全书的重点之一。

OSI 系统管理模型基于远程监控框架而建立。组织模型的核心是通过 CMIP 互连的在应用层配置管理实体的一对开放系统，一个担当 Manager 角色，另一个担当 Agent 角色。每个系统所承担的角色不是固定的，当它发布操作命令时，就是 Manager，当它应答操作命令或发布通报时，就是 Agent。

通信模型的核心是 CMISE 和 CMIP。CMISE 是置于 ACSE 和 ROSE 之上的应用层元素，向 Manager 和 Agent 提供 M-EVENT-REPORT、M-GET、M-CANCEL-GET、M-SET、M-ACTION、M-CREATE、M-DELETE 等 7 种服务。CMIP 实体将上述服务原语转变为 PDU，调用 ACP 和 ROP 的功能，与对等实体进行 PDU 交换，在交换过程中，对等实体之间保持连接。

信息模型的核心是被管对象，被管对象包括属性、操作、通报、行为等特性。每个被管对象类都有唯一的标识符，它的值由其在对象标识符注册树的位置决定。而被管对象实例通过在系统中的包含关系（命名树）获得自己的名称。被管对象定义时按类进行，继承机制和包机制是两个重要的定义技术。被管对象定义在 GDMO 的指导下采用模板定义的方式进行，模板定义语言是 meta 语言，而支撑数据对象在 ASN.1 模块中定义。

本章的教学目的是使学生深刻理解和掌握 OSI 系统管理体系结构、Manager、Agent、被管对象、管理信息通信协议等基本概念；基本掌握 CMIP 协议体系结构、CMIS 服务以及 OSI 管理信息模型中的主要内容；了解 GDMO、ASN.1、模板 meta 语言和被管对象的定义方法。

思考题

2-1 基于远程监控的管理框架的基本思想是什么？

2-2 网络管理模型主要包含哪些内容？

2-3 简述 OSI 系统管理体系结构中 Manager 和 Agent 的作用。

2-4 Agent 进程主要包含哪些管理支持服务？各种支持服务的作用是什么？

2-5 公共管理信息协议（CMIP）中定义了哪些公共管理信息服务（CMIS）？这些服务是怎样提供给 Manager 或 Agent 的？

2-6 请描述 CMIS 服务的信息传递过程。

2-7 请阐述被管对象与网络资源之间的关系。被管对象定义包括哪些方面？

2-8 什么是被管对象类？什么是被管对象实例？

2-9 请说明被管对象类定义中"包"的概念和作用。

2-10 被管对象属性的允许值和要求值的作用是什么？

2-11 管理信息模型中的被管对象遵守哪两条继承规则？

2-12 名字绑定的作用是什么？

2-13 在包含树中，被管对象 A 包含在被管对象 B 之中，这是否意味着对象 A 的类是被管对象 B 的类的子类？

2-14 请解释的"尽量管理"和"同质异构"两种解决兼容性策略的不同。

习 题

2-1 请画出 CMIS 提供的确认型 M-SET 非链式服务过程示意图。

2-2 请画图描述 CMIP 协议机完成一次 M-GET 服务的操作过程，并加以必要的文字说明。

2-3 试结合图 2.8，利用 ASN.1 定义 CMIP PDU 的一般数据格式。

2-4 请以 2.6 节中定义的被管对象类 pduCounterObject 为超类，定义一个专用于

CMIP 协议机的 cmipPduCounterObject 被管对象类。要求此类中的被管对象每收到 100 个 CMIP PDU 就发出一个通报向 Manager 报告。

2-5 请画出上题所定义的 cmipPduCounterObject 类的继承层次结构。设在某一 SystemTitle 为"Beijing CMIP Experiment System"的系统中实现了若干 cmipPduCounterObject 类的实例,用以对不同类别的 CMIP PDU 进行计数。请给出 pduCounterName 属性的值为"cmipGetPduCounter"的实例的全局名称。

第 3 章

电信管理网

电信网从产生以来就是面向公众提供服务业务的,为了保证业务质量,电信网的管理一直非常受重视。随着网络技术的发展,电信网的设备越来越多样化和复杂化,规模也更加庞大。这些因素决定了现代电信网络的管理必须是有效的、可靠的、安全的和经济的。为此,国际电信联盟电信标准化部门(ITU-T)根据 OSI 系统管理框架提出了具有标准协议、接口和体系结构的管理网络——电信管理网(TMN),作为管理现代电信网的标准技术。

本章讨论现代电信网管理所提出的要求,TMN 为支持管理部门对电信网及其业务进行规划、提供、安装、维护、运营和管理所需要的 TMN 的一般体系结构,以及基于 SDH 光纤传输网络嵌入式操作信道的 TMN 设计方法。

3.1 新型电信网管理体系结构的要求

3.1.1 需要改进的管理方法

以往,电信网中网络资源与业务紧密结合,特定的资源提供特定的业务,特定的业务由特定的资源来提供。对应不同的业务和资源存在不同的操作、管理、维护和提供(OAM&P)的网络和管理系统(运营系统),不同的运营系统完成的是类似的功能。这种状况既是由传统的技术特点所决定的,也与厂商提供的设备都采用各自的 OAM&P,相互之间难于接口有关。由于各个 OAM&P 系统独立消耗资源,解决各自问题,因而使得网络管理环境结构复杂、浪费严重、成本高昂。

电信网由多种模拟和数字设备及相应的支持设备(如传输系统、交换系统、复用设备、信令终端、前端处理器、主机、集群控制器、文件服务器等)构成。在电信网管理中,将这些设备称为网络元素(NE),简称网元。以往的网络管理系统(NMS)与 NE 之间为主从关系。NE 一般只具有控制、呼叫处理以及信息传送的基本功能,NMS 要对各个 NE 提供的数据进行处理和判断,向各个 NE 发出动作指令。

这种主从关系在多方面导致了管理效率的低下。例如,因为 NE 与 NMS 是独立设计的,而且各厂商的设备都有各自的运行条件和接口,数据等逻辑资源几乎不能共享。在引入新业务或新技术时,必须花费大量的时间和烦琐的步骤根据各个 NE 及厂商的接口对 NMS 进行变更。

除此之外,组织结构方面的因素也对网络管理有很大影响。NMS 通常是业务经营部门的下属组织独立开发的,在开发过程中,一般不太注意系统级的互操作性。由于业务经营的组织结构会随着各个时期的技术特点而变化,因而在网络中会同时存在各种各样的特定时代的 NMS。在这些 NMS 之间,数据的一致性和同步性的问题难以解决。

3.1.2　新型管理体系结构的要求

为了解决上述问题,必须对电信网管理体系结构进行革命性的改造。
(1) 从技术方面来看,新的体系结构需要:
① 数据在网络中有效地分散管理;
② 打破物理网络的封闭结构。

数据管理是网络运营成本的一大因素。为提高数据管理效率、降低成本,要将数据放在网络管理环境的各个层次中分散处理。这就要求 NE 能够处理数据并能以对等的关系与 NMS 交换信息。

为适应业务的迅速发展和扩大,必须改变现有的各个业务网络相互封闭的状况,建立能够合理利用所有网络元素能力的分布式操作环境。

为实现这一目标,需要引入能够提供通用资源的网络技术来打破网络的封闭性。并利用智能 NE 与 NMS 分担管理操作功能,使网络管理系统与具体业务和厂商设备相脱离。

(2) 从经济方面看,新的体系结构应能够:
① 降低管理成本;
② 提高 OAM&P 环境的弹性;
③ 及时提供有竞争力的业务。

降低成本包含多个方面。第一是简化网络。即用可以提供多种业务的通用资源取代依赖业务、依赖技术的专用资源。例如,用 SDH 新同步技术取代旧的同步技术,就可以简化复用设备的管理。又如,向 NE 上载数据等软控制技术会简化网络,降低派遣作业者的频度。此外,综合和简化操作程序和功能也是降低成本的一个重要手段。

提高 OAM&P 弹性的重要手段是使 NE 智能化,让 NE 完成对其自身的具体管理,使 NMS 能够实现对高层的端到端业务和资源的监控,从而使 NMS 不必干预各个 NE 的内部管理功能。将管理功能向业务源及应用就近分散是简化运营系统的基本思想。

对于网络提供者和业务提供者来说,这种弹性意味着将现在的面向组织的操作结构变为面向功能的结构,这种结构是跨越具体技术和业务的。

在 NMS、业务、技术以及业务提供者组织结构之间提供可管理的弹性接口,是新型网络管理体系结构必须达到的总目标。

(3) 实现基本 OAM&P 体系结构时,要满足以下条件:

① 在 NMS 与智能 NE 间建立通信联系;

② 业务管理尽可能与支持业务的资源相独立;

③ 智能 NE 内要安装功能应用软件,使标准的高层管理消息与厂商的实现相互接口。

智能 NE 在管理自身数据的同时,还向 NMS 提供辅助的 OAM&P 的功能。这样,数据得到了优化的分布式处理,NMS 也能通过智能 NE 进行自动更新。

OAM&P 应用与网络管理功能之间要共享通用辅助功能。同样,在 NE 内部也要进行功能共享。这不但有利于系统的统一,也有利于降低开发成本。

(4) 对数据管理的要求如下:

① 确保多个管理应用对 OAM&P 数据的访问;

② 从多个资源收集和维护数据;

③ 保证数据的完整性和同步;

④ NE 数据与冗余备份及本地备份之间数据一致性的管理。

为了满足上述要求,ITU-T 提出了电信管理网(TMN)标准。TMN 是基于 CMIP 体系结构建立的,它给出了 NMS 与 NE 之间的管理模型,管理信息的定义方法和通信协议。并规范了 TMN 自身的功能体系结构、信息体系结构和物理体系结构,为实现满足上述要求的新型电信网管理体系结构提供了解决方案。

3.2　TMN 概要

3.2.1　TMN 的基本概念

TMN 是在运营支持系统(OSS,Operation Support System)的基础上建立起来的。在 TMN 中,OSS 被升级为运营系统(OS,Operations System)。TMN 中的 OS 不仅具有一般的 OSS 的功能,还要对 NE 及网络进行控制。OS 不直接发挥信息传递的作用,而是对 NE 和网络的 OAM&P 进行辅助。例如,电话网业务量监测 OS 的任务是:监测各个交换机的忙闲状态,当繁忙的路径增加时,投入附加设备以避免阻塞。为了完成这个任务,OS 需要与被监测的交换机之间进行数据通信,传递监测和控制信息。类似地,对中继线的信号传输质量进行监测的中继线测试 OS 也需要与被监测传输系统进行数据通信。不难想到,网络运营需要多种多样的 OS 对 NE 进行监测和控制。同时,还需要对网络和业务进行管理的 OS,即网络管理系统。TMN 的思想就是组建专门的管理网络,用标准和统一的方法实现这些 OS 与被管理的 NE、网络及业务之间的管理信息交换。

在 ITU-T 建议 M.3010 中,关于 TMN 的概念有如下描述:TMN 为电信网和业务提供管理功能并提供与电信网和业务进行通信的能力。TMN 的基本思想是提供一个组织体系结构,实现各种 OS 以及电信设备之间的互连,利用标准接口所支持的体系结构交换管理信息,从而为管理部门和厂商在开发设备以及设计管理电信网络和业务的基础结构时提供参考。

TMN 与被管理的电信网之间的一般关系如图 3.1 所示。TMN 在概念上是一个单独的网络,在不同的点上与电信网接口,进行管理信息的发送和接收,控制电信网的运营。TMN 可以单独组网,也可以利用电信网来提供它所需要的通信。

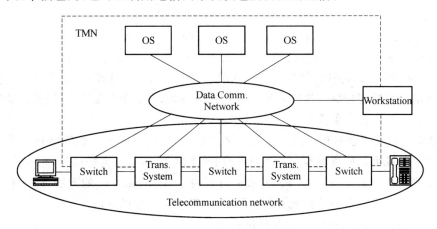

图 3.1　TMN 与电信网的一般关系

开发 TMN 标准的目的是管理异构网络、业务和设备。TMN 通过丰富的管理功能跨越多厂商和多技术进行操作。它能够在多个 NMS 和 OS 之间互通,并且能够在相互独立的被管网络之间实现管理互通,因而互联的和跨网的业务可以得到端到端的管理。

TMN 的复杂度是可变的,从一个 OS 与一个电信设备的简单连接,到多种 OS 和电信设备互连的复杂网络。

3.2.2　TMN 的应用

以下是 TMN 可以管理的主要网络、电信业务和设备:

① 公众用及专用网,包括窄带及宽带 ISDN、移动网、专用语音网、虚拟专用网和智能网;

② TMN 自身;

③ 传输终端(复用设备、交叉连接设备、信道传输设备、SDH 等);

④ 数字及模拟传输系统(电缆、光纤、无线、卫星等);

⑤ 恢复系统;

⑥ 运营系统及其辅助设备;

⑦ 主机、前端处理器、集群控制器、文件服务器等;
⑧ 数字及模拟交换机;
⑨ 区域网络(WAN、MAN、LAN);
⑩ 电路及分组交换网;
⑪ 信令终端和系统(包括信令传输点和实时数据库);
⑫ PBX、PBX 接入和用户终端;
⑬ ISDN 用户终端;
⑭ 与电信业务有关的软件,如交换软件、名录、消息数据库等;
⑮ 主机上运行的软件应用(包括支持 TMN 的应用程序);
⑯ 相关的支持系统(测试模块、动力系统、空调、大楼告警系统等)。

TMN 支持多个管理领域,包括电信网及其业务的规划、安装、开通、运营、管理、维护和配备。ISO 和 ITU 将管理划分为性能管理、故障管理、配置管理、计费管理以及安全管理 5 个大的管理功能领域。这些领域提供了一个框架,在这个框架下,可以确定适当的应用来支持管理部门的商务需求。

TMN 是 OSI 系统管理模型在电信领域中的应用,它不同于其他网络管理模型的一个显著特点是既面向网络元素的管理,也面向整个网络、业务及商务的管理。

为了高效地提供管理功能,TMN 采用自底向上(Bottom Up)的方法,即从有限的管理服务出发确定管理服务功能成分,进而构成管理服务功能的方法。

概括来讲,TMN 具有以下几方面的能力:
① 跨越电信环境与 TMN 环境的界限交换管理信息的能力;
② 将管理信息由一种格式转换为另一种格式的能力;
③ 在 TMN 环境中传递管理信息的能力;
④ 分析管理信息和产生相应控制的能力;
⑤ 将管理信息转换为对用户有用或有意义的形式的能力;
⑥ 将理信息递交给用户并用适当的方式进行表达的能力;
⑦ 保证管理信息被合法用户安全访问的能力。

在设计和开发 TMN 时,需要从功能、信息和物理 3 个基本方面考虑 TMN 体系结构。

功能体系结构确定功能模块及其接口要求。信息体系结构对利用分布式面向对象方法实现的被管对象与管理系统之间的信息交换进行规范。物理体系结构描述 TMN 的物理构件和它们之间的接口。

3.3 TMN 功能体系结构

TMN 功能体系结构建立在功能块之上。功能块之间通过数据通信功能(DCF)进行信息传递。

如图 3.2 所示，TMN 建议 M.3010 定义了 5 类功能块：运营系统功能（OSF）、中介功能（MF）、网元功能（NEF）、工作站功能（WSF）以及 Q 适配器功能（QAF）。其中 NEF、WSF 和 QAF 部分地属于 TMN。每个功能块包含一组功能，每个功能有多个实例。各功能块之间的通信本身也是一个功能，但不是功能块，被定义为 TMN 数据通信功能（DCF）。DCF 支持标准传输协议。

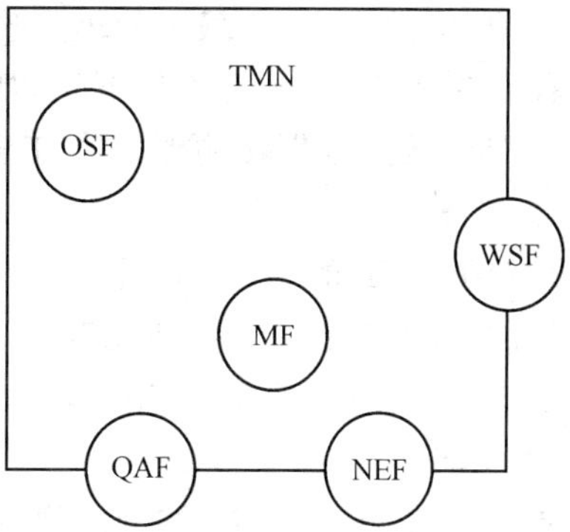

图 3.2 TMN 功能体系结构

3.3.1 TMN 功能块

（1）OSF

OSF 是实现 OS 功能的模块。如前所述，OS 辅助进行 NE、网络和业务的监测和控制。因此根据 OS 管理对象的不同，可以将 OSF 划分为不同的层次，下层向上层提供支持和服务，使 TMN 整体上具有一个自底向上的服务体系结构。在 TMN 的建议中，OSF 分为元素 OSF、网络 OSF、业务（客户）OSF 和商务 OSF 4 层。图 3.3 描述了这一体系结构。元素 OSF 提供直接管理 NE 的功能，例如，交换机业务量监测、传输装置信号质量监测、路由器路由表的更新等。网络 OSF 提供网络级的管理，例如，端到端流量控制、带宽分配、网络性能监测等。网络 OSF 一般建立在元素 OSF 的支持之上，但在较小的网络中，也可以省略元素 OSF 这一层，由网络 OSF 直接与 NEF 和 MF 通信。业务 OSF 建立在网络 OSF 的基础之上，管理供应商提供给客户的业务，如电话业务、上网业务、VOD 等。同时业务 OSF 也为客户提供管理接口。商务 OSF 面对整个企业的商务管理，商务 OSF 建筑在业务 OSF 之上的意思是，一个企业的商务由多个业务构成。图 3.3 中的 q 参考点和 x 参考点是 OSF 之间的信息交换点，将在后面进一步讲解。

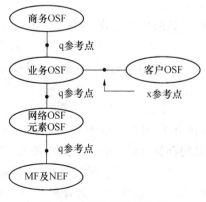

图 3.3 OSF 体系结构例

OS 功能的实现,依赖于处理大量的管理信息,信息模型的特点是越往上层走,抽象概括程度越高,即管理信息从下层,如网元 NE 获取后,经过层层加工向上传递。因此 OSF 的具体任务是获取、接收和加工管理信息。

(2) NEF

配置了 NEF 的 NE 可以通过数据通信网与 TMN 的其他模块进行通信,使其得到监测和控制。NEF 提供电信功能和管理电信网所需要的支持功能。系统管理模型中的 Agent 和相关的管理信息库(MIB)是 NEF 的关键成分。

(3) WSF

WSF 提供操作员与 TMN 之间进行交互的功能,特别是提供机器可读信息(F 接口形式)和操作员可读信息(G 接口形式)之间的转换功能。按照这个定义,图形用户接口(GUI)和人机接口被包含在 WSF 之中。

(4) MF

当两个功能块所支持的信息模型不同时需要用 MF 进行中介。MF 块主要对 OSF 和 NEF(或 QAF)之间传递的信息进行处理,因为 OSF 的信息模型是面向运营管理的高层模型,而 NEF 的信息模型是面向底层设备的模型,当这两者不一致时无法直接进行信息交换。MF 块的典型功能有:协议变换、消息变换、信号变换、地址映射变换、路由选择、集线、信息过滤、信息存储以及信息选择等。

(5) QAF

QAF 的作用是连接那些具有类 NEF 和类 OSF 功能块的实体,使 TMN 能够管理不具备 Q 接口的网络、业务和设备。

3.3.2 TMN 功能成分

为了简化 TMN 系统实现上的复杂性,提高系统的开发效率,TMN 采用自底向上的设计原则。为了构成功能块,TMN 定义了 6 个功能成分。

(1) 管理应用功能(MAF)

MAF 是实现 TMN 管理服务的功能成分。根据 OSI 系统管理模型,既有担当 Manager 角色的 MAF,也有担当 Agent 角色的 MAF。同时,TMN 的各个功能块需要不同的 MAF,不同的 MAF 由所在的功能块名进行区分,例如 MF-MAF、OSF-MAF、NEF-MAF 以及 QAF-MAF。

(2) 管理信息库(MIB)

系统中被管对象的集合被称为 MIB。由于被管对象是被管资源管理信息的抽象模型的名称,并不涉及管理信息的存储、组织和提供方法,因此 MIB 并不是一个物理的数据库,而是管理信息概念上的一个集合。在网络管理系统中,Manager 可以将获得的管理信息存放在一个物理数据库中,这个数据库被称为管理数据库(MDB,Management Database)。

(3) 信息转换功能(ICF)

ICF 用于中介系统中，负责将一个接口的信息模型转换为其他接口的信息模型。

ICF 主要进行消息的转换，转换可以在语法水平或语义水平上进行。

(4) 表示功能(PF)

PF 将 TMN 信息模型中的信息转换为可由人机接口显示的形式。PF 提供对用户友好的输入、显示、修改被管对象细节所需要的功能。

(5) 人机适配(HMA)

HMA 完成 MAF 信息模型与 TMN 传递给 PF 的信息模型之间的转换。另外，它支持对用户的证明和认证。

(6) 消息通信功能(MCF)

MCF 提供数据通信功能以实现功能块之间的连接，用于并且只用于对等实体之间交换包含管理信息的消息。MCF 包含一个协议栈，使各种功能块与 DCF 之间建立连接。根据参考点所支持的协议栈的不同，MCF 被分为不同的类型。不同的 MCF 用不同的下标标识(如 MCF_{q_3})。

表 3.1 列出了各个功能块中的功能成分。在功能块实例中，所能够包含的功能成分可能不出现，也可能多次出现。例如，多个不同的 MAF 可以出现在同一个功能块实体中。

表 3.1 功能块与功能成分之间的关系

功能块	功能成分
OSF	MIB, OSF-MAF(A/M), HMA
OSFsub[a]	MIB, OSF-MAF(A/M), ICF, HMA
WSF	PF
NEF_{q_3}[b]	MIB, NEF-MAF(A)
NEF_{q_x}[b]	MIB, NEF-MAF(A)
MF	MIB, MF-MAF(A/M), ICF, HMA
QAF_{q_3}[c],[d]	MIB, QAF-MAF(A/M), ICF
QAF_{q_x}[d]	MIB, QAF-MAF(A/M), ICF

注：表中 A 代表 Agent, M 代表 Manager。

a) OSF 的下属层。参见 5.3.4 节。

b) NEF 也包含 TMN 外部的电信和支持资源。

c) QAF_{q_3} 被用于 Manager 角色。q_3 参考点在 QAF 和 OSF 之间。

d) 在 Manager 角色中使用 QAF。

3.3.3 TMN 参考点

在 TMN 中，利用参考点划定功能块之间的边界，规范功能块之间交换的信息。因此,参考点是功能块之间的信息交换点。TMN 定义了 q、f、x 三类参考点。此外,在其他标准中定义的 g 和 m 两类参考点也与 TMN 密切相关。

(1) q 参考点

q 参考点的基本作用是规范 TMN 内部与 OSF 有关的信息交换,例如,网络管理系统与嵌入在 NE 中的 Agent 之间的信息交换。这类信息交换在 TMN 中是最重要的,也是最复杂的。当 NEF 和 QAF 只支持简单的信息模型,无法与 OSF 直接进行信息交换时,需要通过 MF 进行转换。因此,q 参考点被分成 q_3 和 q_x 两类,通过 q_3 参考点可以直接与 OSF 进行信息交换,而通过 q_x 参考点只能与 MF 进行信息交换。具体地:

q_3 参考点置于功能块 NEF 与 OSF、QAF 与 OSF、MF 与 OSF、OSF 与 OSF 之间;

q_x 参考点置于功能块 NEF 与 MF、QAF 与 MF、MF 与 MF 之间。

(2) f 参考点

f 参考点是 WSF 与其他功能块之间的信息交换点。置于功能块 WSF 与 OSF、WSF 和 MF 之间。

(3) x 参考点

x 参考点置于不同的 TMN 中的 OSF 功能块之间。x 参考点外侧的实体可以是另一 TMN(OSF)的一部分,也可以是非 TMN 环境(类 OSF)。这种区别在 x 参考点上是表现不出来的。

(4) g 参考点

g 参考点置于操作员与 WSF 功能块。尽管 g 参考点上传送 TMN 信息,但它不被看做是 TMN 的一部分。

(5) m 参考点

m 参考点置于 TMN 之外的 QAF 功能块和非 TMN 被管实体之间。

表 3.2 对 TMN 环境下所有可能的功能块之间的参考点进行了定义。

表 3.2 TMN 功能块之间的参考点

	NEF	OSF	MF	QAF_{q_3}	QAF_{q_x}	WSF	Non-TMN
NEF		q_3	q_x				
OSF	q_3	q_3	q_3	Q_3		f	
MF	q_x	q_3	q_x		q_x	f	
QAF_{q_3}		q_3					m
QAF_{q_x}			q_x				m
WSF		F	f				g
Non-TMN				M	m	g	

3.3.4 TMN 的数据通信功能

TMN 功能块利用数据通信功能(DCF)交换信息。DCF 的主要作用是提供信息传输机制,也可以提供路由选择、中继和互通功能。DCF 配备 OSI 参考模型的 1~3 层的功能。

DCF 主要进行 OS 与 OS、OS 与 NE、NE 与 NE、WS 与 OS、WS 与 NE 的各模块间的信息传递。

DCF 可以由不同子网的通信能力支持。这些子网包括 X.25 分组交换网络、MAN、WAN、LAN、7 号信令网或 SDH 的嵌入型通信信道。对应不同的子网,需要的 DCF 的传输能力不同。当不同的子网互连时,有时需要将互通功能包含在 DCF 之中。

当 DCF 置于系统之间时,DCF 需要通过消息通信功能(MCF)与 TMN 功能块相连。如图 3.4 所示。

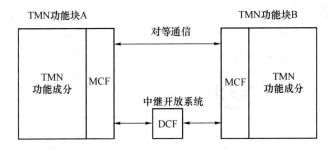

图 3.4 MCF 与 DCF 的相对角色

图 3.5 描述了外在 DCF 和内在 DCF 的应用。在这里 MF 块是可以层叠的。

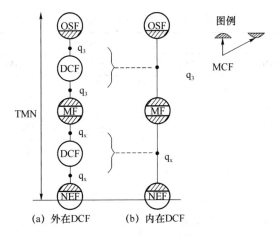

图 3.5 外在 DCF 与内在 DCF

3.3.5 TMN 参考模型

在图 3.6 所描述的例子中,每对功能块之间都能通过一个参考点相互联系。这个例子概括了 TMN 功能参考模型,同时也对在分层配置的功能块之间典型的信息流进行了说明。

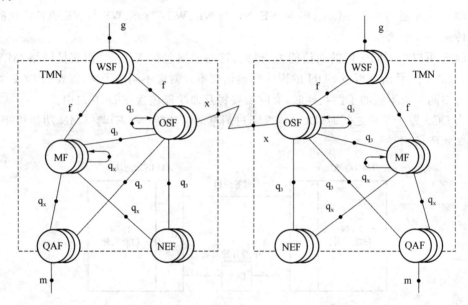

图 3.6 TMN 功能参考模型

表 3.3 定义了每个功能块中所包含的功能成分。

表 3.3 功能块中的功能成分

功能块	功能成分				
	MIB	MAF	ICF	HMA	PF
OSF	O	M	-	O	-
OSF_{sub}	M	M	M	O	-
WSF	(注1)	(注1)	(注1)	-	M
NEF_{q_3}	M	M			
NEF_{q_x}	M	O			
MF	O	O	M	O	
QAF_{q_3}	O	O	M		
QAF_{q_x}	O	O	M		

其中:M 为必须,O 为可选,- 为不允许,sub 为下属。

注 1:这些功能可以被认为是表示功能的一部分。

3.4 TMN 信息体系结构

3.4.1 面向对象的方法

为了有效地定义被管资源，TMN 运用了 OSI 系统管理中被管对象的概念。由被管对象表示资源在管理特性方面的抽象视图。被管对象也可以表示资源或资源组合（如网络）之间的关系。被管对象与资源之间的关系为：

① 被管对象和实际资源之间不一定一一对应；
② 一个资源可以由一个或多个被管对象表示；
③ 被管对象不只表示电信网资源，还可以表示 TMN 逻辑资源；
④ 如果资源没有采用被管对象表示，就不能通过管理接口对它进行管理；
⑤ 一个被管对象可以为其他被管对象表示的多个资源提供一个抽象视图；
⑥ 被管对象能够被嵌入在其他被管对象中。

M.3100 建议定义了一组被管对象，由它们构成了通用网络信息模型。这个模型涵盖整个 TMN，并可在所有网络中通用。但是，要用 TMN 管理网络中更详细的数据，还需要对这个模型进行扩充。

3.4.2 Manager 与 Agent

因为电信网络环境是分散的，所以电信网络管理是一个分散的信息处理过程。监测和控制各种物理和逻辑网络资源的管理进程之间需要交换管理信息。

对一个特定的管理联系（association），管理进程将担当 Manager 角色或 Agent 角色。Manager 发出管理操作指令和接收 Agent 发来的通报；Agent 管理被管对象，应答 Manager 发出的指令，向 Manager 反映被管对象的视图，发出通报以反映被管对象的行为。

Manager 和 Agent 之间一般存在以下意义的"多对多"关系：

① 一个 Manager 可以加入到与多个 Agent 的信息交换之中。在这种情况下，它将以多个 Manager 角色同对应的 Agent 角色相互作用。

② 一个 Agent 可以加入到与多个 Manager 的信息交换之中。在这种情况下，它将以多个 Agent 角色同对应的 Manager 角色相互作用。

Agent 可以由于多种原因（如安全、信息模型一致性等）拒绝 Manager 的指令。因而 Manager 必须准备处理来自 Agent 的否定应答。

Manager 和 Agent 之间所有的管理信息交换都要利用 CMIS 和 CMIP 实现。

图 3.7 描述了 Manager、Agent、被管对象以及 NE 被管资源之间的关系。

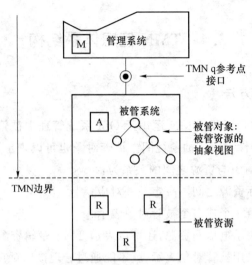

图 3.7　NE 被管资源的管理模型

3.4.3　共享的管理知识(SMK)

(1) TMN 功能块间的互通

TMN 功能块利用 Manager 与 Agent 关系完成管理活动。在图 3.8 中,系统 A(如 OSF 功能块)管理系统 B(如 MF 功能块),系统 B 管理系统 C(如 NEF 功能块)。系统 A 参考系统 B 的信息模型与系统 B 进行通信。系统 B 参考系统 C 的信息模型与系统 C 进行通信。

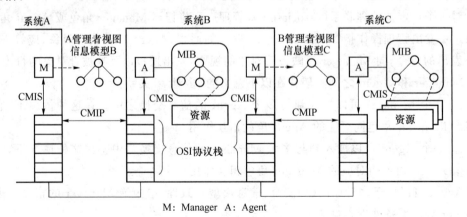

图 3.8　TMN 系统的通信例

在该层叠环境中,系统 B 向系统 A 提供(描述)信息模型时,会引入源自信息模型 C 的信息。因此,系统 B 处理系统 A 对其 MIB 中对象的操作时,可能引起对于信息模型 C 的操作。系统 B 接收到系统 C 的通报时,可能需要向系统 A 转发。

(2) 共享的管理知识

TMN 中的一个系统可以对多个系统承担 Agent 角色,并表现出多个不同的信息模型,一个 TMN 系统也可以对多个系统承担 Manager 角色,因此一个系统常常需要与多个系统互通。根据 OSI 系统管理模型,为了实现互通,系统之间至少需要懂得对方下列信息:

① 支持的通信协议;

② 支持的管理功能;

③ 支持的被管对象类;

④ 可用的被管对象实例;

⑤ 授权的能力;

⑥ 对象之间的包含关系。

这些信息称为共享的管理知识(SMK)。当两个功能块交换管理信息时,它们必须懂得有关的 SMK。为此,有时可能需要进行某种形式的协商,以使双方能够相互理解。

图 3.9 说明共享的信息与相互通信的对等实体相关。在这个图中,功能块 1(系统 A)和功能块 2(系统 B)之间的 SMK 与功能块 2(系统 B)和功能块 3(系统 C)之间的 SMK 不同。

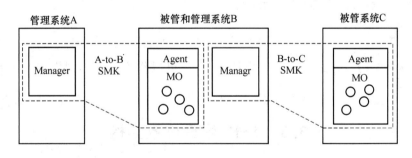

图 3.9 系统间共享的管理知识

3.4.4 逻辑分层结构

逻辑分层结构(LLA)是在层次结构原理的基础上拓展的概念。在层次结构中,上层的范围比下层宽,层次越高功能越通用,层次越低功能越特殊。

采用 LLA 意味着将管理功能划分到不同的层次之中。具体地,LLA 使用递归的方法将管理活动分解为一系列嵌套的功能域。这里的功能域是在 OSF 控制下的管理域,因而被称为 OSF 域。每个 OSF 域中都包含一些 Manager 和 Agent，Manager 可以通过本 OSF 域中的 Agent 访问本 OSF 域中被管对象，也可以与同层或下层的 OSF 域中的 Agent 通信，访问其他域中的被管对象。

图 3.10 为 LLA 的示意图。域内所有的相互作用都在 q 参考点上发生。但是，两个域之间的相互作用可以发生在 q 参考点或 x 参考点。提供网络服务时，常常会有跨越管理部门边界的管理，因此存在 TMN 之间的相互作用。为了安全，这种相互作用一般被限在 x 参考点上进行。

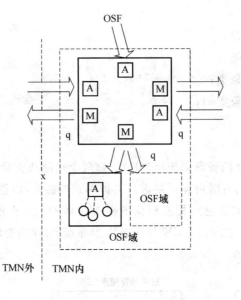

图 3.10　逻辑分层结构

分层体系结构与 q 参考点的适应性使 LLA 可以作为许多不同类型的体系结构的基础。

3.5　TMN 物理体系结构

TMN 的功能需要由物理元素实现。TMN 物理体系结构定义所包含的物理元素及其组织结构。图 3.11 描述了全面包含各种元素的 TMN 标准物理体系结构。

其中包括：运营系统(OS)、数据通信网(DCN)、中介装置(MD)、工作站(WS)、网元(NE)和 Q 适配器(QA)。在 TMN 的具体实现中，有时不需要包含 MD 和 QA。另外，DCN 可以取 1 对 1 接续形态，也可以考虑分组交换网。如果将信息交换的功能嵌入装置中，则参考点表现为 Q、F、G、X 接口。

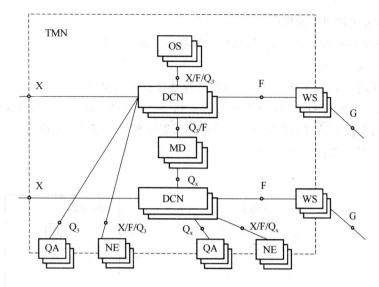

图 3.11 TMN 物理体系结构

3.5.1 TMN 的物理元素

TMN 功能可以用不同的物理配置实现。功能块与物理设备之间的关系如表 3.4 所示。

表 3.4 TMN 物理元素与 TMN 功能块之间的关系

	NEF	MF	QAF	OSF	WSF
NE	M	O	O	O	O
MD		M	O	O	O
QA			M		
OS		O	O	M	O
WS					M

表中:M 为必须,O 为可选。

(1) 运营系统(OS)

OS 是完成 OSF 的系统。OS 可以选择性地提供 MF、QAF 和 WSF。

OS 物理上包括:

① 应用层支持程序;

② 数据库管理系统;

③ 用户终端支持程序;

④ 分析程序;

⑤ 数据格式化和报表程序。

OS 体系结构可以采取集中式,也可以采取分布式。

(2) 中介设备(MD)

MD 是实现 MF 的设备。MD 也可以选择性地提供 OSF、QAF 和 WSF。

MF 对 NEF 或 QAF 与 OSF 之间传送的信息进行中介,对 NE 提供本地管理功能。

MF 的典型任务是对同类网元(如调制解调器或传输设备等)进行集中,或者是向网元提供管理功能。如图 3.12 所示。

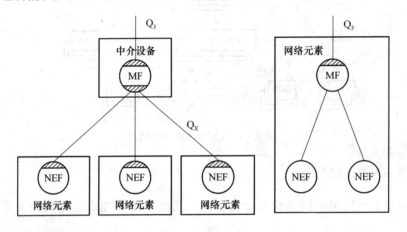

图 3.12　MF 的用法

MD 的层叠以及与 NE 之间的各种互连结构使 TMN 具有很大的灵活性。图 3.13 描述了几种可选方案。它能够实现不同复杂度的 NE(如交换设备和传输复用设备)与相同的 OS 的连接。

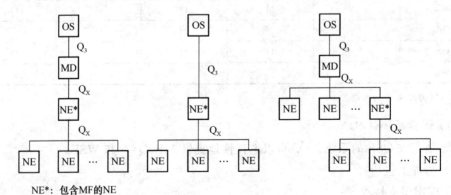

图 3.13　层叠 NE 例

(3) Q 适配器(QA)

QA 是将具有非 TMN 兼容接口的 NE 或 OS 连接到具有 Q_x 或 Q_3 接口的设备上。一个 Q 适配器可以包含一个或多个 QAF。Q 适配器可以支持 Q_3 或 Q_x 接口。

(4) 数据通信网(DCN)

DCN 实现 OSI 的 1~3 层的功能,是 TMN 中支持 DCF 的通信网。

在 TMN 中,需要的物理连接可以由所有类型的网络提供,如专线、分组交换数据网、ISDN、公共信道信令网、公众交换电话网、局域网等提供。

DCN 通过标准 Q_3 接口将 NE、QA 和 MD 与 OS 连接。另外,DCN 通过 Q_x 接口实现 MD 与 NE 或 QA 的连接。

DCN 可以由点对点电路、电路交换网或分组交换网实现。设备可以是 DCN 专用的,也可以是共用的(如利用 CCSS No.7 或某个现有的分组交换网络)。

(5) 网元(NE)

NE 由电信设备构成,支持设备完成 NEF。根据具体实现的要求,NE 可以包含任何 TMN 的其他功能块。随着技术的发展,越来越多的 OSF 及 MF 的功能被集成到 NE 中。例如交换机、数字交叉连接系统、复用装置、数字环路载波等 NE 都含有 OSF 及 MF 功能。NE 中主要的网络管理功能有:协议转换、地址映射、消息变换、数据收集与存储、数据备份、自愈、自动测试、自动故障隔离、故障分析、操作数据传送等。

NE 具有一个或多个 Q 接口,并可以选择 F 接口。当 NE 包含 OSF 功能时,还可以具有 X 接口。

(6) 工作站(WS)

WS 是完成 WSF 的系统。WSF 将 f 参考点的信息转变为在 g 参考点可显示的格式。WS 可以通过通信链路访问任何适当的 TMN 组件,并且 WS 在能力和容量方面是不同的。然而,在 TMN 中,WS 被看做是通过 DCN 与 OS 实现连接的终端,或者是一个具有 MF 的装置。这种终端对数据存储、数据处理以及接口具有足够的支持,以便将 TMN 信息模型中具有的并在 f 参考点可利用的信息转换为 g 参考点的显示给用户的格式。这种终端还为用户配备数据输入和编辑设备,以便管理 TMN 中的对象。

在 TMN 中,WS 不包含任何 OSF。如果在一个实现中 OSF 和 WSF 是结合的,则这个实现被看做是 OS。所以,WS 必须具有 F 接口。

3.5.2 TMN 标准接口

TMN 的元素之间要相互传递管理信息,必须支持相同的通信接口。为了简化多厂商产品所带来的通信上的问题,需要采用互操作接口。即通信双方都能发起对对方的操作。例如,系统管理模型中的 Manager 向 Agent 发获取数据的请求,Agent 向 Manager 发送报告事件的通报,双方通过共享信息模型进行互操作。互操作接口基于面向对象技术对通信协议和所传送的消息进行定义,所有消息都是面向被管对象的消息,即消息所传递的管理信息(操作和通报)都是针对确定的被管对象。OSI 的管理信息模型和 CMIP

协议为 TMN 互操作接口提供了定义被管对象的信息模型和可采用的通信协议。

TMN 标准接口对应参考点进行定义。当需要对参考点进行外在的物理连接时,标准接口便被应用在这些参考点上。每个接口都是参考点的具体化,但是某些参考点可能落入设备之中因而不作为接口实现。参考点上可交换的信息由接口的管理信息模型处理。但是,实际需要传递的信息可能只是参考点上可交换的信息的一个子集。

(1) Q_x 接口

Q_x 接口被用在 q_x 参考点,采用简单协议栈进行通信,用以处理单纯的被管对象,实现简单的管理功能,即最低限度的运营、管理和维护(OAM)功能。Q_x 接口可用于简单事件的双向信息流,如逻辑电路故障状态的变化、故障的复位、环回测试等。这些功能可由 OSI 参考模型第 1 层和第 2 层服务来支持。

(2) Q_3 接口

Q_3 接口被用在 q_3 参考点,可以处理复杂的被管对象,实现强大的管理功能。Q_3 接口利用 OSI 参考模型第 1 层到第 7 层协议实现 OAM 功能。但根据经济性及性能要求,一些服务(层)可以为"空"。类似的 OS 功能应统一选择第 4 层到第 7 层协议,但对于 1~3 层,可根据 NE 或 QA 选择不同的协议,采用最有效的数据传输技术(如租用电路、电路交换、分组交换、CCSS No.7、SDH 的嵌入式信道以及 ISDN 接入网 D 和 B 信道)。

(3) F 接口

F 接口被应用在 f 参考点,用于实现工作站通过数据通信网与包含 OSF、MF 的物理元素相连接的功能。

(4) X 接口

X 接口被应用在 x 参考点。用于两个 TMN 或一个 TMN 与另一个包含类 TMN 接口的管理网之间的互连。因此,该接口往往需要高于 Q 类接口所要求的安全性,在各个联系建立之前需要进行安全检查,如口令、访问能力。

X 接口的信息模型设置外部对 TMN 的访问限制。X 接口提供的对 TMN 的访问能力被称为 TMN 接入。

(5) TMN 接口与 TMN 元素的关系

表 3.5 定义了每个 TMN 构成要素支持的接口。

表 3.5 TMN 接口与 TMN 元素的关系

	Q_x	Q_3	X	F
NE		O(注1)		O
OS		O(注1)		O
MD	O(注1)		O	O
QA	O(注1)		O	O
WS				M

表中:M 为必须,O 为可选。

注1:对应的几个接口中至少选一个。

TMN 的各种元素按照上述关系配备标准接口,通过 DCN 实现相互之间的连接。

3.5.3 功能配置和物理配置

TMN 的一个功能配置可以有多种对其加以实现的物理配置。图 3.14 描述了这种关系。图的最左侧是一个包含 OSF、MF 和 NEF 的 TMN 功能配置。这种配置可以有不同的实现方法。图 3.14(a) 是功能配置和物理配置一一对应的实现方法,即 OS 对应 OSF、MD 对应 MF、NE 对应 NEF、Q_x 接口对应 q_x 参考点,Q_3 接口对应 q_3 参考点。图 3.14(b) 是一种简化方法,即只包含 OS、NE 和 Q_3 接口。这种实现方法的前提是 NE 具有 Q_3 接口,能够直接与 OS 相连。而图 3.14(c) 是一种强化方法,因为除了 OS 和具有 Q_x 接口的普通 NE 外,包含了一个具有 MF 功能、Q_3 接口和 Q_x 接口的智能 NE,它不但能够通过 Q_3 直接与 OS 相连,还通过 Q_x 对其他的 NE 进行中介。

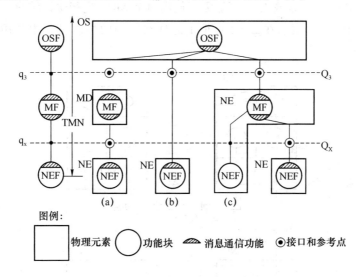

图 3.14　物理配置与参考配置的关系

3.5.4 通信功能的实现

(1) DCN

在利用多种技术提供 DCN 的情况下(如 X.25 网与 LAN 互连提供 DCN),DCN 的连续性由中继功能提供。中继有多种类型,根据它们介入协议栈的层次,分别被称为网桥(介入到数据链路层)、路由器(介入到网络层)和网关(介入到网络层以上)。

如图 3.15(a)所示,中继设备一般由一个中继功能和两个接入功能构成。

当在高层实现 DCN 之间的互通时,需要考虑其他一些问题。如图 3.15(b)所示,在 TMN 模型中,当 MD 的 Q_3 侧采用完整的栈,Q_x 侧采用有压缩的栈时,MF 需要实现

DCN 间的高层协议的互通转换。

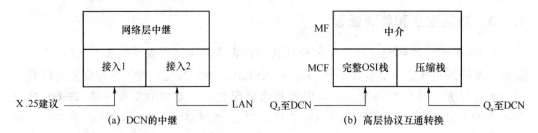

图 3.15　DCN 的中继与转换

（2）MCF

MCF 使 Manager 或 Agent 能够横跨 DCN 实现互通。当存在不同类型的 DCN 时，一个设备（如 MD、NE、OS 或 QA）可能需要使用两个 MCF 进行协议转换。

图 3.16 和图 3.17 表示在 SDH 环境下怎样在不同的物理设备中利用不同的 MCF 提供 DCF。

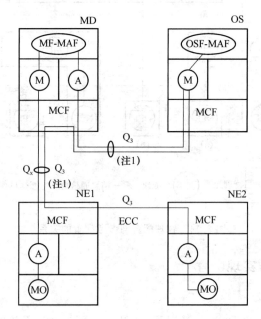

注1：表示在同一传输中有两个接口
图例：OSF-MAF：OS功能-管理应用功能
　　　MF-MAF：中介功能-管理应用功能
　　　ECC：嵌入式控制信道
　　　A：Agent
　　　M：Manager

图 3.16　SDH 环境下的 DCF(1)

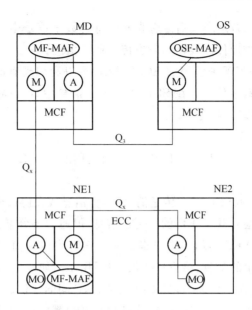

图 3.17 SDH 环境下的 DCF(2)

在图 3.16 中,OS 具有 $MCFq_3$,MD 具有 $MCFq_x$ 和 $MCFq_3$,NE1 具有 $MCFq_x$ 和 $MCFq_3$,NE2 具有 $MCFq_3$。

在图 3.17 中,OS 具有 $MCFq_3$,MD 具有 $MCFq_x$ 和 $MCFq_3$,NE1 和 NE2 具有 $MCFq_x$。

3.6 TMN 设计

3.6.1 TMN 设计策略

TMN 的设计策略与被管理网络的构成和能力有关。在设计 TMN 之前必须首先考虑网络体系结构的发展方向以及构成网络的 NE 的能力。

以往,人们一般将 TMN 设计为专用的网络,但随着 NE 性能的提高,这样做已显得很不经济,因此,人们开始倾向于利用现有网络设计 TMN。特别是通过采用 SDH 技术,不但能够做到经济,抗灾害性也可以得到保证。

下面对基于 SDH 光纤传输网络嵌入式操作信道进行 TMN 设计的方法进行介绍。

3.6.2 有关概念及术语

(1) 嵌入型通信信道

标准数字信号分为通信业务用和非通信业务用两种。通信业务用信道以传送通信业务信息为目的;非通信业务用信道不直接提供业务。嵌入型通信信道(ECC,Embedded

Communications Channel)是嵌入到传递业务信息的数字信号中的非通信业务用数字信号电路。传送 ECC 的物理传输线路同时也传送业务信息。

这里主要介绍网络管理中使用的 ECC。ECC 可以利用现有的维护开销(Overhead)比特,也可以重新分配数字信道。在 SDH 及 ISDN 信号中,可以将数字信号中的一个信道(如 DS0 时隙)作为 ECC 来使用。

(2) 嵌入型操作信道

嵌入型操作信道(EOC)是实现 TMN 功能所使用的一类 ECC,EOC 有面向消息和面向比特两种类型。

面向消息的 EOC(MO EOC)在传送消息时,将消息放在协议栈的最上层的信息字段之中。对于有些应用,会有几千比特的待传送信息,但通常要分割为 128～256 字节传送。

面向比特 EOC(BO EOC)用于传送非 ASCII 字符表示的简单的消息。与 MO EOC 不同,BO EOC 采用简单的消息、语言和协议,只适用于诸如发生错误或故障等简单事件。BO EOC 以二进制比特为单位编码,主要用于 NE-NE 间的通信。与 MO EOC 相比,优点是处理速度快、易于编码、数据连接简单、信息解释规则简单;缺点是种类少、缺乏弹性。

(3) 操作信道

采用专用数字传输装置(DTF)传输 NE 与 NE,NE 与 OS 间的操作信息时,称为操作信道(OC)。OC 的接口具有不同于 EOC 的物理特性。

(4) 公用信道

利用统计复用技术,公用信道(SC)可以传送各种应用领域的数据。

(5) NE

NE 是传输通信业务及非通信业务的高级网络节点。在大规模网络中,对应通信的各种要求,有各种各样的 NE。但是,从网络管理的角度一般可以将 NE 分为以下 3 种:网关 NE(GNE)、中间 NE(INE)、端点 NE(End-NE),如图 3.18 所示。表 3.6 列出各种网络元素与 NE 类型的对应关系。

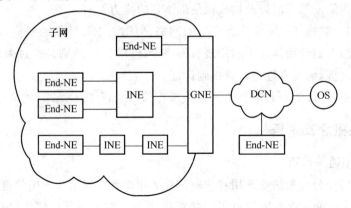

图 3.18 GNE、INE 及 End-NE

表 3.6　NE 的分类

网络元素	NE 的种类		
	GNE	INE	End-NE
交换机	○		
数字交叉连接设备(DCS)	○	○	
插/分复用设备(ADM)	○	○	○
远程数字终端(RDT)		○	○

① 网关 NE

GNE 的功能特点是：与 PSN 及 OS 直接接续、统计复用网络管理业务、转发操作消息。利用 NE 的转发是指将某节点产生的消息转发到其他节点(NE/OS)。GNE 还具有协议转换、消息翻译、地址变换、网络流量控制等网关的功能。

② 中间 NE

INE 的功能特点是：不能直接与 PSN 或 OS 接续、下属一个或多个 NE、对流向 OS 或其他 NE 的业务量进行统计复用和路由选择。

对于下属的 NE，INE 与 GNE 一样具有对流向其他的 NE 和 OS 的业务量的集线和路由选择功能。另外，INE 具有部分网关功能，因此可以被看作是准 GNE。GNE 和 INE 最大的不同是 INE 不能直接与 OS 和 PSN 接续。

③ 端点 NE

End-NE 的功能特点是：只处理内部业务量，不具有统计复用、路由选择功能，能够与其他的 NE、PSN、OS 直接接续。

(6) 操作接口模块

在构成通信网及管理网时，NE 需要配备操作接口模块(OIM)。OIM 包含网络管理所需的通用功能和协议体系，可以内置在 NE 中，也可以用专门的软硬件装置实现，还可以将一部分内置在 NE 中，一部分用专门的装置实现。支持 TMN 的 OIM 应具有 Q 接口功能。OIM 的功能分为以下两类：

① OIM 固有功能(OIM DF)——这种 OIM 功能是专用于网络管理的功能。如管理消息的分析、解释和执行，管理应用所需要的对 OS、操作员以及 NE 的访问功能。

② OIM 通用功能(OIM CF)——OIM CF 是 NM、通信业务等各种应用领域的通用功能。标准的 OIM CF 功能有统计复用、时分同步复用、交叉连接、路由选择、流量控制、数据收集、网关等。

3.6.3 基于 EOC 的 TMN

在提供各种先进的通信业务和通信能力的现代化大规模数字通信网中，智能 NE、OS、WS 间需要大量的操作信道。而通过专用数字信道将 NE 与 PSN 或 OS 直接接续是不经济的。因此,可以利用某些 NE 收集转发其他 NE 的数据。通过这种方法,可以降低户外设施、用户设备及 NE 接入 PSN 的费用。为了使 NE、OS、操作员之间的通信畅通,并能够在开放体系结构下管理多厂商产品,降低网络管理费用,需要通用 NE 功能和通用接口。下面讨论如何利用 NE 功能和数字信号中的 EOC 经济地实现 TMN。

TMN 的数据通信网本身是一个大通信网,如图 3.19 所示,为了易于设计,将其划分为子网。这些子网由基干数据通信网(B-DCN)和分别将 OS 和 NE 接入 DCN 的两个接入网构成。前一个接入网被称为 OS 接入网,后一个被称为 NE 接入网。下面先介绍 OS 接入网,然后讨论 NE 接入网和基干 DCN。

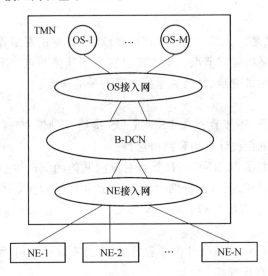

图 3.19 实现 TMN 的体系结构模型

表 3.7 列出了构成这些网络时应该考虑的各种重要技术。

表 3.7 TMN 各子网的实现技术

子网	技术
OS 接入网	专线、LAN、FDDI
B-DCN	①公用:PPSN、WAN、B-ISDN ②专用:特殊电路、拨号上网、EOC、业务信道
NE 接入网	专线、拨号上网、EOC、服务信道、LAN、FDDI、无线接入

(1) OS 接入网

OS 接入网提供 OS 间相互接续、OS 与 B-DCN 间接续的信道。最简单的 OS 接入网体系结构是在 OS 与 OS 之间、OS 与 NE 之间使用一对一的专线。但是,这种简单的体系结构缺乏 OS 接入网所需要的弹性。因而,如图 3.20 所示,OS 接入网一般具有比较复杂的体系结构。这里,高速 LAN 或者 FDDI 既用于 OS-OS 间的通信,也用于 OS 与 B-DCN

间的接续。另外,为了提高 OS 接入网的吞吐量和可靠性,有时使用 2 个以上的网关。而且,为了提高对应 OS 特殊要求的 OS 接入网的可靠性,有时也需要开设对 B-DCN 或 GNE 的直接通路。

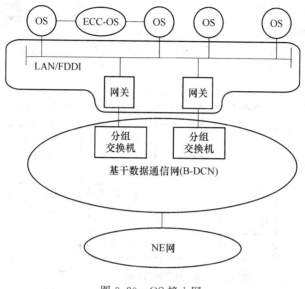

图 3.20　OS 接入网

（2）NE 接入网

NE 接入网用于 NE 与 B-DCN、NE 与 NE 之间的接续。为了降低 NE 与 B-DCN 间的接续费用,该网络可以使用 EOC。图 3.21 显示了一种经济可行的 NE 接入网方案：通过 EOC 将 End-NE 接入 INE,再将 INE 接入 GNE,GNE 与 B-DCN 直接相连。

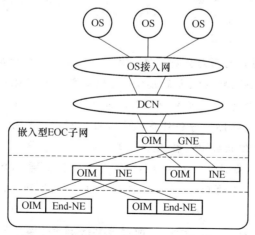

图 3.21　采用 EOC 的 NE 接入网

当无法通过 INE 或 GNE 从 End-NE 收集 NM 信息时,需要配置 MD。

(3) 基于 EOC 的基干 DCN(B-DCN)

GNE 的 OIM 具有集线功能和路由选择功能,如图 3.22 所示,某些 GNE 能够实现嵌入型 PSN(E-PSN)。这种 GNE 被称为基干 GNE(B-GNE)。局间数字传输设备的 EOC 可以作为 B-GNE 间的信道使用。配备了 MF 的 GNE 从 NE 收集网络管理数据,并实现 B-DCN 与 NE 接入网间的互通。E-PSN 内的 B-GNE 的 OIM 发挥分组交换机的作用,NE 接入网的 GNE 的 OIM 发挥接入集线装置的作用。

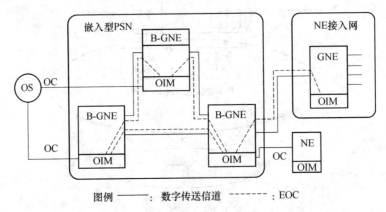

图 3.22 通过 B-GNE 的嵌入型 PSN

嵌入型 PSN 既能成为网络管理的专用 PSN,也可以成为共享的 PSN。而 TMN 的 DCN 可以对嵌入型专用 PSN 嵌入型共享 PSN 以及分立共享型 PSN 的任意组合加以利用。

小 结

电信网是以盈利为目的面向公众提供业务的,保证服务质量是至关重要的。因此电信网管理需要采用规范的、功能强大的模型。TMN 是基于 OSI 系统管理模型提出来的面向电信网络、设备和业务的管理模型。它的基于 Manager-Agent 的远程管理框架、管理信息模型、管理信息通信协议与 OSI 系统管理模型都是一致的。因此,可以说 TMN 是 OSI 系统管理模型在电信领域中的特殊化模型。

在 TMN 中,核心问题是解决 OS 与 NE 之间的信息交换。OS 一般由业务提供商实现,作用是实现网络及业务的 OAM&P。NE 主要提供电信功能,同时为了支持管理,还要提供与 OS 互通的接口。

TMN 的原理需要从 3 个方面阐述,即功能体系结构、信息体系结构和物理体系结构。功能体系结构由 OSF、NEF、MF、QAF 和 WSF 5 个功能块组成。各个功能块之间由参考点划分界限,参考点包括 q_3、q_x、f 和 x 等若干类型。TMN 信息体系结构采用 OSI 管理信息模型 CMIP/CMIS。DCF 为功能块之间传递管理操作、应答和通报。TMN 物理体系结构是功能体系结构的物理实现，由 OS、NE、WS、MD 和 QA 通过 DCN 相互连接而组成。

本章的教学目的是使学生从功能体系结构、信息体系结构和物理体系结构 3 个方面深刻理解和掌握 TMN 模型中功能块、功能成分、参考点、Manager、Agent、SMK、LLA、物理元素、接口等基本概念；了解各类功能块、功能成分以及接口的作用，了解 DCN 的实现方法。

思考题

3-1 以往的电信网管理方法的主要问题是什么？对新型管理体系结构的基本要求是什么？

3-2 制定 TMN 标准的目的是什么？TMN 与电信网之间是什么关系？

3-3 TMN 的功能体系结构怎样构成？各个功能块的作用是什么？

3-4 按照功能的抽象程度，OSF 通常被划分为哪几个层次？不同层次的 OSF 之间的关系是什么？

3-5 TMN 中有哪几类功能成分？它们与功能块之间是什么关系？

3-6 MAF 在不同的功能块中的作用有何不同？为什么还要分 Manager MAF 和 Agent MAF？

3-7 请解释 TMN 信息体系结构中 Manager 和 Agent 之间的"多对多"关系。

3-8 SMK 的作用是什么？它一般包含哪些信息？

3-9 请解释 LLA 的概念，采用 LLA 有何好处？

3-10 TMN 由哪些物理要素构成？各物理要素主要完成哪些功能？

3-11 Q_x 接口和 Q_3 接口有何区别？分别被用于什么物理元素之间的接续？

3-12 在 TMN 中 DCN 的作用是什么？怎样实现？

3-13 在 SDH 环境下实现 TMN 时，将 DCN 分为 OS 接入网、B-DCN 以及 NE 接入网有何益处？实现这 3 个子网的技术是什么？

习题

3-1 请为图 3.22 中的各种物理元素配置适当的 TMN 功能块，并指出各物理元素之间的接口类型，使其成为一个符合 TMN 标准的电信管理网设计方案。

3-2 设计一个 OS 对某一远程中继站（如卫星地面站、微波中继站等）中多个传输终端进行监测，检查传输链路的信号质量。要求此 OS 能够获取单位时间内出现信号质量低于阈值问题的传输链路的个数，设此管理信息被定义为被管对象 lowQualityLinkNumber。请提出一个基于 TMN 的合理方案,指出系统中包含的物理元素及其接口,各物理元素应包含的功能块以及 lowQualityLinkNumber 被管对象在何处实现。

3-3 某大学开发了一个 TMN,用于管理分散在各教学楼中的网络交换机和路由器。题图 3.1 是该 TMN 的物理配置示意图。要求:

(1) 标出各个接口的类型;
(2) 简述各个元素的作用;
(3) 描述 OS 与 MD 中的信息交换实体(角色)和作用。

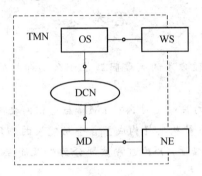

题图 3.1

3-4 题 3-3 中,假设 OS 和 WS 配置在网络中心,MD 和 NE 配置在各教学楼,请为 DCN 选择一种合理的实现技术,并说明 OS 和 WS、MD 和 NE 之间的通信方式。

第 4 章

SNMP 网络管理模型

OSI 系统管理模型是目前理论上最完备的网络管理模型,是其他网络管理模型的基本参考。但由于该模型比较复杂,实现代价高,因此并没有得到广泛应用。相反,当初只是为了管理 TCP/IP 网络的简单网络管理协议(SNMP)却得到了迅速发展和广泛应用。SNMP 网络管理模型的突出特点是简单、易于实现,因而得到了厂商的支持。特别是在 Internet 上的成功应用,使得它的重要性越来越突出,已经成为解决网络管理问题最有实用价值的一个工业标准。

4.1 SNMP 的发展历史

SNMP 是为了管理 TCP/IP 网络提出来的模型,因此它的历史要从 TCP/IP 网络管理的历史讲起。

在 TCP/IP 的早期开发中,网络管理问题并未得到重视。直到 20 世纪 70 年代,还没有专门的网络管理协议。那时最重要的网络管理工具是互联网络控制信息协议(ICMP)。在 IP 的支持下,ICMP 提供了路由器与主机、主机与主机之间传送控制信息的方法。从网络管理的观点来看,ICMP 最有用的是回声(echo)和回声应答(echo reply)消息对。这个消息对提供了测试实体间能否通信的手段。echo 消息要求其接收者在 echo reply 消息中返回接收到的内容。另一个有用的消息对是时间戳(timestamp)和时间戳应答(timestamp reply),它们可以用来测试网络时延。

与各种 IP 头选项结合,这些 ICMP 消息可用来开发一些简单有效的管理工具。典型的例子是广泛应用的分组互联网络探索(PING)程序。这些工具满足了 TCP/IP 网络初期的管理要求。但是到了 20 世纪 80 年代后期,当互联网络的发展呈指数增加时,人们感到需要开发功能更强,普通网络管理人员易于学习和使用的标准协议。因为当网络中的主机数量上百万,独立网络数量上千的时候,已不能只依靠少数网络专家解决管理问题了。

1987 年,简单网关监控协议(SGMP)的发布,标志着 TCP/IP 网络有了专门的管理工具。随后很快出现了多个通用网络管理工具，其中最有影响的是高层实体管理系统（HEMS）、SGMP的升级版——简单网络管理协议（SNMP）以及TCP/IP上的CMIP（CMOT）。

1988年，互联网络活动委员会（IAB）做出将SNMP作为近期解决方案，CMOT作为远期解决方案的决定。理由是TCP/IP不久将会过渡到OSI，因而不应在TCP/IP的应用层协议和服务上花费太多的精力。SNMP开发速度快，可用来满足眼前的需要。

为了强化这一策略，IAB要求SNMP和CMOT使用相同的被管对象库。即在任何主机、路由器、网桥以及其他管理设备中，两个协议都以相同的格式使用相同的监控变量。因此，两个协议有一个公共的管理信息结构（SMI）和管理信息库MIB。

但是，人们很快发现这两个协议在被管对象级的兼容是不现实的。在OSI系统管理模型中，被管对象是很发达和复杂的，它具有属性、操作、通报以及其他一些与面向对象有关的特性。而SNMP为了保持简单性，没有这样复杂的概念。实际上，SNMP能够直接访问的基本被管对象并不是面向对象技术意义下的对象，只是带有一些如数据类型、读写特性等基本特性的变量。因此，IAB最终放松了公共SMI/MIB的要求，并允许SNMP独立于CMOT发展。

从对OSI的兼容性要求的束缚中解脱后，SNMP取得了迅速的发展，很快被众多的厂商设备所支持，并在互联网络中活跃起来。而且，普通用户也选择了SNMP作为标准的管理协议。

SNMP最重要的进展是远程监控（RMON）能力的开发。RMON为网络管理者提供了监控整个子网而不是各个单独设备的能力。RMON还对基本SNMP MIB进行了扩充。

但是，此时的SNMP仍不太适合大型或重要网络的管理，因为它的功能还不够强，缺乏安全性。为了弥补这些不足，1993年，发布了SNMP的第二个版本SNMPv2。SNMPv2在管理信息结构和功能上对SNMP进行了扩充，并增加了安全性。

经过几年试用以后，IETF（Internet Engineering Task Force）决定对SNMPv2进行修订。1996年发布了一组新的RFC（Request For Comments），在这组新的文档中，SNMPv2的安全特性被取消了，消息格式也重新采用SNMPv1的格式。

删除SNMPv2中的安全特性是SNMPv2发展过程中最大的失败。主要原因是厂商对它的安全机制没有给予支持。同时，IETF要求的修订时间也非常紧迫，设计者们来不及对安全机制进行改善，甚至来不及对存在的严重缺陷进行修改。因此不得不在1996年版的SNMPv2中放弃了安全特性。

1998年IETF SNMPv3工作组提出了RFC2271～RFC2275，形成了SNMPv3的建议。目前，这些建议正在进行标准化。SNMPv3提出了SNMP管理的统一体系结构。在这个体系结构中，采用User-based安全模型和View-based访问控制模型提供SNMP网络管理的安全性。安全机制是SNMPv3的最具特色的内容。

4.2 SNMP 体系结构

4.2.1 基本体系结构

(1) 非对称的二级结构

在 OSI 系统管理体系结构中,开放系统之间存在对等的管理关系。开放系统 A 向开放系统 B 发布管理信息操作命令时,A 是管理系统,B 是被管系统;反之,B 也可以向 A 发布管理信息操作命令,此时 B 是管理系统,A 是被管系统。因为在这一体系结构中,开放系统配备的管理实体既可以担当 Manager 角色,也可以担当 Agent 角色。

与此不同,为了便于实现,SNMP 的体系结构一般是非对称的,即 Manager 实体和 Agent 实体一般被分别配置。配置 Manager 实体的系统称为管理站,配置 Agent 实体的系统被称为代理。管理站可以向代理下达操作命令访问代理所在系统的管理信息,但是代理却不能访问管理站所在系统的管理信息。Manager 和 Agent 均为应用层实体,基于 TCP/IP 协议族中的 UDP 协议的支持。图 4.1 是 SNMP 基本体系结构示意图。

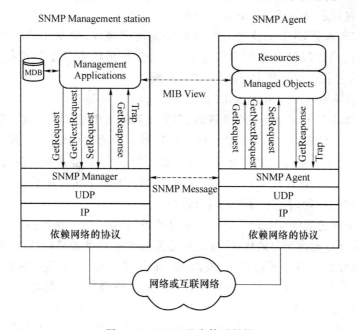

图 4.1 SNMP 基本体系结构

(2) SNMP 中的元素

SNMP 体系结构由管理站、代理、管理信息库(MIB)和通信协议 SNMP 构成。

管理站一般由专用设备构成,配置 Manager 实体和一组管理应用程序,提供网络的配置、性能、故障、安全、计费等管理功能，从而形成网络管理系统（NMS）。NMS 具有与操作员接口的功能。代理是配备了 Agent 实体的各类设备，如主机、Hub、网桥、路由器、网关等，在 Agent 实体的支持下响应管理站的操作请求，对系统中各类资源的被管对象进行访问。

管理站和代理之间共享的管理信息由代理系统中的 MIB 给出。MIB 的类有标准定义，包括管理信息的种类、标识符、数据类型等。而各个代理系统中的被管对象的集合构成该系统的 MIB，该 MIB 是标准 MIB 的具体实现，是 MIB 的实例。对于管理站，代理通常只提供本系统 MIB 的一个子集允许其访问，这个子集被称为 MIB View。

管理站中要配置一个管理数据库（MDB），用来存放从各个代理获得的管理信息的值，以便管理应用程序的使用。这里要注意 MDB 和 MIB 的区别，即 MIB 是被管对象名的集合，是虚拟的数据库，而 MDB 是被管对象值的集合，是实际数据库。

管理信息的交换通过 GetRequest、GetNextRequest、SetRequest、GetResponse、Trap 共 5 个 SNMP 协议消息进行。其中前 3 个消息由管理站发给代理，用于请求读取或修改管理信息，后 2 个消息由代理发给管理站，其中 GetResponse 用于对各种读取和修改管理信息的请求进行应答，Trap 用来主动向管理站报告代理系统中发生的事件，如节点机分组队列长度超过阈值，接口链路 up 或 down 等。

由于 SNMP 基于 UDP 的支持，而 UDP 是无连接协议，所以 SNMP 也是无连接协议。管理站和代理之间没有维护中的连接，每次信息传递都是单独进行的，而不同于 CMIP 请求和应答在一次连接中完成（如图 2.5 所示）。

（3）陷阱引导轮询（Trap-directed polling）

SNMP 的基本体系结构是一个管理站、多个代理的集中式体系结构。管理站采用轮询的方式访问各个代理中的管理信息。如果管理站下面的代理较多，代理中的管理信息也较多，则简单的轮询方式会使管理信息的监测周期过长，不能做到及时管理。同时，周期性送上来的信息中会有很多是管理站不需要的，因而白白浪费了通信资源。为此，SNMP 采取陷阱引导轮询技术对管理信息进行访问。

所谓陷阱引导轮询就是管理站以不太频繁的周期（如一天一次）进行一次初始化。在初始化期间，管理站轮询所有的代理，将需要监测的关键信息如接口特性、统计性能基准值（如发送和接收的分组的平均数）读取出来。有了基准以后，管理站便降低轮询频度。此后，便由各个代理通过发送 trap 消息向管理站报告重要事件。例如，代理崩溃和重启动、链路失效、分组过载等。

管理站一旦发现异常情况，可以直接轮询报告事件的代理或它的相邻代理，对事件进行诊断或获取关于异常情况的更多的信息。

4.2.2 三级体系结构

基本的 SNMP 体系结构是 Manager / Agent 两级结构，但为了获得更高的性能和灵活性,有时需要将 SNMP 的体系结构配置为三级结构。

(1) 代管(Proxy)体系结构

在 TMN 体系结构中,为了使 OS 能与不具有 Q_3 接口的 NE 通信,引入了 MD 设备,它用 Q_3 接口与 OS 通信,用 Q_x 接口与 NE 通信(参见图 3.11)。由于 Q_x 是简单协议栈,因此采用这种体系结构可以用较小的资源开销将一些小型 NE 接入 TMN。

与此相似,SNMP 提出了代管(Proxy)的概念,并将其置于管理站和没有配备 SNMP 的被管设备之间,将这些设备接入 SNMP 管理系统。这样,可以使得一些小系统不必配备 SNMP 及其 MIB 也可以用 SNMP 进行管理,从而有利于扩大 SNMP 的应用面,降低网络管理的成本,提高灵活性。

在代管模式下,代管一方面要配备 SNMP Agent,与 SNMP 管理站通信;另一方面要配备一个或多个托管设备支持的协议,与托管设备通信。图 4.2 描述了代管体系结构。管理站向代管发出对某个托管设备的查询,代管通过托管设备使用的协议将查询转发给托管设备。当代管收到对一个查询的应答时,将应答转发给管理站。类似地,如果一个来自托管设备的事件通报传到代管,代管以陷阱消息的形式将它发给管理站。

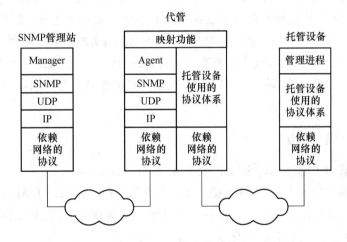

图 4.2 SNMP 代管体系结构

(2) RMON 体系结构

在二级结构中,管理站通过代理只能获得未被加工的 MIB 中的原始数据。在很多情况下,这些原始数据是很有用的。例如,可以通过它们获得输入和输出的分组的数量等有关业务量的统计数据。但在有些情况下,管理站需要获得子网的瞬时数据。如果采用基本二级结构,管理站必须连续不断地读取相关数据,从中计算出所需要的信息。采用 RMON 体系结构,可以有效地解决这个问题。RMON 是一个中介代理,被置于管理站和它的代理之间,专门完成基于原始数据的信息计算。RMON 的功能被分布式实现,从而大大补偿了网络集中管理的性能。

4.2.3 多 Manager 体系结构

任何一个 SNMP 管理站都可以将配备 SNMP Agent 的系统作为自己的代理,与其进行通信。当一个 SNMP Agent 面向多个管理站服务时,便构成了多 Manager 体系结构。

多 Manager 体系结构不仅用于跨越子网的管理(如大学 A 的某个代理向大学 A 的管理站提供服务,也向大学 B、大学 C 的管理站提供服务),同时,即使在一个子网内部,也会用到多 Manager 体系结构。因为子网中的设备可能来自不同的厂商,它们各自为自己的设备开发了专用的 NMS,如果这样,该子网的管理系统就可能由多个 NMS 构成,由于每个 NMS 中都包含 SNMP Manager,因而这个子网的管理系统是一个多 Manager 体系结构。

4.3 SNMP 管理信息模型

与 OSI 系统管理模型相同,SNMP 也借助被管对象的概念对管理信息模型进行定义。但是,SNMP 中的被管对象除了数据类型和访问控制特性之外,几乎再没有其他特性。因此不是真正意义上的对象。这种特点给 SNMP 的实现带来了便利,人们可以简单地将 SNMP 中的被管对象等效为数据变量。它们的组织和传递因而变得很简单,系统中所有的被管对象逻辑上被组织为一棵树,即 MIB。对被管对象的访问可以采用简单结构的 PDU 进行。

4.3.1 管理信息结构

为了规范管理信息模型,SNMP 发布了 SMI(Structure of Management Information)。这个标准为定义和构造 MIB 提供了一个通用的框架。规定了 MIB 中被管对象的数据类型及其表示和命名方法。SMI 的基本思想是追求 MIB 的简单性和可扩充性。因此,MIB 只存储简单的数据类型:标量和标量的二维矩阵。

SMI 避开复杂的数据类型是为了降低实现的难度和提高互操作性。但在 MIB 中不可避免地包含厂商定义的数据类型,如果对这样的定义没有明确的限制,互操作性也会受到影响。因此 SMI 必须提供标准的方法来表示管理信息,即:

① 用标准技术定义 MIB 结构;
② 用标准技术定义被管对象;
③ 用标准技术进行对象值的编码。

(1) Internet MIB

与 OSI 系统管理模型所采用的方法相同,SNMP 的被管对象也被组织在对象标识符注册树(如图 2.14 所示)之中。具体地,在对象标识符注册树的 internet 节点之下构成

SNMP 被管对象标识符子树。这个子树被称为 Internet MIB。internet 对象是{ iso(1) org(3) dod(6)}节点下的第一个节点,因此它的对象标识符为 1.3.6.1。由此可见,1.3.6.1 是 Internet MIB 的顶点,同时也就成了 SNMP 被管对象标识符的前缀。

如图 4.3 所示,SMI 在 internet 节点之下定义了 directory、mgmt、eperimental 和 private 4 个节点。其中 directory 为与 OSI 的 directory 相关的将来的应用保留的节点;mgmt 用于在 IAB 批准的文档中定义的对象;experimental 用于标识在 Internet 实验中应用的对象;而 private 用于标识专用对象。

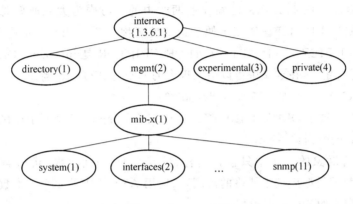

图 4.3 Internet MIB

mgmt 子树下包含 IAB 已经批准的 MIB 的定义。现在已经开发了两个版本,mib-1 和它的扩充版 mib-2。二者的对象标识符相同,因此在一个系统中只能配置二者之一。

mib-1 或 mib-2 以外的被管对象可以用以下方法定义:

① 由新版本 MIB(如 mib-3)来扩充或取代 mib-2。

② 为特定的应用构造 experimental MIB,其中的被管对象通过实验以后可以转移到 mgmt 子树之下,成为 mgmt 标准的被管对象。

③ 在 private 子树之下进行专用被管对象的定义。

private 子树目前只定义了一个子节点 enterprises,用于厂商加强对自己设备的管理,与用户及其他厂商共享信息。在 enterprises 子树下面,每个注册了 enterprise 对象标识符的厂商有一个分支。

internet 节点之下分为 4 个子树的做法为 MIB 的发展提供了很好的基础。MIB 既包含标准和统一的被管对象,也容纳实验中的和专用的被管对象,使得它既有规范性,又不乏灵活性。

值得注意的是,MIB 的定义是针对被管对象类进行的,而各个系统实现的是 MIB 的实例。

从概念上讲,MIB 树上的每个节点对应一个被管对象,节点的所属关系也就是被管对象的包含关系。因此，一个高级被管对象会包含多个层次的众多的被管对象。这一点与 OSI 系统管理模型是一致的，在那里，一个系统中的所有被管对象都被包含在 system 被管对象之中。但是，与 OSI 系统管理模型不同的是，在 SNMP 模型中，只有处于叶子位置上的对象是可以直接访问的。我们称这些对象为基本被管对象。

定义一个被管对象类需要给出它的标识符，说明它的句法，确定它的编码模式。为了便于模型的实现，SNMP 均采用最简单的方法解决上述问题。

被管对象类的标识符通过 DESCRIPTOR（描述符）和 OBJECT IDENTIFIER 来唯一确定。OBJECT IDENTIFIER 已经在前两章中的学习中为大家所熟悉。DESCRIPTOR 为 OBJECT IDENTIFIER 赋予便于记忆的名称。例如，Internet 这个被管对象的 OBJECT IDENTIFIER 为 {1 3 6 1}，它的 DESCRIPTOR 是 internet。DESCRIPTOER 通过 ASN.1 进行定义，在定义中可以引用现有的 DESCRIPTOR，例如：

mgmt OBJECT IDENTIFIER ::= {internet 2}

为{1 3 6 1 2}这个 OBJECT IDENTIFIER 赋予了 mgmt 这个便于记忆的别称。

(2) SNMP 的数据类型和结构

SNMP 被管对象的句法中只包括名称、数据类型、访问权限、状态等项目的定义。SMI 对可用的数据类型界定了严格的范围，只使用 ASN.1 中的 4 个基本数据类型，两种结构机制和自定义的 6 种数据类型。

下面是 RFC 1155 中关于 SMI 的具体规范(specification)，仔细阅读和理解这段规范对学习 SNMP 信息模型非常重要。

```
RFC1155-SMI    DEFINITIONS ::= BEGIN
EXPORTS --EVERYTHING
        Internet, directory, mgmt, experimental, private, enterprises,
        OBJECT-TYPE
        ObjectName, ObjectSyntax, SimpleSyntax, ApplicationSyntax, Net-
        workAddress,
        IpAddress, Counter, Gauge, TimeTicks, Opaque;


   --the path to the root


   internet      OBJECT IDENTIFIER ::= {iso org(3) dod(6) 1}
   directory     OBJECT IDENTIFIER ::= {internet 1}
   mgmt          OBJECT IDENTIFIER ::= {internet 2}
   experimental  OBJECT IDENTIFIER ::= {internet 3}
   private       OBJECT IDENTIFIER ::= {internet 4}
```

```
enterprises    OBJECT IDENTIFIER ::= {private 1}

-- definition of object types

OBJECT-TYPE MACRO ::=
BEGIN
    TYPE NOTATION ::= "SYNTAX"type (TYPE ObjectSyntax)
                      "ACCESS" Access
                      "STATUS" Status
    VALUE NOTATION ::= value (VALUE ObjectName)
    Access ::= "read-only"|"read-write"|"write-only"|"not-accessible"
    Status ::= "mandatory"|"optional"|"obsolete"
END

--names of objects in the MIB

ObjectName ::= OBJECT IDENTIFIER

-- syntax of objects in the MIB

ObjectSyntax ::= CHOICE {simple SimpleSyntax,
                         application-wide ApplicationSyntax}

SimpleSyntax ::= CHOICE { number    INTEGER,
                          string    OCTET STRING,
                          object    OBJECT IDENTIFIER,
                          empty     NULL }

ApplicationSyntax ::= CHOICE { address    NetworkAddress,
                               counter    Counter,
                               gauge      Gauge,
                               ticks      TimeTicks
                               arbitrary  Opaque }
```

```
--application-wide types

NetworkAddress ::= CHOICE { intenet    IpAddress}
IpAddress     ::= [APPLICATION 0] IMPLICIT OCTET STRING (SIZE(4))
Counter       ::= [APPLICATION 1] IMPLICIT INTEGER (0...4294967295)
Gauge         ::= [APPLICATION 2] IMPLICIT INTEGER (0...4294967295)
TimeTicks     ::= [APPLICATION 3] IMPLICIT INTEGER (0...4294967295)
Opaque        ::= [APPLICATION 4] OCTET STRING

END
```

上述说明由"--"引导的注释划为6段。第一段给出了对外输出的所有被定义的词汇,第二段定义 Internet MIB 顶部节点的 DISCRIPTOR,第三段定义了一个 OBJECT-TYPE MACRO,第四段定义 MIB 中被管对象的名称 ObjectName,第五段定义 MIB 中被管对象的数据类型 ObjectSyntax,第六段定义 SNMP 应用中自定义的数据类型。

从第五段和第六段可以看到,SNMP 只使用 INTEGER、OCTET STRING、OBJECT IDENTIFIER 和 NULL 4 种 ASN.1 的 Universal 数据类型和 IpAddress、Counter、Gauge、TimeTicks、Opaque 6 种 Application-wide 数据类型,并且这 10 种数据类型都是简单数据类型。SNMP 允许使用 SEQUENCE 和 SEQUENCE OF 两种构造机制,通过它们,也只能构造出简单数据的矩阵这样的结构化数据类型。由此可见,SNMP 中可以使用的数据类型受到了严格的限制。表 4.1 概括描述了这些数据类型。

表 4.1 SNMP 的数据类型和结构

数据类型	描述
INTEGER	整型数,根据符号、长度和范围的不同有多个变种
OCTET STRING	用于说明 8 bit 长度的二进制信息或文本信息,长度可变
OBJECT IDENTIFIER	整数序列,用于说明被管对象在 MIB 中的位置
NULL	空值,占位符
IpAddress	句点分隔的十进制 IP 地址
Counter	非负整数,只能做增值运算,达到最大值后从 0 开始
Gauge	非负整数,可增值和减值,达到最大值后被锁定,等待复位
TimeTicks	非负整数,用作百分之一秒为单位的计时器
Opaque	数据按 OCTET STRING 编码传输
SEQUENCE	用于构造清单结构
SEQUENCE OF	用于构造表结构

(3) 被管对象类定义

为了进行 Internet 的管理,需要定义多类被管对象。为了简化和规范定义方法,SMI

提供了一个被管对象类的 MACRO（宏）——OBJECT-TYPE MACRO。所谓 MACRO，就是一些类似事物的集合。而 OBJECT-TYPE MACRO 就是被管对象类的集合,而一个具体的被管对象类就是这个 MACRO 的实例。即定义了这个 MACRO 后,只要为它提供适当的参数,就可以定义具体的被管对象类。从而使这一工作得到了简化和规范。

在前述的 RFC1155-SMI 的第三段,已经对 OBJECT-TYPE MACRO 的基本内容进行了定义。在此基础上,RFC1212 对这个 MACRO 又进行了进一步完善。其定义如下：

```
IMPORTS    ObjectName,ObjectSyntax FROM RFC-1155-SMI
OBJECT-TYPE MACRO ::=
BEGIN
    TYPE NOTATION ::= "SYNTAX" type (TYPE ObjectSyntax)
                      "ACCESS" Access
                      "STATUS" Status
                      DescrPart
                      ReferPart
                      IndexPart
                      DefValPart
    VALUE NOTATION ::= value (VALUE ObjectName)
    Access ::= "read-only"|"read-write"|"write-only"|"not-accessible"
    Status ::= "mandatory"|"optional"|"obsolete"|"deprecated"
    DescrPart ::= "DESCRIPTION" value (description DisplayString) | empty
    ReferPart ::= "REFERENCE" value (reference DisplayString) | empty
    IndexPart ::= "INDEX" "{" IndexTypes "}"
    IndexTypes ::= IndexType | IndexTypes , IndexType
    IndexType ::= value (indexobject ObjectName) | type (indextype)
    DefValPart ::= "DEFVAL" "{" value (defvalue ObjectSyntax) "}" | empty
    DisplayString ::= OCTET STRING SIZE (0...255)
END
```

在上述定义中,IMPORTS 语句指出本定义要用到在 SMI 中定义的两个变量 ObjectName 和 ObjectSyntax。OBJECT-TYPE 为 MACRO 的名称。BEGIN 和 END 之间是定义体,分为 TYPE NOTATION, VALUE NOTATION 和一些支撑语句 3 部分。

TYPE NOTATION 部分对宏的类型进行定义,为不同的被管对象类给出一个统一定义。括在双引号中的字符串要在 MACRO 的实例中原样出现。其中：

① SYNTAX 子句指定任何被管对象类的数据类型都只能是在 SMI 中定义的 ObjectSyntax 所允许选择的类型之一,关键词"type"和"TYPE"都是"取变量的类型"的意

思；

② ACCESS 子句定义被管对象访问的最低权限,可选的等级有 read-only、read-write、write-only 和 not-accessible；

③ STATUS 子句用于选择实现所定义的被管对象时的要求,有 madatory（必须）、optional（可选）、obsolete（废除）和 deprecated（不鼓励）4 种选择。

DescrPart 用于对定义的被管对象类进行描述,ReferPart 用于对其他模块中定义的对象进行文本引用,IndexPart 用于定义表,DefValPart 用于提供实现被管对象的默认值。以上 4 部分均为可选。

VALUE NOTATION 部分给出所定义的宏的"值"（被管对象标识符）。关键词"value"和"VALUE"都是"取变量的值"的意思。

支撑语句部分对 TYPE NOTATION 和 VALUE NOTATION 两部分新出现的数据类型和变量进行定义。

下面看一个利用 OBJECT-TYPE MACRO 进行被管对象类的例子。

```
sysDescr    OBJECT-TYPE
    SYNTAX      DisplayString (SIZE(0..255))
    ACCESS      read-only
    STATUS      mandatory
    DESCRIPTION
        "A textual description of the entity. This value should include the
        full name and version
        identification of the system's hardware type, software operating sys-
        tem, and networking
        software. It is mandatory that this contain only printable ASCII
        characters."
::= {system 1}
```

可以看到,利用 OBJECT-TYPE MACRO 定义被管对象类只要确定它的名称（此处为 sysDescr）和它的标识符（此处为{system 1}）,给出 SYNTAX、ACCESS、STATUS 和 DESCRIPTION 等参数即可。因此,被管对象类的定义过程可以被看成 OBJECT-TYPE MACRO 的参数调用过程,其简单性和规范性由此可见。

(4) 定义表格

SMI 提供 SEQUENCE 和 SEQUENCE OF 两个机制定义结构化数据类型的被管对象。利用这两个机制可以构造二维表格。通过调用 OBJECT-TYPE MACRO,并注意给出 IndexPart 的参数,二维表格也可规范地定义。图 4.4 给出了一个虚拟的例子。

```
grokTable    OBJECT-TYPE                    grokIPAddress    OBJECT-TYPE
    SYNTAX    SEQUENCE OF GrokEntry             SYNTAX    IpAddress
    ACCESS       not-accessible                 ACCESS       read-write
    STATUS       mandatory                      STATUSmandatory
    DESCRIPTION                                 DESCRIPTION
        "The(conceptual)grok                        "The Ip address to send
         table."                                     grok packets to."
    ::= {adhocGroup 2}                          ::= {grokEntry 2}

grokEntry    OBJECT-TYPE                    grokCount    OBJECT-TYPE
    SYNTAX    GrokEntry                         SYNTAX    Counter
    ACCESS    not-accessible                    ACCESS    read-only
    STATUS    mandatory                         STATUS    mandatory
    DESCRIPTION                                 DESCRIPTION
        "An entry(conceptual row)                   "The total number of grok
         in the grok table."                         packets sent so far."
    INDEX  {grokIndex}                          DEFVAL  {0}
    ::= {grokTable 1}                           ::= {grokEntry 3}
GrokEntry::= SEQUENCE{
    grokIndex     INTEGER,
    grokIPAddress IpAddress,
    grokCount     Counter}

grokIndex    OBJECT-TYPE
    SYNTAX    INTEGER
    ACCESS       not-accessible
    STATUS       mandatory
    DESCRIPTION
        "The auxiliary variable
         used for identifying
         instances of the columnar
         objects in the grok table."
    ::= {grokEntry 1}
```

图 4.4 一个 SNMP 表格的定义

这个例子利用 OBJECT-TYPE MACRO 定义了一个表格 grokTable。与所有 SNMP 表格一样,grokTable 被组织为多个相同类型条目(entry)的序列(SEQUENCE OF),每个条目被组织为多个不同对象的序列(SEQUENCE)。在 grokTable 中,每个条目包含 3 个对象。INDEX 子句指出表的索引为 grokIndex 对象。因此,不同的条目有不同的 grokIndex 值。

grokIPAddress 的访问类型是 read-write,这意味着对象是 Manager 可读可改的。图中的每个条目拥有一个统计 grokIPAddress 收到的 grok 分组数量的计数器。grokCount 对象是 read-only 型的。它的值不能被 Manager 改变,由图所在处的 Agent 维护。

每个对象定义包含一个值,作为该对象的唯一标识符。例如,grokEntry 这个值是 {grokTable 1},它意味着 grokEntry 的标识符为 grokTable 的标识符和 1 的链接。此处的标识符是虚拟的。

4.3.2 编码

SNMP 采用基本编码规则 BER,实现 Manager 和 Agent 之间的管理信息编码传输。此处编码的目的是将可读的 ASCII 文本数据转换为面向传输的二进制数据。SNMP 采用一种特定的编码结构 TLV,TLV 三个字母分别代表 Type、Length 和 Value,即根据数据的类型、长度和值进行编码。

图 4.5 描述了 TLV 结构。在 Type 字段中有 3 个内容,Class、P/C 和 Tag Number。如表 4.2 所示,Class 用来指出数据类型的种类(参见 2.5.1 节)。P/C 位为 0 时,代表数据类型是简单的(primitive),为 1 时代表是结构化的(construct)。Tag Number 给出数据类型的 Tag 的二进制值。SNMP 中的数据类型的 Tag 值如表 4.3 所示。例如,数据类型 INTEGER 的 Type 值为 00000010。

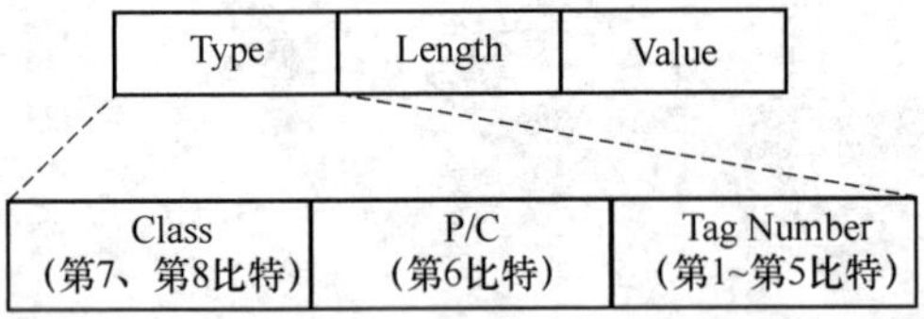

图 4.5 TLV 编码结构

表 4.2 被编码数据类型的表示

Class	8th bit	7th bit
Universal	0	0
Application	0	1
Context-specific	1	0
Private	1	1

表 4.3 SNMP 数据类型的 Tag 值

数据类型	Tag
INTEGER	UNIVERSAL 2
OCTET STRING	UNIVERSAL 4
NULL	UNIVERSAL 5
OBJECT IDENTIFIER	UNIVERSAL 6
SEQUENCE	UNIVERSAL 16
SEQUENCE OF	UNIVERSAL 16
IpAddress	APPLICATION 0
Counter	APPLICATION 1
Gauge	APPLICATION 2
TimeTicks	APPLICATION 3
Opaque	APPLICATION 4

Length 用来指出 Value 字段包含多少个 8 位组。Length 本身可能是 1 个 8 位组,也可能是多个 8 位组。每个 8 位组用后 7 位表示数值,最高位为延续符,为 0 时,表示 Length 的 8 位组已经结束,为 1 时,表示未结束。

Value 字段根据数据类型进行编码,由若干 8 位组构成。编码最简单的数据类型是 OCTET STRING。Value 中的各个 8 位组就是串中的各个 8 位组。例如,串′0A1B′ H (此处 H 表示串中的字符为 16 进制)的 Value 为 00001010 00011011。根据这个 OCTET STRING 的 Type 和 Length,可以得知它的完整 TLV 编码为:00000100 00000010 00001010 00011011。

对于 INTEGER 类型,采用补码进行编码。整个码组的最高位表示符号,0 为正,1 为负。

OBJECT IDENTIFIER 在编码时将所包含的每个整数分别按 8 位组编码,然后按原来各个整数的顺序将它们的编码串接起来。有些整数的表示需要多个 8 位组,因此 8 位组的最高位为延续符,为 0 时,无后续 8 位组,为 1 时,有后续 8 位组。对于上述规则的一个特例是,OBJECET IDENTIFIER 的前两个数字不分别编码,而是组合编码。iso(1) 和 org(3) 的组合用数字 43 表示。因此,Internet 的标识符{1 3 6 1},要按{43 6 1}编码。编码结果为:

00000110 00000011 00101011 00000110 00000001

第一个 8 位组表示这是一个 tag 为 universal 6(即 OBJECT IDENTIFIER)的数据类型,第二个 8 位组表示 Value 字段有 3 个 8 位组,后面的 3 个 8 位组分别是整数 43、6 和 1 的编码。

IpAddress 直接按 8 位组串进行编码,Counter、Gange 和 TimeTicks 按整数编码,Opaque 按 OCTET STRING 编码。

4.3.3 MIB-II

在有关 TCP/IP 网络管理的 RFC 中,有多个相互独立的 MIB 标准。不同的 MIB 标准针对不同的问题,例如,RFC 1643 提出了针对 Ethernet 接口管理的 MIB,RFC 1512 提出了针对 FDDI 管理的 MIB,RFC 1749 提出了针对 IEEE 802.5 Token Ring 管理的 MIB 等等。其中 RFC 1213 提出的针对基于 TCP/IP 的 Internet 管理的 MIB-II 是最基本和重要的,广泛包含各个层次的被管对象,是了解 MIB 的最好实例。

MIB-II 是在 MIB-I 的基础之上开发的,是 MIB-I 的一个超集。如图 4.3 所示,它是 mgmt 节点下的第一个节点,OID(Object IDentifire)为 mib-2{1 3 6 1 2 1},下面分为 11 个节点,每个节点对应一个组。表 4.4 对这 11 个组进行了简要描述。从中可见,除了 cmot 和 dot3 两个组是预留的以外,其他 9 个组都有了定义。下面将对前 8 个组中的被管对象进行介绍,snmp 组将在讲解 SNMP 协议时介绍。

表 4.4　MIB-Ⅱ中的分组

Group	OID	Description
System	mib-2 1	关于系统的总体信息
interface	mib-2 2	关于系统到子网的各个接口的信息
at (address translation)	mib-2 3	关于internet到子网地址映射信息
ip	mib-2 4	关于系统中IP的实现和运行的信息
icmp	mib-2 5	关于系统中ICMP的实现和运行的信息
tcp	mib-2 6	关于系统中TCP的实现和运行的信息
udp	mib-2 7	关于系统中UDP的实现和运行的信息
egp	mib-2 8	关于系统中EGP的实现和运行的信息
cmot	mib-2 9	为CMOT协议保留
dot3(transmission)	mib-2 10	为传输信息保留
snmp	mib-2 11	关于系统中SNMP的实现和运行的信息

(1) system 组

system 组是 Internet 标准 MIB 中最基本的一个组，包含一些最常用的被管对象。NMS 一旦发现了新的系统被组到网络中，首先需要访问该系统的这个组，来获取系统的名称、物理地点、联系人等信息。所有系统都必须实现 sysetm 组。图 4.6 为 system 组被管对象标识符子树，表 4.5 列出了该组中各个对象的名称、对象标识符、数据类型、访问权限和简要描述。

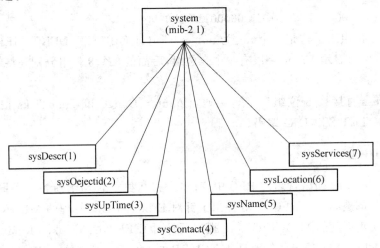

图 4.6　system 组的对象标识符子树

表 4.5　system 组中的被管对象

Object	OID	Syntax	Access	Description
sysDescr	system 1	DisplayString(SIZE(0...255))	RO	对系统的描述，如硬件、操作系统等
sysObjectID	system 2	OBJECT IDENTIFIER	RO	系统中包含的网络管理子系统的厂商标识
sysUpTime	system 3	TimeTicks	RO	系统的网络管理部分本次启动以来的时间

续表

Object	OID	Syntax	Access	Description
sysContact	system 4	DisplayString(SIZE(0...255))	RW	系统负责人的标识和联系信息
sysName	system 5	DisplayString(SIZE(0...255))	RW	系统名称
sysLocation	system 6	DisplayString(SIZE(0...255))	RW	该节点的物理地点
sysService	system 7	INERGER(0...127)	RO	指出该节点所提供的服务的集合，7个 bit 对应 7 层服务

（2）interfaces 组

interfaces 组包含与系统中的接口有关的被管对象。系统中有多个子网时，每个子网对应一个接口，并且每个接口的参数都要进行描述。但是，这个组只描述接口的一般参数，更加专用的 MIB，例如 Ethernet-like 接口类型的 MIB(RFC2358)，提供更多的参数描述。NMS 往往需要访问不同的 MIB 的多个组，以获得全面的管理信息。图 4.7 为 interfaces 组被管对象标识符子树，可见 interfaces 节点包含两个节点，一个是 ifNumber，另一个

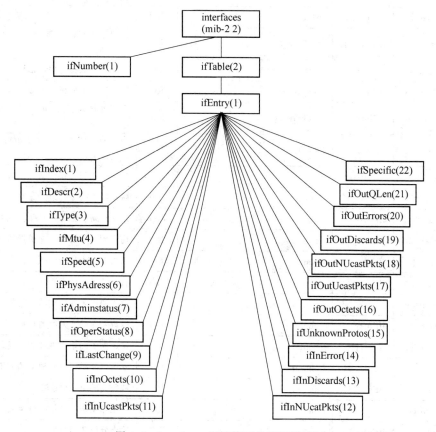

图 4.7　interfaces 组被管对象标识符子树

是ifTable,前者描述系统中包含多少个接口,后者对每个接口的参数进行描述。interfaces组是必须实现的,表4.6列出了该组中各个对象的名称、对象标识符、数据类型、访问权限和简要描述。注意,所有结构化的数据类型(表和条目)都是不能直接访问的,即Access权限为NA。将图4.7与表4.6相对应,可以看出对象标识符树结构与对象标识符值的关系。

表 4.6　interfaces 组中的被管对象

Object	OID	Syntax	Access	Description
ifNumber	interfaces 1	INTEGER	RO	网络接口的数目
ifTable	interfaces 2	SEQUENCE OF ifEntry	NA	接口条目清单
ifEntry	ifTable 1	SEQUENCE	NA	包含子网及其以下层对象的接口条目
ifIndex	ifEntry 1	INTEGER	RO	对应各个接口的唯一值
ifDescr	ifEntry 2	DisplayString(SIZE(0..255))	RO	有关接口的信息,包括厂商、产品名称、硬件接口版本
ifType	ifEntry 3	INTEGER	RO	接口类型,根据物理或链路层协议区分
ifMtu	ifEntry 4	INERGER	RO	接口可接收或发送的最大协议数据单元的尺寸
ifSpeed	ifEntry 5	Gauge	RO	接口当前数据速率的估计值
ifPhysAddress	ifEntry 6	PhysAddress	RO	网络层之下协议层的接口地址
ifAdminStatus	ifEntry 7	INTEGER	RW	期望的接口状态(up(1),down(2),testing(3))
ifOperStatus	ifEntry 8	INTEGER	RO	当前的操作接口状态(up(1),down(2),testing(3))
ifLastChange	ifEntry 9	TimeTicks	RO	接口进入当前操作状态的时间
ifInOctets	ifEntry 10	Counter	RO	接口收到的8元组的总数
ifInUcastPkts	ifEntry 11	Counter	RO	递交到高层协议的子网单播的分组数
ifInNUcastPkts	ifEntry 12	Counter	RO	递交到高层协议的非单播的分组数
ifInDiscards	ifEntry 13	Counter	RO	被丢弃的进站分组数
ifInErrors	ifEntry 14	Counter	RO	有错的进站分组数
ifInUnkownProtos	ifEntry 15	Counter	RO	由于协议未知而被丢弃的分组数
ifOutOctets	ifEntry 16	Counter	RO	接口发送的8元组的总数
ifOutUcastPkts	ifEntry 17	Counter	RO	发送到子网单播地址的分组总数
ifOutNUcastPkts	ifEntry 18	Counter	RO	发送到非子网单播地址的分组总数
ifOutDiscards	ifEntry 19	Counter	RO	被丢弃的出站分组数
ifOutErrors	ifEntry 20	Counter	RO	不能被发送的有错的分组数
ifOutQLen	ifEntry 21	Gauge	RO	输出分组队列长度
ifSpecific	ifEntry 22	OBJECT IDENTIFIER	RO	参考MIB对实现接口的媒体的定义

（3）at(address translation)组

at 组由一个表构成，表中的每一行完成系统中的一个物理接口地址向网络地址的映射。通常，网络地址就是 IP 地址，而物理地址决定于实际采用的子网情况。例如，如果接口对应的是 LAN，则物理地址是接口的 MAC 地址，如果对应 X.25 分组交换网，则物理地址可能是一个 X.121 地址。实际上，将 at 组包含在 MIB-Ⅱ 中只是为了与 MIB-Ⅰ 兼容，由于 MIB-Ⅱ 中的每个协议都包含自身的地址转换表，因此 MIB-Ⅱ at 组的实现是不被鼓励的(deprecated)。表 4.7 列出了该组中各个对象的名称、对象标识符、数据类型、访问权限和简要描述。

表 4.7 address translation 组中的被管对象

Object	OID	Syntax	Access	Description
atTable	at 1	SEQUENCE OF AtEntry	NA	包含网络地址对物理地址的映射
atEntry	atTable 1	SEQUENCE	NA	包含一个网络地址、物理地址对
atIfIndex	atEntry 1	INTEGER	RW	表格条目的索引
atPhysAddress	atEntry 2	PhysAddress	RW	依赖媒体的物理地址
atNetAddress	atEntry 3	NetworkAddress	RW	对应物理地址的网络地址

（4）ip 组

Internet 将 IP 协议作为组网协议。ip 组包含 IP 协议中的各种参数信息。例如，有关 IP 层流量的一些计数器。ip 组中包含 3 个表，ipAddrTable、ipRouteTalbe 和 ipNetToMediaTable。

① ipAddrTable 包含分配给该实体的 IP 地址的信息，每个地址被唯一地分配给一个物理地址。

② ipRouteTable 用于提供路由选择信息。ipRouteTable 是网络中的路由器执行路由选择算法时所需要的。ipRouteTable 可用于配置监测，也可用于路由控制，因为表中的对象是 read-write 的。

③ ipNetToMediaTable 是一个提供 IP 地址和物理地址之间对应关系的地址转换表。除了增加一个指示映射类型的对象 ipNetToMediaType 之外，表中所包含的信息与 address translation 组相同。

此外，ip 组中还包含一些用于性能和故障监测的被管对象。ip 组的实现是必须的。表 4.8、表 4.9 列出了该组中各个对象的名称、对象标识符、数据类型、访问权限和简要描述。

表 4.8 ip 组中的被管对象

Object	OID	Syntax	Access	Description
ipForwarding	ip 1	INTEGER	RW	是否作为 IP 网关(1/0)
ipDefaultTTL	ip 2	INTEGER	RW	该实体生成的数据报的 IP 头中 Time-To-Live 字段中的默认值
ipInReceives	ip 3	Counter	RO	接口收到的输入数据报的总数
ipInHdrErrors	ip 4	Counter	RO	由于 IP 头错被丢弃的输入数据报总数
ipInAddrErrors	ip 5	Counter	RO	由于 IP 地址错被丢弃的输入数据报总数
ipForwDatagrams	ip 6	Counter	RO	转发的输入数据报数
ipInUnknownProtos	ip 7	Counter	RO	由于协议未知被丢弃的输入数据报数
ipInDiscards	ip 8	Counter	RO	未遇到问题而被丢弃的输入数据报数
ipInDelivers	ip 9	Counter	RO	成功递交给 IP 用户协议的输入数据报数
ipOutRequests	ip 10	Counter	RO	本地 IP 用户协议要求传输的 IP 数据报总数
ipOutDiscards	ip 11	Counter	RO	未遇到问题而被丢弃的输出数据报数
ipOutNoRoutes	ip 12	Counter	RO	由于未找到路由而被丢弃的 IP 数据报数
ipReasmTimeOut	ip 13	INTEGER	RO	重组接收到的碎片可等待的最大秒数
ipReasmReqds	ip 14	Counter	RO	接收到的需要重组的 IP 碎片数
ipReasmOKs	ip 15	Counter	RO	成功重组的 IP 数据报数
ipRaesmFails	ip 16	Counter	RO	由 IP 重组算法检测到的重组失败的数目
ipFragsOk	ip 17	Counter	RO	成功拆分的 IP 数据报数
ipFragsFails	ip 18	Counter	RO	不能成功拆分而被丢弃的 IP 数据报数
ipFragsCreates	ip 19	Counter	RO	本实体产生的 IP 数据报碎片数
ipAddrTable	ip 20	SEQUENCE OF IpAddrEntry	NA	本实体的 IP 地址信息(表内对象略)
ipRouteTable	ip 21	SEQUENCE OF IpRouteEntry	NA	IP 路由表(参见表 4.9)
ipNetToMediaTable	ip 22	SEQUENCE OF IpNetToMedisEntry	NA	用于将 IP 映射到物理地址的地址转换表(表内对象略)
ipRouting Discards	ip 23	Counter	RO	被丢弃的路由选择条目

表 4.9 ipRouteTable 中的被管对象

Object	OID	Syntax	Access	Description
ipRouteTable	ip 21	SEQUENCE OF IpRouteEntry	NA	实体的 IP 路由表
ipRouteEntry	ipRouteTable 1	SEQUENCE	NA	对应一个特定目的地的路由
ipRouteDest	ipRouteEntry 1	IpAddress	RW	目的地的 IP 地址
ipRouteIfIndex	ipRouteEntry 2	INTEGER	RW	唯一指定本地接口的索引值
ipRouteMetrc1	ipRouteEntry 3	INTEGER	RW	本路由代价的主要度量
ipRouteMetrc2	ipRouteEntry 4	INTEGER	RW	本路由代价的可选度量
ipRouteMetrc3	ipRouteEntry 5	INTEGER	RW	本路由代价的可选度量
ipRouteMetrc4	ipRouteEntry 6	INTEGER	RW	本路由代价的可选度量
ipRouteNextHop	ipRouteEntry 7	IpAddress	RW	本路由下一跳的 IP 地址
ipRouteType	ipRouteEntry 8	INTEGER	RW	路由的类型,other(1)、invalid(2)、direct(3)、indirect(4)
ipRouteProto	ipRouteEntry 9	INTEGER	RO	路由的学习机制
ipRouteAge	ipRouteEntry 10	INTEGER	RW	路由更新以来经历的秒数
ipRouteMask	ipRouteEntry 11	IpAddress	RW	与目的地址进行"与"运算的掩模(Mask)
ipRouteMetrc5	ipRouteEntry 12	INTEGER	RW	本路由代价的可选度量
ipRouteInfo	ipRouteEntry 13	OBJECT IDENTIFIER	RO	对 MIB 中定义的与本路由有关的路由协议进行参考

(5) icmp 组

ICMP(Internet Control Message Protocol)是 TCP/IP 协议族中的一部分,所有实现 IP 协议的系统都提供 ICMP。ICMP 提供从路由器或其他主机向主机传递消息的手段,它的基本作用是反馈通信环境中存在的问题。例如,数据报不能到达目的地,路由器没有缓冲区容量来转发数据报。

icmp 组将所有有关 ICMP 的参数包含在内,这些参数就是接收和发送的各种 ICMP 消息的计数器。icmp 组是必须实现的。表 4.10 列出了该组中各个对象的名称、对象标识符、数据类型、访问权限和简要描述。

表 4.10 icmp 组中的被管对象

Object	OID	Syntax	Access	Description
icmpInMsgs	icmp 1	Counter	RO	收到的 ICMP 消息的总数
icmpInErrors	icmp 2	Counter	RO	收到的有错的 ICMP 的消息数
icmpInDestUnreachs	icmp 3	Counter	RO	收到的目的地不可到达的消息数
icmpInTimeExcds	icmp 4	Counter	RO	收到的超时的消息数
icmpInParmProbs	icmp 5	Counter	RO	收到的有参数问题的消息数
icmpInSrcQuenchs	icmp 6	Counter	RO	收到的源有问题的消息数
icmpInRedirects	icmp 7	Counter	RO	收到的重定向的消息数
icmpInEchos	icmp 8	Counter	RO	收到的要求 echo 的消息数
icmpInEchoReps	icmp 9	Counter	RO	收到的应答 echo 的消息数
icmpInTimestamps	icmp 10	Counter	RO	收到的要求 Timestamp 的消息数
icmpInTimestampReps	icmp 11	Counter	RO	收到的应答 Timestamp 的消息数
icmpInAddrMasks	icmp 12	Counter	RO	收到的要求 AddressMask 的消息数
icmpInAddrMaskReps	icmp 13	Counter	RO	收到的应答 Address Mask 的消息数
icmpOutMsgs	icmp 14	Counter	RO	发出的 ICMP 消息的总数
icmpOutErrors	icmp 15	Counter	RO	发出的有错的 ICMP 的消息数
icmpOutDestUnreachs	icmp 16	Counter	RO	发出的目的地不可到达的消息数
icmpOutTimeExcds	icmp 17	Counter	RO	发出的超时的消息数
icmpOutParmProbs	icmp 18	Counter	RO	发出的有参数问题的消息数
icmpOutSrcQuenchs	icmp 19	Counter	RO	发出的源有问题的消息数
icmpOutRedirects	icmp 20	Counter	RO	发出的重定向的消息数
icmpOutEchos	icmp 21	Counter	RO	发出的要求 echo 的消息数
icmpOutEchoReps	icmp 22	Counter	RO	发出的应答 echo 的消息数
icmpOutTimestamps	icmp 23	Counter	RO	发出的要求 Timestamp 的消息数
icmpOutTimestampReps	icmp 24	Counter	RO	发出的应答 Timestamp 的消息数
icmpOutAddrMasks	icmp 25	Counter	RO	发出的要求 Address Mask 的消息数
icmpOutAddrMaskReps	icmp 26	Counter	RO	发出的应答 Address Mask 的消息数

(6) tcp 组

tcp 组包含与面向连接的传输控制协议(TCP)有关的被管对象。tcp 组是必须实现的。表 4.11 列出了该组中各个对象的名称、对象标识符、数据类型、访问权限和简要描述。

表 4.11　tcp 组中的被管对象

Object	OID	Syntax	Access	Description
tcpRtoAlgorithm	tcp 1	INTEGER	RO	重传时间
tcpRtoMin	tcp 2	INTEGER	RO	重传时间的最小值
tcpRtoMax	tcp 3	INTEGER	RO	重传时间的最大值
tcpMaxConn	tcp 4	INTEGER	RO	实体支持的 TCP 连接数的上限
tcpActiveOpens	tcp 5	Counter	RO	实体已经支持的主动打开的数量
tcpPassiveOpens	tcp 6	Counter	RO	实体已经支持的被动打开的数量
tcpAttemptFails	tcp 7	Counter	RO	已经发生的试连失败的次数
tcpEstabResets	tcp 8	Counter	RO	已经发生的复位的次数
tcpCurrEstab	tcp 9	Gauge	RO	当前状态为 established 的 TCP 连接数
tcpInSegs	tcp 10	Counter	RO	收到的 segments 总数
tcpOutSegs	tcp 11	Counter	RO	发出的 segments 总数
tcpRetranSegs	tcp 12	Counter	RO	重传的 segments 总数
tcpConnTable	tcp 13	SEQUENCE OF TcpConnEntry	NA	包含 TCP 各个连接的信息（表内对象略）
tcpInErrors	tcp 14	Counter	RO	收到的有错的 segments 的总数
tcpOutRsts	tcp 15	Counter	RO	发出的含有 RST 标志的 segments 数

（7）udp 组

udp 组包含与无连接传输协议有关的被管对象。除了有关发送和接收的数据报的信息之外，这个组中还包含一个 udpTable 表，该表中包含正在支持本地应用接受数据表的 UDP 端点（end-points）的管理信息。udpTable 表中包含每个 UDP 端点用户的 IP 地址和 UDP 端口。udp 组是必须实现的。表 4.12 列出了该组中各个对象的名称、对象标识符、数据类型、访问权限和简要描述。

表 4.12　udp 组中的被管对象

Object	OID	Syntax	Access	Description
udpInDatagrams	udp 1	Counter	RO	递交该 UDP 用户的数据报的总数
udpNoPorts	udp 2	Counter	RO	收到的目的端口上没有应用的数据报总数
udpInErrors	udp 3	Counter	RO	收到的无法递交的数据报数
udpOutDatagrams	udp 4	Counter	RO	该实体发出的 UDP 数据报总数
udpTable	udp 5	SEQUENCE OF UdpEntry	NA	包含 UDP 的用户信息
udpEntry	udpTable 1	SEQUENCE	NA	某个当前 UDP 用户的信息
udpLocalAddress	udpEntry 1	IpAddress	RO	UDP 用户的本地 IP 地址
udpLocalPort	udpEntry 2	INTEGER	RO	UDP 用户的本地端口号

(8) egp 组

egp 组包含与 EGP（External Gateway Protocol）的实现和操作有关的被管对象。包括发送和接收的 EGP 消息的数量和一个 egpNeighTable 表，该表中包含本协议实体所知道的相邻网关的信息。表 4.13 列出了该组中各个对象的名称、对象标识符、数据类型、访问权限和简要描述。

表 4.13　egp 组中的被管对象

Object	OID	Syntax	Access	Description
egpInMsgs	egp 1	Counter	RO	收到的无错的 EGP 消息数
egpInErrors	egp 2	Counter	RO	收到的有错的 EGP 消息数
egpOutMsgs	egp 3	Counter	RO	本地产生的 EGP 消息总数
egpOutErrors	egp 4	Counter	RO	由于资源限制没有发出的本地产生的 EGP 消息数
egpNeighTable	egp 5	SEQUENCE OF EgpNeighEntry	NA	相邻网关的 EGP 表（表内的对象略）
egpAs	egp 6	INTEGER	RO	本 EGP 实体的自治系统数

4.4　SNMP 通信模型

SNMP 通信模型对 SNMP 的服务功能、SNMP 的对象访问策略、SNMP 协议以及 SNMP MIB 进行定义。下面对这 4 个方面分别进行介绍。

4.4.1　服务功能

如前所述，一个 SNMP 管理系统由配置了 Manager 的管理站和驻留了 Agent 的代理组成。SNMP 是管理站和代理之间交换管理信息的协议。为了简化代理所要实现的管理功能，SNMP 规定只能交换简单被管对象，条目和表格对象不能直接访问和交换。SNMP 通过 5 种消息对网络进行管理，它们包含 3 种基本消息：get、set 和 trap。管理站通过轮询的方式访问代理，获取管理信息。管理站可以向代理发出 get-request、get-next-request 和 set-request 三类消息，而代理可以用 get-response 对上述 request 进行应答，也可以用 trap 向管理站报告特殊事件。

为了简单和降低通信代价，SNMP 的消息一般通过无连接的 UDP 协议传递，但是 SNMP 也能适用于其他协议。

上述服务功能与 CMIP 相比，具有明显的简单性。

4.4.2 对象访问策略

在 SNMP 体系结构中,管理站中的 Manager 和代理中的 Agent 被称为 SNMP 的应用实体(application entity),而实现 SNMP 通信协议对应用实体进行支持的实体被称为协议实体(protocol entity)。在实际的管理中,管理站和代理之间可以是一对多、多对一和多对多等不同关系。由于一个代理可以收到来自不同管理站的对被管对象的操作命令,因此,要进行被管对象访问控制。为了实现访问控制,需要解决以下 3 个方面的问题:

① 认证服务:将对 MIB 的访问限定在授权的管理站的范围内;
② 访问策略:对不同的管理站给予不同的访问权限;
③ 代管服务:在代管系统中实现托管站的认证服务和访问权限。

SNMP 通过 Community(共同体)的概念来解决上述问题。Community 是一个在代理中定义的本地的概念。代理为每组可选的认证、访问控制和代管特性建立一个 Community,每个 Community 被赋予一个在代理内部唯一的 Community 名,该 Community 名要提供给 Community 内的所有的管理站,以便它们在 get 和 set 操作中应用。一个代理可以与多个管理站建立多个 Community,同一个管理站可以出现在不同的 Community 中。

由于 Community 是在代理本地定义的,因此不同的代理可能会定义相同的 Community 名。Community 名相同并不意味着 Community 有什么相似之处,因此,管理站必须将 Community 名与代理联系起来加以应用。

(1) 认证服务

认证服务是为了保证通信是可信的。在 SNMP 消息的情况下,认证服务的功能是保证收到的消息是来自它所声称的消息源。SNMP 只提供一种简单的认证模式:所有由管理站发向代理的消息都包含一个 Community 名,这个名字发挥口令的作用。如果发送者知道这个口令,则认为消息是可信的。

通过这种简单的认证形式,网络管理者可以对监测(get、trap)特别是控制(set)操作进行限制。Community 名被用于启动一个认证过程,而认证过程可以包含加密和解密以实现更安全的认证。

(2) 访问策略

通过定义 Community,代理将有权访问它的 MIB 的管理站进行限定。使用多个 Community,还可以为不同的管理站提供不同的 MIB 访问控制。访问控制包含两个方面:

① SNMP MIB 视图:MIB 中对象的一个子集。可以为每个 Community 定义不同的 MIB 视图。视图中的对象子集可以不在 MIB 的一个子树之内。
② SNMP 访问模式:READ-ONLY 或 READ-WRITE。为每个 Community 定义一个访问模式。

MIB 视图和访问模式的结合被称为 SNMPCommunity 轮廓(profile)。即一个 Community 轮廓由代理系统中 MIB 的一个子集加上一个访问模式构成。MIB 视图中的所有对象采用同一个访问模式。例如，如果选择了 READ-ONLY 访问模式，则管理站对视图中的所有对象都只能进行 read-only 操作。

事实上，在一个 Community 轮廓之内，存在两个独立的访问限制——MIB 对象定义中的访问限制和 SNMP 访问模式。这两个访问限制在实际应用中必须相互协调。表 4.14 给出了这两个访问限制的协调规则。

表 4.14　MIB 对象定义中的 ACCESS 限制与 SNMP 访问模式的关系

MIB 对象定义中的 ACCESS 限制	SNMP 访问模式	
	READ-ONLY	READ-WRITE
read-only	get 和 trap 操作有效	
read-write	get 和 trap 操作有效	get,set 和 trap 操作有效
write-only	get 和 trap 操作有效，但操作值与具体实现有关	get,set 和 trap 操作有效，但操作值与具体实现有关
not-accessible	无效	

在实际应用中，一个 Community 轮廓与代理定义的某个 Community 联系起来，构成 SNMP 的访问策略（access policy）。即 SNMP 的访问策略指出一个 Community 中的 MIB 视图及其访问模式。

(3) 代管服务

Community 的概念对支持代管服务也是有用的。如前所述，在 SNMP 中，代管是指为其他设备提供管理通信服务的代理。对于每个托管设备，代管系统维护一个对它的访问策略，以此使代管系统知道哪些 MIB 对象可以被用于管理托管设备和能够用何种模式对它们进行访问。

4.4.3　实例标识

我们已经看到，MIB 中的每个被管对象类型都有一个唯一的对象标识符。但是，应该注意到，在一个对象类型有多个实例时（如表格），对象类型的标识符不能唯一地标识被管对象的实例。由于对 MIB 的访问是对被管对象实例的访问，因此必须确定被管对象实例的唯一标识方法。

(1) 纵列对象

表中的基本被管对象被称为纵列被管对象（以下简称对象）。纵列对象标识符不能独自标识对象实例，因为表中的每一行都有纵列对象的一个实例。为了对这类对象实例进行唯一的标识，SNMP 定义了两种技术：顺序访问技术和随机访问技术。顺序访问技术利用图书编目顺序实现，随机访问技术利用索引对象值实现。下面首先讨论随机访问技术。

一个表格是由若干行（条目）构成的，不同的行包含一组相同的纵列对象。每个纵列对象都有一个唯一的标识符。但由于纵列对象可能有多个实例,因此纵列对象标识符并不能唯一标识实例。然而,在定义表格时,一般包含一个特殊的纵列对象 INDEX,即索引对象,它的每个实例都具有不同的值,可以用来标识表中的各行。因此,SNMP 采用将索引对象值连接在纵列对象标识符之后的方法来标识纵列对象的实例。

以 MIB-II 中 interfaces 组中的 ifTable 为例,表中有一个索引对象 ifIndex,它的值是一个 1 到 ifNumber 之间的整数,对应不同的接口,ifIndex 有不同的值。现在假设要获取系统中第 2 个接口的接口类型 ifType,ifType 的对象标识符是 1.3.6.1.2.1.2.2.1.3,而第 2 个接口的 ifIndex 值是 2,因此对应第 2 个接口的 ifType 的实例的标识符便为 1.3.6.1.2.1.2.2.1.3.2,即将这个 ifIndex 的值作为实例标识符的最后一个子标识符加到 ifType 对象标识符之后。

(2) 表格及行对象

对于表格和行对象,没有定义它们的实例标识符。这是因为表格和行不是简单对象,因而不能由 SNMP 访问。在这些对象的 MIB 定义中,它们的 ACCESS 特性被设为 not-accessible。

(3) 简单对象

在简单对象(标量对象)的场合,用对象类型标识符便能唯一标识它的实例,因为每个简单对象类型只有一个对象实例。但是,为了与表格对象实例标识符的约定保持一致,也为了区分对象的类型和对象实例,SNMP 规定简单对象实例的标识符由其对象类型标识符加 0 组成。例如,system 组中的 sysDescr 对象实例的标识符为 1.3.6.1.2.1.1.1.0。

(4) 图书编目排序

对象标识符是一个整数序列,如果把它们看做是书的章节编号,则对象标识符的前后顺序就有了确定的排列方法。而且这种方法可以不论对象标识符的长度是否相同,都有明确的先后顺序。例如,A 对象的标识符为 1.2.1,B 对象的标识符为 1.1.2.1,则 B 的标识符应排在 A 的前面。因为 A 的标识符可看做是第 1 章第 2 节第 1 小节的编号,B 的标识符可看做第 1 章第 1 节第 2 小节第 1 小小节的编号。按照这种方法,一个 MIB 中的所有对象标识符就有了唯一的顺序。

因为管理站对代理提供的 MIB 视图的构成不一定完全清楚,因此,它需要一种不必直接提供对象名称(标识符)而能访问对象的方法。对象及其实例有了顺序,就不难解决这个问题。因为管理站只要提供树型结构的任意一点上的一个对象实例的标识符,就可以通过 get-next-request 命令顺序地对其后继的对象实例进行访问,搞清整个 MIB 视图的结构。

4.4.4 SNMP 消息

管理站和代理之间以传送 SNMP 消息的形式交换信息。每个消息包含一个 SNMP 的版本号,一个用于本次交换的 Community 名和一个指出 5 种协议数据单元之一的消息类型。图 4.8 描述了这种结构,表 4.15 对其中的元素进行了说明。

Version	Community	SNMP PDU

(a) SNMP 消息格式

PDU type	request-id	0	0	variable-bindings

(b) GetRequest-PDU,GetNextRequest-PDU,SetRequest-PDU

PDU type	request-id	error-status	error-index	variable-bingdings

(C) Response PDU

PDU type	enterpise	agent-addr	generic-trap	specific-trap	time-stamp	variable-bindings

(d) Trap PDU

name1	value1	name2	value2	...	name n	value n

(e) Variable-bindings

图 4.8 SNMP 消息和 PDU 格式

表 4.15 SNMP 消息和 PDU 字段

字段	数据类型	描述
version	INTEGER	SNMP 版本
community	OCTET STRING	Community 名字
PDU type	INTEGER	get-request(0),get-next-request(1),set-request(2),get-response(3),trap(4)
request-id	INTEGER	为每个请求赋予一个唯一的标识符
error-status	INTEGER	noError(0),tooBig(1),noSuchName(2),badValue(3),readOnly(4),genErr(5)
error-index	INTEGER	error-status 非 0 时,指出哪个变量引起的问题
variable-bindings	ObjectName,ObjectSyntax	变量名及其对应值清单
enterprise	OBJECT IDENTIFIER	标识生成 trap 的代理(值取自 sysObjectID)
agent-addr	IpAddress	生成 trap 的代理的 IP 地址
generic-trap	INTEGER	一般的 trap 类型:coldStart(0),warmStart(1),linkDown(2),linkUp(3),authenticationFailure(4),egpNeighborLoss(5),enterpriseSpecific(6)
specific-trap	INTEGER	特定的 Trap 代码
time-stamp	TimeTicks	实体从上次启动到本 trap 生成所经历的时间

(1) SNMP 消息的发送

一般情况下,一个 SNMP 协议实体完成以下动作向其他 SNMP 实体发送 PDU:

① 构成 PDU。

②将构成的 PDU、源和目的传送地址(IP 地址及端口号)以及 Community 名作为一个 ASN.1 的对象移交给认证服务。认证服务完成所要求的变换,例如进行加密或加入认证码,然后返回一个经过加密或认证的 ASN.1 对象。

③将版本字段、Community 名以及上一步的结果组合成为一个消息。

④用基本编码规则(BER)对这个新的 ASN.1 的对象编码,然后传给传输服务。

(2) SNMP 消息的接收

一般情况下,一个 SNMP 协议实体完成以下动作接收一个 SNMP 消息:

①进行消息的基本句法检查,丢弃非法消息。

②检查版本号,丢弃版本号不匹配的消息。

③将用户名、消息的 PDU 部分以及源和目的传输地址传给认证服务。如果认证失败,认证服务通知 SNMP 实体,由它产生一个 trap 并丢弃这个消息;如果认证成功,认证服务返回 SNMP 格式的 PDU。

④进行 PDU 的基本句法检查,如果非法,丢弃该 PDU,否则根据 Community 名选择 SNMP 访问策略,对 PDU 进行相应处理。

(3) 变量绑定

在 SNMP 中,可以将多个同类操作(get、set、trap)放在一个消息中。如果管理站希望得到一个代理的一组简单对象的值,它可以发送一个消息请求所有的值,并通过获取一个应答得到所有的值。这样可以大大减少网络管理的通信负担。

为了实现多对象交换,所有的 SNMP 的 PDU 都包含了一个变量绑定字段。这个字段由对象实例标识符的一个参考序列及这些对象的值构成。某些 PDU 只需给出对象实例的标识符,如 get 操作。对于这样的 PDU,接收协议实体将忽略变量绑定字段中的值。

4.4.5 SNMP 的操作

(1) GetRequest PDU

SNMP 协议实体应网络管理站应用程序的请求发出 GetRequest PDU。发送实体将以下字段包含在 PDU 之中:

① PDU 类型:指出为 GetRequest PDU。

② request-id:使 SNMP 应用将得到的各个应答与发出的各个请求一一对应起来。同时也可以使 SNMP 实体能够处理由于传输服务的问题而产生的重复的 PDU。

③ variablebindings:要求获取值的对象实例清单。

GetRequest PDU 的 SNMP 接收实体用包含相同 request-id 的 GetResponse PDU 进行应答。GetRequest 操作是原子操作——要么所有的值都提取回来,要么一个都不提取。

GetRequst 操作不成功的原因有对象名不匹配(noSuchName)、返回结果太长(tooBig)以及其他原因(genErr)(参见表 4.15)。

SNMP 只允许提取 MIB 树中的叶子对象的值。因此不能只提供一个表或一个条目的名称(标识符)来获取整个表或整行的对象值。但是可以将表中每行的各个对象包含在变量绑定中,一次获取一行的对象值。

(2) GetNextRequest PDU

GetNextRequest PDU 几乎与 GetRequest PDU 相同。它们具有相同交换模式和相同的格式。唯一的不同是:在 GetRequest PDU 中,变量绑定字段中列出的是要取值的对象实例名本身,而在 GetNextRequest PDU 中,变量绑定字段列出的是要取值的对象实例的"前一个"对象实例名。与 GetRequest 相同,GetNextRequest 也是原子操作。

虽然与 GetRequest 的外在差异不大,但是 GetNextRequest 却有 GetRequest 无法替代的用途。它能够使网络管理站去动态地发现一个 MIB 视图的结构。它也为查找不知其条目的表提供了一个有效的机制。

① 简单对象值的提取

假设管理站希望从某个代理那里提取 udp 组中的所有简单对象,则可以发出如下的 PDU:

GetRequest(udpInDatagrams.0,udpNoPorts.0,udpInError.0,udpOutDatagrams.0)

如果代理支持所有这些对象,则将返回一个包含这 4 个对象值的 GetResponse PDU:

GetResponse((udpInDatagrams.0 = 100),(udpNoPorts.0 = 1),(udpInErrors.0 = 2),(udpOutDatagrams.0 = 200))

这里,100,1,2 和 200 分别是这 4 个对象的值。然而,只要有一个对象不被支持,则代理将返回一个含有错误码 NoSuchName 的 GetResponse PDU,而不返回任何其他值。为了确保得到所有可用的对象值,管理站必须分别发出 4 个 GetRequest PDU。

现在考虑应用 GetNextRequest PDU 的情况:

GetNextRequest(udpInDatagrams,udpNoPorts,udpInErrors,udpOutDatagrams)

其中,udpInDatagrams=1.3.6.1.2.1.7.1,udpNoPorts=1.3.6.1.2.1.7.2,udpInErrors=1.3.6.1.2.1.7.3,udpOutDatagrams=1.3.6.1.2.1.7.4。

在这种情况下,代理将返回清单中每个标识符的"下一个"对象实例的值。假设 4 个对象都被支持,则代理返回一个如下的 GetResponse PDU:

GetResponse((udpInDatagrams.0 = 100),(udpNoPorts.0 = 1),(udpInErrors.0 = 2),(udpOutDatagrams.0 = 200))

这与前面的情况相同。假设 udpNoPorts 在本视图中是不存在(不可见)的,则代理的应答为:

GetResponse((udpInDatagrams.0 = 100),(udpInErrors.0 = 2),(udpInErrors.0 = 2),(udpOutDatagrams.0 = 200))

由于 udpNoPorts.0=1.3.6.1.2.1.7.2.0 在本 MIB 视图中是不存在的标识符,因此 udpNoPorts 的"下一个"对象实例便成了 udpInError.0=1.3.6.1.2.1.7.3.0。

通过对比可知,GetNextRequest 在提取一组对象值时比 GetRequest 效率更高、更灵活。

② 提取未知对象

GetNextRequest 要求代理提取所提供的对象实例名的下一个对象实例的值,因此,发送这类 PDU 时,并不要求提供 MIB 视图中实际存在的对象或对象实例的标识符。利用这一特点,管理站可以使用 GetNextRequest PDU 去探查一个 MIB 视图,并搞清它的结构。在上面的例子中,如果管理站发出一个 GetNextRequest(udp) PDU,则将获得 Response(udpInDatagrams.0=100)的应答。管理站因此便知道了在这个 MIB 视图中第一个被支持的对象是 udpInDatagrams,并且知道了它的当前值。

(3) SetRequest PDU

SNMP 协议实体应管理站应用程序的请求发出 SetRequest PDU。它与 GetRequest PDU 具有相同的交换模式和相同的格式。但是,SetRequest 是被用于写对象值而不是读。因而,变量绑定清单中既包含对象实例标识符,也包含每个对象实例将被赋予的值。

SetRequest PDU 的 SNMP 接收实体用包含相同 request-id 的 GetResponse PDU 进行应答。SetRequest 操作是原子操作——要么变量绑定中的所有变量都被更新,要么一个都不被更新。如果应答实体能够更新变量绑定中的所有变量,则 GetResponse PDU 中包含提供给各个变量新值的变量绑定字段。只要有一个变量值不能成功地设置,则无变量值返回,也无变量值被更新。在 GetRequest 操作中可能返回的错误——noSuchName、tooBig 和 genErr 也是 SetRequest 可能返回的错误。另外一个可能返回的错误是 badValue,只要 SetRequest 中有一个变量名和变量值不一致的问题,就会返回这个错误。所谓不一致可能是类型的问题,也可能是长度的问题,还可能是提供的值有问题。

利用 SetRequest 不仅可以对叶子对象实例进行值的更新,也可以利用变量绑定字段进行表格的行增加和行删除操作。

除此之外,SetRequest 还可被用于完成某种动作。SNMP 没有提供一种命令代理完成某种动作的机制,它的全部能力就是在一个 MIB 视图内 get 和 set 对象值。但是利用 set 的功能可以间接地发布完成某种动作的命令。某个对象可以代表某个命令,当它被设置为特定值时,就执行特定的动作。例如代理者可以设一个初始值为 0 的对象 reBoot,如果管理站将这个对象值置 1,则代理者系统被重新启动,reBoot 的值也被重新置 0。

(4) Trap PDU

SNMP 协议实体应代理应用程序的请求发出 Trap PDU。它被用于向管理站异步地通报某个重要事件。它的格式与其他的 SNMP PDU 有很大不同。所包含的字段有参见表 4.15。

4.4.6 SNMP MIB 组

下面介绍 MIB-Ⅱ 中的 snmp 组(OID 为 mib-2 11)。表 4.16 给出了该组中的对象、标识符、数据类型、访问控制和简要描述。需要注意的是,OID 7 和 OID 23 没有被利用。可以看到,除了 snmpEnableAuthenTraps 之外,所有对象的数据类型都是 Counter。这些计数器对 SNMP 协议实体发出和收到的各类消息及 PDU 进行计数。snmpEnableAuthenTraps 用于管理站对代理能否发送报告收到认证失效(Authentication-failure)的消息的 Trap 进行设置。snmp 组是必须实现的。

表 4.16　snmp 组中的被管对象

Object	OID	Syntax	Access	Description
snmpInPkts	snmp 1	Counter	RO	来自传送层的消息数
snmpOutPkts	snmp 2	Counter	RO	发往传送层的消息数
snmpInBadVesions	snmp 3	Counter	RO	收到的版本号有误的消息数
snmpInBadCoummunityNames	snmp 4	Counter	RO	收到的 Commu. 有误的消息数
snmpInBadCoummunityUses	snmp 5	Counter	RO	收到的 Commu. 使用不当的消息数
snmpInASNParseErrs	snmp 6	Counter	RO	收到的 ASN.1 或 BER 解码出错的消息数
not used	snmp 7			
snmpInTooBigs	snmp 8	Counter	RO	收到的错误状态为 tooBig 的 PDU 数
snmpInNoSuchNames	snmp 9	Counter	RO	收到的错误状态为 noSuchName 的 PDU 数
snmpInBadValues	snmp 10	Counter	RO	收到的错误状态为 badValue 的 PDU 数
snmpInReadOnlys	snmp 11	Counter	RO	收到的错误状态为 readOnly 的 PDU 数
snmpInGenErrs	snmp 12	Counter	RO	收到的错误状态为 genErr 的 PDU 数
snmpInTotalReqVars	snmp 13	Counter	RO	利用收到的合法 Get PDU 成功提取的对象数
snmpInTotalSetVars	snmp 14	Counter	RO	利用收到的合法 Set PDU 成功提取的对象数
snmpInGetRequests	snmp 15	Counter	RO	收到和处理的 Get-Request PDU 数
snmpInGetNexts	snmp 16	Counter	RO	收到和处理的 Get-Next PDU 数
snmpInSetRequests	snmp 17	Counter	RO	收到和处理的 Set-Request PDU 数
snmpInGetResponses	snmp 18	Counter	RO	收到和处理的 Get-Response PDU 数
snmpInTraps	snmp 19	Counter	RO	收到和处理的 Trap PDU 数
snmpOutTooBigs	snmp 20	Counter	RO	产生的错误状态为 tooBig 的 PDU 数
snmpOutNoSuchNames	snmp 21	Counter	RO	产生的错误状态为 noSuchName 的 PDU 数
snmpOutBadValues	snmp 22	Counter	RO	产生的错误状态为 badValue 的 PDU 数
not used	snmp 23			
snmpOutGenErrs	snmp 24	Counter	RO	产生的错误状态为 genErr 的 PDU 数
snmpOutGetRequsets	snmp 25	Counter	RO	产生的 Get-Request PDU 数
snmpOutGetNexts	snmp 26	Counter	RO	产生的 Get-Next PDU 数
snmpOutSetRequests	snmp 27	Counter	RO	产生的 Set-Request PDU 数
snmpOutGetResponses	snmp 28	Counter	RO	产生的 Get-Response PDU 数
snmpOutTraps	snmp 29	Counter	RO	产生的 Trap PDU 数
snmpEnableAuthenTraps	snmp 30	INTEGER	RW	允许或禁止发送报告认证失效的 Trap enable(1), disable(2)

4.4.7 传输层的支持

SNMP需要利用传输层的服务来传递SNMP消息,但是它并未确定传输层的服务是可靠的还是非可靠的,是无连接的还是面向连接的。

在实际中,SNMP的实现几乎都是使用无连接用户数据报协议(UDP)。UDP头中包含源和目的端口字段,允许应用层协议,如SNMP填写地址。它还包含一个可选的覆盖UDP头和用户数据的校验和(checksum)。如果校验和有问题,UDP段(segment)被丢弃。有两个端口分配给了SNMP,即代理侦听GetRequest,GetNextRequest和SetRequest命令的161端口和管理站侦听Trap命令的162端口。

由于UDP是非可靠的,因此SNMP的消息可能被丢失。SNMP本身也不保证消息的可靠传递,因此,消息丢失问题只能由SNMP的用户自己处理。

然而,SNMP消息的丢失问题没有标准的处理方法,只有一些可行的建议。在GetRequest和GetNextRequest的场合,如果在规定的时间内得不到应答,管理站可以认为是发出的命令消息已经丢失,或者代理返回的应答已经丢失。管理站可以再次或多次重发请求,直至成功或最终放弃。由于相同的请求具有相同的request-id,因此重发可能会使接收者收到多个相同的消息,这时,接收者只要将收到的重复的消息丢弃即可,不会引起问题。

在SetRequest的场合,如果在规定的时间内得不到应答,为了确认操作是否成功,可以用GetRequest操作进行确认。如果确认set操作没被执行,可以重发SetRequest。

由于SNMP的Trap没有应答消息,因此没有简单的方法去检验Trap的传递。在SNMP中,Trap一般用于提供重要事件的早期告警,作为后备方法,管理站还要定期地轮询代理获取相关的状态。

小 结

SNMP网络管理模型是面向TCP/IP网络提出的,是一个简单实用的网络管理模型。随着Internet的迅猛发展,SNMP的重要性也愈显突出。

SNMP最重要的特点是采用简单的管理信息模型和管理功能。它的管理信息由简单数据类型定义,因此存取简单,传递成本低,处理方便。这种简单性是它得到众多厂商支持的根本原因。SNMP的基本组织结构为两级结构,通过Manager进程和Agent进程相互通信来实现管理。Manager被安置在管理站中,Agent驻留在网络元素中。管理信息的分析处理不是由Agent而是由Manager进行。引入Proxy和RMON的SNMP具有三级体系结构。

SMI对Internet中的被管对象的数据类型、定义方法和MIB结构进行了规范。

Internet 被管对象的数据类型只有 4 种简单的 Universal 类型和 5 种简单的 Application-wide 类型，可以利用 SEQUENCE 和 SEQUENCE OF 组成表结构。SMI 定义了一个 OBJECT-TYPE MACRO 作为定义被管对象类的标准方法。MIB-II 是 Internet 管理中最基本和最常用的 MIB，对应不同的层次和协议分 11 个组。

SNMP 有 5 种消息，包括 get-request、get-next-request、set-request、get-responst 和 trap。前 3 个由 Manager 发给 Agent，后 2 个由 Agent 发给 Manager。SNMP 的所有操作都通过这 5 个消息进行。SNMP 的通信模型处理上述消息的 PDU，并基于 Community 的概念对被管对象的访问进行控制。

本章的教学目的是使学生掌握 SNMP 管理体系结构、被管对象的树型结构、被管对象类的定义方法和基于消息的 SNMP 操作；了解陷阱引导的轮询机制、MIB-II、各种 SNMP PDU 结构以及基于 Community 的安全机制。

思考题

4-1 SNMP 是怎样发展起来的？与 CMIP 相比有哪些特点？
4-2 简述 SNMP 系统模型以及网络管理协议体系结构。
4-3 什么是陷阱引导的轮询？SNMP 为什么采用这样的机制？
4-4 代管代理的作用是什么？它需要什么样的协议体系结构？
4-5 SNMP 中的被管对象有哪些数据类型？
4-6 如何定义 SNMP 的被管对象类？
4-7 请描述 SNMP 中的 MIB 结构，MIB 中哪些被管对象是能够实际访问的？
4-8 请说明 SNMP 的管理信息模型中怎样定义表格？为什么要利用表格组织被管对象？
4-9 MIB-II 中包含哪些分组？各分组中存储哪些信息？
4-10 简述基于 Community 概念的 SNMP 安全机制。
4-11 怎样在 SNMP 的 MIB 中标识纵列对象？
4-12 什么是被管对象的图书编目式排序？
4-13 为什么 SNMP PDU 中要包含 request-id 字段？

习题

4-1 请画出一个多 Manager 体系结构的示意图。
4-2 试利用 OBJECT-TYPE MACRO 定义 MIB-II 中的 atTable 被管对象。
4-3 请分别写出 OBJECT IDENTIFIER system 和 IpAddress（202.112.108.158）

这两个数据的 TLV 编码。

4-4 请画出 MIB-Ⅱ 中 ip 组中的 ipRouteTable 被管对象及其所包含的被管对象的对象标识符子树。

4-5 为了禁止地址为(123.234.245.156)的代理向管理站发送报告 authentication-failure 的 trap,管理站应怎样进行操作？请对操作过程进行简要描述。

4-6 某 Manager 在发出 get-request 请求后,收到了如题表 4.1 所示的应答数据：

① 请构造 Manager 发出的 get-request PDU;

② 请构造 Agent 返回的 get-response PDU。

题表 4.1

Object	Value
Request ID	50
udpInDatagrams	500 000
udpNoPorts	1 000
udpInErrors	100
udpOutDatagrams	400 000

第 5 章

SNMP模型的发展

5.1 SNMPv2

5.1.1 SNMPv2 对 SNMPv1 的改进

1993年，SNMP 的改进版 SNMPv2 开始发布，此后，原来的 SNMP 便被称为 SNMPv1。最初的 SNMPv2 最大的特色是增加了安全特性，因此被称为安全版 SNMP。但不幸的是，在几年的试用中，没有得到厂商和用户的积极响应，自身存在的严重缺陷也没有得到及时修正。因此，在 1996 正式发布的 SNMPv2 中，安全特性被删除。这样，SNMPv2 对 SNMPv1 的改进程度便受到了很大的削弱。

总的来说，SNMPv2 的改进主要有以下 3 个方面：
① 支持分布式管理；
② 改进了管理信息结构；
③ 增强了管理信息通信协议的能力。

SNMPv1 采用的是集中式网络管理模式。网络管理站的角色由一个主机担当，其他设备（包括代理软件和 MIB）都由管理站监控。随着网络规模和业务负荷的增加，这种集中式的系统已经不再适应需要。管理站的负担太重，并且来自各个代理的报告在网上产生大量的业务量。而 SNMPv2 不仅可以采用集中式的模式，也可以采用分布式模式。在分布式模式下，可以有多个被称为管理服务器的顶层管理站。每个管理服务器可以直接管理代理，同时也可以委托中间管理者担当 Manager 角色监控一部分代理。对于管理服务器，中间管理者以 Agent 身份提供信息和接受控制。这种体系结构分散了处理负担，减少了网络的业务量。

SNMPv2 的管理信息结构（SMI）在几个方面对 SNMPv1 的 SMI 进行了扩充。定义对象的宏中包含了一些新的数据类型。最引人注目的变化是提供了对表中的行进行删除或建立操作的规范。新定义的 SNMPv2 MIB 包含有关 SNMPv2 协议操作的基本流量信息和有关 SNMPv2 Manager 和 Agent 的配置信息。

在通信协议操作方面，最重要的变化是增加了两个新的 PDU——GetBulkRequest 和 InformRequest。前者使 Manager 能够有效地提取大块的数据，后者使 Manager 能够向其他 Manager 发送通报信息。

5.1.2 SNMPv2 网络管理框架

SNMPv2 提供了一个建立网络管理系统的框架，但网络管理应用，如故障管理、性能监测、计费等不包括在 SNMPv2 的范围内。实际上，SNMPv2 提供的是网络管理基础结构。图 5.1 是这种基础结构的一个配置例。

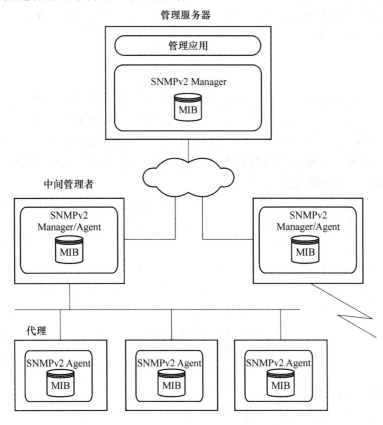

图 5.1　SNMPv2 的配置

SNMPv2 本质上是一个交换管理信息的协议。网络管理系统中的每个角色都维护一个与网络管理有关的 MIB。SNMPv2 的 SMI 对这些 MIB 的信息结构和数据类型进行定义。SNMPv2 提供了一些通用的 MIB，厂商或用户也可以定义自己专用的 MIB。

在配置中至少有一个系统负责整个网络的管理。这个系统就是网络管理应用驻留的地方。管理站可以设置多个，以便提供冗余或分担大型网络的管理责任。其他系统担任

Agent 角色。Agent 收集本地信息并保存，以备 Manager 提取。这些信息包括系统自身的数据，也可以包括网络的业务量信息。

SNMPv2 既支持高度集中化的网络管理模式，也支持分布式的网络管理模式。在分布式模式下，一些系统担任 Manager 和 Agent 两种角色，这种系统被称为中间管理者。中间管理者以 Agent 身份从上级管理系统接受管理信息操作命令，如果这些命令所涉及的管理信息在本地 MIB 中，则中间管理者便以 Agent 身份进行操作并进行应答，如果所涉及的管理信息在中间管理者的下属代理的 MIB 中，则中间管理者先以 Manager 身份对下属代理发布操作命令，接收应答，然后再以 Agent 身份向上级管理者应答。

所有这些信息交换都利用 SNMPv2 通信协议实现。与 SNMPv1 相同，SNMPv2 协议仍是一个简单的请求（request）/应答（response）型协议，但在 PDU 种类和协议功能方面对 SNMPv1 进行了扩充。

5.1.3 SMIv2

SNMPv2 中的管理信息结构被称为 SMIv2，其中包括 MIB 中的对象、对标准符合度的陈述和对 Agent 能力的陈述 3 类信息。管理信息的定义包括模块定义（module definitions）、对象定义（object definitions）和通报定义（notification definitions）3 种方式。

所谓模块就是一组相关信息的集合。模块定义采用 ASN.1 的宏 MODULE-IDENTITY 对信息模块进行描述。

MODULE-IDENTITY MACRO 的定义如下（参考 4.3.1 节中有关 MACRO 的介绍）：

```
MODELE-IDENTITY MACRO :: =
BEGIN
        TYPE NOTATION :: =
                        "LAST-UPDATED" value (Update UTCTime)
                        "ORGANIZATION" Text
                        "CONTACT-INFO" Text
                        "DESCRIPTION" Text
                        RevisionPart
        VALUE NOTATION :: =
                        value (VALUE OBJECT IDENTIFIER)
        RevisionPart :: = Revisions | empty
        Revisions :: = Revision | Revisions Revision
        Revision :: =
                    "REVISION" value (UTCTime)
                    "DESCRIPTION" Text
        Text :: = """" string """"
```

其中，LAST-UPDATED 子句指出所定义的模块的最后更新时间（按世界时 UTC Time 计算），ORGANIZATION 子句指出定义模块的组织、CONTACT-INFO 子句指出与该组织进行联系的信息，如地址、电话等，DESCRIPTION 子句对模块进行描述。RevisionPart 是可选的，可对模块的版本更新过程进行说明。

对象定义仍采用 OBJECT-TYPE MACRO 进行（参见 4.3.1 节），但对它进行了改造。新的定义如下：

```
OBJECT-TYPE MACRO :: =
BEGIN
    TYPE NOTATION :: = "SYNTAX" Syntax
                       UnitsPart
                       "MAX-ACCESS" Access
                       "STATUS" Status
                       "DESCRIPTION" Text
                       ReferPart
                       IndexPart
                       DefValPart
    VALUE NOTATION :: = value (VALUE ObjectName)
    Syntax :: = type(ObjectSyntax)| "BITS" "{" Kibbles "}"
    Kibbles :: = Kibble | Kibbles "," Kibble
    Kibble :: = identifier "(" nonNegativeNumber ")"
    UnitsPart :: = "UNITS" Text | empty
    Access :: = "not-accessible"| "accessible-for-notify"| "read-only" | "read-write" | "read-create" |
    Status :: = "current" | "deprecated" | "obsolete"
    ReferPart :: = "REFERENCE" Text | empty
    IndexPart :: = "INDEX" "{" IndexTypes "}" | "AUGMENTS" "{" Entry "}" | empty
    IndexTypes :: = IndexType | IndexTypes "," IndexType
    IndexType :: = "IMPLIED" Index | Index
    Index :: = value(indexobject ObjectName)
    Entry :: = value(entryobject ObjectName)
    DefValPart :: = "DEFVAL" "{" value (defvalue ObjectSyntax) "}" | empty
    Text :: = """" string """"
END
```

其中，SYNTAX 子句指出对象的句法结构，在 SNMP 中句法结构可简单地理解为数据类型。SNMPv2 对数据类型进行了扩充。可采用的数据类型如表 5.1 所示(请与表 4.1 对比)。

表 5.1 SNMPv2 的数据类型

数据类型	描 述
INTEGER(−2147483648…2147483647)	$-2^{31} \sim 2^{31}-1$ 之间的整数
OCTET STRING(SIZE(0…65535))	0~65535 长度的 8 位组
OBJECT IDENTIFIER	对象标识符
IpAddress	32 位的 IP 地址
Counter32	最大值为 $2^{32}-1$ 的计数器
Counter64	最大值为 $2^{64}-1$ 的计数器
Unsigned32	$0 \sim 2^{32}-1$ 之间的整数
Gauge32	最大值为 $2^{32}-1$ 的标尺
TimeTicks	百分之一秒为单位的计时器,模 2^{32}
Opaque	用于与 SNMPv1 中的类型兼容
BITS	对命名比特串的列举

UnitsPart 是一个可选的子句,用于在定义测量类对象(如时间)时,通过文本描述指出所定义的对象的单位(如日、小时、分钟等)。

MAX-ACCESS 子句与 SNMP 中的 ACCESS 子句的作用类似。在此,MAX-ACCESS 指出最高访问等级。可选的等级从低到高有 5 级:

① not-accessible:Manager 无权进行任何操作;

② accessible-for-notify:只能在通报(notification)中向 Manager 报告的对象(如 snmpTrapOID);

③ read-only:Manager 可读;

④ read-write:Manager 可读可改;

⑤ read-create:Manager 可读可改可建立,用于 SNMPv2 中的概念行操作。

STATUS 子句用于指出定义是当用的还是历史的。有 3 种选择:current 意味着该对象当前被普遍采用和实现;obsolete 意味着该(前期定义的)对象当前已被废弃,不再被实现;deprecated 意味着该(前期定义的)对象当前已经被废弃,但为了与旧系统互通,暂时还被一些厂商支持。

ReferPart 描述对在其他 MIB 模块中定义的对象的交叉引用。

IndexPart 对表对象的索引进行描述。因为 SNMPv2 支持对现有表的扩充(Augment)定义,因此这个子句有两个选择:定义基本表时,选择关键词 INDEX,后面指出索引对象。索引对象可以为多个,相互之间用逗号分隔,括在大引号之中;如果在原有表基础上定义扩充的表,则选择关键词 AUGMENT,后面指出原有表的条目名,用于指示将新定义的条目中的纵列对象附加在原有表中的纵列对象之后,合成更"宽"的表,表的索引对象仍用原有表的定义。

DefValPart 定义建立对象实例时可以采用的默认值。

VALUE NOTATION 部分指出 SNMPv2 访问这个对象的名称（标识符）。

SNMPv2 提供了更强的表功能，包括对现有表的扩充定义和"行"建立与删除操作。

表的基本定义仍然采用 SEQUENCE OF 定义表中的条目，SEQUENCE 定义条目所包含的纵列对象的方法。SNMPv2 中的表分为两类，一类不允许 Manager 进行行建立与删除操作，另一类允许这样的操作。表的访问仍然利用索引（index）来唯一指定行位置。

下面讨论表的扩充定义方法。假设原有某个表定义如下：

studentTable OBJECT-TYPE
  SYNTAX SEQUENCE OF StudentEntry
  MAX-ACCESS not-accessible
  STATUS current
  DESCRIPTION
  "The table lists students′records including their key information."
 ∷ = {A}

studentEntry OBJECT-TYPE
  SYNTAX   StudentEntry
  MAX-ACCESS not-accessible
  STATUS   current
  DESCRIPTION
   "An entry in the studentTable,the table is indexed by studyNo."
  INDEX   {studyNo}
 ∷ = {studentTable 1}

StudentEntry∷SEQUENCE{
   studyNo INTEGER,
   name   OCTET STRING,
   birthday OCTET STRING}

studyNoOBJECT-TYPE
  SYNTAX   INTEGER
  MAX-ACCESS not-accessible
  STATUS   current
  DESCRIPTION
   "An auxiliary variable used to identify the columnar objects in the studentTable."

```
        :: = {studentEntry 1}

name OBJECT-TYPE
    SYNTAX          OCTET STRING
    MAX-ACCESS      read-only
    STATUS          current
    :: = {studentEntry 2}

birthday OBJECT-TYPE
    SYNTAX          OCTET STRING
    MAX-ACCESS      read-only
    STATUS          current
    :: = {studentEntry 3}
```

根据上述定义可知，表 5.2 是这个定义的一个实例。

表 5.2 studentTable 的一个实例

studyNo(A.1.1)	name(A.1.2)	birthday(A.1.3)
610100	石 磊	1982 年 10 月 1 日
610120	王 珏	1983 年 3 月 10 日
802203	水 淼	1982 年 7 月 18 日
⋮	⋮	⋮

需要注意的是，studyNo 是这个表的索引对象，由它的值与某纵列对象的标识符相结合构成纵列对象实例的名称。例如，Manager 访问王珏的出生日期时，需要给出 A.1.3.610120 这个实例名称。在 SNMPv2 中索引对象的 MAX-ACCESS 为 not-accessible。

假设现在要对 studentTable 进行扩充，将 emailAddress 和 homeTown 对象合并进去形成一个扩充表，则需要进行如下定义：

```
moreStudentTable OBJECT-TYPE
    SYNTAX SEQUENCE OF MoreStudentEntry
    MAX-ACCESS      not-accessible
    STATUS          current
    DESCRIPTION
        "The more studentTable."
    :: = {B}

moreStudentEntry OBJECT-TYPE
    SYNTAX          MoreStudentEntry
```

```
    MAX-ACCESS     not-accessible
    STATUS         current
    DESCRIPTION
        "Additional object for a studentTable entry"
    AUGMENTS       {studentEntry}
    ::= {moreStudyTable 1}

MoreStudentEntry :: SEQUENCE {
        emailAddress   OCTET STRING,
        homeTown       OCTET STRING }

emailAddress OBJECT-TYPE
    SYNTAX         OCTET STRING
    MAX-ACCESS     read-only
    STATUS         current
    ::= {moreStudentEntry 1}

homeTown OBJECT-TYPE
    SYNTAX         OCTET STRING
    MAX-ACCESS     read-only
    STATUS         current
    ::= {moreStudentEntry 2}
```

由上述定义可知，studentTable 和 moreStudentTable 合并为一个包含 5 个纵列对象的扩充表，表 5.3 是这个扩充表的一个实例。

表 5.3 扩充表的一个实例

studyNo(A.1.1)	name(A.1.2)	birthday(A.1.3)	emailAddress(B.1.1)	homeTown(B.1.2)
610100	石 磊	1982 年 10 月 1 日	sl@mail.edu	北京市海淀区
610120	王 珏	1983 年 3 月 10 日	wj@mail.edu	上海市浦东区
802203	水 淼	1982 年 7 月 18 日	sm@mail.edu	天津市海河区
⋮	⋮	⋮	⋮	⋮

对表进行扩充定义后，表的索引对象保持不变。例如，如果要读取王珏的 homeTown 的信息，要提供的实例标识符为 B.1.2.610120。

上述表的扩充定义提供了一个非常有用的扩充现有管理信息定义的方法。例如，厂商可以利用这个方法将自己特殊定义的一些对象作为标准 MIB 表的扩充，从而使对这些对象的访问比单独定义新表方便。

为了进行行建立和删除操作，SNMPv2 采取了在允许进行这类操作的表中嵌入一个专用的描述行状态的纵列对象的方法。描述行状态的对象的数据类型为 RowStatus，这是一个专门定义的文本约定（TEXTUAL-CONVENTTION）型数据类型，可取 active、notInservice、notReady、createAndGo、createAndWait 和 destroy 6 个值。active 表示该行是可用的；noInservice 表示该行存在，但不可用；notReady 表示该行存在，但由于某些对象值暂时空缺而尚不可用；createAndGo 由管理站提供，表示希望建立一个新行，并将其状态自动置为 active；createAndWait 由管理站提供，表示希望建立一个新行，但不自动将其状态置为 active；destroy 由管理站提供，表示希望删除该行。

表中嵌入 RowStatus 对象后，管理站采用如下算法进行行建立操作：

① 首先获得一个适当的未被分配的行索引值；

② 利用这个索引值用 Set 操作访问 RowStatus 对象及其他可被建立的对象，如果一行中的所有可被建立的对象可用一个 Set 命令设置，则将 RowStatus 置为 createAndGo，否则将 RowStatus 置为 createAndWait，以便用后续的 Set 命令完成全部对象的建立任务，而不必担心与其他管理站的操作相冲突；

③ 如果上述 Set 操作成功，则新行被建立并被置为 active 状态。

行删除操作非常简单。管理站确定欲删除行的索引值后，用 Set 命令将 RowStatus 对象值置为 destroy 即可。操作成功后，代理将把被删除的行从表中去掉。

SMIv2 中的 Notification 等效于 SMIv1 中的 trap，通报定义采用 NOTIFICATION-TYPE MACRO 进行。这个 MACRO 的定义如下：

```
NOTIFICATION-TYPE MACRO∷=
BEGIN
    TYPE NOTATION∷= ObjectPart
                    "STATUS"Status
                    "DESCRIPTION"Text
                    ReferPart
    VALUE NOTATION∷= value (VALUE NotificationName)
    ObjectPart∷= "OBJECTS""{"Objects"}"|empty
    Objects∷= Object|Objects","Object
    Object∷= value(Name ObjectName)
    Status∷= "current"|"deprecated"|"obsolete"
    ReferPart∷= "REFERENCE"Text|empty
    Text∷= """"string""""
END
```

利用这个 MACRO，SNMPv2 定义了若干通报，在此仅以 linkUp 为例进行说明。

```
linkUp NOTIFICATION-TYPE
    OBJECTS {ifIndex,ifAdminStatus,ifOperStatus}
```

STATUS   current
DESCRIPTION
"A linkup trap signifies that the SNMPv2 entity,acting in an agent role,has detected that the ifOperStatus object for one of its communication links has transitioned out of the down state."
::={snmpTraps 4}

在上述定义中,OBJECTS 子句指出 linkUp 通报所包含对象序列:ifIndex,ifAdminStatus,ifOperStatus,这些对象的值将被包含在 linkUp 通报之中传给 Manager。

5.1.4 协议操作

(1) SNMPv2 消息

与 SNMPv1 相同,SNMPv2 以包含 PDU 的消息的形式交换信息。外部的消息结构中包含一个用于认证的 Community 名。

SNMPv2 确定的消息结构如下:

```
Message::= SEQUENCE {
         version    INTEGER{ version (1) },   --SNMPv2 的版本号为 1
         community  OCTET STRING,              --Community Name
         data       ANY                        --SNMPv2 PDU
         }
```

4.3.2 节中对于 Community 名、Community 轮廓和访问策略的讨论同样适用于 SNMPv2。

SNMPv2 消息的发送和接收过程与 4.3.4 节中描述的 SNMPv1 消息的发送和接收过程相同。

(2) PDU 格式

在 SNMPv2 消息中可以传送 7 类 PDU。表 5.4 列出了这些 PDU,同时指出了对 SNMPv1 也有效的 PDU。图 5.2 描述了 SNMPv2 PDU 的一般格式。

表 5.4 SNMP 协议数据单元

PDU	描述	SNMPv1	SNMPv2
Get	Manager 通过 Agent 获得对象的值	○	○
GetNext	Manager 通过 Agent 获得对象的下一个值	○	○
GetBulk	Manager 通过 Agent 获得对象的下 N 个值		○
Set	Manager 通过 Agent 为对象设置值	○	○
Trap	Agent 向 Manager 传送随机信息	○	○
Inform	Manager 向 Manager 传送随机信息		○
Response	Agent 对 Manager 的请求进行应答	○	○

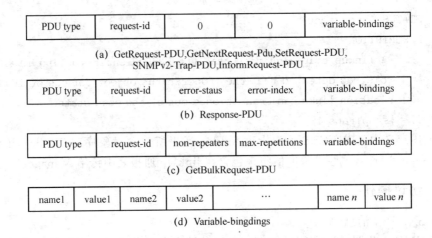

图 5.2 SNMPv2 PDU 格式

值得注意的是，GetRequest、GetNextRequest、SetRequest、SNMPv2-Trap、Inform-Reques 5 种 PDU 具有完全相同的格式，并且也可以看作是 error-status 和 error-index 两个字段被置零的 Response PDU 的格式。这样设计的目的是为了减少 SNMPv2 实体需要处理的 PDU 格式种类。

(3) GetRequest PDU

SNMPv2 的 GetRequest PDU 的语法和语义都与 SNMPv1 的 GetRequest PDU 相同，差别是对应答的处理。SNMPv1 的 GetRequest 是原子操作：要么所有的值都返回，要么一个也不返回，而 SNMPv2 能够部分地对 GetRequest 操作进行应答。即使有些对象值提供不出来，变量绑定字段也要包含在应答的 GetResponse PDU 之中。如果某个对象有意外情况（noSuchObject，noSuchInstance，endOfMibView），则在变量绑定字段中，这个对象名与一个代表意外情况的错误代码而不是对象值配对。

在 SNMPv2 中，按照以下规则处理 GetRequest 变量绑定字段中的对象来构造应答 PDU：

① 如果 OBJECT IDENTIFIER 前缀与该请求在代理处所能访问的对象的前缀都不匹配，则它的值字段被设置为 noSuchObject；

② 否则，如果对象名与该代理所能访问的对象名都不匹配，则它的值字段被设置为 noSuchInstance；

③ 否则，值字段被设置为对象值。

如果由于其他原因导致对象名处理过程的失败，则无法返回对象值。这时，应答实体将返回一个 error-status 字段值为 genErr，并在 error-index 字段中指出发生问题的对象的应答 PDU。

如果生成的应答 PDU 中的消息尺寸过大，超过了指定的最大限度，则生成的 PDU 被丢弃，并用一个 error-status 字段值为 tooBig，error-index 字段值为 0，变量绑定字段为空的新的 PDU 应答。

允许部分应答是对 GetRequest 的重要改进。在 SNMPv1 中，只要有一个对象值取不回来，所有的对象值就都不能返回。在这种情况下，发出操作请求的 Manager 往往只能将命令拆分为多条只取单个对象值的命令。相比之下，SNMPv2 的操作效率得到了很大提高。

（4）GetNextRequest PDU

SNMPv2 的 GetNextRequest PDU 的语法和语义都与 SNMPv1 的 GetNextRequest PDU 相同。与 GetRequest PDU 相同，两个版本的差别是对应答的处理。SNMPv1 的 GetNextRequest 是原子操作：要么所有的值都返回，要么一个也不返回，而 SNMPv2 能够部分地对 GetNextRequest 操作进行应答。

在 SNMPv2 中，按照以下规则处理 GetNextRequest 变量绑定字段中的每对象来构造应答 PDU：

① 确定被指名的对象下一个对象，将该对象名和它的值成对地放入结果变量绑定字段中；

② 如果被指定的对象之后不存在对象，则将被指定的对象名和错误代码 endOfMibView 成对地放入结果变量绑定字段中。

如果由于其他原因导致对象名处理过程的失败，或者是产生的结果太大，处理过程与 GetRequest 相同。

（5）GetBulkRequest PDU

SNMPv2 的一个主要改进是 GetBulkRequest PDU。这个 PDU 的目的是尽量减少查询大量管理信息时所进行的协议交换次数。GetBulkRequest PDU 允许 SNMPv2 管理者请求得到在给定的条件下尽可能大的应答。

GetBulkRequest 操作利用与 GetNextRequest 相同的选择原则，即总是顺序选择下一个对象。不同的是，利用 GetBulkRequest，可以选择多个后继对象。

GetBulkRequest 操作的基本工作过程如下：GetBulkRequest 在变量绑定字段中放入一个 $(N+R)$ 个对象名的清单。对于前 N 个对象名，查询方式与 GetNextRequest 相同。即对清单中的每个对象名，返回它的下一个对象名和它的值，如果没有后继对象，则返回原对象名和一个 endOfMibView 的值。

GetBulkRequest PDU 有两个其他 PDU 所没有的字段，non-repeaters 和 max-repetitions。non-repeaters 字段指出只返回一个后继对象的对象数。max-repetitions 字段指出其他的对象应返回的最大的后继对象数。为了说明算法，我们定义，

$L=$ 变量绑定字段中的对象名数量

$N=$ 只返回一个后继对象的对象名数

$R=$ 返回多个后继对象的对象名数

$M=$ 最大返回的后继对象数

在上述对象之间存在以下关系：

$N = \max[\min(\text{non-repeaters}, L), 0]$

$M = \max[\text{max-repetitions}, 0]$

$R = L-N$

如果 $N>0$，则前 N 个对象与 GetNextRequest 一样被应答。如果 $R>0$ 并且 $M>0$，则对应后面的 R 个对象，返回 M 个后继对象。即对于每个对象：

① 获得给定对象的后继对象的值；

② 获得下一个后继对象的值；

③ 反复执行上一步，直至获得 M 个对象实例。

如果在上面的过程中的某一点已经没有后继对象，则返回 endOfMibView 值，在对象名处，返回最后一个后继对象，如果没有后继对象，则返回请求中的对象名。

利用这个规则，能够产生的 name-value 对的数量是 $N+(M\times R)$。后面的 $(M\times R)$ 对在应答 PDU 中的顺序可描述为：

for $i:=1$ to M do

    for $r:=1$ to R do

        retrieve i-th successor of $(N+r)$-th variable

即返回的后继对象是一行一行的，而不是先返回第一个对象的所有后继变量，再返回第二个对象的所有后继对象，等等。

显然，GetBulkRequest 是对 GetNextRequest 功能的一个增强。与 GetNextRequest 相比，GetBulkRequest 加快了数据访问进程，对于提取表中的对象特别有用。此外，利用这个功能可以减小管理应用程序的规模。管理应用程序自身不需要关心组装在一起的请求的细节，不需要执行一个试验过程来确认请求 PDU 中的 name-value 对的最佳数量，并且，即使 GetBulkRequest 发出的请求过大，代理也会尽量多地返回数据而不是简单地返回一个 tooBig 的错误消息。为了获得缺少的数据，管理者只需简单地重发请求，而不必将原来的请求改装为小的请求序列。

（6）SetRequest PDU

SetRequest PDU 由管理者发出，用来请求改变一个或多个对象的值。接收实体用一个包含相同 request-id 的 Response PDU 应答。与 SNMPv1 相同，SetRequest 操作是原子操作，即或者更新所有被指名的对象，或者所有的都不更新。如果接收实体能够为被指名的所有对象设置新值，则 Response PDU 返回与 SetRequest 相同的变量绑定字段。只要有一个对象值没设置成功，就不更新任何值。

SetRequest 的变量绑定分两个阶段处理。在第一阶段，确认每个绑定对。如果所有的绑定对都被确认，则进入第二阶段——改变每个变量，即每个对象的 set 操作都在第二阶段进行。

在第一阶段中，对每个绑定对进行确认，直至所有的都成功或遇到一个失败。失败的原因有:不可访问(noAccess)、无法建立或修改(notWritable)、数据类型不一致(wrongType)、长度不一致(wrongLength)、ASN.1编码不一致、对象值有问题(wrongValue)、对象不存在且无法建立(noCreation)等。如果任意一个对象遇到以上情况,则返回一个在error-status字段给出上述错误代码,在error-index字段给出有问题的对象的序号的应答PDU。与SNMPv1相比,其提供了更多的错误代码,为管理站更容易地确定失败的原因提供了方便。

如果在确认阶段没有遇到问题,则进入第二阶段——更新在变量绑定字段中被指名的所有的对象。不存在的对象需要建立,存在的对象被赋予新值。只要遇到任何失败,则所有的更新都被撤销,并且返回一个error-status字段值为commitFailed的应答PDU。

(7) SNMPv2-Trap PDU

SNMPv2-Trap PDU由一个Agent实体在发现异常事件时产生并发给管理站。与SNMPv1相同,它用于向管理站提供一个异步的通报以便报告重要事件。但不同于SNMPv1,它的格式与GetRequest、GetNextRequest、GetBulkRequest、SetRequest和InformRequest PDU相同。变量绑定字段用于容纳与陷阱消息有关的信息。Trap PDU是一个非确认消息,不要求接收实体应答。

SNMPv2-Trap PDU的变量绑定字段包含以下对象名和它的值:

① sysUpTime.0;

② snmpTrapOID.0;

③ 如果在通报定义时包含了OBJECTS子句,则通报中包含子句中列出的对象名和它们的值;

④ 由Agent选择的其他对象。

(8) InformRequest PDU

InformRequest PDU由一个Manager角色的SNMPv2实体应它的应用的要求发给另一个Manager角色的SNMPv2实体,向该实体的应用提供管理信息。InformRequest PDU的变量绑定字段包含与SNMPv2-Trap PDU相同的元素。

收到InformRequest的实体后,首先检查承载应答PDU的消息尺寸,如果消息尺寸超过限度,用一个含有tooBig错误代码、request-id与收到的InformRequest PDU的request-id相同的Response PDU应答。否则,接收实体将PDU中的内容转到信息的目的地(某个应用),同时对发出InformRequest的Manager用error-status字段值为noError、request-id和变量绑定字段与收到的InformRequest PDU中的内容相同的Response PDU进行应答。

5.1.5 SNMPv2 MIB

SNMPv2对Internet MIB进行了重要扩充,在internet节点下增加了两个新的节点:security和snmpv2。security是为实现安全性而预设的节点,在SNMPv2标准中并未进行具体定义。snmpv2 节点下设 snmpDomains、snmpProxys 和 snmpModules 3 个节点,如图 5.3 所示。

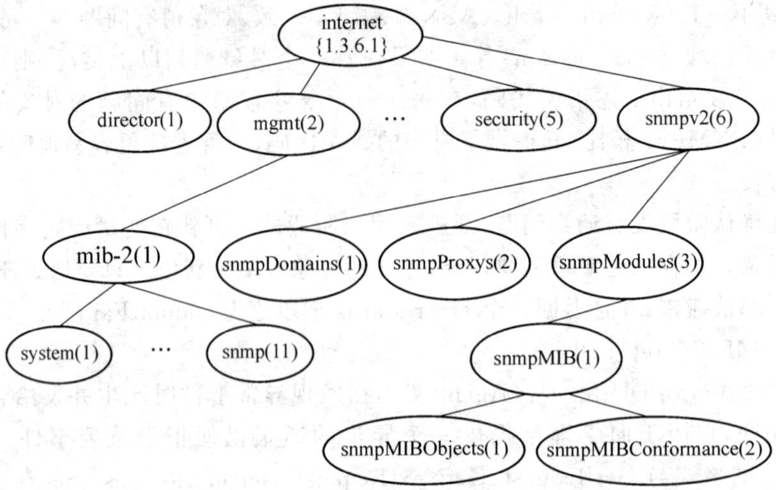

图 5.3 SNMPv2 对 Internet MIB 的扩充

snmpDomains 节点下的对象扩充 SNMP 标准,使其不仅可以利用 UDP,还可以利用其他传输协议发送管理消息。snmpProxys 节点下的对象提供 proxy(代管)服务,将其他协议向 UDP 协议映射,以支持那些选择其他协议作为传输协议的系统。

SNMPv2 对 MIB-II 进行了改造,对其中的 system 组和 snmp 组进行了重新定义(RFC1907),同时在 snmpModules 下新定义了 snmpMIB。snmpMIB 包括两个模块:snmpMIBObjects 和 snmpMIBConformance。前者定义 SNMPv2 新引入的对象和废弃的对象,后者对 SNMP 符合规范进行说明。

SNMPv2 在 system 组中增加了一个标量对象 sysORLastChange 和一个表对象 sysORTable。新增加的对象具有 sysOR 的前缀,这个前缀代表 system objects of resources(系统资源对象)。这些对象被 SNMPv2 的 Agent 实体用于描述那些可由 Manager 远程动态配置的资源对象。表 5.5 提供了有关的描述(参考表 4.5)。

表 5.5 SNMPv2 对 MIB-II system 组的扩充

Object	OID	Syntax	Description
sysORLastChange	system 8	TimeStamp	系统最新 up 时间或 sysORID 实例的最新变化时间
sysORTable	system 9	SEQUENCE OF sysOREntry	可由 Manager 远程动态配置的资源对象列表
sysOREntry	sysORTable 1	SEQUENCE	sysORTable 的条目
sysORIndex	sysOREntry 1	INTEGER	sysORTable 的索引
sysORID	sysOREntry 2	OBJECT IDENTIFIER	资源对象标识符
sysORDescr	sysOREntry 3	DisplayString	对资源对象的描述
sysORUpTime	sysOREntry 4	TimeStamp	资源对象本次 up 的时间

与 system 组相反，SNMPv2 对 snmp 组进行了简化，删除了多个不必要的对象，增加了两个新对象 snmpSilentDrops 和 snmpProxyDrops，对比表 5.6 和表 4.16。

表 5.6　SNMPv2 snmp 组

Object	OID	Syntax	Description
snmpInPkts	snmp 1	Counter	来自传送层的消息数
snmpInBadVesions	snmp 3	Counter	收到的版本号有误的消息数
snmpInBadCoummunityNames	snmp 4	Counter	收到的 Commu.有误的消息数
snmpInBadCoummunityUses	snmp 5	Counter	收到的 Commu.使用不当的消息数
snmpInASNParseErrs	snmp 6	Counter	收到的 ASN.1 或 BER 解码出错的消息数
snmpEnableAuthenTraps	snmp 30	INTEGER	允许或禁止发送报告认证失效的 Trap enable(1), disable(2)
snmpSilentDrops	snmp 31	Counter	由于超过消息及变量绑定尺寸被无声丢弃的收到的各种 snmp PDU 的数量
snmpProxyDrops	snmp 32	Counter	由于无法对目标代管进行应答被无声丢弃的收到的各种 snmp PDU 的数量

在 snmpMIBObjects 模块中，对 trap 操作的标识符、用于同步 set 操作的序列号以及 SNMPv2 的通报进行了定义，这些对象被汇总在表 5.7 之中。

表 5.7　snmpMIBObjects 模块中的对象

Object	OID	Description
snmpTrap	snmpMIBObjects 4	包含通报 ID 和企业 ID 的信息组
snmpTrapOID	snmpTrap 1	通报的 OID
snmpTrapEnterprise	snmpTrap 3	发送通报的企业的 OID
snmpTraps	snmpMIBObjects 5	SNMPv1 中著名 trap 的集合
coldStart	snmpTraps 1	冷启动 trap 信息
warmStart	snmpTraps 2	热启动 trap 信息
linkDown	snmpTraps 3	链路 down 的 trap 信息
linkUp	snmpTraps 4	链路 up 的 trap 信息
authentificationFailure	snmpTraps 5	报告认证失败的 trap 信息
snmpSet	snmpMIBObjects 6	控制 Set 操作的同步信息组
snmpSetSerialNo	snmpSet 1	Set 操作的序列号

5.1.6　对符合 SNMPv2 的陈述

SNMPv2 的规范中包含一个有关对标准的符合度的文本。符合度陈述文本的目的是定义一个说明,用来指出可接受的对 SNMPv2 较低配置的各种实现方法。

在这个文本中,定义了以下 4 个 MACRO 来处理符合度问题:

① OBJECT-GROUP:指出一个对象组;

② NOTIFICATION-GROUP:指出一个通报组;

③ MODULE-COMPLIANCE:指出某类 Agent 至少应实现的 MIB 模块;

④ AGENT-CAPABILITIES:定义一个特定的 Agent 实现方法的能力。

OBJECT-GROUP 和 NOTIFICATION-GROUP 将对象和通报编组后,有利于描述各种配置。即只要说明哪些对象组和通报组是必要的,哪些是可选的,一个配置方法就基本确定了。通过 MODULE-COMPLIANCE,可以定义不同类型的 Agent,而 AGENT-CAPABILITIES 用于对不同 Agent 的能力进行说明。

5.2 SNMPv3

没有解决安全问题是 SNMPv2 最大的遗憾。然而,成功地解决了安全问题却不是 SNMPv3 的唯一贡献。SNMPv3 提出的全新体系结构是它的另一大进步,它将各个版本的 SNMP 标准集成到了一起,使成千上万的 SNMPv1 和 SNMPv2 的实体(Manager 和 Agent)可以与 SNMPv3 的实体互通。

5.2.1 SNMP 体系结构

按照 SNMPv3 的标准,一个 SNMP 管理网络由若干节点构成,每个节点配置一个 SNMP 实体,通过它们之间的相互作用实现对网络及其资源的监测和控制。SNMP 体系结构是对各类 SNMP 实体的构成元素及其相互关系的描述。上述管理网络的概念是 SNMPv3 体系结构的核心,它区别于 SNMPv1 的非对称二层结构和 SNMPv2 的非对称三层结构,形成了非树型网络,从而使体系结构具有了真正的分布式特性。

(1) SNMP 实体

如图 5.4 所示,SNMP 实体由 SNMP 引擎及若干个(引擎的)应用构成。

SNMP 引擎包括 Dispatcher(分发器)、Message Processing Subsystem(消息处理子系统)、Security Subsystem(安全子系统)和 Access Control Subsystem(访问控制子系统)等元素。

在一个管理域中,每个引擎都有一个唯一的标识符 snmpEngineID。由于引擎和实体之间一一对应,因此 snmpEngineID 也能在管理域中唯一地标识实体。但在不同的管理域中,SNMP 的实体可能会有相同的 snmpEngineID。

如图 5.5 所示,snmpEngineID 是一个 8 位组串。对于 SNMPv1 和 SNMPv2 实体,这个串的长度是 12,对于 SNMPv3,长度是可变的。两种格式的前 4 个 8 位组表示该 SNMP 实体厂商的代码,其中第一位用于区分版本,0 表示 SNMPv1 和 SNMPv2,1 表示 SNMPv3。例如 3COM 公司的厂商标识符为{enterprises 43},因此它的 SNMPv1/

SNMPv2 和 SNMPv3 两种引擎的前 4 位分别"0000002b"和"8000002b"（注意，43 的 16 进制值为"2b"）。第 5 个 8 位组表示生成本 snmpEngineID 的方法。在 SNMPv1 和 SNMPv2 的场合，第 6 到第 12 个 8 位组指出生成 ID 的函数，简单情况下可以直接利用本实体的 IP 地址；在 SNMPv3 的场合，第 6 个 8 位组以后是一个长度可变的串，用于表示 SNMPv3 的 EngineID 的格式。例如，当采用 IPv4 地址格式时，这个串为 4 个 8 位组，当采用 IPv6 地址格式时，为 16 个 8 位组，当采用 IEEE MAC 地址格式时，为 6 个 8 位组。

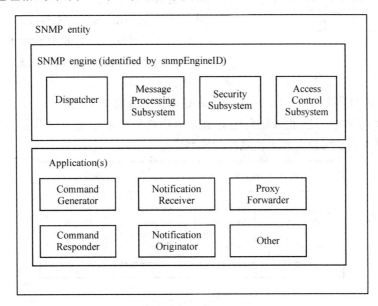

图 5.4　SNMP 实体

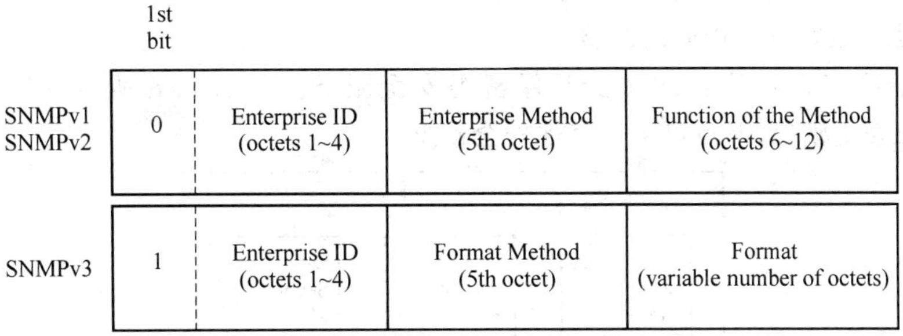

图 5.5　SNMP Engine ID

分发器是 SNMP 引擎的关键部件，每个引擎中只有一个，它能够为多个不同版本的消息处理模型分派任务，并为不同的应用提供发送和接收 PDU 的服务。它的功能包括：

① 向网络发送或从网络接收 SNMP 消息；

② 确定消息的版本，与相应的消息处理模型互通；

③ 为应用提供抽象接口，向其传递 PDU 和接收其欲向其他实体发送的 PDU。

分发器与网络、消息处理子系统和应用之间的结构关系如图 5.6 所示。

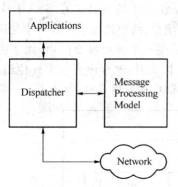

图 5.6　分发器与相邻元素的结构关系

对于去往的消息（Outgoing Message），应用提供要发送的 PDU 以及准备消息和发送消息所需要的数据，此外还要指出用哪个版本的消息处理模型来准备消息以及所希望的安全处理。消息准备好后，由分发器进行发送。

对于到来的（Incoming Message）消息，分发器辨别消息的 SNMP 版本，并将其传给相应版本的消息处理模型来抽取消息中的内容，进行消息的安全服务处理。分版本处理之后，分发器确定应由哪个应用来处理或转发这个 PDU。

消息处理子系统负责准备要发送的消息和从收到的消息中抽取数据。如图 5.7 所示，消息处理子系统可包含多个消息处理模型。

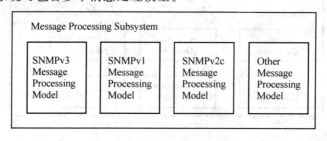

图 5.7　消息处理子系统

每个消息处理模型定义一个特定版本的 SNMP 消息的格式。对应不同的消息格式，所进行的处理也要进行相应的调整。

安全子系统提供消息的认证和保密等安全服务。如图 5.8 所示，SNMPv3 推荐 User-Based 安全模型，但也可采用其他安全模型。

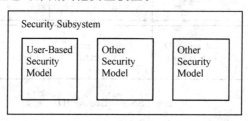

图 5.8　安全子系统

安全模型要指出它所防范的威胁，服务的目标和为提供安全服务所采用的安全协议，如认证和保密。安全协议指出为提供安全服务所采用的机制、过程和 MIB 对象。

访问控制子系统通过一个或多个访问控制模型提供确认对被管对象的访问是否合法

的服务。如图 5.9 所示,View-Based 访问控制模型是 SNMPv3 所建议的。

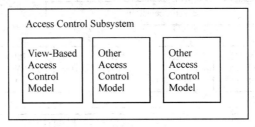

图 5.9 访问控制子系统

访问控制模型定义一个特定的访问决策函数,用以支持确认访问权的决策。

SNMP 应用与 SNMP 引擎之间形成应用与服务的关系,即 SNMP 应用是 SNMP 引擎的应用,SNMP 引擎向 SNMP 应用提供服务。

SNMPv3 将应用分为监测和控制被管对象的 command generator(命令产生者),对被管对象提供访问的 command responder(命令应答者),发出异步消息的 notification originator(通报产生者),处理异步消息的 notification receiver(通报接收者)和在实体之间转发消息的 proxy forwarder(代管转发者)。应用模块由上述的一到多个应用构成,选择不同的应用,构成不同功能的实体。如图 5.10 和图 5.11 所示,选择一个或多个命令产生者和/或通报接收者便构成 Manager 实体,选择一个或多个命令接收者和/或通报产生者便构成 Agent 实体。

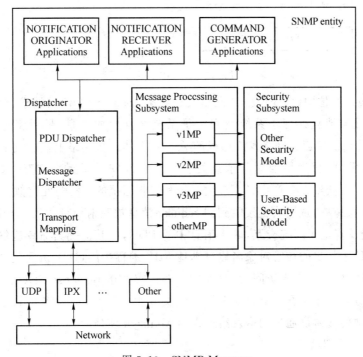

图 5.10 SNMP Manager

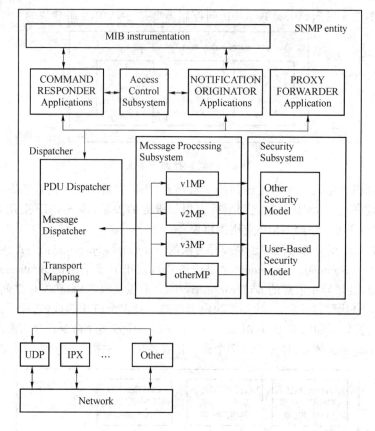

图 5.11　SNMP Agent

在 Manager 实体中,命令产生者发出发送各类 request PDU 的请求,分发器接收这些请求后,通过与消息处理子系统及安全子系统交互生成消息,最后将这些消息通过 UDP 或其他传输协议通过网络发给远程的 Agent 实体。从网络上接收到的 response 消息被映射给分发器,分发器通过与消息处理子系统及安全子系统交互,取出消息中的 PDU,最后将其上交给命令产生者。产生通报和接收通报的过程与此类似。

在 Agent 实体中,从网络上接收到的 request 消息被映射给分发器,分发器通过与消息处理子系统及安全子系统交互,取出消息中的 PDU,将其上交给命令应答者。命令应答者根据 PDU 中指出的被管对象名称对本地 MIB 进行访问,这个访问是否合法受到访问控制子系统的控制。完成访问后,命令应答者请求发送 response PDU,分发器接收这个请求,通过与消息处理子系统及安全子系统交互生成消息,最后将此 response 消息利用 UDP 或其他传输协议通过网络发给远程的 Manager 实体。

(2) 身份和管理信息的标识

对实体、SNMP 用户身份和管理信息的命名(标识)也是 SNMPv3 规范的重要内容。

前面已经讨论了实体的标识 SNMPengineID,这里继续讨论操作者身份和管理信息的标识。

关于 SNMP 用户身份有两个标识,principal 和 securityName。principal 代表服务的请求者,可以是人,也可以是应用。securityName 是一个代表 principal 的(人)可读串。principal 可以是一个用户,例如网络管理员的名称,也可以是一组用户,例如网管中心的一个操作员小组的名称。为了安全,principal 是不能被直接访问的,因此需要一个 securityName,一个能够标识身份,但不暴露身份的名称。

SNMPv3 允许一个 SNMP 实体(Agent)同时负责多个环境(context)的管理,不同的环境中可以存在相同的被管对象(对象标识符相同),即每个环境中存在一个 MIB 的实例,一个环境对应一个 MIB 实例。因此,为了唯一确定要访问的被管对象,Manger 除了要给出 Agent 标识符(SNMPengineID)和对象标识外,还要指出对象所在的环境(MIB)。例如,一个配置在带交换功能的 Hub 中公共的 Agent 可以访问 Hub 中的不同接口,每个接口都有一个 interfaces 组的被管对象描述本接口的管理信息,为了将这多个 interfaces 组相互区分开来,每个 interfaces 组被称为一个 context,每个 context 被赋予一个 contextEngineID 和一个 contextName。在 SNMPv3 中,scopedPDU 就是指包含 contextEngineID 和 contextName 的 PDU,它同时给出要操作的被管对象的名称、context 的名称和接受实体的名称。因此 scopedPDU 能够在管理域内唯一地确定要操作的被管对象。

(3)抽象服务接口

SNMP 实体内部各种子系统间通过接口相互通信,一个子系统提供服务,另一个子系统应用服务。SNMP 将这种接口定义为通用的和与具体实现相独立的概念接口,并称其为抽象服务接口(Abstract Service Interface)。抽象服务接口只描述 SNMP 实体的外部可观察的行为,并不涉及或规范实现。

抽象服务接口由一组原语(primitive)定义,每个原语定义接口提供的一个服务。原语的操作数是输入(IN)和输出(OUT)参数。IN 参数是调用服务的子系统向被调用子系统传递的输入值,OUT 参数是调用服务的子系统期望从被调用子系统获得的应答值。调用原语时,调用子系统将 OUT 参数保持为空值,服务完成时,OUT 参数由被调用系统填充。

除了分发器,一般情况下都将原语与被调用子系统联系在一起,将其看做该子系统提供的服务。但分发器向应用发出的原语也被认为是它所提供的服务,因而也与分发器联系在一起。

图 5.12 描述了一个命令产生者与分发器之间、分发器与消息处理子系统之间的原语调用过程。命令产生者调用分发器的 sendPdu 原语发出发送 PDU 请求,并等待接收唯一的 OUT 参数——statusInformation,分发器如果成功执行了这个请求并将其向网络发出,则返回一个 sendPduHandle(相当于 SNMPv1 和 SNMPv2 中的 request ID),否则将返回一个 errorIndicator。为了执行 sendPdu,分发器调用消息处理子系统的 prepareOutgoingMessage 原语。该原语既有 IN 参数,也有 OUT 参数,因此信息流是双向的。

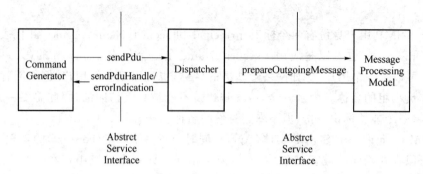

图 5.12 发送 PDU 的抽象服务接口

表 5.8 列出了实体中各个子系统提供的服务原语,并对它们提供的服务进行了简要描述。

表 5.8 原语清单

子系统	服务原语	提供的服务
分发器	sendPdu	处理应用提出的向远程实体发送 PDU 的请求
分发器	processPdu	处理远程实体发来的消息
分发器	returnResponsePdu	处理应用提出的发送应答消息的请求
分发器	processResponsePdu	处理远程实体发来的应答消息
分发器	registerContextEngineID	注册来自某个 contextEngine 的请求
分发器	unregisterContextEngineID	撤销来自某个 contextEngine 的请求
消息处理子系统	prepareOutgoingMessage	处理准备发往消息的请求
消息处理子系统	prepareResponseMessage	处理准备发往应答的请求
消息处理子系统	prepareDataElements	处理从到来消息中抽取数据元素的请求
安全子系统	generateRequestMsg	处理生成安全消息的请求
安全子系统	processIncomingMsg	处理从到来的消息中获取安全数据的请求
安全子系统	generateResponseMsg	处理生成安全应答消息的请求
认证模块	authenticateOutgoingMsg	证明一个去往的消息
认证模块	authenticateIncomingMsg	认证一个到来的消息
加密模块	encryptData	对数据加密
加密模块	decryptData	对数据解密
访问控制子系统	isAccessAllowed	处理对本地被管对象的访问请求

下面给出分发器的服务原语和消息处理子系统的服务原语。安全子系统和访问控制子系统的服务原语将在后面讨论 SNMPv3 的安全机制和访问控制机制时给出。

```
    statusInformation =              --如果成功,返回 sendPduHandle
                                     --如果失败,返回 errorIndication
    sendPdu(                         --对应用的接口
        IN   transportDomain         --采用的传输协议
        IN   transportAddress        --目的地网络地址
```

```
    IN   messageProcessingModel      --一般为 SNMP 版本
    IN   securityModel               --采用的安全模型
    IN   securityName                --代表 principal 的安全名称
    IN   securityLevel               --要求的安全等级
    IN   contextEngineID             --管理要传送的被管对象的引擎
    IN   contextName                 --包含要传送的被管对象的 context
    IN   pduVersion
    IN   PDU
    IN   expectResponse              --TRUE or FALSE
    )

processPdu(                          --对应用的接口,处理 Request/Notifica-
                                     --tion PDU
    IN   messageProcessingModel
    IN   securityModel
    IN   securityName
    IN   securityLevel
    IN   contextEngineID
    IN   contextName
    IN   pduVersion
    IN   PDU
    IN   maxSizeResponseScopedPDU
    IN   stateReference              --prepareDataElements 原语在 cache 中
                                       保存的消息中的信息
    )

result =
returnResponsePdu(                   --对应用的接口
    IN   messageProcessingModel
    IN   securityModel
    IN   securityName
    IN   securityLevel
    IN   contextEngineID
    IN   contextName
```

```
    IN    pduVersion
    IN    PDU
    IN    maxSizeResponseScopedPDU
    IN    stateReference
    IN    statusInformation
          )


processResponsePdu(                         --对应用的接口
    IN    messageProcessingModel
    IN    securityModel
    IN    securityName
    IN    securityLevel
    IN    contextEngineID
    IN    contextName
    IN    pduVersion
    IN    PDU
    IN    statusInformation
    IN    sendPduHandle
          )


statusInformation =                         --success or errorIndication
    registerContextEngineID(
    IN    contextEngineID                   --注册负责此操作的引擎
    IN    pduType                           --注册该 pduType(s)
          )


    unregisterContextEngineID(
    IN    contextEngineID                   --注销该引擎的责任
    IN    pduType                           --注销该 pduType(s)
          )


statusInformation =                         --success or error indication
    prepareOutgoingMessage(                 --对分发器的接口
    IN    transportDomain
```

```
    IN    transportAddress
    IN    messageProcessingModel
    IN    securityModel
    IN    securityName
    IN    securityLevel
    IN    contextEngineID
    IN    contextName
    IN    pduVersion
    IN    PDU
    IN    expectResponse
    IN    sendPduHandle
    IN    destTransportDomain
    OUT   destTransportAddress
    OUT   outgoingMessage
    OUT   outgoingMessageLength
        )
```

```
result =                              --success or error indication
prepareResponseMessage(               --对分发器的接口
    IN    messageProcessingModel
    IN    securityModel
    IN    securityName
    IN    securityLevel
    IN    contextEngineID
    IN    contextName
    IN    pduVersion
    IN    PDU
    IN    maxSizeResponseScopedPDU
    IN    stateReference
    IN    statusInformation
    OUT   destTransportDomain
    OUT   destTransportAddress
    OUT   outgoingMessage
    OUT   outgoingMessageLength
```

```
        )
    result =                          --success or error indication
    prepareDataElements(              --对分发器的接口
      IN    transportDomain
      IN    transportAddress
      IN    wholeMsg
      IN    wholeMsgLength
      OUT   messageProcessingModel
      OUT   securityModel
      OUT   securityName
      OUT   securityLevel
      OUT   contextEngineID
      OUT   contextName
      OUT   pduVersion
      OUT   PDU
      OUT   pduType
      OUT   sendPduHandle
      OUT   maxSizeResponseScopedPDU
      OUT   statusInformation
      OUT   stateReference
        )
```

5.2.2 SNMPv3 的应用

如上所述,SNMPv3 将应用分为命令产生者、命令应答者、通报产生者、通报接收者和代管转发者 5 类。同时,SNMPv3 还对各类应用的作用进行了规范。

命令产生者被用于生成 get-request、get-next-request、get-bulk-request 和 set-request,同时,它还要处理对这些请求的应答 get-response。图 5.13 描述了命令产生者发送 get-request 和接收 get-response 的过程。

图 5.13 的上半部分是发送 get-request 消息的过程。命令产生者向分发器发出 sentPdu 原语,分发器请求消息处理模型准备一个去往的消息,消息处理模型请求安全模型生成一个安全(认证,加密)消息。如果上述处理获得成功,分发器向命令产生者返回一个 sendPduHandle 用于与应答匹配,同时将生成的消息发到网络上。

图 5.13 的下半部分是接收 get-response 消息的过程。分发器从网络上接收消息后,

请求消息处理模型从中抽取需要交给命令产生者的数据元素。为此,消息处理模型需要请求安全模型对消息进行认证和解密。分发器获得抽取出来的数据元素后将其转交给命令产生者。请注意完成上述各种服务的原语。

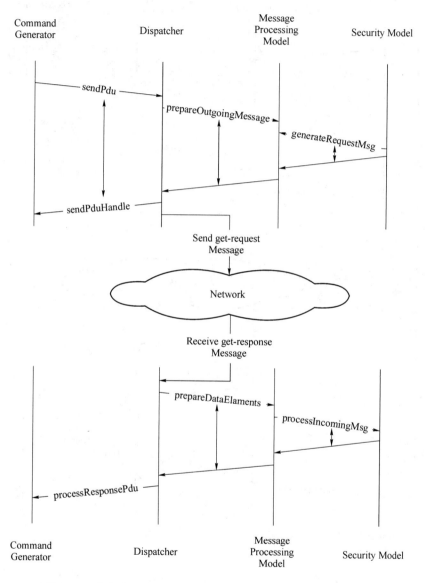

图 5.13　命令产生者发送 get-request 和接收 get-response 的过程

命令接收者是命令产生者的对等应用,被用于接收 get-request、get-next-request、get-bulk-request 和 set-request,同时,产生对它们的应答 get-response。与命令产生者的处理不同,命令接收者接收消息和发送消息的操作是一个整体,即接收到 request 消息后，马上发送 response 消息。图 5.14 对命令接收者处理 get-request 消息的过程进行了描述。

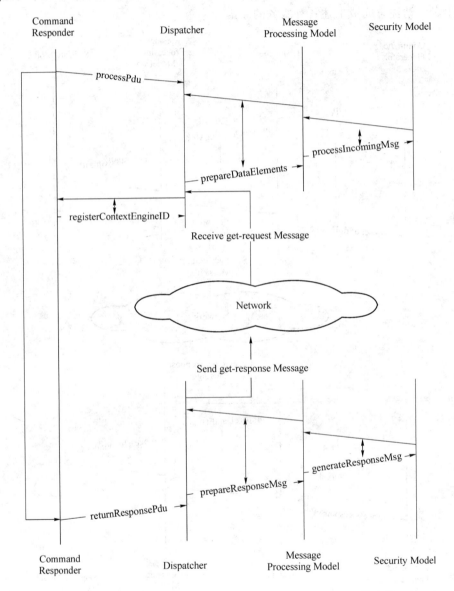

图 5.14 命令接收者接收 get-request 和发送 get-response 的过程

在命令接收者处理 get-request 之前，必须先将 SNMP 引擎所负责管理的环境向 SNMP 引擎进行注册。注册完成后，获得一个 registerContextEngineID。分发器接收 get-request 消息后，经过与图 5.13 下半部相同的过程，从消息中抽取出命令接收者所需的数据元素，然后利用 processPud 原语将其转交给命令接收者。

命令接收者收到 get-request 请求后，利用 returnResponse 原语请求分发器发送 get-response 消息。消息处理模型准备应答消息，为此需要请求安全模型生成安全的应答消息。成功后，分发器将 get-response 消息发送到网络上。

通报产生者被用于产生 trap 和 inform-request。为此它需要确定将这些消息发往何处以及采用什么 SNMP 版本和安全参数。此外，通报产生者还要决定将要被发送的信息所在的 contextName 和 contextEngineID。这些信息将从 SNMPv3 新建立的 MIB 中的 notification 和 target 组中获得。notification 组包含一个通报是否和如何发送给一个 target 的信息，target 组中包含各个 target 的实体名。

通报接收者是通报产生者的对等应用，被用于接收 trap 和 inform-request。通报接收者接收消息的过程与命令接收者接收消息的过程相同。

代管转发者的作用是转发 SNMP 的请求、通报和应答等消息。消息中的被管对象对代管转发者是透明的。代管转发者利用新 MIB 中的 proxy 组进行工作。

5.2.3 安全子系统

在网络环境中，管理实体之间的传递的管理消息受到多种威胁，最常见的包括修改、伪装和窃听。

修改是指消息在传递过程中非授权用户对其内容的修改。这种修改不包括对消息的源地址和目的地址的修改，管理实体收到消息后，不知道其中的内容已经被修改。

伪装是指非授权用户假冒授权用户向另一个用户发送信息。这种攻击可以通过修改消息的源地址实现。通过伪装的和修改的信息，非授权用户可以执行未被许可的操作。非授权用户还可以通过重排数据分组的顺序来改变消息的意义。例如，改变表的数据序列将改变表的值。

窃听是指消息在传递过程中非授权用户对其进行拷贝，通过获得副本来窃取消息中的信息。窃听不改变消息的正常传递通路，也不改变消息中的内容。

SNMPv3 将上述威胁列为需要防备的，定义了安全模型，并提出了基于用户的安全模型(User-based Security Model)的建议。

(1) 安全模型

如图 5.11 和图 5.12 所示，在 SNMPv3 所定义的体系结构中安全模型向消息处理模型提供接口，对去往和到来的各类消息进行安全服务。为了防止非授权用户对管理信息的修改、伪装和窃听，安全模型通过认证(Authentication)、保密(Privacy)和时限(Timeliness)模块，提供了数据完整性(Data Integrity)、数据源认证(Data Origin Authentication)、数据保密(Data Confidentiality)和消息时限(Message timeliness)共 4

种服务，如图 5.15 所示。

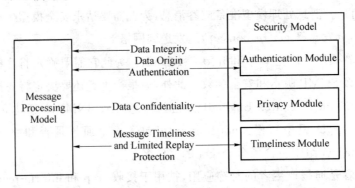

图 5.15 安全服务

当两个管理实体进行安全通信的时候，需要确定根据哪一方的信息判断接收的消息是否是安全的，例如，是根据发送实体的时钟还是根据接收实体的时钟来判断消息是否超时。因此 SNMPv3 提出了权威 SNMP 引擎(Authoritative SNMP Engine)的概念。即相互通信的两个引擎中，有一个被确定为权威的，另一个为非权威的。当 SNMP 消息要求应答时，如 get-request、set-request、inform 等，接收消息引擎是权威的，当 SNMP 消息不要求应答时，如 trap、get-response 等，发送消息的引擎是权威的。对应以往的概念，基本上是承担 Agent 角色的引擎是权威的(inform 消息是个例外，因为它的接收者是 Manager 角色)。

消息中的时间和 SNMP 引擎标识都是权威 SNMP 引擎的信息，非权威 SNMP 引擎需要在本地保存与之通信的每个权威 SNMP 引擎的时钟和引擎标识信息副本，以便在构造消息时使用。为了保存权威 SNMP 引擎的上述信息，SNMPv3 MIB 在 snmeEngine 组中定义了专用的表和被管对象，具体内容将在下一小节中介绍。

在安全模型中认证模块提供数据完整性服务和数据源认证服务。发送端的数据完整性服务对消息的内容和顺序的完整信息进行签发，接收端的数据完整性服务根据发送端签发的数据完整性信息对收到的数据进行鉴别，以确认数据在传输过程中是否被修改。数据源认证服务保证消息发送者所声称的身份是真实的，认证模块通过在消息中加入与权威 SNMP 引擎相联系的一个唯一标识符来实现这个服务。

保密模块提供数据保密服务。发送端的数据保密服务对消息进行加密，接收端的数据保密服务对消息进行解密，以保证数据在传输过程中不被窃听。

时限模块提供消息时限服务，以防止消息被转向(redirection)、延迟(delay)和重播(replay)。这个服务将消息的传输时间限定在规定的时间窗之内，超时的消息被认为是不安全的。

(2) 消息格式

如图 5.16 所示，SNMPv3 的消息由 Version、Global/Header Data、Security Parameters 和 Plaintext/Encrypted scopedPDU Data 四组数据构成。各组数据包含的字段由表 5.9 列出。第一组数据提供版本号，分发器利用它选择消息处理模型；第二组数据提供消息的标识、最大长度、安全等级和所采用的安全模型，SNMPv3 支持 3 个安全等级：无认证无加密(noAuthNoPriv)、认证无加密(authNoPriv)和认证且加密(authPriv)，建议的安全模型是基于用户的安全模型；第三组数据提供安全参数；第四组数据是指定环境的 PDU，即 scopedPdu，这组数据可能是明文，也可能被加密。

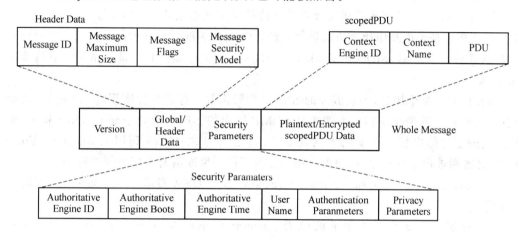

图 5.16　SNMPv3 的消息格式

表 5.9　SNMPv3 消息中的字段

字　段	描　述
Vesion	消息的 SNMP 版本号
Message ID	管理消息的 ID
Message maximum size	消息的最大尺寸
Message flags	指示消息安全等级的若干比特位
Message security model	消息的安全模型
Authoritative Engine ID	消息的权威引擎的标识符
Authoritative Engine Boots	权威引擎从配置本标识符后的重启次数
Authoritative Engine Time	权威引擎本次重启后经历的时间
User Name	用户(Principal)名称的一个字符串
Authentication Parameters	用户的认证协议
Privacy Parameters	用户的加密协议
Context Engine ID	环境引擎的标识符
Context Name	环境名称
PDU	传递的 PDU 数据

（3）认证和加密

SNMPv3 建议的安全模型是基于用户的安全模型（USM，User-based Security

Model)。USM 对消息进行加密和认证是基于用户(principal)进行的。具体地说,就是用什么协议和密钥进行加密和认证均由用户名称(UserName)和权威引擎标识符(AuthoritativEngineID)来决定。

SNMPv3 MIB 中包含一个专用于 USM 的模块 usmUser,其中包含 usmUserTable (标识符为 1.3.6.1.6.3.15.1.2.2)。通过 UserName 和 AuthoritativEngineID 可以从 usmUserTable 中查出唯一的一对数据 usmUserPrivPrototol 和 usmUserAuthPrototol。usmUserPrivProtocol 指示是否用及用什么协议对本次通信进行加密,而 usmUserAuthPrototol 指示是否用及用什么协议进行认证。SNMPv3 推荐了一种加密协议 CBC-DES、两种认证协议 HMAC-MD5-96 和 HMAC-SHA-96。关于加密和认证技术的细节请参考第 11 章。

同时,对于每个用户,为它服务的 SNMP 引擎都要保存它的保密钥(privKey)和认证钥(authKey)。这两个密钥是不能通过 SNMP 访问的。用户的同一套 privKey 和 authKey 会随着通信中权威引擎的不同而变化,这是因为 SNMPv3 利用 AuthoritativEngineID 对密钥进行了本地化,从而保证用户在与不同引擎通信时采用不同的密钥。

总而言之,UserName 和 AuthoritativEngineID 是 USM 对消息进行加密和认证的关键信息。

USM 定义了 3 个对外服务的原语(generateRequestMsg、processIncomingMsg 和 generateResponseMsg)和 4 个内部接口的原语(authenticateOutgoingMsg、authenticateIncomingMsg、encryptData 和 decryptData),这些原语的定义如下:

```
        statusInformation =                    --返回结果为 success
                                                 或 errorIndication

            generateRequestMsg(
                IN    messageProcessingModel   --通常为 SNMP 版本
                IN    globalData               --对照消息格式理解 IN 和 OUT
                                                 参数
                IN    maxMessageSize
                IN    securityModel
                IN    securityEngineID         --AuthoritativEngineID
                IN    securityName             --UserName
                IN    securityLevel
                IN    scopedPDU
                OUT   securityParameters
                OUT   wholeMsg                 --生成的整个安全消息
                OUT   wholeMsgLength           --生成的整个消息的长度
            )
```

```
statusInformation =
    generateResponseMsg(
            IN    messageProcessingModel
            IN    globalData
            IN    maxMessageSize
            IN    securityModel
            IN    securityEngineID
            IN    securityName
            IN    securityLevel
            IN    scopedPDU
            IN    securityStateReference  --对处理与本 response 对应的
                                          --request 消息时所 cache
                                          --出来的安全数据的句柄的引
                                          --用,以利用 cache 中的数据
            OUT   securityParameters
            OUT   wholeMsg
            OUT   wholeMsgLength
    )

statusInformation =
    processIncomingMsg(
            IN    messageProcessingModel
            IN    maxMessageSize
            IN    securityParameters
            IN    securityModel
            IN    securityLevel
            IN    wholeMsg
            IN    wholeMsgLength
            OUT   securityEngineID
            OUT   securityName
            OUT   scopedPDU                      --被认证和解密的 PDU
            OUT   maxSizeResponseScopedPDU
            OUT   securityStateReference  --request 消息为其 response
                                          --生成的放在 cache 中的
```

```
                )                              --安全数据的句柄。

        statusInformation =
            encryptData(
                IN      encryptKey             --用户的本地化 privKey
                IN      dataToEncrypt          --scopedPDU 的序列
                OUT     encryptedData          --被加密的 scopedPDU 的 OCTET
                                               --串
                OUT     privParameters         --加密协议的 OCTET 串
                )

        statusInformation =
            decryptData(
                IN      decryptKey             --用户本地化的 privKey
                IN      privParameters
                IN      encryptedData
                OUT     decryptedData          --被解密的 scopedPDU 的 OCTET
                                               --串
                )

        statusInformation =
            authenticateOutgoingMsg(
                IN      authKey                --用户本地化的 authKey
                IN      wholeMsg               --未认证的消息
                OUT     authenticatedWholeMsg  --签发认证的整个消息
                )

        statusInformation =
            authenticateIncomingMsg(
                IN      authKey
                IN      authParameters         --认证协议
                IN      wholeMsg
                OUT     authenticatedWholeMsg  --检查了认证的整个消息
                )
```

上述原语将 USM 的外部接口和内部接口进行了规范。下面对 USM 处理去往和到来消息的过程进行描述。

在图 5.17 中,假设消息处理模型(MPM)要生成一个安全等级是认证且加密的 request 消息。MPM 调用 generateRequestMsg 原语,将 IN 参数输入给 USM。USM 根据 UserName 和 AuthoritativeEngineID 通过访问 usmUserTable 和计算,获得该用户的加密钥(encryptKey)、加密协议(privParameters)、认证钥(authKey)和认证协议(authParameters)。然后利用 encryptData 原语调用保密模块对 scopedPDUD 行加密。保密模块返回被加密的 scopedPDU 和 privParameters 的 8 位组串。USM 将保密模块的输出填到消息格式之中,利用 authenticateOutgoingMsg 原语调用认证模块对整个消息签发认证。最后,USM 通过 generateRequestMsg 原语的 OUT 参数向 MPM 返回经过加密和认证的整个消息、消息长度和安全参数。

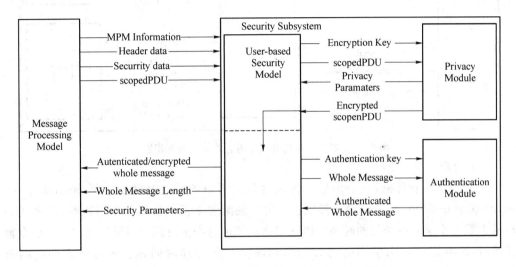

图 5.17 安全子系统对去往消息的加密和认证服务

图 5.18 描述了 MPM 调用安全子系统对到来消息进行认证检查和解密的处理过程。MPM 利用 processIncomingMsg 原语向 USM 发出请求,将 IN 参数输入给 USM。USM 根据 UserName 和 AuthoritativEngineID 获得该用户的 decryptKey 和 authKey,然后利用 authenticateIncomingMsg 原语调用认证模块,对消息进行认证检查。认证模块返回通过认证的整个消息后,USM 再利用 decryptData 原语调用保密模块进行消息的解密,通过它的输出,USM 得到解了密的 scopedPDU。最后,USM 通过 processIncomingMsg 原语的 OUT 参数向 MPM 返回经过认证检查和解密的 scopedPDU、UserName、AuthoritativEngineID 等信息。整个过程与图 5.17 基本相反,即先调用认证模块,后调用保密模块。在上述过程中,任何一个服务原语的调用失败,都将导致整个处理过程的失败。

在 USM 中,密钥本地化算法能为用户只用一个口令产生与不同权威引擎通信用的不同密钥。算法的基本过程如下：

① 利用 SNMPv3 所提供的 for MD5 或 for SHA 的算法将用户口令转换为密钥 Ku；

② 做 Ku＋AuthoritativEngineID＋Ku 运算；

③ 将②的结果用选定的 hash 函数（基于 MD5 或 SHA）进行变换；

④ 将③的 hash 函数的输出作为用户在权威 SNMP 引擎处的本地化密钥 Kul。

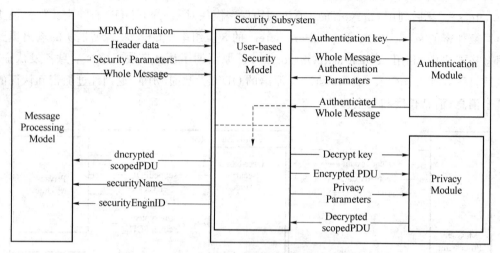

图 5.18　安全子系统对到来消息的认证和解密服务

（4）时限检查

从消息格式中可见，每个消息中都包含权威引擎的一组时间指示器，snmpEngineBoots 和 snmeEngineTime（前者代表权威引擎从配置本标识符后的重启次数，后者代表权威引擎本次重启后经历的时间），由它们指示该消息产生时权威引擎的时钟。当消息被接收时，再根据权威引擎当时的时间来判断消息的传递时间是否超过指定的时间窗（SNMPv3 建议为 150 s）。

为了实现上述机制，要求每个引擎都要保存与其通信的所有权威引擎的时间指示器的副本。为了准确判断消息的传递时间，时间指示器的副本和真值之间需要保持同步。虽然两地时间指示器的初始化可以通过秘密约定的方法进行，但两地的时钟会因为多种原因发生漂移，因此在运行过程中仍需要进行同步。同步是指修改时间指示器的副本，使其与真值保持一致。

副本与真值发生差别有两种情况：一是副本快，真值慢；二是副本慢，真值快。第一种情况会导致非权威引擎错误拒绝权威引擎发来的消息，因为它计算出来的消息传递时间比实际用的时间要长。同理，第二种情况会导致权威引擎错误拒绝非权威引擎发来的消息。第一种情况可以在权威引擎处发现，因为它可能会收到发送时刻在接收时刻之后的消息。同理，第二种情况可在非权威引擎处发现，这时，它可以直接按照消息中的真值对副本进行修改。即非权威引擎如果发现来自权威引擎的消息中包含的时间指示器的值比副本快(超前)，就按这个值修改(向前拨动时钟)副本。

5.2.4 访问控制子系统

访问控制子系统对谁可以访问本地 MIB 中的被管对象以及能够如何访问进行控制。在 SNMPv1 和 SNMPv2 中，这个问题通过 Community-based 的访问策略解决。在 SNMPv3 中，通过采用 View-based 访问控制模型(VACM)使得控制更加安全和灵活。

在 SNMPv3 中，当命令应答者收到命令产生者包含对被管对象进行"读"或"写"操作请求的 PDU 时，要调用 VACM 提供的服务。另外，当通报产生者要向通报接收者发送通报(需要读取某些通报类被管对象)时，也要调用 VACM 的服务对是否可以发送进行控制(参考图 5.11)。

为了实现 VACM，SNMP 实体需要保存有关访问权限和策略的信息，这些信息被存放在本地配置数据库(LCD，Local Configuration Datastore)之中。为了让 SNMP 实体能够远程配置 LCD，LCD 中的部分数据应被定义为可以访问的被管对象。为此 SNMPv3 定义了一个 VACM 配置 MIB 模块。

(1) 模型中的元素

VACM 中包含 5 个元素：Group、Security Level、Context、MIB view 和 Access Policy。

Group 的概念与 SNMPv1 和 SNMPv2 的 Community 类似，即 VACM 将用户按 Group(组)管理。同一 Group 的用户具有相同的访问权限。Group 被定义为数据对 <securityModel, securityName> 的集合。集合中的每个数据对代表用户的安全模式和安全名称。每个 Group 都有一个 groupName，因此，给出用户的 securityModel 和 securityName，就会得到一个 groupName，根据它就可知道用户的访问权限。

Security Level 指用户要求的安全等级，即 noAuthNoPriv，authNoPriv 和 authPriv。安全等级由消息格式中的 Message flags 指定(参考图 5.16)。Security Level 指定进行访问权限检查时的安全等级。

如前所述，一个 SNMP 实体可能会管理多个不同设备中的相同的被管对象，为了区分这些被管对象，将它们划分到不同的 Context 中。VACM 定义了一个 vacmContextTable MIB 模块，每个实体通过这个模块列出它所服务的 Context 的名称 contextName 的清单。

为了安全，一个 Group 所能访问的被管对象通常被限制在整个 MIB 的一个子集之中，因此引出了 MIB view 的概念。这个概念在前面的章节中已经出现，这里要讨论的是 VACM 对它的规范。在 VACM 中 MIB view 对应 Group 定义，即是所对应 Group 的 view。一个 MIB view 中包含 MIB 中的若干子树，而子树可由顶点所对应的被管对象的标识符来指定。例如，MIB-II 中的 system 子树的标识符是 1.3.6.1.2.1.1。按照这样的方法，要指定一个 MIB view，只需将它所包含的所有子树的标识符一一列出即可。

VACM 采用为各个 Group 指定对应读、写和通报不同操作的不同的 MIB view，即 read-view、write-view 和 notify-view 的方法制定 Access Policy。具体地，给出 group-Name 及本次操作所采用的 Security model 和 Security Level，各个 Context 的 read-view、 write-view 和 notify-view 就确定了 Access Policy。

（2）VACM 的抽象服务接口

VACM 向命令应答者和通报产生者提供访问控制服务，其抽象服务接口由 isAccessAllowed 服务原语定义。该原语所有的参数都是 IN 参数，返回结果由 statusInformation 接收，具体定义如下：

```
statusInformation =        --success 或 errorIndication
    isAccessAllowed(
        IN    securityModel
        IN    securityName
        IN    securityLevel
        IN    viewType
        IN    contextName
        IN    variableName
    )
```

由对模型元素的介绍可知，通过 securityModel、securityName、securityLevel 及 contextName 四个参数便可获得用户所在的 Group、所要访问的 Context 以及该 Context 向该 Group 开放的 read、write 和 notify MIB view，variableName 参数列出要访问的被管对象的名称（标识符），viewType 指出在哪个 MIB view 中操作（进行何种操作）。该原语的返回参数有 accessAllowed（访问被许可）、notInView（要访问的对象不在指定的 view 中）、noSuchView（没有 viewType 指定的 MIB view）、noSuchContext（没有 contextName 所指定的 Context）、noGroupName（没有找到 Group）、noAccessEntry（在 vacmAccessTable 中没有由 contextName，groupName，securityModel 和 securityLevel 所确定的条目）及 otherError。

（3）VACM 的过程

VACM 的过程如图 5.19 所示。VACM 过程根据通过 isAccessAllowed 原语所获得的 IN 参数：securityModel，securityName，securityLevel，viewType，contextName 和 variableName 顺序检查 6 项内容：

① Who are you：利用 securityModel 和 securityName 组成索引，在 vacmSecurityToGroupTable 中确定一个条目，获得 groupName；

② Where do you want to go：由 contextName 指出的 context 是否在本实体之中；

③ How secure are you in accessing the information：利用 contextName、groupName、securityModel 和 securityLevel 组成索引，在 vacmAccessTable 中确定一个条目，其中包含 readView、writeView 和 notifyView；

④ Why do you want to access the information：由 viewType 选择一个 MIB view，由 viewName 表示。利用这个 viewName 作为索引在 vacmViewTreeFamilyTable 中找出 viewName 所代表的 MIB view 包含和排除的被管对象名称的集合；

⑤ What object type do you want to access：由 variableName 指出的被管对象类型是否包含在 viewName 中；

⑥ Which object instance do you want to access：由 variableName 指出的被管对象实例是否包含在 viewName 中。

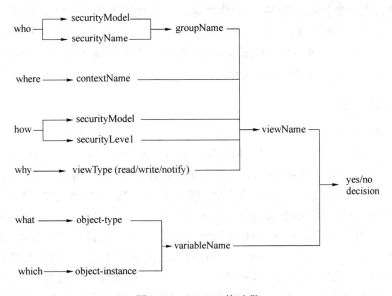

图 5.19　VACM 的过程

（4）VACM 需要的被管对象

为了支持 VACM，SNMPv3 在 snmpModules 节点（参照图 5.3）之下定义了一个 MIB 模块——snmpVacmMIB。上一小节中用到的 MIB 表格和被管对象均被定义在这个模块之中。图 5.20 对这个模块的一些高层对象进行了描述。

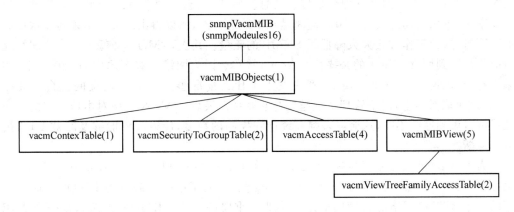

图 5.20　VACM MIB

5.3 RMON

SNMP 为远程监测网络提供了基础,利用 SNMP,网络操作中心(NOC)可以方便地进行配置管理和故障管理。但是,对网络性能进行管理却受到了一定的限制。实际上,网络的性能是要由其不同时刻的统计特性来反映的,这是不便直接利用 SNMP 获得的数据,因此需要发展在 NOC 进行网络重要参数统计数据的监测技术,即远程网络监测 RMON(Remote Network Monitoring)。

5.3.1 基本概念

对网络流量进行统计是网络管理的重要内容,虽然利用 MIB-II 可以获得各个代理所在节点各种协议数据分组的计数值,但是却不能直接获得有关全网的流量信息。当然,理论上讲,管理站可以通过不断地轮询各个节点的 MIB-II 来计算网络流量,但在实际上这是不太可行的。一方面这会导致网络中要传递大量的管理信息,使网络不堪负荷;另一方面也会由于承载管理操作命令和操作结果的分组的丢失而使得统计结果不准确。

因此,为了对网络流量进行监测,人们将一些专用设备配置在各个节点,并将这些设备称为网络监测器(network monitor 或 probe),由此便产生了 RMON 的概念。一般说来,监测器工作在"混杂"模式下,即对网络中各种类型的分组进行观察,从而得到网络的总体信息,包括尺寸不足分组数、冲突次数等错误事件统计以及每秒钟传递的分组数、分组尺寸的分布等性能统计。监测器还可将一些分组存储下来,以备事后分析。在互联网环境下,为了达到监测网络流量的目的,一般每个子网需要一个监测器。监测器通常是一个独立的设备,专用于捕获和分析流量。

RMON 有诸多先进之处。首先,每个 RMON 设备都对本地网段进行监测和分析,既可被动也可主动地向网络管理系统传递信息。例如,当它发现严重的分组丢失和过高的冲突率时,可以主动地报警。由于监测是在本地进行的,所以得出的分析结果是非常可靠的。同时,这种工作方式大大降低了 SNMP 的流量。其次,RMON 降低了网络管理系统时时能"见"到所有 Agent 的必要性。Agent 常常会因为网络过载等原因而联系不上,如果没有 RMON 设备,此时 Agent 到底发生了什么情况事后是难以调查的,因此,往往 Agent 越是联系不上,网络管理系统越要与它联系。最后,RMON 设备对本地子网的监测几乎可以做到连续不断,这会显著提高统计和控制的精度,使得故障能够及时被发现、报告和诊断。

为了对 RMON 技术提供标准,IETF 发布了 RFC1757 和 RFC1513,分别对 Ethernet LAN 和 token ring LAN 的 RMON 进行了规范,形成了第一个版本的 RMON。这个规范的发布,使互联网络的管理向前迈进了非常重要的一步。RMON 虽然只是一个 MIB 规范,并未对 SNMP 协议进行任何修改,但却显著地扩展了 SNMP 的功能。

RMON 在开发之初便确定了如下几个目标。

（1）脱机操作：尽量减少网络管理者对监测器的轮询，使监测器能够自主工作，积累数据，在必要时才向管理站报告；

（2）提前监测：监测器要能够不断地对网络进行诊断并记录日志，以便在必要时向管理站提供对诊断故障有帮助的信息；

（3）问题监测和报告：监测器要能够连续不断地对网络及网络资源的消耗进行监测，以便及时检查错误和其他意外情况；

（4）增值数据：监测器要能对数据进行有针对性的分析，以减少管理站的工作。例如，监测器可以分析子网的流量以确定哪些主机产生的流量和错误最多；

（5）多管理者：为了提高可靠性、完成不同的功能以及为不同的部门提供不同的管理能力，监测器需要具有同时处理多个管理站操作请求的能力。

尽管不是所有的监测器都能满足所有上述目标，但 RMON 规范为支持这些目标提供了基础。

图 5.21 是基于 RMON 的远程监测的一个配置实例，它是一个拥有 5 个子网的互联网。图的左下部的 3 个子网配置在一个楼内，另外 2 个子网是两个不同的远程站点。一个具有 RMON 管理能力的专门的管理站被连接到中心 LAN 上。另外两个子网的 RMON MIB 分别被配置在一个 PC 机上，这两个 PC 机专门用于进行远程监测。具有 RMON 管理能力的管理站被连接到 FDDI 骨干网上，成为设在本地的第二个网络管理站。最后，token ring LAN 的 RMON MIB 功能由连接该 LAN 的路由器完成。

在图 5.21 中，RMON probe 就是实现了 RMON MIB 的监测器。它拥有一个 SNMP 的 Agent，同时还拥有一个提供 RMON 功能的 RMON probe 实体，probe 实体具有对本地 RMON MIB 进行读写的能力。

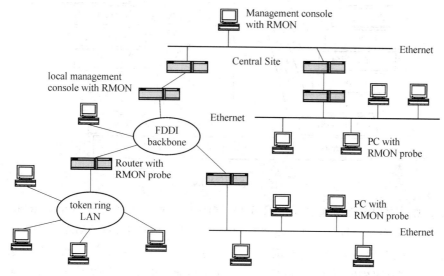

图 5.21　RMON 的配置实例

5.3.2 RMON MIB

在一个管理域中，各个节点上配备的 RMON 设备可能来自不同的厂商。因此需要为与 RMON 设备通信建立公共的句法和语义标准。RMON 的句法也利用 ASN.1 描述，其管理信息结构与 SMIv2 定义被管对象类所采用的结构类似。RMON MIB 中包含若干 RMON 组，这些组的开发经历了 3 个阶段。

最初的 RMON MIB[RFC1271]是在 1991 年为 Ethernet LAN 开发的，1995 年又发布了[RFC1757]，同时废止了[RFC1271]。1993 年面向 token ring LAN 管理的[RFC1513]对 RMON1 进行了扩充。

RMON1 的应用对远程监控产生了非常好的效果，但是由于它仅面向 OSI 网络模型的第 2 层，因此又在 1997 年开发了 RMON2，它的管理对象是第 3 层到第 7 层。

RMON 是 MIB-II 下的第 16 个节点(mib-2 16)，它所包含的组如图 5.22 所示。其中，有 9 个 Ethernet RMON1 组(rmon 1～rmon 9)，1 个 token ring RMON1 扩充组(rmon 10)和 10 个面向高层的 RMON2 组(rmon 11～rmon 20)。

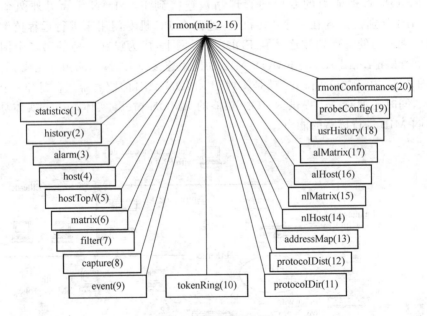

图 5.22 RMON MIB

为了使得管理站能够通过配置 RMON MIB 和设置其中的被管对象对 RMON 监测器进行控制，RMON MIB 采用了建立控制表的方法。原理上，对 RMON MIB 的一组监测功能有一个控制表，表中每一行对应一个子网的一种监测方法，包括监测的对象、周期、数据量等。控制表中的行由管理站建立、修改和删除。由于一个监测器可以为多个管理站服务，因此需要解决不同管理站的控制冲突问题，包括资源占用冲突、监测方法设置冲突等。为此,RMON 中定义了两个新的数据类型,OwnerString 和 EntryStatus 进行(控制)表格的管理。前者用于定义标识行所有者的被管对象,后者用于定义标识行状态的被管对象。明确了表中行的所有者,就可以避免监测方法设置的冲突,使得非本行(本方法)所有者无权修改本行(本方法),从而不同的管理站可以相互独立地设置监测方法。有了表的状态,就可以动态建立、修改和删除监测方法。具体地,OwnerString 通过 ASCII 字符记录所有者的标识信息,例如 IP 地址、管理站名称、网络管理者名称、地址或电话号码对所有者进行标识。EntryStatus 类型对象的工作原理与 SNMPv2 中为了进行表的行建立和行删除操作而定义的 RowStatus 十分类似(参考 5.1.3 节)。一个 EntryStatus 类型的对象在以下 4 种状态之间转移:

(1) valid:状态值为 1,表示所在行处于可操作状态,即合法的管理者可通过 RMON 利用该行的数据;

(2) createRequest:状态值为 2,表示所在行处于创建状态,即某个管理者请求建立该行;

(3) underCreation:状态值为 3,表示所在行正在建立过程中,当行建立过程需要 Manager 和 Agent 之间交换多个 PDU 时,需要设置这种状态;

(4) invalid:状态值为 4,表示要删除所在行。

下面通过具体介绍 rmon 1～rmon 9 这 9 个组中的被管对象来了解 RMON 的基本功能和工作原理。对于其他的组,本书只做概要介绍。

5.3.3 RMON1

如图 5.22 所示,RMON1 MIB 包含 10 个组,表 5.10 对它们进行了简要描述。

表 5.10　RMON1 MIB 中的组

Group	OID	Function
Statistics	rmon 1	提供链路级有关性能的统计量
History	rmon 2	收集和保存周期性统计数据
Alarm	rmon 3	当收集的样本数据超过设定的阈值时报警
Host	rmon 4	收集主机的统计数据
Host Top N	rmon 5	计算指定统计量的前 N 个主机
Matrix	rmon 6	收集有关主机对之间流量的统计量
Filter	rmon 7	为了捕获想得到的参数进行过滤
Packet capture	rmon 8	提供捕获通过通道的分组的能力
Event	rmon 9	控制事件和通报的生成
Token ring	rmon 10	对 Token ring 的流量进行统计、历史数据收集和保存等

(1) statistics 组

statistics 组包含每个被监测子网的基本统计量。它由表 etherStatsTable 构成,表

etherStatsTable 将控制表和数据表合二而一,表中每个条目对应一个子网(接口)。统计量由初值为零的计数器表示,它们都是只读的,是表中的数据对象。etherStatsTable 包含 3 个可读可写对象,etherstatsDataSource、etherStatsOwner 和 etherStatsStatus,分别表示被监测子网的标识、行的所有者和状态,它们是表的控制对象。表中包含的被管对象如表 5.11 所示。

表 5.11 RMON1 statistics 组

Object	OID	Description
etherStatsTable	statistics 1	statistics 表
etherStatsEntry	etherStatsTable 1	表中的条目
etherStatsIndex	etherStatsEntry 1	对行进行索引的整数
etherStatsDataSource	etherStatsEntry 2	标识被监测子网接口的对象标识符
etherStatsDropEvents	etherStatsEntry 3	由于缺少资源监测器漏掉分组事件的次数
etherStatsOctets	etherStatsEntry 4	收到数据的 8 位组数
etherStatsPkts	etherStatsEntry 5	收到的各种分组总数
etherStatsBroadcastPkts	etherStatsEntry 6	收到的好的广播分组数
etherStatsMulticastPkts	etherStatsEntry 7	收到的好的多播分组数
etherStatsCRCAlignErrors	etherStatsEntry 8	收到的有 CRC 错误或对齐错误的分组数
etherStatsUndersizePkts	etherStatsEntry 9	收到的小于 64 个 8 位组的分组数
etherStatsOversizePkts	etherStatsEntry 10	收到的大于 1 518 个 8 位组的分组数
etherStatsFragments	etherStatsEntry 11	收到的小于 64 个 8 位组且有 CRC 或对齐错的分组数
etherStatsJabbers	etherStatsEntry 12	收到的大于 1 518 个 8 位组且有 CRC 或对齐错的分组数
etherStatsCollisions	etherStatsEntry 13	对冲突数的最佳估计
etherStatsPkts64Octets	etherStatsEntry 14	收到的长度为 64 个 8 位组的分组数
etherStats65to127Octets	etherStatsEntry 15	收到的长度在 65~127 个 8 位组的分组数
etherStats128to255Octets	etherStatsEntry 16	收到的长度在 128~255 个 8 位组的分组数
etherStats256to511Octets	etherStatsEntry 17	收到的长度在 256~511 个 8 位组的分组数
etherStats512to1023Octets	etherStatsEntry 18	收到的长度在 512~1 023 个 8 位组的分组数
etherStats1024to1518Octets	etherStatsEntry 19	收到的长度在 1 024~1 518 个 8 位组的分组数
etherStatsOwner	etherStatsEntry 20	表格管理纵列对象,指出本行的所有者(OwnerString 型)
etherStatsStatus	etherStatsEntry 21	表格管理纵列对象,指出本行的状态(EntryStatus 型)

(2) history 组

history 组为监测器定义对一个或多个接口进行取样的功能。其中包含两个表:historyControlTable 和 etherHistoryTable,前者定义接口的取样模式,后者记录数据。history 组中的被管对象如表 5.12 所示。

表 5.12　RMON1 history 组

Object	OID	Description
historyControlTable	history 1	history 控制表
historyControlEntry	historyControlTable 1	控制表中的条目
historyControlIndex	historyControlEntry 1	作为行索引的整数
historyControlDataSource	historyControlEntry 2	标识本行数据源接口
historyControlBucketsRequested	historyControlEntry 3	要求保存多少桶(bucket)最新的历史数据
historyControlBucketsGranted	historyControlEntry 4	实际保存的桶数
historyControlInterval	historyControlEntry 5	相邻两桶数据的采样间隔(默认为 1 800 s)
historyControlOwner	historyControlEntry 6	本行所有者
historyControlStatus	historyControlEntry 7	本行状态
etherHistoryTable	history 2	history 数据表
etherHistoryEntry	etherHistoryTable 1	数据表的条目
etherHistoryIndex	etherHistoryEntry 1	标识历史的一个整数值索引,与 historyControlIndex 一致
etherHistorySampleIndex	etherHistoryEntry 2	同一历史索引值下的不同样本索引,从 1 开始
etherHistoryIntervalStart	etherHistoryEntry 3	本样本被监测时的 sysUpTime
etherHistoryDropEvents	etherHistoryEntry 4	
etherHistoryOctets	etherHistoryEntry 5	
etherHistoryPkts	etherHistoryEntry 6	
etherHistoryBroadcastPkts	etherHistoryEntry 7	
etherHistoryMulticastPkts	etherHistoryEntry 8	
etherHistoryCRCAlignErrors	etherHistoryEntry 9	从第 4 到第 14 个纵列对象与 etherStatsTable 中的相应计数器意义相同
etherHistoryUndersizePkts	etherHistoryEntry 10	
etherHistoryOversizePkts	etherHistoryEntry 11	
etherHistoryFragments	etherHistoryEntry 12	
etherHistoryJabbers	etherHistoryEntry 13	
etherHistoryCollisions	etherHistoryEntry 14	
etherHistoryUtilization	etherHistoryEntry 15	子网的可用性指标

historyControlTable 中的每一行被称为一个 history,有一个唯一的索引,为一个接口定义一个采样和保存模式。采样和保存模式由 historyControlBucketsRequested、historyControlBucketsGranted 和 historyControlInterval 确定。前两者决定在 etherHistoryTable 中为该 history 保存多少桶数据(每桶占 etherHistoryTable 的 1 行),historyControlInterval 决定相邻两桶数据的采样间隔。可以为一个接口定义多个 history,但它们要有不同的采样间隔,例如一个采样间隔为 30 s,一个采样间隔为 30 min。前者用于监测流量的突然变化,后者监测流量稳定状态。historyControlTable 控制 etherHistoryTable 的内容,前者定义了多少个 history,后者就有多少个循环滚动的缓冲区,每个缓冲区由 history 的索引标识,其中的行数等于该 history 的 historyControlBucketsGranted。该 history 每新采集一桶样本,该缓冲区就向前滚动一行(第一行被删除),并将新数据填加到最后一行。

(3) alarm 组

alarm 组为网络性能定义一组阈值,如果发生超过阈值的事件,就要产生告警并将其报告给控制中心。例如可以将 5 min 的采样间隔时间内 CRC 错误的阈值设置为 500。每一行指定一个被监测的 RMON MIB 中的变量、采样周期、阈值以及上一周期的采样值。alarm 组中的对象如表 5.13 所示。

表 5.13 RMON1 MIB alarm 组

Object	OID	Description
alarmTable	alarm 1	alarm 表
alarmEntry	alarmTable 1	表的条目
alarmIndex	alarmEntry 1	作为行索引的整数
alarmInterval	alarmEntry 2	数据采样间隔的秒数
alarmVariable	alarmEntry 3	指出采样对象的 RMON MIB 中特定对象的标识符
alarmSampleType	alarmEntry 4	指定直接用采样值还是用它与当前值的差值与阈值相比较
alarmValue	alarmEntry 5	最后一个采样周期的统计值,即当前值
alarmStartupAlarm	alarmEntry 6	指定当本行建立后的第一个采样值超出阈值时是否告警
alarmRisingThreshold	alarmEntry 7	采样统计量的高限阈值,当采样值高于它时告警
alarmFallingThreshold	alarmEntry 8	采样统计量的低限阈值,当采样值低于它时告警
alarmRisingEventIndex	alarmEntry 9	指定高限阈值被超过时相关联的 eventTable 的行
alarmFallingEventIndex	alarmEntry 10	指定低限阈值被超过时相关联的 eventTable 的行
alarmOwner	alarmEntry 11	本行的所有者
alarmStatus	alarmEntry 12	本行的状态

alarmSampleType 是枚举型变量,只有两个值:absoluteValue(1)和 deltaValue(2)。前者指定直接用采样值与阈值相比,后者指定用采样值与当前值的差值与阈值比较。

(4) host 组

host 组用于收集特定子网各主机的统计量。对于监测器所知的每个主机都有一组统计量需要维护。与 history 组相同,host 组也定义了一个控制表来决定对哪些接口执行监测功能。host 组由 3 个表构成,一个控制表和两个数据表。其内容如表5.14所示。

表 5.14 RMON1 MIB host 组

Object	OID	Description
hostContronlTable	host 1	host 控制表
hostContronlEntry	hostContronlTable 1	host 控制表条目
hostContronlIndex	hostContronlEntry 1	作为行索引的整数,相同的值也作为数据表的索引
hostContronlDataSource	hostContronlEntry 2	被监测子网(接口)的标识符
hostContronlTableSize	hostContronlEntry 3	与接口相关的 hostTable 和 hostTimeTable 的行数
hostContronlLastDeleteTime	hostContronlEntry 4	与本行相关的 hostTable 中行发生删除操作的最新时间
hostContronlOwner	hostContronlEntry 5	本行的所有者
hostContronlStatus	hostContronlEntry 6	本行的状态
hostTable	host 2	host 数据表
hostEntry	hostTable 1	host 数据表条目
hostAddress	hostEntry 1	主机的 MAC 地址
hostCreationOrder	hostEntry 2	在子网内本(主机的)数据行被建立起来的相对顺序
hostIndex	hostEntry 3	主机所在接口的索引,与对应的 hostControlIndex 相同
hostInPkts	hostEntry 4	有关本主机的各种分组的统计量
hostOutPkts	hostEntry 5	
hostInOctets	hostEntry 6	
hostOutOctets	hostEntry 7	
hostOutErrors	hostEntry 8	
hostOutBroadcastPkts	hostEntry 9	
hostOutMulticastPkts	hostEntry 10	
hostTimeTalbe	host 3	hostTime 数据表
hostTimeEntry	hostTimeTalbe 1	hostTime 数据表条目

续表

Object	OID	Description
hostTimeAddress	hostTimeEntry 1	与hostTable中的对应项目具有完全相同的意义和内容
hostTimeCreationOrder	hostTimeEntry 2	
hostTimeIndex	hostTimeEntry 3	
hostTimeInPkts	hostTimeEntry 4	
hostTimeOutPkts	hostTimeEntry 5	
hostTimeInOctets	hostTimeEntry 6	
hostTimeOutOctets	hostTimeEntry 7	
hostTimeOutErrors	hostTimeEntry 8	
hostTimeOutBroadcastPkts	hostTimeEntry 9	
hostTimeOutMulticastPkts	hostTimeEntry 10	

监测器在 hostControlTable 建立一个新行之后，便开始在该行所对应的接口上查找主机的 MAC 地址，每发现一个新的主机，就在 hostTable 中增加一行，同时，代表该接口的 hostControlTableSize 加 1。理想情况下，监测器应该维护所有被发现的主机的统计信息。但是，出于资源开销方面的考虑，在需要的时候可以删除一些重要性相对较小的主机所在的行，这时，hostTable 中对应各个接口的缓冲区也变成循环滚动的了。hostTimeTable 中的信息与 hostTable 完全相同，只是行的排列顺序不同。hostTimeTable 中对应各个接口的缓冲区中的行是按照建立的顺序排列的，而 hostTable 是按照主机的 MAC 地址排列的。hostTimeTable 对行的排列顺序便于管理站发现新主机。实际中，hostTimeTable 不一定实际实现，它可以被作为 hostTable 的一个逻辑视图提供。

（5）hostTop$N$ 组

hostTop$N$ 组用于维护在一个子网中指定参数排名前 N 位的主机的统计信息。例如，传输数据量最大的前 10 个主机的清单。本组中的统计数据来自 host 组。hostTop$N$ 组包含一个控制表和一个数据表，其内容见表 5.15。

表 5.15　RMON1 MIB hostTop$N$ 组

Object	OID	Description
hostTop$N$ControlTable	hostTop$N$ 1	hostTop$N$ 控制表
hostTop$N$ControlEntry	hostTop$N$ControlTable 1	hostTop$N$ 控制表条目
hostTop$N$ControlIndex	hostTop$N$ControlEntry 1	行索引，每行对应一个接口的一个 top-N 报告
hostTop$N$HostIndex	hostTop$N$ControlEntry 2	与 hostControlTable 中的索引相匹配，指定一个接口
hostTop$N$RateBase	hostTop$N$ControlEntry 3	指出排名的基础参数（hostTable 中 7 个统计量之一）
hostTop$N$TimeRemaining	hostTop$N$ControlEntry 4	准备报告剩余时间的倒计时器

续 表

Object	OID	Description
hostTopNDuration	hostTopNControlEntry 5	本报告的采样间隔
hostTopNRequestedSize	hostTopNControlEntry 6	为本报告请求的最大主机数
hostTopNGrantedSize	hostTopNControlEntry 7	准予本报告的最大主机数
hostTopNStartTime	hostTopNControlEntry 8	上次开始本报告的时间（根据 sysUpTime）
hostTopNOwner	hostTopNControlEntry 9	本行的所有者
hostTopNStatusl	hostTopNControlEntry 10	本行的状态
hostTopNTable	hostTopN 2	hostTop 数据表
hostTopNEntry	hostTopNTable 1	hostTop 数据表条目
hostTopNReport	hostTopNEntry 1	与 hostTopNControlIndex 相同，指出包含本行信息的报告
hostTopNIndex	hostTopNEntry 2	本行在报告内部的索引，每行代表一个主机
hostTopNAddress	hostTopNEntry 3	主机的 MAC 地址
hostTopNRate	hostTopNEntry 4	采样期间内关于所选基础参数的变化量

报告的准备过程如下：开始时，管理站在控制表中建立一行，定义一个新的报告。该控制行指示监测器计算指定的 host 组的某个统计量（hostEntry 4～hostEntry 10）在指定的采样期间值的变化量。采样期由 hostTopNDuration 和 hostTopNTimeRemaining 两个变量控制，前者的值是静态的，后者进行倒计时，当它的值减少到 0 时，监测器计算最后结果，并建立 N 个数据行的报告。报告中每行代表一个主机，N 个主机按降序排列。报告一旦建立，便成为管理站可读的数据行，如果管理站希望在新的时间周期产生另外的报告，需要先读出本报告的结果，然后将 hostTopNTimeRemaining 的值置为与 host-TopNDuration 的值相同，这会使相关的数据行被自动删除，并开始准备新的报告。

（6）matrix 组

matrix 组用于记录子网中主机对之间的流量信息，并以矩阵的形式存储。matrix 组包含一个控制表，两个数据表，其内容见表 5.16。

表 5.16　RMON1 MIB matrix 组

Object	OID	Description
matrixControlTable	matrix 1	matrix 控制表
matrixControlEntry	matrixControlTable 1	matrix 控制表条目
matrixControlIndex	matrixControlEntry 1	作为行索引的整数
matrixControlDataSource	matrixControlEntry 2	被监测子网（接口）的标识符
matrixControlTableSize	matrixControlEntry 3	本行在 matrixSDTable 和 matrixDSTable 所对应的行
matrixControlLastDeleteTime	matrixControlEntry 4	与本行相关的数据表中行发生删除操作的最新时间
matrixControlOwner	matrixControlEntry 5	本行的所有者
matrixControlStatus	matrixControlEntry 6	本行的状态

续表

Object	OID	Description
matrixSDTable	matrix 2	matrix 数据表 1,按从源主机到目的主机的形式组织
matrixSDEntry	matrixSDTable 1	条目
matrixSDSourceAddress	matrixSDEntry 1	源主机 MAC 地址
matrixSDDestAddress	matrixSDEntry 2	目的主机 MAC 地址
matrixSDIndex	matrixSDEntry 3	指出本行的数据所属的集合,与 matrixControlIndex 相同
matrixSDPkts	matrixSDEntry 4	从源主机到目的主机的分组数,包括有问题分组
matrixSDOctets	matrixSDEntry 5	从源主机到目的主机的 8 位组的数量
matrixSDErrors	matrixSDEntry 6	从源主机到目的主机有问题的分组数
matrixDSTable	matrix 3	matrix 数据表 2,按从目的主机到源主机的形式组织
matrixDSEntry	matrixDSTable 1	
matrixDSSourceAddress	matrixDSEntry 1	
matrixDSDestAddress	matrixDSEntry 2	各对象的意义与数据表 1 相同,但不是按源主机而是按目的主机排序
matrixDSIndex	matrixDSEntry 3	
matrixDSPkts	matrixDSEntry 4	
matrixDSOctets	matrixDSEntry 5	
matrixDSErrors	matrixDSEntry 6	

  matrixSDTable 按照源主机、目的主机、matrixControlIndex 的顺序构成索引对数据进行排序。matrixDSTable 包含的信息与 matrixSDTable 相同,只是按照目的主机、源主机、matrixControlIndex 的顺序构成索引对数据进行排序。设两个数据表的目的是使网络管理站既能方便地统计从一个主机发往所有其他主机的流量,也能方便地统计从所有其他主机发往一个主机的流量。与 host 组的情况相同,由于 matrixSDTable 与 matrixDSTable 包含相同的信息,因此实际中可只实现一个,而将另一个作为它的逻辑视图。

  (7) filter 组

  filter 组为管理站提供指示监测器在指定的接口上有选择地监测数据分组的功能。本组的基本构件是两种 filter(过滤器):data filter 和 status filter。前者使监测器能够基于分组中是否包含与预定义的一个 bit 模式相匹配的部分而对分组进行筛选,而后者能够对状态进行筛选。filter 可以通过 AND 和 OR 操作进行逻辑组合,从而完成对数据分组的复杂的测试。测试所形成的概念通道被称为 channel,利用 event 组可为它定义相关的 event。通过 channel 的分组还可以通过 capture 组定义的机制被捕获。通过定义和组合不同的 filter,一个 channel 可以完成特定的和复杂的筛选功能,例如,筛选具有特定源地址的分组,具有 multicast 地址的分组,CRC 校验错的分组等。filter 组包含两个控制表:channelTable 和 filterTable,前者的每行定义一个 channel,后者每行定义一个 filter。

一个 channel 对应一或多个 filter。filter 组的内容见表 5.17。

表 5.17　RMON1 MIB filter 组

Object	OID	Description
filterTable	filter 1	filter 表
filterEntry	filterTable 1	表条目
filterIndex	filterEntry 1	作为行索引的整数，每行定义一对 data 和 status filter
filterChannelIndex	filterEntry 2	本行所定义的 filter 所属的 channel 索引
filterPktDataOffset	filterEntry 3	指出从分组头开始偏移多少来与 data filter 进行匹配
filterPktData	filterEntry 4	与输入分组进行匹配的数据
filterPktDataMask	filterEntry 5	匹配数据所采用的 Mask（掩模）
filterPktDataNotMask	filterEntry 6	匹配数据所采用的反 Mask（反掩模）
filterPktStatus	filterEntry 7	与输入分组进行匹配的状态
filterPktStatusMask	filterEntry 8	匹配状态所采用的 Mask（掩模）
filterPktStatusNotMask	filterEntry 9	匹配状态所采用的反 Mask（反掩模）
filterOwner	filterEntry 10	本行的所有者
filterStatus	filterEntry 11	本行的状态
channelTable	filter 2	channel 表
channelEntry	channelTable 1	表条目
channelIndex	channelEntry 1	对 channel 进行索引的整数
channelIfIndex	channelEntry 2	标识应用本 channel 进行监测的接口（子网）的对象标识符
channelAcceptType	channelEntry 3	对本 channel 的 filter 的工作逻辑进行控制
channelDataControl	channelEntry 4	用 on/off 控制 data、status 和 event 是否能通过本 channel
channelTurnOnEventIndex	channelEntry 5	指出将 channelDataControl 由 off 变为 on 的事件（标识符）
channelTurnOffEventIndex	channelEntry 6	指出将 channelDataControl 由 on 变为 off 的事件
channelEventIndex	channelEntry 7	指出本 channel 处于 on 状态有分组被匹配时产生的事件
channelEventStatus	channelEntry 8	本 channel 事件的状态
channelMatches	channelEntry 9	记录分组被匹配次数的计数器
channelDescription	channelEntry 10	对本 channel 的文字描述
channelOwner	channelEntry 11	本 channel 的所有者
channelStatus	channelEntry 12	本 channel 的状态

channelAcceptType 取两种值：acceptMatched(1)和 acceptFaild(2)。如果取前者，则分组被通道接受的条件是分组中的数据和状态分别至少与本 channel 的一个 filter 相匹配；如果取后者，则分组被通道接受的条件是分组中的数据与本 channel 所有的 data filter 都不匹配或分组中的状态与本 channel 所有的 status filter 都不匹配。channelTurnOnEventIndex、channelTurnOffEventIndex 和 channelEventIndex 指出的事件标识符与 event 组中的 eventIndex 相联系。channelEventStatus 的值为 eventReady(1)时，一

有分组被匹配,就会产生一个事件,然后被置为 eventFired(2),此时不产生事件。管理站可以利用这个机制对事件的通报进行响应,之后再将其置为 eventReady。如果它的值为 eventAlwaysReady,则每个匹配的分组都将产生事件。

（8）capture 组

capture 组可被用于从 filter 组定义的 channel 中捕获分组,它包含两个表:bufferControlTable 和 captureBufferTable,为捕获的分组定义缓冲区。其内容见表 5.18。

表 5.18 RMON1 MIB capture 组

Object	OID	Description
bufferControlTable	capture 1	capture 组的控制表,每行为一个 channel 定义一个 buffer
bufferControlEntry	bufferControlTable 1	表条目
bufferControlIndex	bufferControlEntry 1	作为行索引的整数
bufferControlChannelIndex	bufferControlEntry 2	与本行相联系的 channel 的索引
bufferControlFullStatus	bufferControlEntry 3	指示 buffer 是否已被充满,spaceAvailable(1)/full(2)
bufferControlFullAction	bufferControlEntry 4	定义 buffer 被充满后的动作,lockWhenFull(1)/wrapWhenFull(2)
bufferControlCaptureSliceSize	bufferControlEntry 5	分组被保存在 buffer 中的最大 8 位组数,默认 100
bufferControlDownloadSliceSize	bufferControlEntry 6	一个 SNMP 命令提取 buffer 中的分组的最大 8 位组数
bufferControlDownloadOffset	bufferControlEntry 7	SNMP 命令提取分组时的偏移
bufferControlMaxOctetsRequested	bufferControlEntry 8	请求的最大 buffer 尺寸
bufferControlMaxOctetsGranted	bufferControlEntry 9	获得的最大 buffer 尺寸
bufferControlCapturedPkts	bufferControlEntry 10	当前保存在 buffer 中的分组数
bufferControlTurnOnTime	bufferControlEntry 11	本 buffer 第一次接通的时间
bufferControlOwner	bufferControlEntry 12	本行的所有者
bufferControlStatus	bufferControlEntry 13	本行的状态
captureBufferTable	capture 2	capture 组的 buffer 表格,每个被捕获的分组占据一行
captureBufferEntry	captureBufferTable 1	表条目
captureBufferControlIndex	captureBufferEntry 1	本分组所属的 buffer 的索引
captureBufferIndex	captureBufferEntry 2	本分组在 buffer 内的索引
captureBufferPacketID	captureBufferEntry 3	本分组在接口上被接收的顺序号
captureBufferPacketData	captureBufferEntry 4	分组的实际数据
captureBufferPacketLength	captureBufferEntry 5	分组接收时的实际长度(存储的可能只是它的一部分)
captureBufferPacketTime	captureBufferEntry 6	buffer 接通后到本分组被捕获的时间(ms)
captureBufferPacketStatus	captureBufferEntry 7	指出本分组的错误状态

(9) event 组

event 组支持 event 定义。被定义的 event 可由某种条件触发,event 的触发可引起记录本组的日志信息和发送 SNMP trap 消息。本组包含一个控制表和一个数据表。其内容见表 5.19。

表 5.19 RMON1 MIB event 组

Object	OID	Description
eventTable	event 1	event 控制表
eventEntry	eventTable 1	表条目
eventIndex	eventEntry 1	作为行索引的整数
eventDescription	eventEntry 2	对事件的文字描述
eventType	eventEntry 3	事件类型:none(1)/log(2)/snmp-trap(3)/log-and-trap(4)
eventCommunity	eventEntry 4	指定管理站接收 trap 的 Community
eventLastTimeSent	eventEntry 5	本事件上次发生的时间
eventOwner	eventEntry 6	本行的所有者
eventStatus	eventEntry 7	本行的状态
logTable	event 2	event 日志表,每行为一个日志记录
logEntry	logTable 1	表条目
logEntryIndex	logEntry 1	产生本日志记录的事件索引
logIndex	logEntry 2	本日志记录的索引
logTime	logEntry 3	本日志记录产生的时间
logDescription	logEntry 4	对本日志记录的文字

(10) tokenRing 组

tokenRing 组是对 RMON1 MIB 的扩充。虽然 RMON1 MIB 中的大多数对象是关于所有类型的子网定义的,但是 statistics 组和 history 组的具体计数器对象却是面向 Ethernet 的。因此,RFC1513 通过定义 4 个新表对这两个组进行了扩充。这 4 个新表是 tokenRingMLStatsTable、tokenRingPStatsTable、tokenRingMLHistoryTable 和 tokenRingPHistoryTable。前面两个是对 statistics 组的扩充,后两个是对 history 组的扩充。扩充后,这两个组具备了对 token ring 子网进行性能统计和历史数据记录的能力。

RFC1513 为 tokenRing 组定义了 4 个下属的组:

① Ring Station 组;

② Ring Station Order 组;

③ Ring Station Configuration 组;

④ Ring Source Routing 组。

Ring Station 组包含本地环上每个 token ring station 的统计量和状态信息；Ring Station Order 组提供被监测环上的 station 的顺序；Ring Station Configuration 组提供配置环上的 station 的方法；Ring Source Routing 组包含从 Source Routing 信息中获得的性能统计量。

tokenRing 组中具体的被管对象及其工作原理与前面的 9 个组类似，此处不再赘述。

5.3.4 RMON2

RMON1 主要处理有关数据链路层的数据，它的成功和普及带动了面向网络层及更高层监控能力的 RMON2 的开发。RMON2 中的一些组和功能与 RMON1 中的类似。在此仅对它们进行概要介绍。

RMON2 既定义了面向高层的 MIB，也对 RMON1 MIB 中 statistics 组、history 组、host 组、matrix 组和 filter 组中的表进行了扩充。面向高层的 MIB 被组织成 10 个组，其内容见表 5.20。

表 5.20 RMON2 MIB 组

Group	OID	Description
protocolDir	rmon 11	列出 probe 可监测的协议目录
protocolDist	rmon 12	有关 8 位组和分组的相对统计量
addressMap	rmon 13	接口的 MAC 地址向网络地址的映射
nlHost	rmon 14	网络层来自和发往每个主机的流量
nlMatrix	rmon 15	网络层每对主机间的流量
alHost	rmon 16	应用层来自和发往每个主机的流量
alMatrix	rmon 17	应用层每对主机间的流量
usrHistory	rmon 18	关于告警和统计量的用户历史数据
probeConfig	rmon 19	监测器的配置参数
rmonConformance	rmon 20	RMON2 的符合规范

protocolDir 组指出 probe 能够监测哪些协议。该组中的表 protocolDirTable 对 probe 的能力进行规范和描述。通过重新配置 protocolDirTable，可以改变 probe 的能力。从数据链路层到应用层，各层协议依靠一个提供协议 ID 的纵列对象来标识。协议 ID 和协议参数构成这个表的索引，来标识各行。

protocolDist 组提供不同协议的相对流量信息，以使网络管理系统掌握哪些协议需要更大的带宽，从而优化带宽分配。其中的数据表存储统计的分组和 8 位组数。

addressMap 组类似于一个将每个接口的 MAC 地址与网络地址绑定在一起的地址变换表。

nlHost 组与 RMON1 中的 host 组类似，监测每个网络地址所代表的主机发出和收到的流量。

nlMatrix 组与 RMON1 中的 matrix 组非常类似，提供每对主机之间的双向流量，并对 top N 进行统计。

alHost 组和 alMatrix 组提供应用层的监测功能。二者都根据协议单元计算流量，并都利用网络层对应的组中的控制表。alMaxtrix 组还能产生 top N 协议对话的报告。

告警和历史信息被组合在一起放在 usrHistory 组中。这组功能通常由网络管理系统完成，其中包含多个控制表和数据表。与 RMON1 MIB 中的 history 组类似，数据对象被收集在一组组的桶中。

probeConfig 组提供配置 probe 的手段。其中包含 serialConfigTable、netConfigTable、trapDestTable 和 serialConnectionTable 等表格。

rmonConformance 组提供 RMON2 的符合规范。它内部的两个组分别是 rmon2MIBCompliances 和 rmon2MIBGroups。前者将符合规范定义为基本 RMON2 MIB 和应用层 RMON2 MIB 两个依从要求，后者指出 RMON2 MIN 中的各个组在这两个依从要求中是必须（mandatory）的还是可选（optional）的。

小　结

SNMPv2、SNMPv3 和 RMON 这几个标准是对 SNMP 的重要发展，使得它功能更强，数据类型更多，标准被管对象更加丰富，安全性更好。这些发展使得 SNMP 成为最为流行的网络管理模型。

SNMPv2 使 SNMP 增加了 Manager-to-Manager 通信的体系结构，对 SMI 进行了更新和扩充，提出了概念行的概念，支持表的行建立和删除操作。它还增加了 get-bulk-request 和 inform-request 两个非常有用的 PDU，对 trap 进行格式改造，使其具有与其他 PDU 相同的格式。SNMPv2 还对 MIB 进行很大扩充，特别是在 Internet 节点下增加了 snmpv2 模块。

SNMPv3 提出了一个面向各个版本的 SNMP 的通用的体系结构。用各种 SNMP 实体来实现不同的体系结构。每个实体包含一个引擎和若干应用，并由所包含的引擎的 ID 命名。引擎由分发器、消息处理子系统、安全子系统和访问控制子系统构成。实体内部子系统之间采用抽象服务接口来定义相互之间的服务关系。SNMP 服务的请求者被称为 Principle，即用户，它具有安全性的名称标识。SNMPv3 建议采用基于用户的安全模型（USM）来实现安全服务，采用基于视图的访问控制模型（VACM）进行访问控制。SNMPv3 的一大进步是大大提高了管理信息访问的安全性。

RMON 虽然只是一个 MIB 规范，并未对 SNMP 协议进行任何修改，但却显著地扩展了 SNMP 的功能,对 SNMP 的普及应用起到了关键作用。最初的 RMON1 只是面向 Ethernet LAN 链路层的远程监测定义,但很快就被扩展到了 token ring LAN 之中。RMON2 又将远程监测功能扩展到了网络层和更高层。远程监测主要面向流量统计、性能分析和管理。

本章的教学目的是使学生掌握 SNMPv2 的 SMI、三层体系结构和新增操作,掌握 SNMPv3 提出的 SNMP 实体结构、MPM、USM 和 VACM 的基本工作原理,了解 RMON 的功能、工作原理以及伴随 SNMP 发展的各种 MIB 的产生和扩充。

思考题

5-1　SNMPv2 对 SNMPv1 有哪些主要改进?

5-2　请描述 SNMPv2 的网络管理框架。

5-3　与 SMIv1 相比 SMIv2 的 OBJECT-TYPE MACRO 有何改进和扩充?

5-4　请分别描述 GetNextRequest 和 GetBulkRequest 两个 PDU 的功能。

5-5　请描述 SNMPv3 提出的基于引擎和应用概念的 SNMP 体系结构。

5-6　什么是 Context? 相同的被管对象(实例)能否处于一个 Context 之中?

5-7　请描述 SNMPv3 实体中的分发器、消息处理子系统、安全子系统、访问控制子系统的功能。

5-8　SNMPv3 中将应用分成哪几种类型? 与传统的 Manager 和 Agent 有什么关系?

5-9　SNMPv3 提供了哪些安全服务? User-Based 安全模型的工作原理是什么?

5-10　什么是访问控制? SNMPv3 基于 View 的访问控制的工作原理是什么?

5-11　什么是 RMON? 为什么要开发 RMON?

5-12　目前 RMON MIB 中包含哪些组? 分成几部分?

5-13　RMON 主要提供哪些功能?

5-14　RMON 中的控制表和数据表的一般关系是什么?

习　题

5-1　请利用 SMIv2 的 OBJECT-TYPE MACRO 定义 MIB-Ⅱ中 IP 组的 ipAddrTable。

5-2　请利用 AUGMENTS 功能对 ipAddrTable 进行扩充,加入两个纵列对象:接口卡号 cardNumber 和接口卡中的端口号 portNumber。

5-3　试利用 NOTIFICATION-TYPE MACRO 定义 linkDown 通报。

5-4　请利用一条 get-bulk-request 命令提取某代理处 system 组的被管对象 sysDescr 和 sysUpTime 的值和 sysORTable 中两个纵列对象 sysORID 和 sysORDescr 的前 3

组实例的值。

5-5 请画出 SNMPv2 标准 MIB-Ⅱ 中 system 组的对象标识符子树。

5-6 某公司的标识符为{enterprises 690},请分别写出其如下设备的 SNMPEngineID:

a. IPv4 地址为 128.64.46.2 的 SNMPv1 引擎(将 IP 地址填到第 5 到第 8 个 8 位组,其余补零);

b. IPv6 地址为::128.64.32.16(在 IPv6 的地址表示中一对冒号代表一连串的 0)的 SNMPv3 引擎。

5-7 请画图描述通报产生者发送 inform-request 和 trap 时,SNMP 实体内部各个子系统的工作过程。

5-8 请画图描述当处理某个安全等级为 authPriv 的去往消息时,MPM 及 USM 内部模块之间服务原语的调用过程。

5-9 某 RMON1 MIB 中的 history 组的 historyControlTable 的前两行的有关数据如题表 5.1,请利用与它对应的 etherHistoryTable 中的 etherHistoryIndex 和 etherHistorySampleIndex 两个纵列对象画表描述该 etherHistoryTable 的前两个滚动缓冲区。

题表 5.1

historyControlIndex	historyControlBucketsGranted
1	50
2	40

5-10 请以 matrix 组为例描述 RMON 功能的一般实现原理。

第 6 章

新型网络管理模型

如前所述,目前的主流网络管理模型有两种,即基于 OSI 的 CMIP 模型和基于 TCP/IP 的 SNMP 模型。基于这两种模型所建立的网络管理系统通常采用集中式管理,即 Manager-Agent 的一对多的集中式管理。在 SNMP 中 Manager 利用轮询机制,在 CMIP 中 Manager 利用事件驱动机制对被管对象进行管理,Manager 负责发布管理信息获取命令,对获取的信息进行分析和判断,根据分析和判断结果发布控制命令(设置管理信息的命令)。这种模式易造成管理者负担过重的问题。另外,由于大量的管理信息在网络上传递,增加了网络的负荷,同时也限制了网络管理的实时性,因为管理信息的上下传递都需要时间。

在这种背景下,提出了一些新的网络管理模型,如基于 Web 的网络管理、基于 CORBA 的网络管理、基于主动网的网络管理等。这些新型网络管理模型的主要特点是分布式和实时性。顺应上述要求,IETF 正在加紧制定一个新的网络管理规范 NETCONF。NETCONF 以可扩充标记语言 XML 作为信息模型和操作的描述语言,为实现基于 Web 的管理打下了坚实的基础。同时,NETCONF 又弥补了 SNMP 的配置管理功能较弱的不足。本章首先对基于 Web、CORBA 和主动网的网络管理进行简要介绍,然后重点讲解 XML 和 NETCONF 协议。

6.1 基于 Web 的网络管理

6.1.1 基本概念

基于 Web 的网络管理 WBM(Web-Based Management)模型是在 WWW(World Wide Web)服务不断普及的背景下产生的。WWW 用户通过简单、通用的操作界面 Web 浏览器可以任何地点的任何网络平台上与服务器进行通信。WBM 模型就是将 Web 技术与现有的网络管理技术相融合,为网络管理人员提供更有分布性和实时性,操作更方便、能力更强的网络管理方法。

WBM 网络管理的主要优点有:

(1) 地理上和系统上的可移动性:在传统的网络管理系统上,管理员要察看网络设备的信息,必须在网管中心进行操作。而 WBM 可以使管理员使用一个 Web 浏览器从内部网络的任何一台工作站上进行操作。对于网络管理系统的提供者来说,他们在一个平台上实现的管理系统可以从任何一台装有Web浏览器的工作站上访问,工作站的硬件系统可以是工作站,也可以是PC机,操作系统的类型也不受限制。

(2)统一的管理程序界面:管理员不必像以往那样学习和运用不同厂商的操作界面,而是通过简单而通用的Web浏览器进行操作,完成管理任务。

(3)平台的独立性:WBM的应用程序可以在各种环境下使用,包括不同的操作系统、体系结构和网络协议,无须进行系统移植。

(4)互操作性:管理员可以通过浏览器在不同的管理系统之间切换,比如在厂商A开发的网络性能管理系统和厂商B开发的网络故障管理系统之间切换,使得两个系统能够平滑地相互配合。

WBM的关键技术之一是通过Web浏览器访问数据库。传统的Web不能直接访问数据库,但随着数据库发布技术的进步,这个问题已经得到了解决。现在已经有多种Web访问数据库的技术,其中公共网关接口(CGI,Common Gateway Interface)技术得到了较多的应用。

6.1.2 两种实现方案

(1)基于代管的方案

基于代管的WBM方案是在网络管理平台之上叠加一个Web服务器,使其成为浏览器用户的网络管理的代管,如图6.1所示。其中,网络管理平台通过SNMP或CMIP与被管设备通信,收集、过滤、处理各种管理信息,维护网络管理平台数据库。WBM应用通过网络管理平台提供的API接口获取网络管理信息,维护WBM专用数据库。管理人员通过浏览器向Web服务器发送HTTP请求来实现对网络的监测和控制,Web服务器通过CGI调用相应的WBM应用,WBM应用把管理信息转换为HTML形式返还给Web服务器,由Web服务器响应浏览器的HTTP请求。

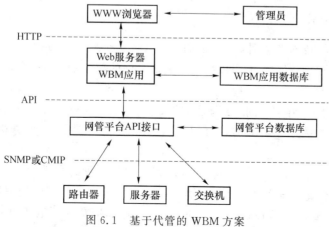

图6.1 基于代管的WBM方案

基于代管的 WBM 方案在保留了现有的网络管理系统的特征的基础上,提供了操作网络管理系统的灵活性。代管能与所有被管设备通信,Web 用户也就可以通过代管实现对所有被管设备的访问。代管与被管设备之间的通信沿用 SNMP 和 CMIP,因此可以利用传统的网络管理设备实现这种方案。

(2) 嵌入式方案

嵌入式 WBM 方案是将 Web 能力嵌入到被管设备之中。每个设备都有自己的 Web 地址,使得管理人员可以通过浏览器和 HTTP 协议直接进行访问和管理。这种方案的结构如图 6.2 所示。

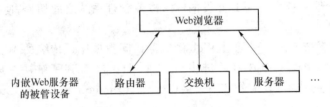

图 6.2 嵌入式 WBM 方案

嵌入式方案给各个被管设备带来了图形化的管理,提供了简单的管理接口。网络管理系统完全采用 Web 技术,如通信协议采用 HTTP 协议,管理信息库利用 HTML 或 XML 语言描述,网络的拓扑算法采用高效的 Web 搜索、查询点索引技术,网络管理层次和域的组织采用灵活的虚拟形式,不再受限于地理位置等因素。

在未来的 WBM 中,基于代管的方案和嵌入式方案都将被采用。一个大型的机构可能需要采用代管方案进行全网的监测与管理,而且代管方案也能充分管理大型机构中的 SNMP 设备。同时,嵌入式方案也有强大的生命力,它在界面以及设备配置方面具有很大优势。特别是对于小规模的环境,嵌入式方案更具优势,因为小型网络一般不需要强大的管理系统。

6.1.3 关键技术

实现 WBM 的技术有多种,最基本的是 HTML 和 XML。HTML 和 XML 可以构建 Web 页面的显示和播放信息,并可以提供对其他页面的超级链接,图形和动态元素(如 Java applet)也可以嵌到 Web 页面中。

另一项在 WBM 中应用的技术是 CGI,它提供基于 Web 的数据库访问能力。当 WBM 应用程序需要访问 MIB 时,可以利用 CGI 对数据库进行查询,并格式化 HTML 或 XML 页面。

对 WBM 来说,最重要的技术是 Java 语言。它是一种解释性程序语言,也就是在程序运行时,代码才被处理器程序解释。解释器语言易于移植到其他处理器上。Java 的解释器是一个被称为 Java 虚拟机(JVM)的设备,它可以应用于千变万化的处理器环境之中,而且可以被绑定在 Web 浏览器上,使浏览器能够执行 Java 代码。

Java 提供了一套独立而完备的程序 applets 专用于 Web。applets 能够被传送到浏览器，并且在浏览器的本地机上运行。applets 具有浏览器强制安全机制，可以对本地系统资源和网络资源的访问进行安全控制。

Java applets 对于 WBM 中的动态数据处理是一种有效的技术。它能够方便地显示网络运行的画面、集线器机架等图片，也能实时表示从轮询和陷阱得到的更新信息。

Java 在 WBM 中还有一种应用。如果将 JVM 嵌入到一个设备之中，该设备就可以执行 Java 代码。利用这一点，可以将应用程序代码在工作站和网络设备之间动态地传递。

6.1.4　WBM 的安全性

WBM 的安全问题非常重要。一个 Intranet 通常需要用防火墙隔离 Internet，以防止外部用户对内部资源的非法访问。由于 WBM 控制着网络中的关键资源，因此不能容许非法用户对它的访问。幸运的是，这一点是可以通过 Web 设备访问控制能力得到保证的，管理人员可以设置 Web 服务器使用户必须通过 password 登录。

网络管理人员的操作数据是非常敏感的，如果在浏览器到服务器之间的传输过程中被侦听或篡改，就会造成严重的安全问题。因此这些数据在传输过程中通常需要加密。这个需求利用现有的技术是可以满足的，因为基于 Web 的电子商务同样需要数据传输的安全，这种技术已经得到了大力开发，并取得了成功。

此外，Java applets 的安全问题对 WBM 也很重要。因为 Java applets 将字符串和数据暴露在光天化日之下，因此存在着被篡改的危险。尽管 Java applets 具有一些安全保障，如被规定不能写盘、破坏系统内存或生成至非法站点的超级连接，但仍需要对代码进行保护，以保证收到的 applets 与原作完全相同。目前已经有了这样的技术。

6.1.5　WBM 的标准

WBM 的标准有两个，一个是 WBEM(Web-Based Enterprise Management)标准，另一个是 JMX(Java Management Extensions)。

(1) WBEM

WBEM 旨在提供一个可伸缩的异构的网络管理机构。它与网络管理协议如 SNMP、DMI(Desktop Management Interface)兼容。WBEM 定义了体系结构、协议、管理模式和对象管理器，管理信息采用 HTML 或其他 Internet 数据格式并使用 HTTP 传输请求。WBEM 包含以下 3 部分：

① HMMS(HyperMedia Management Schema)

一种可扩展的、独立于实现的公共数据描述模式。它能够描述、实例化和访问各种数据，是对各种被管对象的高层抽象。它由核心模式和特定域模式两层构成，核心模式由高层的类以及属性、关联组成，将被管理环境分成被管系统元素、应用部件、资源部件和网络部件。特定域模式继承了核心模式，采用其基本的语义定义某一特定环境的对象。

② HMMP（HyperMedia Management Protocol）

一种访问和控制模式的部件的协议，用于在 HMMP 实体之间传递管理信息，属于应用层的协议。由 HMMP 客户向 HMMP 服务器发出管理请求，HMMP 服务器完成管理任务后进行响应。HMMP 客户可以是针对特定设备的管理进程，也可以是一般的交互式浏览器，它能够管理由 HMMP 管理的任何对象。HMMP 服务器可以有层次地实现，在高层，HMMP 服务器具有复杂的对象存储，作为对许多不同被管设备的代管；在低层，可以没有对象存储，仅仅作为 HMMP 的一个子集。HMMP 客户和服务器角色可以互换。

③ HMOM（HyperMedia Object Manager）

HMMP 客户请求的代管实体。HMOM 的特色是 HMMP 客户主要与指派的 HMOM 通信，由其完成请求的管理任务。这样减轻了 HMMP 客户定位和管理多种设备的负担。

（2）JMX

JMX 是从 JMAPI（Java Management Application Interface）发展起来的。JMAPI 是 SUN 公司提出来的用于网络和业务管理的 Java 语言的类和接口。JMAPI 是一种轻型的管理基础结构，它对被管资源和服务进行抽象，提供了一个基本类集合。开发人员可以利用 JMAPI 实现具有完整性和一致性的公共管理，并可以通过对 JMAPI 的扩展，满足特定网络管理应用的需要。JMAPI 不仅仅是一个类库的集合，它还具有独特的网络管理体系结构。JMAPI 由 3 个部件组成：浏览器用户界面、管理运行模块和被管元素。3 个部件之间通过 JRMI 通信。JMX 是 JMAPI 的升级版本，并且采用了一个不同于 JMAPI 的体系结构，它的基础是 JDMK（Java Dynamic Management Kit）。

尽管 WBEM 和 JMX 具有各自的体系结构，但总体上讲，二者都改变了传统的 Manager-Agent 两层体系结构，采用 Web 浏览器＋应用层＋被管资源的 3 层体系结构，如图 6.3 所示。

图 6.3　WBM 的一般结构

6.2　基于 CORBA 的网络管理

6.2.1　CORBA 的基本概念

CORBA（Common Object Request Broker Architecture）的中文意思是公共对象请求代理体系结构，它是 OMG（Object Management Group）为解决分布式处理环境下硬件和

软件系统的互联互通而提出的一种解决方案。

CORBA 的核心是对象请求代理 ORB。在分布式处理中,它接收客户发出的处理请求,并为客户在分布环境中找到实施对象,令实施对象接收请求,向实施对象传送请求的数据,通过实施对象的实现方法进行处理,并将处理结果返回给客户。通过 ORB,客户不需要知道实施对象的位置、编程语言、远程主机的操作系统等信息,即可实现对实施对象的处理。

CORBA 的体系结构如图 6.4 所示。其中 IDL 为接口定义语言,是实现与现存的协议和系统互通的通用语言。IDL 定义的接口不依赖于任何编程语言,它为传递的传输和结果提供了一套完整的数据类型,并允许用户定义自己需要的新类型。CORBA 支持各种各样的数据对象,如服务器、库函数、方法实现程序、数据库等。不同的数据对象包含不同的操作和参数,因而具有不同的接口。IDL 根据对象接口的不同而定义不同的对象类。通过 IDL 的描述,一个实施对象可以由客户进行什么操作以及如何驱动便得到了确定。

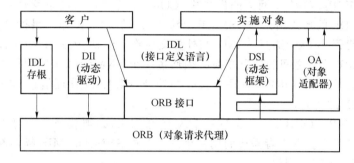

图 6.4　CORBA 体系结构

OA 是对象适配器。由于 CORBA 支持各种各样的实施对象,每个实施对象具有不同的对象语义,即不同的实例数据和操作函数的代码。OA 的作用是使实施对象的实施与 ORB 和客户的如何驱动无关。客户仅需要知道实施对象的逻辑结构以及外在的行为。

DII 是动态驱动接口,用于客户向 ORB 发送请求。

CORBA1.1 版本在 1991 年提出,2.0 版于 1994 年开始采用,它描述了不同厂商实现的 ORB 之间进行协同的方法,定义了实际应用中的协同工作情况。CORBA2.0 标准的形成有力地推动了客户/服务器模式的分布计算系统向更深、更广的应用方向发展。

6.2.2　基于 CORBA 的网络管理

CORBA 提供了统一的资源命名、事件处理和服务交换等机制。虽然它最初的提出是针对分布式对象计算,而并非针对网络管理的,但是在很多方面它都适合于管理本地以及广域网络。因此,基于 CORBA 进行网络管理是一种可行的和先进的网络管理模型。它完全符合现代网络管理远程监控、逻辑管理的基本框架,具有固有的面向对象的技术特征。除此之外,这种模型还具有以下优点:

① 可以实现高度的分布式处理;

② 不依赖被管对象实现、主机操作系统和编程语言的通用管理操作接口;

③ 提供的功能比 SNMP 强大,比 CMIP 简单;

④ 支持 C++、Java 等多种被广泛应用的编程语言,易于被开发人员接受。

利用 CORBA 进行网络管理,既可以用 CORBA 客户实现管理系统,也可以利用 CORBA 来定义被管对象,还可以单独利用 CORBA 实现一个完整的网络管理系统。但是为了发挥现有网络管理模型在管理信息定义以及管理信息通信协议方面的优势,一般是利用 CORBA 实现管理系统,使其获得分布式和编程简单的特性,而被管系统仍采用现有的模型实现。因此,目前讨论基于 CORBA 的网络管理,主要是解决如何利用 CORBA 客户来实现管理应用程序以及如何访问被管资源,而不是如何利用 CORBA 描述被管资源。目前的热点是研究 SNMP/CORBA 网关和 CMIP/CORBA 网关,以支持 CORBA 客户对 SNMP 或 CMIP 的被管对象进行管理操作。

(1) 基于 SNMP/CORBA 网关的模型

在基于 SNMP/CORBA 网关的模型中,CORBA 的客户是网络管理者,客户对被管对象的描述以 IDL 的形式给出,按 SNMP 语法返回给客户的操作结果被转换为 CORBA IDL 的形式。代管(proxy)通过 SNMP 与外界交换管理信息,因此在 CORBA 客户(网络管理者)与 SNMP 代管之间的信息交换必须通过一个 SNMP/CORBA 网关,由它对管理信息的交换进行翻译。CORBA 管理者接收并处理 SNMP 的管理信息、Trap 通报,通过 IDL 实现对 MIB 的访问。

为了使 SNMP/CORBA 网关支持一个现有的 MIB,必须装载一个可以访问该 MIB 的 CORBA 服务程序。管理者需要使用一个翻译器将 SNMP 的 MIB 描述翻译为 IDL 形式,提供给 CORBA 客户程序。

使用 SNMP/CORBA 网关的最大优势在于用户可以不熟悉 SNMP 协议。另外,SNMP MIB 是作为一个独立的 CORBA 服务实现的,要增加对新的 MIB 的支持只需简单地增加新的服务即可,而增加新的服务可以由 IDL 自动产生。

(2) 基于 CMIP/CORBA 网关的模型

基于 CMIP/CORBA 网关的模型与基于 SNMP/CORBA 网关的模型具有类似的结构。CMIP/CORBA 网关实现了一个 CORBA 的客户/服务器过程,它使得基于 CORBA 的管理应用程序可以访问 CMIP 的被管对象,并且可以接收被管对象发出的事件通报。

CMIP/CORBA 网关允许动态地更新字典信息(Dictionary Information)来包括新的对象类和 CMIP Agent。这是通过把字典信息作为本地 MIB 来实现的。这些信息可以通过 Q3 接口、CORBA 接口或本地网关的管理接口来访问。CMIP/CORBA 网关还实现了性能与 CMIP 代管的数量和大小无关。

作为独立的网关,CMIP/CORBA 提供了一个 CMIP/CMIS 与 CORBA 之间的桥梁,使得基于 CORBA 的管理应用程序可以访问 CMIP 代管。它提供了标准的管理 API,用于通过 CMIP 代管实现对被管对象的管理。

6.2.3 CORBA 与 TMN 的结合

TMN 基于 OSI 的系统管理模型提供了一种统一地管理各种电信资源和业务的框

架,并在实际应用中获得了很大的成功,而 CORBA 在为分布式对象处理提供了比较完美的解决方案。随着电信网络管理分布式需求的提高,将 CORBA 与 TMN 结合起来进行电信网络管理显现出了必要性。OMG 提出了基于 CORBA 的电信网络管理框架,但目前尚未形成完整的标准。

从实用的角度来看,CORBA 与 TMN 的结合应采用能够发挥各自优势的方案。即采用基于 CORBA 实现分布式的灵活的运营系统(OS),基于 Q3 接口实现管理信息描述和通信的方案。

6.3 基于主动网的网络管理

6.3.1 主动网的基本概念

传统的网络的主要作用是在终端系统之间进行信息的传递,而对信息的内容并不关心。为了完成信息传递任务,需要进行一些处理。但这些处理仅限于对"分组头信息"进行解释或执行电路的信令协议。这些处理的主要目的是选择路由、控制拥塞和保证服务质量(QoS)。由于这些处理是在用户提出通信请求之后进行的,因此网络是"被动"发挥作用的。在现有的网络管理模型(如 CMIP、SNMP)中,采用 Manager-Agent 模式,Agent 也是根据 Manager 的操作命令被动地工作。这使得 Manager 必须采用轮询的方式不断地访问 Agent,这不但增加了网络的业务量负荷,同时也限制了网络管理的实时性。

主动网技术就是让网络的功能成分更加主动地发挥作用。为此,它允许用户和各交换节点将自己订制的程序注入网络,在网络中主动寻找发挥作用的场所。为了能够执行用户注入的程序,要求交换节点具有对流经的数据内容进行检查和执行其中所包含的代码的能力。

在网络管理中应用主动网技术对解决现行网络管理模型中的问题很有帮助。例如,可以根据网络的运行情况,动态地移动网络管理中心,使其更接近网络的心脏部位,以减小网络管理的时延,降低传递管理信息的业务量。又如,可以设计具有特定功能的主动网分组,在分组中插入特定代码,使其成为网络管理的"巡逻兵",在网络节点之间移动,监视网络中的异常情况。也可以让主动网分组携带处理故障的程序代码,一旦遇到特定的故障,便可及时调整故障节点状态,而不必等待管理中心的处理。

应用主动网技术进行网络管理已经引起了人们的重视。现在已经提出了几种基于主动网技术的分布式网络管理模型,其中,比较有代表性的是委派管理(MbD, Management by Delegation)模型和移动代理(Mobile Agent)模型。

6.3.2 委派管理模型

委派管理(MbD)模型是一种分布式、自我管理的模型。它将管理功能动态地分配到各被管设备,并在本地执行。与将被管设备的数据收集到管理中心的方式相反,这种方式将管理代码发送到被管节点。

MbD模型要求被管设备有一个可灵活扩展的MbD多线程服务支持环境,它提供与委派代理(Delegation Agent)的实时链接和信息交换。它还提供与被管设备交互的接口,允许通过委派代理访问被管设备,并接受中心网络管理系统的远程控制。在这里,委派代理的作用非常独特,它是一段允许从网络管理中心实时发送给远程MbD多线程环境的网络管理程序代码。这些程序代码可以用可编译或可解释的任何高级语言编写。当这段代码被MbD多线程环境接受为一个线程时,它可以具备一个计算机线程的任何特性,即具有程序代码和过程允许实时动态地修改和补充的特性。委派代理可以独立于网络管理中心完成本地监视、分析与控制的管理任务。这里,需要委派协议(Delegation Protocol)来支持委派代理向MbD多线程实时环境提交程序代码,支持委派代理线程在MbD多线程环境中动态执行、修改和扩展过程。

为了实现MbD模型,需要建立支持委派代理技术的分布系统,完成管理软件的远程装载和运行。这样的分布系统主要包含以下成分:

① 伸缩服务器:一个支持多线程服务进程的服务器,为委派代理提供运行环境;
② 委派代理:可被动态发送到远程系统的伸缩服务器上,在伸缩服务器上,代理被实例化。代理程序可由任意编程语言实现;
③ 委派协议:用于将委派代理发送到远程的伸缩服务器,实例化后控制其运行。

委派代理管理方式能与现有的网络管理协议合作,如图6.5所示。

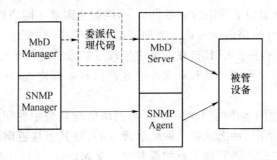

图 6.5 MbD 模型结构

被管设备上内置 SNMP Agent 以及 MbD 服务器,后者是专用于网络管理的伸缩服务器。

网络管理中心以两种方式工作:一种是通过 SNMP 协议,从 SNMP Agent 上收集设备的数据信息,用于监控、分析;另一种是 MbD 管理者动态地向 MbD 服务器发送委派代理代码,委派代理在 MbD 服务器上实例化后,监控、分析和控制设备,完成自我管理的功能。委派代理既能独立于管理者管理设备,也可与管理者合作。

6.3.3 移动代理模型

实际上,MbD模型已经包含了移动代理的思想,即在网络中将具有管理功能的代理程序移动到需要它的地方本地发挥作用。而移动代理模型是一个比 MbD 模型更有一般性、功能更强的模型。

所谓移动代理是指能够自行决定并能在网络的各个节点之间移动，代表其他实体进行工作的一种软件实体。移动代理是一种网络计算，它能够自行选择运行地点和时机，根据具体情况中断自身的执行，移动到另一设备上恢复运行，并及时将有关结果返回。移动的目的是使程序的执行尽可能靠近数据源，降低网络的通信开销，平衡负载，提高完成任务的时效。

基于移动代理的系统具有生存、计算、安全、通信和迁移机制。生存机制是指移动代理的产生、销毁、启动、挂起、停止等方式和方法；计算机制是指移动代理及其运行环境所具备的计算推理能力，包括数据操作和线程控制原语；安全机制模式移动代理访问网络资源的方式；通信机制定义移动代理与其他实体以及移动代理之间的通信方式；迁移机制负责组成移动代理的代码及其执行中间状态在不同地点间的移动。

为了使多个移动代理相互协作，必须使用某种通信方式交换信息。复杂的消息传送协议会严重加大通信负荷。因此必须很好地选择移动代理的通信方式，移动代理之间的协作也可采用专用代理通信语言。

与传统分布计算中的远程过程调用（RPC）相比，移动代理的计算模式更具灵活性。在 PRC 中，服务器进程提供一组固定的过程，这些过程可被远程客户用同步的方式激活。调用者进程一直挂起，直到远程服务器返回结果。在 RPC 中的过程必须事先在服务器端编译过，服务器端程序的设计者必须预先设计覆盖全部可能被调用的服务。而在移动代理中，调用的过程独立于服务器的设计，服务器仅在执行代理程序时才被确定其语义。在 RPC 中，调用的每一步均由客户端同步激活。若应用所响应的事件不仅与客户端有关，并且也与服务器相关时，RPC 的机制缺乏灵活性。此外，在 RPC 中，客户机和服务器需要交换更多的信息，而移动代理则可相对独立地在服务器端执行，也即移动代理需要较轻的通信负荷和客户端计算开销。

实现基于移动代理的网络管理有以下 3 个基本途径：

(1) CoD(Code on Demand)模型

在网络管理系统中，分布式地设计一些代码服务器，在网络管理设备上提供虚拟实时支撑环境，移动代码受其支持与控制，网络管理功能可以动态配置或扩充；

(2) REV(Remote Evaluation)模型

完成特定功能的代码模块根据需要移动到被管设备处，实现网络管理应用，并允许动态配置与扩充这些移动代码模块。这种配置与扩充可以自身完成，不需要网络中任何实时虚拟支撑环境，不同的移动代码模块可以组合成新的代码功能模块，而只有到达了被管设备处，这些功能和组合功能才能发挥作用；

(3) Agent Hosting 模型

当移动代理被要求具备智能信息处理能力时，移动代理的规模就会无限制地扩大，这是系统所不能接受的。于是人们提出了在每个被管设备的附近建立一个虚"Agent Hosting"虚拟机环境。虚拟机中有完成各种功能的 Agent,这些 Agent 与被管设备可采用客户机-服务器的通信方式,并可以由 SNMP 或 CMIP 协议支持。

6.4 可扩展标记语言 XML

6.4.1 概述

随着 Web 2.0 技术的发展,可扩展标记语言 XML(eXtensible Markup Language)得到了越来越广泛的应用。IETF 在网络管理新标准 NETCONF 的制定中,指定 XML 作为其信息模型和操作的描述语言,因而使得它在网络管理中的重要性变得格外突出。

XML 是标准通用标记语言 SGML(Standard Generalized Markup Language)的一个子集,其开发目的是使 SGML 能够像超文本标记语言 HTML 那样在 Internet 的 Web 中得到接受和处理,因此其设计充分考虑了与 SGML 和 HTML 的互操作性以及易于实现性。

从功能上讲,XML 用于描述 XML 文档(document)及其计算机处理程序的行为。XML 文档是一类特定的数据对象,由称为实体(entity)的若干存储单元(storage unit)组成。实体包含解析数据(parsed data)和/或非解析数据(unparsed data)。解析数据由字符(character)和标记符号(markup)构成。标记符号用来对文档的存储布局和逻辑结构进行描述,而 XML 对这种描述进行方法约定。

XML 文档由专用的程序模块 XML 解析器(processor)进行阅读处理,解析器通常是为特定的应用(application)服务的。

XML 的描述对象是文档及其逻辑和物理结构。下面分别对这 3 个方面的描述方法进行介绍。

6.4.2 文档描述

一个 XML 文档具有逻辑和物理两种结构。物理上,XML 文档由实体构成,实体之间可以是包含关系。一个文档中存在一个"根实体(root entity)"被称为"文档实体(the document entity)"。逻辑上,文档由声明(declaration)、元素(element)、字符引用(character reference)、处理指令(processing instruction)等部分组成,而所有这些都由标记符号在文档中显式地描述。

XML 的语法由一个简单的 EBNF(Extended Backus-Naur Form)描述。

一个文档的定义为:

document ::= prolog element Misc *

其中 prolog、element 和 Misc 都是有定义的符号。prolog 描述文档的序言(声明),element 描述文档中的元素,Misc 描述注释、处理指令等成分,字符"*"表示左下方的符号(此处的 Misc)可出现零或多次。

即一个文档的描述由 prolog 部分、element 部分及可出现零或多次的 Misc 部分组成。prolog 部分对所采用的 XML 的版本号、文档类型等进行声明,文档类型声明指出描述该类文档语法结构的文档类型定义(DTD,Document Type Definition)。

element 一般是文档的主体部分。每个文档有一个"根元素(root element)"或称"文档元素(document element)",可有零或多个其他元素,一个元素可嵌套在别的元素中,根元素是顶级嵌套元素。

实体中的解析数据由以文本(text)的形式出现的字符数据和标记符号构成。标记符号有起始标签(start-tag)、终止标签(end-tag)、空元素标签(empty-element tag)、实体引用(entity reference)、字符引用(character reference)、注释(comment)、定界符(delimiter)、文本类型声明(document type declarations)、处理指令(processing instruction)等多种形式。文本中标记符号之外的部分被称为字符数据。

6.4.3 逻辑结构

一个 XML 文档包含一个或多个元素,非空元素在文档中的范围由起始标签和终止标签限定,空元素的范围由空元素标签限定,即元素被定义为:

element ::= STag content ETag | EmptyElemTag

其中 STag 表示起始标签,content 表示元素的内容,ETag 表示终止标签,EmptyElemTag 表示空元素标签。每个元素具有一个名称(name),用来表示元素的类型(type)。名称在起始标签或空元素标签中给出。终止标签中包含与起始标签相同的名称,以便明确它们之间的对应关系。STag、Etag、EmptyElemTag 的定义如下:

STag::= ′<′ Name(S Attribute) * ′>′

Etag::= ′</′ Name ′>′

EmptyElemTag::= ′<′ Name(S Attribute) * ′/>′

其中,括在单引号中的大于号、小于号及左斜杠为这几个标签的起止符,Name 是元素类型的名称,S 表示空白(可为空格、回车换行等),Attribute 表示元素中的属性名和属性值(取 AttName = AttValue 的形式)。从以上的定义可见,所谓空元素就是不包含内容(content)定义的元素。而 content 可为任意字符数据和标记符号,例如元素、处理指令、字符引用、注释等。值得注意的是,content 中可包含元素这一规则提供了元素的嵌套机制。

XML 文档中的元素可看做是由其名称所指向的元素类型的实例,这意味着文档中出现的元素都应有类型的声明。通过类型声明可以对元素的结构进行限定。XML 解析器在发现没有类型声明的元素时,会向用户发出告警。

元素类型声明的定义如下:

elementdecl::= ′<! ELEMENT′ S Name S contentspec ′>′

其中，<！ELEMENT 是元素类型声明的起始符，Name 为元素类型名称，contentspec 是内容说明。例如，元素类型声明：

<！ELEMENT car(front,body,back)>

定义了一个名为 car 的元素类型，内容包括 front、body 和 back 三个子元素。

元素的属性是用来描述元素特征的，通过为属性赋值，元素（类型）被具体化或特殊化。元素的属性通过列表声明来定义。

6.4.4 物理结构

一个 XML 文档由一个或多个存储单元，即实体构成。每个 XML 文档有一个被称为文档实体的根实体，该实体被作为 XML 解析器的处理起点。在文档只有一个实体时，根实体包含整个文档。

实体有解析实体和非解析实体之分。解析实体中存储的内容是需要解析的 XML 的文本，非解析实体中存储的内容不需要解析，它们可以是任意数据，如程序源代码、目的代码等，XML 对其没有任何限制。

为了调用或指向一个实体，需要给出它的名称。解析实体的名称在实体引用（Entity Reference）之中，非解析实体的名称通过 ENTITY 这一属性的值给出。实体又分为一般实体（General Entity）和参数实体（Parameter Entity），前者用于文档内容 content 之中，后者用于文档类型定义 DTD 之中。

无论是一般实体还是参数实体在调用前都要进行声明。实体声明的语法如下：

EntityDecl:: = GEDecl | PEDecl
GEDecl:: = '<！ENTITY´S Name S EntityDef´>'
PEDecl:: = '<！ENTITY´S´%´S Name S PEDef´>'
EntityDef:: = EntityValue | (ExternalID NDataDecl?)
PEDef:: = EntityValue | ExternalID

上述定义表示：实体声明（EntityDecl）分为一般实体声明（GEDecl）和参数实体声明（PEDecl）两种。一般实体声明中给出实体的名称（Name）和实体定义（EntityDef），而实体定义或者由具体的实体值（EntityValue）给出，或者由外部实体标识符（ExteralID）给出，若为前者，则所定义的实体为内部实体（Internal Entity），否则为外部实体（External Entity）。当在外部实体定义中出现 NDataDecl 选项时（问号"?"表示其前面的符号为可选项），该实体为非解析实体，否则为解析实体。参数实体声明中给出参数实体的名称（Name）和参数实体定义（PEDef），参数实体的定义由实体值给出，或者由外部实体标识符给出，参数实体均为解析实体。

内部实体没有与其母体分离的物理存储对象，并且实体的内容在声明中直接给出，内部实体均为解析实体。外部实体是指本实体声明之外定义的实体，由通用资源标识符 URI（如网站的 URL）指出。

6.4.5　XML 的标记法及符号定义

本节给出 XML 的标记法 EBNF 及其符号定义,供阅读及编写 XML 文档时参考。

XML 的每个语法规则都是 EBNF 的一个符号的定义,其形式为：

symbol∷= expression

由正则表达式(regular expression)定义的符号由一个大写字母开头,否则就由小写字母开头。在每个规则右侧的 expression 中,用以下表达式来匹配字符或字符串。

表 6.1　XML 表达式匹配规则

表达式	匹配规则
♯xN	N 为一个 16 进制数,表示 ISO/IEC 10646 定义的一个 Unicode 字符
[a－z] 及 [♯xN－♯xN]	匹配具有指定范围之内值的任意字符
[ˆa－z] 及 [ˆ♯xN－♯xN]	匹配具有指定范围之外值的任意字符
"string" 及 ´string´	引号之内的字符串在规则应用时原样再现
A?	与 A 或空值匹配的字符,即 A 可选
A B	后继一个 B 的 A 的字符串
A ∣ B	A 或 B,但不是 A 和 B 的字符串
A － B	与 A 匹配但不与 B 匹配的字符串
A+	字符串 A 出现一次或多次
A*	字符串 A 出现零次或一次及以上
/* ... */	... 为注释

XML 的语法规则即符号定义如下：

文档:document∷= prolog element Misc *

字符:Char∷= ♯x9 ∣ ♯xA ∣ ♯xD ∣ [♯x20－♯xD7FF] ∣ [♯xE000－♯xFFFD] ∣ [♯x10000－♯x10FFFF]

空白:S∷=(♯x20 ∣ ♯x9 ∣ ♯xD ∣ ♯xA)+

名称:NameChar∷= Letter ∣ Digit ∣ ´.´ ∣ ´-´ ∣ ´_´ ∣ ´:´ ∣ CombiningChar ∣ Extender

　　　Name∷=(Letter ∣ ´_´ ∣ ´:´)(NameChar) *

　　　Names∷= Name(S Name) *

　　　Nmtoken∷=(NameChar)+

　　　Nmtokens∷= Nmtoken(S Nmtoken) *

实体值:EntityValue∷= ´"´([ˆ％&] ∣ PEReference ∣ Reference) * ´"´ ∣ ´´´([ˆ％&´] ∣ PEReference ∣ Reference) * ´´´

属性值:AttValue∷= ´"´([ˆ＜&] ∣ Reference) * ´"´ ∣ ´´´([ˆ＜&´] ∣ Reference) * ´´´

系统名:SystemLiteral::=(´"´ [^"]* ´"´)|(´"´ [^´]* ´"´)

公共名:PubidLiteral::= ´"´ PubidChar * ´"´ | ´"´(PubidChar - ´"´) * ´"´

公共标识符:PubidChar::= ♯x20 | ♯xD | ♯xA | [a-zA-Z0-9] | [-´()+,./:=?;! * ♯ @ $ _ %]

字符数据:CharData::= [^<&]* -([^<&]* ´]]>´ [^<&]*)

注释:Comment::= ´<!--´((Char - ´-´)|(´-´(Char - ´-´)))* ´-->´

处理指令:PI::= ´<?´ PITarget(S(Char * -(Char * ´?>´ Char *)))? ´?>´

　　　　　PITarget::= Name -((´X´ | ´x´)(´M´ | ´m´)(´L´ | ´l´))

字符数据节:CDSect::= CDStart CData CDEnd

　　　　　CDStart::= ´<![CDATA[´

　　　　　CData::= (Char * -(Char * ´]]>´ Char *))

　　　　　CDEnd::= ´]]>´

序言:prolog::= XMLDecl? Misc * (doctypedecl Misc *)?

　　XMLDecl::= ´<?xml´ VersionInfo EncodingDecl? SDDecl? S? ´?>´

　　VersionInfo::= S ´version´ Eq(´ VersionNum ´ | ˝ VersionNum ˝)

　　Eq::= S? ´=´ S?

　　VersionNum::= ([a-zA-Z0-9_.:] | ´-´) +

　　Misc::= Comment | PI | S

文档类型声明:doctypedecl::= ´<!DOCTYPE´ S Name(S ExternalID)? S?
　　　　　(´[´(markupdecl | PEReference | S)* ´]´ S?)? ´>´

　　　　　markupdecl::= elementdecl | AttlistDecl | EntityDecl | NotationDecl | PI | Comment

外部子集:extSubset::= TextDecl? extSubsetDecl

　　　　　extSubsetDecl ::= (markupdecl | conditionalSect | PEReference | S) *

独立文档声明:SDDecl::= S ´standalone´ Eq((´"´(´yes´ | ´no´)´"´) | (´"´(´yes´ | ´no´)´"´))

语言标识:LanguageID::= Langcode(´-´ Subcode) *

　　　　　Langcode::= ISO639Code | IanaCode | UserCode

　　　　　ISO639Code::= ([a-z] | [A-Z])([a-z] | [A-Z])

　　　　　IanaCode::= (´i´ | ´I´) ´-´([a-z] | [A-Z]) +

　　　　　UserCode::= (´x´ | ´X´) ´-´([a-z] | [A-Z]) +

　　　　　Subcode::= ([a-z] | [A-Z]) +

元素:element::= EmptyElemTag | STag content Etag

起始标签:STag::= ´<´ Name(S Attribute) * S? ´>´

　　　　　Attribute::= Name Eq AttValue

终止标签:ETag::= ´</´ Name S? ´>´

元素内容：content∷=(element | CharData | Reference | CDSect | PI | Comment)*
空元素标签：EmptyElemTag∷= ´<´ Name(S Attribute)* S? ´/>´
元素类型声明：elementdecl∷= ´<! ELEMENT´ S Name S contentspec S? ´>´
　　　　　　contentspec∷= ´EMPTY´ | ´ANY´ | Mixed | children
元素内容模型：children∷=(choice | seq)(´?´ | ´*´ | ´+´)?
　　　　　　cp∷=(Name | choice | seq)(´?´ | ´*´ | ´+´)?
　　　　　　choice∷= ´(´ S? cp(S? ´|´ S? cp)* S? ´)´
　　　　　　seq∷= ´(´ S? cp(S? ´,´ S? cp)* S? ´)´
混合内容声明：Mixed∷= ´(´ S? ´#PCDATA´(S? ´|´ S? Name)* S? ´)*´ | ´(´ S? ´#PCDATA´ S? ´)´
属性列表声明：AttlistDecl∷= ´<! ATTLIST´ S Name AttDef* S? ´>´
　　　　　　AttDef∷= S Name S AttType S DefaultDecl
属性类型：AttType∷= StringType | TokenizedType | EnumeratedType
　　　　　　StringType∷= ´CDATA´
　　　　　　TokenizedType∷= ´ID´ | ´IDREF´ | ´IDREFS´ | ´ENTITY´ | ´ENTITIES´ | ´NMTOKEN´ | ´NMTOKENS´
枚举型属性：EnumeratedType∷= NotationType | Enumeration
　　　　　　NotationType∷= ´NOTATION´ S ´(´ S? Name(S? ´|´ S? Name)* S? ´)´
　　　　　　Enumeration∷= ´(´ S? Nmtoken(S? ´|´ S? Nmtoken)* S? ´)´
属性默认值：DefaultDecl∷= ´#REQUIRED´ | ´#IMPLIED´ |((´#FIXED´ S)? AttValue)
条件节：conditionalSect∷= includeSect | ignoreSect
　　　　　　includeSect∷= ´<! [´ S? ´INCLUDE´ S? ´[´ extSubsetDecl ´]]>´
　　　　　　ignoreSect∷= ´<! [´ S? ´IGNORE´ S? ´[´ ignoreSectContents * ´]]>´
　　　　　　ignoreSectContents ∷= Ignore(´<! [´ ignoreSectContents ´]]>´ Ignore)*
　　　　　　Ignore∷= Char * -(Char *(´<! [´ | ´]]>´) Char *)
字符引用：CharRef∷= ´&#´ [0-9]+ ´;´ | ´&#x´ [0-9a-fA-F]+ ´;´
实体引用：Reference∷= EntityRef | CharRef
　　　　　　EntityRef∷= ´&´ Name ´;´
　　　　　　PEReference∷= ´%´ Name ´;´
实体声明：EntityDecl∷= GEDecl | PEDecl
　　　　　　GEDecl∷= ´<! ENTITY´ S Name S EntityDef S? ´>´
　　　　　　PEDecl∷= ´<! ENTITY´ S ´%´ S Name S PEDef S? ´>´
　　　　　　EntityDef∷= EntityValue |(ExternalID NDataDecl?)
　　　　　　PEDef∷= EntityValue | ExternalID
外部实体声明：ExternalID∷= ´SYSTEM´ S SystemLiteral | ´PUBLIC´ S PubidLiteral S

```
                SystemLiteral
                NDataDecl∷ = S´NDATA´S Name
```
文本声明:TextDecl∷ = ´<? xml´ VersionInfo? EncodingDecl S? ´?>´
外部解析实体:extParsedEnt∷ = TextDecl? content
                extPE∷ = TextDecl? extSubsetDecl
编码声明:EncodingDecl∷ = S´encoding´ Eq(´"´ EncName ´"´ | ´"´ EncName ´"´)
                EncName∷ = [A-Za-z]([A-Za-z0-9._] | ´-´) *

6.4.6 XML 应用实例——基于 DTD 及 XML Schema 的 XML 文档

XML Schema Definition(XSD)是 XML 技术的一个重要规范,它为描述 XML 文档的结构以及限定结构的意义和用法提供了标准的模式语言——Schema Language。在 XSD 出现以前,XML 文档要以文档类型定义 DTD 为基础编写和解析,即文档中用到的结构和类型均来自 DTD。XSD 定义的 XML Schema 提供了一种比 DTD 更加方便,功能更强的方法来支持 XML 文档的编写和解析。NETCONF 的定义就是基于 XML Schema 进行的。这里,我们通过一个例子(引自 www.w3schools.com/schema)来展示一下基于 DTD 和 XML Schema 的 XML 文档,以此来初步接触一下 XML 的描述方法以及 DTD 和 XML Schema 的区别。这对于我们获得关于 XML 的感性知识,更好地理解 NETCONF 的相关内容是有帮助的。

这个例子利用 XML 元素类型声明,定义了文件 note.dtd,并将其放在 http://www.w3schools.com/dtd 之下。note.dtd 的内容如下:

```
<! ELEMENT note(to,from,heading,body)>
<! ELEMENT to(#PCDATA)>
<! ELEMENT from(#PCDATA)>
<! ELEMENT heading(#PCDATA)>
<! ELEMENT body(#PCDATA)>
```

这里,第 1 行定义了一个名为 note 的元素,包含 to、from、heading 和 body 四个子元素。第 2 行~第 5 行对这 4 个子元素进行了定义,指出它们的类型为#PCDATA,即字符数据。实际上,note.dtd 定义了一个传送短消息的元素,这个元素中包含接收者、发送者、标题和内容。而下面这个 XML 文档是对 note.dtd 中定义的 note 元素的一个引用。

```
<? xml version = "1.0"?>
<! DOCTYPE note SYSTEM "http://www.w3schools.com/dtd/note.dtd">
<note>
        <to>Tove</to>
        <from>Jani</from>
        <heading>Reminder</heading>
```

　　　　<body>Don't forget me this weekend! </body>
</note>

　　通过这个引用,产生了一个 note 的实例:由 Jani 发给 Tove 的一个题为"Reminder",内容为"Don't forget me this weekend!"的一个短消息。文档的第 1 行是 XML 版本声明;第 2 行是文档类型声明,指出该文档中的类型(此处指 note、to、from、heading 和 body 五个元素)名称的出处;第 3 行至最后一行是元素 note 的起始标签、内容和终止标签。

　　另一方面,利用 XML Schema 定义了文件 note.xsd。

<? xml version="1.0"? >
<xs:schema xmlns:xs="http://www.w3.org/2001/XMLSchema"
targetNamespace="http://www.w3schools.com"
xmlns="http://www.w3schools.com"
elementFormDefault="qualified">
<xs:element name="note">
　　<xs:complexType>
　　　　<xs:sequence>
　　　　　　<xs:element name="to" type="xs:string"/>
　　　　　　<xs:element name="from" type="xs:string"/>
　　　　　　<xs:element name="heading" type="xs:string"/>
　　　　　　<xs:element name="body" type="xs:string"/>
　　　　</xs:sequence>
　　</xs:complexType>
</xs:element>
</xs:schema>

　　这里,第 2 行引用了 XML Schema 中的 schema 元素 xs:schema,利用 xmlns:xs 属性指出 XML Schema 的命名空间(namespace)和它的前缀 xs:。一个命名空间来自对一组类型、元素和属性的定义(如 XML Schema)。这些定义往往被多个应用所引用。命名空间由定义中包含的类型名、元素名和属性名等名称构成。第 3 行定义了目标命名空间(targetNamaspace)属性,指出 note.xsd 中定义的元素(note、to、from、heading、body)被放入命名空间 http://www.w3schools.com 之中。第 4 行定义默认命名空间 xmlns 属性,在文档中所有无前缀的名称均属于默认空间。第 5 行定义的属性指出包含在全局元素 note 之中的局部元素 to、from、heading、body 在引用时和全局元素一样需要加命名空间的前缀。第 6 行至第 15 行是对元素 note 的定义。

　　下面我们看一下对 note.xsd 定义的引用。

<? xml version="1.0"? >
<note

```
          xmlns = "http://www.w3schools.com"
          xmlns:xsi = "http://www.w3.org/2001/XMLSchema-instance"
          xsi:schemaLocation = "http://www.w3schools.com note.xsd">

          <to>Tove</to>
          <from>Jani</from>
          <heading>Reminder</heading>
          <body>Don't forget me this weekend!</body>
</note>
```

在这个引用中，将 note.xsd 的目标命名空间定义为默认命名空间，因此其中的元素可以不加前缀地加以引用。同时，利用 XMLSchema-instance 中的 schemaLocation 属性，指出 note.xsd 文档的位置。其余部分与对 note.dtd 的引用相同。该引用的结果也与对 note.dtd 的引用相同。

从上面的例子中似乎看不出 XMLSchema 比 DTD 有什么优越之处。但事实上，XMLSchema 是建立在 DTD 的基础之上的一种对文档结构进行描述、内容进行限定的语言，它对构成数据模型的基本成分进行了定义，为人们对文档按模式（Schema）进行描述提供了方便。这里模式的概念相当于我们所熟悉的类（Class）的概念。与 DTD 相比，Schema 的一个突出优点是便于继承和扩充。W3C 组织提供了基本的 Schema，各种应用中的 Schemas 均在它的基础上定义、继承和扩充，一个 Schema 一旦被定义，就成了未来新的 Schema 的基础。这与面向对象的设计思想是一脉相承的。

6.5 NETCONF 协议

6.5.1 概述

NETCONF 协议定义了一种简单的网络配置管理机制，它可以管理网络设备，提取配置数据，上载及操作新的配置数据。NETCONF 允许设备显现一个完整和形式化的 API 接口，以使应用程序能够利用这个接口发送和接收配置数据。

NETCONF 采用远程过程调用 RPC 的模式工作。客户机（client）用 XML 编写 RPC 请求（request），并通过安全的面向连接的会话（session）将其发送到服务器（server）。服务器用 XML 编写的应答（response）进行回复。在管理中，客户机对应网络管理者，服务器对应被管设备。

NETCONF 的一个重要特点是能使管理协议最大限度地利用被管设备自身的功能，从而降低实现成本，及时访问设备的新特征和新功能。另外，设备本地用户接口中的语法内容和语义内容都能被应用程序访问。

NETCONF 允许客户机去发现服务器所支持的协议扩充。这些扩充被称为能力(capability)，通过这些"能力"，客户机可以调整自己的管理以充分利用设备的新特性，并且这些扩充能够以非集中的方式方便、灵活地进行。

NETCONF 是网络自动配置系统的一个绑定模块，而 XML 是配置系统中通信双方(管理者与被管设备)的信息交换语言，它提供了一个灵活而完整地对层次化内容进行文本描述的机制。通过与 XML 转换技术(如 XSLT，eXtensible Stylesheet Language Transformations)的结合，NETCONF 还可用于为系统自动生成配置信息。可行的方法是：系统通过查询相关数据库获取网络拓扑、链路、策略、客户以及服务等数据；然后通过 XSLT 等技术，将这些数据从面向任务的与厂商无关的格式转换为面向厂商、产品、操作系统以及软件版本的格式；最后再通过 NETCONF 将这些转换后的数据传递给设备。

NETCOMF 采用简单的 RPC 机制实现客户机与服务器的通信。客户机可以是一个脚本或是网络管理者的一个应用程序。服务器通常是一个网络设备。因此，在 NETCONF 中，"设备"与"服务器"、"客户机"与"应用程序"经常互换使用。

一个 NETCONF 的会晤是指网络管理者与网络设备之间的一个逻辑连接。全局配置属性可在任何一个授权的会晤中被改变，并且其结果在所有的会晤中都是可见的。改变会晤专有的属性只影响其所归属的会晤。

如表 6.2 所示，NETCONF 在概念层可分为 4 层。

表 6.2　NETCONF 的概念层

概念层(层号)	例　子
内　容(4)	配置数据
操　作(3)	\<get-config\>,\<get\>
远程过程调用(2)	\<rpc\>,\<rpc-reply\>
传送协议(1)	BEEP,SSH,SSL,console

① 传送协议层在客户机和服务器之间提供一个通信通道。NETCONF 可建立在满足其基本要求的任何传送协议之上；

② 远程过程调用 PRC 层提供一个简单的、与传送协议无关的 RPC 编写机制；

③ 操作层定义一个基本操作的集合，它们将被作为 RPC 的方法用 XML 参数进行调用；

④ 在给定当前配置数据的私有性质的条件下，内容层的规范和说明决定于 NETCONF 的实现，但内容层不由 NETCONF 定义。

NETCONF 提出了能力(capability)的概念。一个 NETCONF 的能力是基本 NETCONF 的扩充功能的一个集合。每个能力都由通用资源标识符 URI 来标识，并通过描述附加的操作及其允许的内容，实现对设备的基本操作的扩充。客户机能够发现服务器的能力,并使用由这些能力定义的附加操作、参数和内容。

在一个能力定义中需要指出该能力所依靠的其他能力。为了支持一个能力,服务器必须同时支持这个能力所依靠的所有能力。在 RFC4741 的 NETCONF 协议文本中定义了一个能力的集合,附加的能力可以随时在外部文档中定义,以使能力不断地得到扩大。各个标准组织可以定义标准的能力,而各个实现者(如厂家)可以定义私有的能力。能力的 URI 必须能够区分这些定义者,以避免命名冲突。

NETCONF 将配置数据和状态数据加以明确区分。从一个运行的系统中提取的信息被分为两类:配置数据和状态数据。配置数据是指为了将一个系统从其初始的缺省状态变换到当前状态需要的可改写的数据。除此之外的数据,例如只读的状态信息、采集的统计量等,被称为状态数据。如果设备在执行配置操作时混进状态数据,会引起许多问题,例如:

① 配置数据集合间的比较可能会决定于不相关的数据项,如不同的统计量;
② 到达的数据可能包含无意义的请求,如试图改写只读数据;
③ 数据集合会比较大;
④ 存档的数据可能包含只读数据项的值,从而使恢复存档数据的过程复杂化。

为了解决这些问题,NETCONF 对配置数据和状态数据进行区分处理。例如＜get-config＞操作只提取配置数据,＜get＞操作可同时提取配置数据和状态数据。

在 NETCONF 协议中,假定存在一个或多个可进行操作的配置数据库。配置数据库被定义为使设备从其初始缺省状态变换到所希望的操作状态所需要的配置数据的一个完整集合。配置数据库不包含状态数据和命令。基础模型中只有＜running＞配置数据库,扩充的配置数据库可由能力来定义,并只能在支持这些能力的设备中使用。

6.5.2 对传送协议的要求

NETCONF 采用基于 RPC 的通信模式。客户机顺序发送 RPC 请求操作,服务器顺序应答。NETCONF 可以建立在满足其功能要求的任意传送协议之上,而不绑定于任何一种协议。但另一方面,允许将 NETCONF 向具体协议进行映射,以定义如何在该协议的支持之上进行实现。传送协议必须提供向 NETCONF 指示会晤类型(客户机或服务器)的机制。

NETCONF 是面向连接的,要求对等实体之间保持持续的连接。这个连接必须提供可靠和有序的数据传递。NETCONF 的连接是在协议操作之间长期生存和持续的。这使客户机能够设置连接的不同状态,并使其在整个生存期内得到保持。例如,用于某个连接的认证信息将一直保存有效,直到该连接终止。另外,当一个连接终止时,它从服务器请求的资源必须得到自动释放,以使故障恢复更加简单,使系统更加健壮。

NETCONF 连接需要认证、数据完整性、隐私性等安全机制。这些安全机制要由传送协议提供。NETCONF 的连接必须被认证,这个认证由传送协议负责。NETCONF 假设连接的认证是完成的。认证的结果将导致一个身份的确认,设备对该身份的所有授权是已知的,并且这些授权要在整个会晤的过程中保持不变。所有 NETCONF 的实现必须支持 SSH(Secure SHell)传送协议的映射。

6.5.3 RPC 模型

NETCONF 的对等实体之间通过 XML 元素＜rpc＞和＜rpc-reply＞为各类请求和应答操作提供封装。

元素＜rpc＞用于封装由客户机发往服务器的请求。它具有一个必要的属性"message-id",通常是一个单调递增的整数,用来标识消息。接收者用具有相同的"message-id"的＜rpc-reply＞进行应答。

RPC 的名称是＜rpc＞内容中的元素,而参数是名称元素中的元素。在下面的例子中,RPC 调用的是名为＜my-own-method＞的一个方法,其中包含＜my-first-parameter＞和＜another-parameter＞两个参数,分别具有"14"和"fred"的值。

```
<rpc message-id="101"
    xmlns="urn:ietf:params:xml:ns:netconf:base:1.0">
  <my-own-method xmlns="http://example.net/me/my-own/1.0">
    <my-first-parameter>14</my-first-parameter>
    <another-parameter>fred</another-parameter>
  </my-own-method>
</rpc>
```

下面的例子无参数调用了 NETCONF 的方法＜get＞。

```
<rpc message-id="101"
    xmlns="urn:ietf:params:xml:ns:netconf:base:1.0">
  <get/>
</rpc>
```

元素＜rpc-reply＞有一个必要属性"message-id"。应答的名称和数据作为元素被包含在＜rpc-reply＞的内容之中。如果在处理＜rpc＞请求时发生错误,则服务器要在＜rpc-reply＞中传递＜rpc-error＞元素。如果在处理一个请求时发生多个错误,则＜rpc-reply＞中可以包含多个＜rpc-error＞,但并不要求一定包含多个或所有的错误。当发生告警时,服务器应(但不是必须)传递＜rpc-error＞。服务器不传递关于应用程序和数据模型的方面的错误,因为客户机不一定有访问权限。

＜rpc-error＞包含错误类型(error-type)、错误标签(error-tag)、错误程度(error-severity)、应用级错误标签(error-app-tag)、错误路径(error-path)、错误消息(error-message)、错误信息(error-info)等信息。错误类型是一个枚举型的值{transport,rpc,protocol,application},指出错误在 NETCONF 的哪个层次中发生。错误标签是一个标识错误

发生条件的字符串。错误程度指示是错误(error)还是告警(warning)。应用级错误标签是一个指示面向数据模型或程序实现的错误条件。错误路径包含一个绝对的 XPath 表达式,指出达到出错节点(元素)的路径。错误消息包含适于向人显示的错误条件字符串。错误信息包含面向协议或数据模型的错误内容。

如果在处理请求时没有发生错误或告警,则在<rpc-reply>中发送一个<ok>元素。

NETCONF 的服务器是按流水线方式处理<rpc>请求的,客户机可以不必等待前一个请求得到应答后再发生下一个请求,但服务器必须按接收请求的顺序依次返回对它们的应答。

6.5.4 子树过滤(Subtree Filtering)

利用 XML 子树过滤机制可以使应用程序对特定的 XML 子树进行选择。这一机制应用在对<get>或<get-config>进行应答的<rpc-reply>之中。通过一组过滤器和简单匹配的方法,该机制对符合条件的数据元素进行选取。

概念上,子树过滤器由零到多个代表选择标准的元素子树构成。在子树的各层,服务器对每个兄弟节点集合进行逻辑判断,以决定各兄弟节点所牵头的子树是否包含在过滤器的输出结果中。所有在过滤器子树中出现的元素,必须与服务器概念数据模型中的对应节点相匹配。在过滤器数据模型中,可以指定 XML 命名空间。如果指定,则该命名空间必须与服务器支持的命名空间匹配。过滤器输出的只是那些与指定的命名空间相关联的数据。

应答消息中只包含由过滤器选取的子树。在请求中出现的任何选择标准都要包含在应答中。值得注意的是,过滤器中的叶子节点元素在过滤器的输出中常常会被扩展。当请求中包含的多个过滤器子树选择相同数据时,在应答中数据实例不重复出现。

子树过滤器由 XML 的元素及其 XML 属性构成。有 5 类成分可以出现在子树过滤器中,它们是:命名空间选择、属性匹配表达式、包含节点、选择节点和内容匹配节点。

(1) 命名空间选择

如果使用命名空间,则过滤器输出只包含指定的命名空间中的元素。命名空间的匹配条件是:过滤器中"xmlns"属性的内容与服务器数据模型中"xmlns"属性的内容相同。注意,命名空间选择不能只给出一个命名空间的名称,至少要在过滤器中指出一个元素来确定命名空间中的选择节点。例如:

<filter type="subtree">
  <top xmlns="http://example.com/schema/1.2/config"/>
</filter>

在这个例子中,<top>元素是一个选择节点,过滤器将输出"http://example.com/schema/1.2/config"命名空间中 top 节点及其所有的子节点元素。

(2) 属性匹配表达式

出现在子树过滤器中的属性是属性匹配表达式的一部分。过滤器中任何类型的节点可出现的 XML 属性的数量都不受限制。被选择的数据除了要与过滤器中节点(元素)相匹配外,还必须与它的属性相匹配。如果一个元素不包含指定的属性,则该元素将不被选择。例如:

```
<filter type="subtree">
  <top xmlns="http://example.com/schema/1.2/config">
    <interfaces>
      <interface ifName="eth0"/>
    </interfaces>
  </top>
</filter>
```

在这个例子中,"ifName"是属性匹配表达式。过滤器将输出"http://example.com/schema/1.2/config"命名空间中 top 节点下的 interfaces 节点下的所有名称为"eth0"的 interface 元素。

(3) 包含节点

子树过滤器中包含子元素的节点被称为包含节点。子元素也可以是包含节点及任意其他类型的节点。例如:

```
<filter type="subtree">
  <top xmlns="http://example.com/schema/1.2/config">
    <users/>
  </top>
</filter>
```

在这个例子中,top 是一个包含节点,因为它包含子元素 users。

(4) 选择节点

过滤器中的叶子节点被称为选择节点,它表示对服务器数据模型的一个显式的选择。如果在数据模型的兄弟节点中出现了选择节点,则只有选择节点下的子树被选择,其他的兄弟节点不被选择。例如在上面例子中,top 元素是一个包含节点,users 元素是选择节点,它的兄弟节点将不被选择。

(5) 内容匹配节点

包含简单内容的叶子节点被称为内容匹配节点。它被用于对数据模型中的兄弟节点进行选择。内容匹配节点有如下限制:

① 内容匹配节点不能包含嵌套元素;

② 多个内容匹配节点(即兄弟节点)通过"AND"进行逻辑组合;

③ 不支持对混合内容的过滤;

④ 不支持对列表内容的过滤;

⑤ 不支持对空白内容的过滤;

⑥ 内容匹配节点必须包含非空白内容字符,空元素将被解释为选择节点;
⑦ 前导和后随的空白字符将被忽略。例如:

```
<filter type = "subtree">
  <top xmlns = "http://example.com/schema/1.2/config">
    <users>
      <user>
        <name>fred</name>
      </user>
    </users>
  </top>
</filter>
```

在这个例子中,所有 name 为"fred"的 user 元素(及其子元素)将被输出。

过滤器的输出开始是空的。每个子树过滤器可包含数据模型的一个或多个分枝。服务器将它所支持的数据模型与子树中的每个数据分枝进行比较,如果一个节点所代表的子树的所有分枝与服务器所支持的数据模型的对应部分实现了完全匹配,则该节点及其所有子节点包含在结果数据中。

服务器将具有相同父节点的节点(即兄弟节点)集中在一起进行处理,从根到叶子节点。过滤器中的根元素被看作是兄弟,即使它们没有相同父节点。

对每个兄弟集合,服务器决定哪些节点被包含在过滤器数据中,而哪些被排除。服务器首先确定兄弟集合中出现的节点类型,根据不同类型的规则进行处理。如果集合中有某些节点被选择,则处理被叠代应用到每个被选择节点的下层兄弟集合之中。算法持续到所有过滤器子树中的兄弟集合被处理。

为了进一步理解子树过滤的方法,我们再举两个例子。在下面的例子中,过滤器包含一个选择节点 users,即请求将服务器所在的数据模型中的 users 元素及其子元素提取出来。

```
<rpc message-id = "101"
     xmlns = "urn:ietf:params:xml:ns:netconf:base:1.0">
  <get-config>
    <source>
      <running/>
    </source>
    <filter type = "subtree">
      <top xmlns = "http://example.com/schema/1.2/config">
        <users/>
      </top>
```

```
      </filter>
   </get-config>
</rpc>
```

在下面的应答中,服务器将其数据模型中的 users 元素进行了反馈。其中包含名称分别为 root、fred 和 barney 等 3 个 user。同时,每个 user 中还包含 type、full-name 和 company-info 等 3 个子元素。

```
<rpc-reply message-id = "101"
      xmlns = "urn:ietf:params:xml:ns:netconf:base:1.0">
   <data>
      <top xmlns = "http://example.com/schema/1.2/config">
         <users>
            <user>
               <name>root</name>
               <type>superuser</type>
               <full-name>Charlie Root</full-name>
               <company-info>
                  <dept>1</dept>
                  <id>1</id>
               </company-info>
            </user>
            <user>
               <name>fred</name>
               <type>admin</type>
               <full-name>Fred Flintstone</full-name>
               <company-info>
                  <dept>2</dept>
                  <id>2</id>
               </company-info>
            </user>
            <user>
               <name>barney</name>
               <type>admin</type>
               <full-name>Barney Rubble</full-name>
               <company-info>
                  <dept>2</dept>
```

```
            <id>3</id>
          </company-info>
        </user>
      </users>
    </top>
  </data>
</rpc-reply>
```

在下面的例子中,过滤器包含一个内容匹配节点 name,两个选择节点 type 和 full-name,请求提取 name 为 fred 的 user 的 type 和 full-name 子元素信息。

```
<rpc message-id = "101"
       xmlns = "urn:ietf:params:xml:ns:netconf:base:1.0">
  <get-config>
    <source>
      <running/>
    </source>
    <filter type = "subtree">
      <top xmlns = "http://example.com/schema/1.2/config">
        <users>
          <user>
            <name>fred</name>
            <type/>
            <full-name/>
          </user>
        </users>
      </top>
    </filter>
  </get-config>
</rpc>
```

以下是这个请求的应答:

```
<rpc-reply message-id = "101"
       xmlns = "urn:ietf:params:xml:ns:netconf:base:1.0">
  <data>
    <top xmlns = "http://example.com/schema/1.2/config">
      <users>
        <user>
```

```
            <name>fred</name>
            <type>admin</type>
            <full-name>Fred Flintstone</full-name>
         </user>
      </users>
   </top>
  </data>
</rpc-reply>
```

注意，user 的另一个子元素 company-info 不在反馈之中。

6.5.5 操作

NETCONF 协议提供了一组低层操作实现对设备的配置信息进行管理，对状态信息进行提取。基本协议提供的操作包括提取、配置、复制以及删除配置数据库等。基于设备发布的能力，还可提供更多的操作。基本操作包括：get、get-config、edit-config、copy-config、delete-config、lock、unlock、close-session 和 kill-session。

操作可能会由于多种原因而失败，其中包括"不被支持的操作（operation not supported）"。操作发起者不应假设操作一定是成功的。要对 RPC 应答进行检查，以便对错误信息进行处理。

操作的句法用 XML schema 进行形式化定义，其头尾部分如下所示：

```
BEGIN
<? xml version = "1.0" encoding = "UTF-8"?>
<xs:schema xmlns:xs = "http://www.w3.org/2001/XMLSchema"
           xmlns = "urn:ietf:params:xml:ns:netconf:base:1.0"
           targetNamespace = "urn:ietf:params:xml:ns:netconf:base:1.0"
           elementFormDefault = "qualified"
           attributeFormDefault = "unqualified"
           xml:lang = "en">
    ……
</xs:schema>
END
```

上述定义在根结构处引用了 xs:schema，并对其属性进行了声明：xmlns:xs 属性指出用 xs:前缀来代表 XML Schema 的命名空间 http://www.w3.org/2001/XMLSchema；xmlns 属性定义"urn:ietf:params:xml:ns:netconf:base:1.0"为默认命名空间；targetNamespace 属性指出目标命名空间；elementFormDefault 属性声明局部元素在引用时要加前缀；attributeFormDefault 属性声明引用局部属性时不必加前缀；xml：

lang 属性声明文档语言为英语。

下面分别描述各个操作的句法和语义。

(1) <get-config> 获取配置

有关<get-config>操作的 XML schema 定义如下：

```
<xs:complexType name="getConfigType">
  <xs:complexContent>
    <xs:extension base="rpcOperationType">
      <xs:sequence>
        <xs:element name="source"
                    type="getConfigSourceType"/>
        <xs:element name="filter"
                    type="filterInlineType" minOccurs="0"/>
      </xs:sequence>
    </xs:extension>
  </xs:complexContent>
</xs:complexType>
<xs:element name="get-config" type="getConfigType"
            substitutionGroup="rpcOperation"/>
```

<get-config>被定义为 XML Schema 的元素 xs:element，其类型为<getConfigType>，同时<get-config>还被定义为<rpcOperation>替换组的成员，这意味着在适当条件下，对<rpcOperation>的引用会被替换为对<get-config>的引用。另一方面，<getConfigType>被定义为一个由<rpcOperationType>扩充而来的 XML Schema 的<complexType>，由<source>和<filter>两个参数元素的序列构成。

在功能方面，<get-config>全部或部分提取指定的配置数据库，并具有如下参数：

① <source>：指出被查询的配置数据库的名称，例如<running/>。

② <filter>：指出设备配置中被提取的部分。如果该参数未被指定，则返回整个配置。该参数可选择 type 属性，用于指定该过滤器元素采用的过滤句法类型。NETCONF 默认的过滤机制是子树过滤。

如果 NETCONF 的对等实体支持 xpath 能力，则"xpath"可用来指定过滤器元素包含 XPath 表达式。

如果设备能够满足查询请求，则服务器在<rpc-reply>元素中包含一个<data>元素，其中包含查询的结果。否则，<rpc-reply>中将包含<rpc-error>元素。

(2) <edit-config> 编辑配置

有关<edit-config>操作的 XML schema 定义如下：

<xs:complexType name="editConfigType">

```
<xs:complexContent>
  <xs:extension base = "rpcOperationType">
    <xs:sequence>
      <xs:annotation>
        <xs:documentation>
          Use of the test-option element requires the
          :validate capability. Use of the url element
          requires the :url capability.
        </xs:documentation>
      </xs:annotation>
      <xs:element name = "target"
                  type = "rpcOperationTargetType"/>
      <xs:element name = "default-operation"
                  type = "defaultOperationType"
                  minOccurs = "0"/>
      <xs:element name = "test-option"
                  type = "testOptionType"
                  minOccurs = "0"/>
      <xs:element name = "error-option"
                  type = "errorOptionType"
                  minOccurs = "0"/>
      <xs:choice>
        <xs:element name = "config"
                    type = "configInlineType"/>
        <xs:element name = "url"
                    type = "configURIType"/>
      </xs:choice>
    </xs:sequence>
  </xs:extension>
</xs:complexContent>
</xs:complexType>
<xs:element name = "edit-config" type = "editConfigType"
            substitutionGroup = "rpcOperation"/>
```

<edit-config>被定义为 XML Schema 的元素,其类型为<editConfigType>,同时<edit-config>还被定义为<rpcOperation>替换组的成员。<editConfigType>被定义

为一个由<rpcOperationType>扩充而来的 XML Schema 的<complexType>,其中包含<target>、<default-operation>、<test-operation>、<error-operation>等参数元素。

在功能方面,<edit-config>操作将一个源配置的部分或全部加载到指定的目标配置之中。该操作允许用多种方法表示新配置,例如本地文件、远程文件或内联。如果目标配置不存在,它将被建立。如果 NETCONF 的对等实体支持 url 能力,则<url>元素可以代替<config>参数,用来指出一个本地配置文件。

服务器对源和目标配置进行分析,并执行请求的修改。与<copy-config>不同,目标配置不是被替换,而是根据源数据和请求的操作进行相应的修改。

<edit-config>操作包含的参数具有如下意义:

① <target>:被编辑的配置数据库的名称。例如<running/>或<candidate/>。

② <default-operation>:为<edit-config>选择默认的操作。该参数为可选的,可取值如下:

a. merge:<config>参数中的配置数据被合并到目标配置数据库的对应层次之中。这是默认的选择。

b. replace:<config>参数中的配置数据完全替代目标配置数据库中的配置数据。这种选择常用于加载先前备份的配置数据。

c. none:除非到来的配置数据使用"operation"属性请求不同的操作,目标配置数据库不受影响。如果<config>参数中的配置数据包含目标配置数据库中不存在的层次,则返回一个<error-tag>值为"data-missing"的<rpc-error>元素。

③ <test-option>:该参数只有在设备发布 validate 能力时才能指定。test-option 元素可取下列值:

a. test-then-set:在设置之前执行确认测试。如果出现确认错误,则不执行<edit-config>操作。这是默认的选择。

b. set:在设置之前不进行确认测试。

④ <error-option>:该元素可取下列值:

a. stop-on-error:在发生第一个错误时就中止<edit-config>操作。这是默认的选择。

b. continue-on-erro:发生错误时继续操作;错误被记录,并且产生<rpc-error>应答。

c. rollback-on-error:发生错误时服务器停止处理<edit-config>操作,并将指定的配置数据恢复到操作前的初始状态。该选择需要服务器支持 rollback-on-error 能力。

⑤ <config>:与设备的某个数据模型类似的一个配置结构。结构中的命名必须源于适当的命名空间,以使设备对正确的数据模型进行检测。结构中的内容必须符合对应的数据模型的限制。

如果设备能够满足请求,则发送一个包含<ok>元素的<rpc-reply>,否则发送一个<rpc-error>应答。

（3）<copy-config> 复制配置

有关<copy-config>操作的 XML schema 定义如下：

```
<xs:complexType name = "copyConfigType">
  <xs:complexContent>
    <xs:extension base = "rpcOperationType">
      <xs:sequence>
        <xs:element name = "target" type = "rpcOperationTargetType"/>
        <xs:element name = "source" type = "rpcOperationSourceType"/>
      </xs:sequence>
    </xs:extension>
  </xs:complexContent>
</xs:complexType>
<xs:element name = "copy-config" type = "copyConfigType"
            substitutionGroup = "rpcOperation"/>
```

<copy-config>被定义为 XML Schema 的元素，其类型为<copyConfigType>，同时<copy-config>还被定义为<rpcOperation>替换组的成员。<copyConfigType>被定义为一个由<rpcOperationType>扩充而来的 XML Schema 的<complexType>，其中包含<target>和<source>两个参数元素。

在功能方面，<copy-config>操作用一个完整的配置数据库建立或替代另一个完整的配置数据库。如果目标数据库存在，则进行覆盖，否则新建。

如果 NETCONF 的对等实体支持 url 能力，则<url>元素可以出现在<source>或<target>参数中。

即使设备发布了 writable-running 的能力，它也可以选择不支持将<running/>配置数据库作为<copy-cofig>操作的目标参数。设备可以选择不支持 remote-to-remote，即<source>和<target>参数都使用<url>的复制操作。

如果<source>和<target>参数指出的 url 或配置数据库相同，则必须返回一个<error-tag>为"invalid-value"的错误。

该操作包含的参数具有如下意义：

① <target>：用作复制目标的配置数据库名称。

② <source>：用作复制源的配置数据库名称或包含配置子树的<config>元素。

如果设备能够满足请求，则发送一个包含<ok>元素的<rpc-reply>，否则发送一个<rpc-error>应答。

（4）<delete-config> 删除配置

有关<delete-config>操作的 XML schema 定义如下：

```
<xs:complexType name = "deleteConfigType">
```

```
      <xs:complexContent>
        <xs:extension base = "rpcOperationType">
          <xs:sequence>
            <xs:element name = "target" type = "rpcOperationTargetType"/>
          </xs:sequence>
        </xs:extension>
      </xs:complexContent>
    </xs:complexType>
    <xs:element name = "delete-config" type = "deleteConfigType"
                substitutionGroup = "rpcOperation"/>
```

<delete-config>被定义为 XML Schema 的元素,其类型为<deleteConfigType>,同时<delete-config>还被定义为<rpcOperation>替换组的成员。<deleteConfigType>被定义为一个由<rpcOperationType>扩充而来的 XML Schema 的<complexType>,其中包含一个<target>参数元素。

在功能方面,<delete-cofig>操作删除一个配置数据库,但<running>配置数据库不能删除。

如果 NETCONF 的对等实体支持 url 能力,则<url>元素可以出现在<target>参数中。

该操作包含的参数具有如下意义:

<target>:将被删除的配置数据库名称。

如果设备能够满足请求,则发送一个包含<ok>元素的<rpc-reply>,否则发送一个<rpc-error>应答。

(5) <lock> 封锁

有关<lock>操作的 XML schema 定义如下:

```
    <xs:complexType name = "lockType">
      <xs:complexContent>
        <xs:extension base = "rpcOperationType">
          <xs:sequence>
            <xs:element name = "target"
                        type = "rpcOperationTargetType"/>
          </xs:sequence>
        </xs:extension>
      </xs:complexContent>
    </xs:complexType>
    <xs:element name = "lock" type = "lockType"
                substitutionGroup = "rpcOperation"/>
```

<lock>被定义为 XML Schema 的元素，其类型为<lockType>，同时<lock>还被定义为<rpcOperation>替换组的成员。<lockType>被定义为一个由<rpcOperationType>扩充而来的 XML Schema 的<complexType>，其中包含一个<target>参数元素。

在功能方面，lock 操作允许客户机锁住一个设备的配置系统。这种操作一般是短时的，在这个期间可使客户机放心地进行数据修改，而不必担心与其他应用（包含 NETCONF 客户机、非 NETCONF 客户机、人工等）的修改发生冲突。

试图锁住一个已经被他人部分或整体地锁住的配置将导致失败。

一旦进行了<lock>操作，服务器必须防止封锁者以外的应用对被锁资源的修改。

封锁期定义为从<lock>操作成功开始，直至<lock>被释放或该 CONFIG 会晤结束。CONFIG 会晤的结束可以由客户机显式地进行，或由服务器在特定情况下隐含地进行，或是简单的休止超时。具体的设定决定于协议的实现和下层传送协议。

<lock>操作有一个必须的参数<target>。该参数指出上锁的配置数据库。

<kill-session>操作可用于强制释放其他 NETCONF 会晤所拥有的<lock>。

出现下列某种情况，<lock>操作被禁止：

① 另外的 NETCONF 会晤或其他类型的实体已经对数据封锁。

② 目标配置数据库是已被修改的<candidate>，并且这些修改尚未发挥作用。

<target>参数指出要封锁的配置数据库的名称。

如果设备能够满足请求，则发送一个包含<ok>元素的<rpc-reply>。否则发送一个<rpc-error>应答。如果<lock>已经被他人拥有，则<error-tag>为"lock-denied"，<error-info>中将包含拥有者的<session-id>。如果<lock>由非 NETCONF 实体拥有，则<session-id>为"0"。注意，只要有部分目标数据被其他实体锁住，就会导致 NETCONF<lock>的失败。

(6) <unlock>解锁

有关<unlock>操作的 XML schema 定义如下：

```
<xs:complexType name = "unlockType">
  <xs:complexContent>
    <xs:extension base = "rpcOperationType">
      <xs:sequence>
        <xs:element name = "target" type = "rpcOperationTargetType"/>
      </xs:sequence>
    </xs:extension>
  </xs:complexContent>
</xs:complexType>
<xs:element name = "unlock" type = "unlockType"
            substitutionGroup = "rpcOperation"/>
```

<unlock>被定义为 XML Schema 的元素,其类型为<unlockType>,同时<unlock>还被定义为<rpcOperation>替换组的成员。<unlockType>被定义为一个由<rpcOperationType>扩充而来的 XML Schema 的<complexType>,其中包含一个<target>参数元素。

在功能上,unlock 操作用于释放先前获得的对配置数据的封锁。在下列任何一种情况都会导致解锁不成功:

① 指定的 lock 当前没有作用。

② 放出解锁操作的会晤与获得封锁的会晤不一致。

<target>参数指出要解锁的配置数据库的名称。

如果设备能够满足请求,则发送一个包含<ok>元素的<rpc-reply>,否则发送一个<rpc-error>应答。

(7) <get> 获取

有关<get>操作的 XML schema 定义如下:

```
<xs:complexType name = "getType">
   <xs:complexContent>
      <xs:extension base = "rpcOperationType">
         <xs:sequence>
            <xs:element name = "filter"
                     type = "filterInlineType" minOccurs = "0"/>
         </xs:sequence>
      </xs:extension>
   </xs:complexContent>
</xs:complexType>
<xs:element name = "get" type = "getType"
            substitutionGroup = "rpcOperation"/>
```

<get>被定义为 XML Schema 的元素,其类型为<getType>,同时<get>还被定义为<rpcOperation>替换组的成员。<getType>被定义为一个由<rpcOperationType>扩充而来的 XML Schema 的<complexType>,其中包含一个<filter>参数元素。

在功能方面,<get>操作提取运行中的配置数据和设备状态信息。

<filter>参数指定要提取的系统配置数据和状态数据。如果该参数为空,则返回所有的设备配置数据和状态信息。该参数可以选择 type 属性,来指定过滤句法的类型。默认的类型是子树。如果 NETCONF 的对等实体支持 xpath 能力,则可以通过"xpath"来指示过滤器元素中包含 XPath 表达式。

如果设备能够满足请求,则发送一个包含<ok>元素的<rpc-reply>,否则发送一个<rpc-error>应答。

(8) <close-session> 关闭会晤

有关<close-session>操作的 XML schema 定义如下:

```
<xs:complexType name = "closeSessionType">
  <xs:complexContent>
    <xs:extension base = "rpcOperationType"/>
  </xs:complexContent>
</xs:complexType>
<xs:element name = "close-session" type = "closeSessionType"
            substitutionGroup = "rpcOperation"/>
```

<close-session>被定义为 XML Schema 的元素,其类型为<closeSessionType>,同时<close-session>还被定义为<rpcOperation>替换组的成员。<closeSessionType>被定义为一个由<rpcOperationType>扩充而来的 XML Schema 的<complexType>。

在功能方面,<close-session>操作请求对 NETCONF 会晤的一个完善的结束。

当 NETCONF 服务器收到<close-session>请求时,它将"完善"地关闭这个会晤。服务器将释放该会晤封锁的任何资源,关闭所有相关的连接。<close-session>之后的任何请求将被忽略。

如果设备能够满足请求,则发送一个包含<ok>元素的<rpc-reply>,否则发送一个<rpc-error>应答。

(9) <kill-session> 终止会晤

有关<kill-session>操作的 XML schema 定义如下:

```
<xs:complexType name = "killSessionType">
  <xs:complexContent>
    <xs:extension base = "rpcOperationType">
      <xs:sequence>
        <xs:element name = "session-id"
                    type = "SessionId" minOccurs = "1"/>
      </xs:sequence>
    </xs:extension>
  </xs:complexContent>
</xs:complexType>
<xs:element name = "kill-session" type = "killSessionType"
            substitutionGroup = "rpcOperation"/>
```

<kill-session>被定义为 XML Schema 的元素,其类型为<killSessionType>,同时<kill-session>还被定义为<rpcOperation>替换组的成员。<killSessionType>被定义为一个由<rpcOperationType>扩充而来的 XML Schema 的<complexType>,其中

包含一个＜session-id＞参数元素。

在功能方面，＜kill-session＞操作强制终止一个 NETCONF 的会晤。

当 NETCONF 实体收到对现有的会晤的一个＜kill-session＞请求时，它将终止与该会晤有关的所有操作，释放它的所有封锁，关闭所有相关的连接。

＜session-id＞参数为将被终止的会晤的标识符，如果等于当前会晤的 ID，则返回一个"invalid-value"错误。

如果设备能够满足请求，则发送一个包含＜ok＞元素的＜rpc-reply＞，否则发送一个＜rpc-error＞应答。

小　结

现有的标准网络管理模型虽然支持分布式管理，但在具体实现时更便于采用 Manager-Agent 的一对多的集中式管理方式。集中式管理方式的缺点是管理者负担过重，大量管理信息向一点集中，只能在管理站进行管理操作，难以保证实时处理。为了解决这些问题，新型网络管理模型的主要目标就是更好地支持分布式管理。目前主要的新型模型有基于 Web 的网络管理、基于 CORBA 的网络管理和基于主动网的网络管理。

基于 Web 的网络管理有代管和嵌入式两种方案。前者与现有的网络管理模型相结合，后者完全采用 Web 技术实现网络管理；基于 CORBA 的网络管理可以利用分布式对象计算技术来强化管理系统，并通过 SNMP/CORBA 网关和 CMIP/CORBA 网关与现有网络管理模型相结合；基于主动网的网络管理目前主要有委派管理和移动代理两种模型。

顺应网络管理的发展趋势，IETF 正在制定和完善一个新的网络管理标准 NETCONF。它采用 XML 作为信息模型和操作的描述语言，为基于 Web 的网络管理打下了坚实的基础。同时，NETCONF 在配置管理方面与 SNMP 相比具有突出的优势，是一个具有广阔发展前景的网络管理标准。

本章的教学目的是使学生了解基于 Web、CORBA 和主动网的新型网络管理模型，对未来的分布式网络管理建立初步概念。了解 XML 的基本语法规则，DTD、XML Schema 等技术的基本概念，理解 NETCONF 的体系结构和操作过程。

思考题

6-1　现有的集中式网络管理模型有哪些缺点？

6-2　基于 Web 的网络管理模型的主要优点是什么？有哪两种实现方案和技术标准？

6-3　什么是 CORBA？在网络管理中有哪些应用？

6-4　什么是主动网？什么是移动代理？在网络管理中应用这些概念有哪些好处？

6-5　采用 XML 对网络管理的信息模型和操作过程进行描述有哪些好处？

6-6　XML 的 DTD 与 Schema 有什么联系和区别？

6-7　XML 与 ASN.1 在语法上和用途上各有哪些相同和不同之处？

6-8　与 SNMP 相比 NETCONF 的主要特点是什么？

6-9　NETCONF 中不包含管理信息模型的定义，你认为应采用什么方法进行定义？

6-10　请对比 SNMP 和 NETCONF 对操作对象进行选择的不同方法。

习　题

6-1　请查阅相关文献进一步学习 WBEM，并设计一个利用 WBEM 和 SNMP 的网络管理系统的体系结构。

6-2　请设计一个基于 REV 型移动代理进行网络性能管理的系统方案。

6-3　分别引用 6.4.6 节中的 DTD 和 XML Schema 编写一个无标题的短消息 XML 文档。

6-4　参考 6.4.6 节的例子，请对 6.5.4 节中命名空间 http://example.com/schema/1.2/config 中的 top 元素用 XML Schema 进行定义。

6-5　在 6.5.4 节例子的基础上编写一个<get-config>操作的请求，将类型(type)为"superuser"的用户的信息提取出来，并给出请求的应答。

下篇　网络管理功能及其关键技术

第 7 章

OSI 网络管理功能

上篇讲述的网络管理模型为构筑网络管理基础结构提供了组织模型、信息模型和通信模型。网络基础结构是为提供网络管理功能服务的，网络管理功能才是完成管理任务的直接手段。根据任务的不同，被管系统的不同，需要各种各样的管理功能。OSI 对管理功能进行了领域划分，定义了配置、性能、故障、安全和计费 5 个管理功能领域。管理功能领域概念的提出，有利于分清领域之间及各项具体功能之间的关系，便于管理功能的研究、设计和实现。

7.1 概述

在 OSI 系统管理标准中，将开放系统的管理功能划分为 5 个功能领域，它们是配置管理、性能管理、故障管理、安全管理和计费管理。这 5 个功能领域覆盖了网络管理所需要的主要功能，为网络管理系统功能分析、设计和实现提供了基本参考。

图 7.1 对 5 个管理功能领域之间以及与客户和网络之间的关系进行了描述。

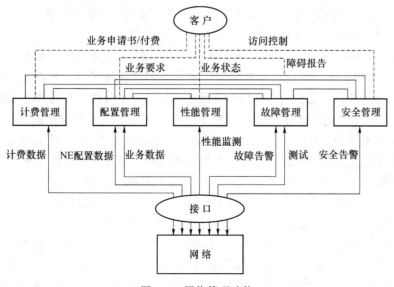

图 7.1 网络管理功能

如图 7.1 所示的网络就是网络管理系统的管理对象,接口代表各种管理模型中的管理信息模型和通信协议。通过接口网络中的各类管理信息被向上传递给管理系统,管理系统的控制操作被向下传递给网络。在管理系统中存在配置管理、性能管理、故障管理、安全管理和计费管理 5 个功能模块。这 5 个功能模块中各自包含若干功能。

(1) 配置管理:配置管理是最基本的网络管理功能,它负责监测和控制网络的配置状态。具体地讲,就是在网络建立、扩充、改造以及业务的开展过程中,对网络的拓扑结构、资源配备、使用状态等配置信息进行定义、监测和修改。配置管理主要提供资源清单管理、资源提供、业务提供、网络拓扑结构服务等功能。资源清单的管理是所有配置管理的基本功能,资源提供是为满足新业务需求及时地配备资源,业务提供是为客户分配业务或功能。配置管理建立和维护配置管理信息库(MIB),配置 MIB 不仅供配置管理功能使用,也要供其他的管理功能使用。

(2) 性能管理:性能管理保证有效运营网络和提供约定的服务质量。在保证各种业务的服务质量(QoS)的同时,尽量提高网络资源利用率。性能管理包括性能监测功能、性能分析功能和性能管理控制功能。性能管理中获得的性能监测和分析结果是网络规划和资源提供的重要根据,因为这些结果能够反映当前或即将发生的资源不足。性能管理在进行性能指标监测、分析和控制时要访问配置 MIB。在发现网络性能严重恶化时,性能管理要与故障管理互通。

(3) 故障管理:故障管理的作用是迅速发现和纠正网络故障,动态维护网络的有效性。故障管理的主要功能有告警监测、故障定位、测试、业务恢复以及修复等,同时还要维护故障日志。在网络的监测和测试中,故障管理参考配置管理的资源清单来识别网络元素。如果维护状态发生变化,或者故障设备被替换以及通过网络重组迂回故障时,要对配置 MIB 中的有关数据进行修改。在故障影响了有质量保证承诺的业务时,故障管理要与计费管理互通,以赔偿用户的损失。

(4) 安全管理:安全管理的作用是提供信息的保密、认证和完整性保护机制,使网络中的服务、数据和系统免受侵扰和破坏。安全管理主要包含风险分析功能,安全服务功能,告警、日志和报告功能和网络管理系统保护功能。安全管理与其他管理功能有着密切的关系。安全管理要调用配置管理中的系统服务对网络中的安全设施进行控制和维护。网络发现安全方面的故障时,要向故障管理通报安全故障事件以便进行故障诊断和恢复。安全管理功能还要接收计费管理发来的与访问权限有关的计费数据访问事件通报。

(5) 计费管理:计费管理的作用是正确地计算和收取用户使用网络服务的费用,进行网络资源利用率的统计和网络的成本效益核算。计费管理主要提供费率管理和账单管理功能。一般情况下,收费过程的启动条件是配置管理中的业务提供。

需要指出,管理功能是分层次的。越靠近客户和管理者,功能的层次越高,而越靠近被管对象,功能的层次越低。高层功能需要低层功能的支持。例如,在配置管理中,资源清单管理功能是一个面向客户和管理者的高级功能,这个功能需要定义配置信息功能、设置被管对象属性值功能等低层功能的支持。对于低层功能,通过上篇的学习已经有了很好的了解,而本篇主要讨论高层功能。

7.2 配置管理

配置管理的目的是管理网络的建立、扩充、改造和提供。为此配置管理主要提供资源清单管理功能、资源提供功能、业务提供功能和网络拓扑服务功能。配置管理是一个中长期的活动,它要管理的是网络的新建、增容、设备更新、新技术的应用、新业务的提供、新用户的加入、业务的撤销、用户的迁移等原因所导致的网络配置的变更。

配置管理是最基本的网络管理功能。它负责建立配置MIB,配置MIB不仅为配置管理服务,也要为其他管理功能服务。建立配置MIB就是要利用管理信息模型对网络资源的配置状况进行描述,也就是要定义配置管理信息。因此实现配置管理,关键是配置管理信息的定义。如上篇所述,OSI提出了以被管对象概念为核心的管理信息模型,为描述被管资源提供了有效和规范的方法。因此网络配置管理的实现与网络管理信息模型密切相关。

有了配置MIB,便可以通过获取被管对象的属性值对网络的配置状况进行监测,通过设置被管对象的属性值,定义和修改被管对象间的关系对网络的配置状况进行控制。通过网络管理协议,对被管对象值可以进行远程的获取和设置操作,从而也就可以实现对网络配置状况的远程监测和控制。

7.2.1 资源清单管理功能

资源清单管理是配置管理的基本功能,用来提供网络管理所需要的各种网络资源的数据。这一功能管理的主要资源有:

① 设备:如调制解调器、复用器、交换机、路由器、主机、前端及后台处理器等;
② 器材:设备之间的直达物理连接线路,如中继线、用户线等;
③ 电路:端点设备之间的逻辑连接线路,可能包含多条物理线路;
④ 网络:如 LAN、WAN、MAN、本地网、长途网等;
⑤ 提供的服务:如市话、长话、IP电话、拨号上网、寻呼等;
⑥ 客户:接受服务的用户;
⑦ 厂商:提供设备的厂商;
⑧ 地点:设备或管理人员所在地;
⑨ 软件:系统软件和应用软件;
⑩ 联系人:设备或软件厂商联系人。

上述资源通过管理信息模型被描述为被管对象,存放在配置MIB之中。资源清单管理功能就是提供对这些被管对象进行提取、增加、删除、修改、检索、查询、汇总等操作能力,并通过文字、图形、图像等形式进行显示或打印,以便于网络管理者随时掌握和了解网络配置及资源利用的状况。

7.2.2 资源提供功能

资源提供功能保证根据客户的业务需求,经济合理地供应、开发和配置所需的资源。资源提供功能中所指的资源主要是指提供接入、交换、传输、MIB等功能的网络元素(NE)。这些 NE 既有硬件也有软件。硬件如基础设施、公用装置、插接件、跳线等。软件如操作系统、数据库等。除这些硬件和软件之外,还涉及一些"软资源"。如局或 NE 的本地配置数据、客户名录号等。

资源提供功能的流程如图 7.2 所示。

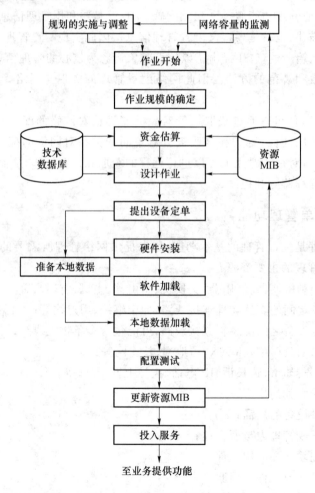

图 7.2 资源提供功能的流程

① 规划的实施与调整：大规模追加资源一般是根据网络规划进行的。除此之外，预期之外的大的用户需求、战略规划或预算的调整也常常需要追加资源；

② 网络容量的监测：除了根据规划实施之外，发生网络容量严重不足情况时也要启动资源提供过程，而这就要求进行网络容量的监测；

③ 作业开始：作业开始阶段要确定资源提供作业的范围和要做的准备。这与作业的性质（基础设施、公用装置或是软件更新）有关。作业内容包括立项、通知设备供应商、确定作业进度；

④ 作业规模的确定：在规划中，一般应包含要求扩充的容量、主要装置、建筑物。所有这些都需要在资源提供之前认真考虑。资源的配备数量决定于扩充周期、可用资金、建筑物容量等。由于资源提供作业需要花费启动费，不宜频繁进行，因此要经济合理地确定作业的规模；

⑤ 资金估算：作业的资金估算是使设备费用得到承认的基础。设备的价格包括价目表和最新的行情。作业费用主要包括设备费、软件费、设计费、制造费、安装费、劳务费、折旧费、税金等；

⑥ 设计作业：确定设备的详细规格、性能指标和设置方案，还要包括电力、照明、空调等设施的设计；

⑦ 提出设备订单：选择厂商，根据作业规格中的设备数量、需求时间、价格以及其他项目提出设备订单；

⑧ 准备本地数据："本地数据"是指程序控制型 NE 所需要的配置数据。这些数据一般既表示资源配置，也表示业务配置。资源数据也称"局参数"，业务数据也称"业务概要"，有时也包含线路数据或路由数据；

⑨ 硬件安装：将硬件设备安装在指定的地点，包括硬件的初装、更换和扩充；

⑩ 软件加载：软件加载一般是指在硬件初装或大规模扩充时将软件加载到 NE 之中，但也可以独立于硬件安装而单独进行；

⑪ 本地数据加载：本地数据包含局参数和业务数据，此阶段加载的一般是局参数。而业务数据在业务提供过程中加载。但是，对应设备更改及用户变动，较大的业务数据块也需要在资源提供过程中成批加载；

⑫ 配置测试：验收测试由运营者或运营者与厂商联合进行，以保证追加的资源操作正常和满足运营者的要求。测试内容包括硬件、软件、本地数据、电路、网络及系统连接等；

⑬ 更新资源 MIB：资源被配置并被测试后，要更新网络资源 MIB；

⑭ 投入服务：将追加的设备资源投入服务。

7.2.3 业务提供功能

业务的提供从客户要求业务时开始，到网络实际提供业务时结束。它包含网络装载和管理业务所需要的过程。业务的提供也具有向各个客户或客户组分配物理或逻辑资源的能力。

业务提供功能的流程如图7.3所示。

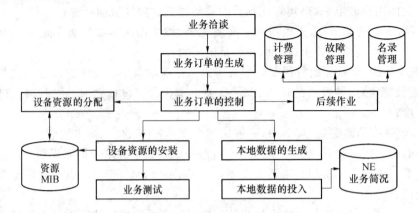

图 7.3 业务的提供过程

① 业务洽谈:业务利用者与业务提供者之间的洽谈;

② 业务订单的生成:业务订单的生成是确定业务要点的阶段。通常在这个阶段确定业务要素、确认通信地址、制作组建网络的规划、进行信用调查;

③ 业务订单的控制:业务订单的控制负责控制业务提供过程的正常进行;

④ 设备资源的分配:分配物理和逻辑资源。分配时需要访问资源MIB,只有状态为"可用"的资源才能被分配,而且一旦分配,就要将它的状态改为"在用";

⑤ 本地数据的生成:一旦分配了物理或逻辑资源,就要将业务订单的数据格式转换为NE所需要的信息格式;

⑥ 本地数据的投入:将业务订单中的数据转换为NE所需要的数据后,便可将这些数据填充到适当的NE之中;

⑦ 设备资源的安装:安装用户需要的物理资源。如用户线的分接和跳线、主配线架跳线、网络终端以及用户设备的安装;

⑧ 业务测试:对于较复杂的业务,业务测试是对相关资源及其他有关方面的最后检查。但对于简单的业务也可以不进行业务的预测试。

7.2.4 网络拓扑服务功能

拓扑关系和层次关系是网络元素之间的主要关系。网络拓扑服务提供网络及其构成的各个层次布局的显示功能。显示的网络布局有3种形式:物理布局、逻辑布局和电气布局。为了支持各个层次各种形式的网络布局显示,配置MIB不仅要存放当前的配置数据,还要存放历史的配置数据,以便能够显示网络布局的变化过程。

如图7.4所示,一般网络布局显示层次可分为:

① 网络层:显示全网,由颜色变化指示问题;

② 区域层:显示出现问题的区域的详细配置;

③ 元素层：显示出现问题的元素的深层信息，可以详细到该元素在资源清单中的任何单个项目。

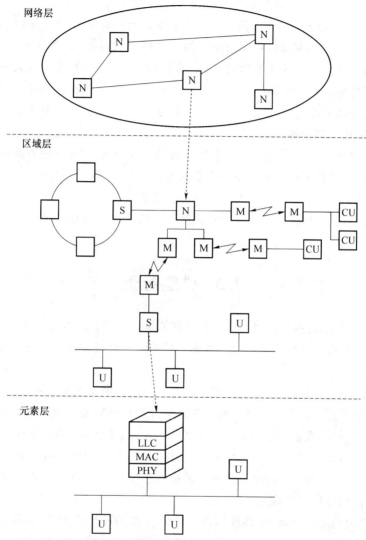

图中：N=节点，M=调制解调器，S=交换机，CU=通信单元，U=用户终端，
LLC=逻辑链路控制，MAC=媒体访问控制，PHY=物理层

图 7.4　网络布局分层显示

实现网络拓扑服务功能，需要网络拓扑发现技术的支持。网络拓扑发现就是根据网络的配置信息绘制出网络连接关系图的技术。这种技术在 Internet 管理中得到了比较广泛的应用。目前拓扑发现方法主要有 3 种：基于路由表的方法、基于 ARP 的方法和基于 ICMP 的方法。

基于路由表的方法根据路由表中的"下一站地址",顺序发现网络中路由器所在的节点,从而获得整个网络拓扑关系。这种方法具有算法简单、运算开销小、拓扑关系完整等优点,缺点是无法发现网络中无选路功能的设备,如交换机和主机。

基于 ARP 的方法根据 ARP 表进行拓扑发现。任何有 Ethernet 接口的网络设备都有 ARP 表,其中包含相应端口对应网段内的所有网络设备的 IP、Ethernet 地址等信息。因此根据任何一台路由器或交换机的 ARP 表,可以发现与其相连的以太网中的所有设备。再根据其他信息判别网络中的路由器和交换机,并继续根据其 ARP 表继续发现,便可得出整个网络的拓扑关系。这种方法的特点是发现效率高,可以基于 SNMP 和 CMIP 实现,一般只适用于局域网。

基于 ICMP 的方法是利用 ICMP 中所包含的 echo/echo reply 消息对的方法。通过应用这个消息对,可以测试网络设备的活动状态。因此,可以通过对一个网段内所有可能的 IP 地址发送 echo 消息,来发现网段内活动的设备。这种方法简单、可靠、发现效率高,但只能判定设备的活动性,不能得出它们之间的连接关系,在构造拓扑关系时还要依赖其他信息。

7.3 性能管理

性能管理的目的是维护网络服务质量和网络运营效率。性能管理主要提供性能监测功能、性能分析功能以及性能管理控制功能。另外还有在发现性能严重下降时启动故障管理系统的功能。

网络服务质量和网络运营效率有时是相互制约的。由于较高的服务质量通常需要较多的网络资源(带宽、CPU 时间等),因此在制定性能目标时要在服务质量和运营效率之间进行权衡。在网络服务质量必须优先保证的场合,就要适当降低网络的运营效率指标;相反,在强调网络运营效率的场合,就要适当降低服务质量指标。但一般在性能管理中,维护服务质量的第一位的。网络运营效率的提高主要依靠其他的网络管理功能,如通过网络规划管理、网络配置管理来实现。

在性能管理的各个功能中,性能监测功能联机监测网络性能数据,报告网络元素状态、控制状态和拥塞状态以及业务量性能;性能分析功能对监测到的性能数据进行统计分析,形成性能报表,预测网络近期性能,维护性能日志,寻找现实的和潜在的瓶颈问题,如发现异常进行告警;性能管理控制功能控制性能监测数据的属性、阈值以及报告时间表,改变业务量的控制方式,控制业务量的测量及报告时间表。

业务量控制和路由选择是保证网络具有良好性能的两项关键技术。通过多年研究、开发和应用,业务量控制技术和路由选择技术具有了丰富的内容,并基本形成了体系。本书将在第 8 章和第 9 章对这两项技术进行讨论。

7.3.1 网络性能指标

进行性能管理,首先要设立有效的网络性能指标,通过对性能指标的监测和计算对网络所提供的服务质量和运营效率进行评价。OSI 系统管理标准中定义了几种用于描述分组交换网络性能的指标,这些参数对描述其他类型网络的性能也具有重要的参考价值。

网络性能指标可以分为面向服务质量和面向网络效率的两类指标。OSI 系统管理标准中定义的主要指标如下:

(1) 面向服务质量的指标

主要包括有效性、响应时间和差错率。

① 有效性(可用性)是描述网络整体性能的指标,反映网络能够正常提供服务的时间比率。有效性(AV)可以按式(7-1)定义:

$$AV = MTBF/(MTBF+MTTD+MTOR) \qquad (7\text{-}1)$$

这里,MTBF 为平均故障间隔时间,MTTD 为平均诊断时间,MTOR 为平均修复时间。可见,为了提供有效性,需要缩短 MTTD 和 MTOR。

② 响应时间是一个重要的服务质量指标,是用户感觉最直接的指标之一,对用户的满意程度影响很大。响应时间由传输时间和处理时间组成,因此响应时间指标一般可分为总时间响应、网络传输时延以及处理机时延 3 种。

③ 差错率在电话网中表现为话音的失真,在数据网中表现为误码。这些不但是用户所能够直接感受到的,而且可能会导致意想不到的严重后果,因此是一个十分重要的质量参数。差错率(ER)可采用式(7-2)进行定义:

$$ER = (CH_E+CH_U+CH_N+CH_D)/CH_T \qquad (7\text{-}2)$$

这里,CH_E 为收到的错误字符数,CH_U 为已发出但未收到的字符数,CH_N 为收到的但未发出的字符数,CH_D 为重复收到的字符数,CH_T 为发出的总字符数。

(2) 面向网络效率的指标

主要有吞吐量和利用率。

① 吞吐量是一个反映全网通信总容量的简单而实用的指标。一般采用比较易于理解和有实际意义的度量方法,例如,单位时间内各节点间的连接数量、单位时间内用户间的会话数量等。

② 利用率是反映网络资源使用频度的指标。通过分析网络中各种资源的利用率,可以发现制约网络性能的瓶颈,以便制定提高网络吞吐量的最佳方案。

新业务、新技术或者网络结构的性能规划要从设定网络服务质量指标和网络效率指标开始。性能目标的设定既要保证用户满意的服务质量,又要考虑业务提供者的经济效益。用户对服务质量的要求会随时间发生变化。运营者的成本也会随新技术的应用而发生变化。这就决定了网络性能的目标设定是一个需要反复进行的过程。

性能目标设定的主要过程是：
① 通过主观测试了解用户意见和接受水平；
② 确定提供给用户的服务质量；
③ 确定由服务质量指标和网络运营效率指标表示的性能目标。

7.3.2 性能监测功能

性能监测功能对网络的性能数据进行连续的采集。网络服务质量的降低,往往是由于设备的偶然性或间歇性问题造成的,而这类问题又难以按故障检测的方法检测出来。因此需要设计性能监测功能,用连续采集性能数据的方法对网络服务质量进行监测,并尽量做到在网络性能降低到不可接受的程度之前及时发现问题。

性能监测与故障管理中的告警监测有很大关系,二者都是对设备和传输媒介中的问题进行检测。但告警监测是对故障事件进行检测,而性能监测是对单位时间内性能低于设定阈值的异常事件的数量进行检测。即性能监测感兴趣的是统计数据,而不是各个故障事件的特性数据。

性能监测有以下几种应用：

(1) 防范服务

检测和统计设备或电路出现性能降低问题的次数。在系统中存在原因不明的问题时,可以利用防范服务对问题进行定量分析,查找导致性能降低的偶然性或间歇性原因,以便能够预测故障的发生。

(2) 验收测试

在网络设备或工程的验收测试中,性能监测可以被用于检验新安装的设备的质量。

(3) 履行合同

在某些情况下,客户会要求担保通信业务。这时,性能监测的数据可以用于计算收费折扣。

7.3.3 性能分析功能

性能分析功能要完成以下任务：

(1) 对监测到的性能数据进行统计和计算,获得网络及其主要元素的性能指标,定期产生性能报表；

(2) 负责维护性能 MDB,存储网络及其主要元素性能的历史数据；

(3) 根据当前数据和历史数据对网络及其主要元素的性能进行分析,获得性能的变化趋势,分析制约网络性能的瓶颈问题；

(4) 在网络性能异常的情况下向网络管理者进行告警,在特殊情况下,直接启动故障管理功能进行反应。

性能分析的基础是建立和维护一个有效的性能 MDB。在此基础上,要解决的关键问题是设计和构造有效的性能分析方法。传统的方法是基于解析的方法。解析的方法又分为预测法和解释法两种。预测法是根据网络的结构以及各个网络元素的性能推测网络的总体性能的方法。解释法是从网络的结构以及观测到的总体性能出发,推测各个网络元素性能的方法。基于解析的方法具有局限性,对于比较复杂的关系难以迅速得到正确结果。现在,基于人工智能的网络性能分析方法越来越受到重视。在这种方法中,利用专家系统对网络性能进行分析,提高了分析的水平和速度。

7.3.4 性能管理控制功能

性能管理控制功能要完成以下任务:
(1) 监测网络中的业务量,调查网络元素的业务量处理状况;
(2) 按照网络业务量控制的原则、策略和方法,进行正常的业务量控制;
(3) 在网络发生过负荷等情况下,采取非常情况下的业务量控制、路由选择等措施。

业务量数据采集是性能管理控制功能的基础,数据采集时间间隔也由性能管理控制功能控制。例如,对于准实时的管理,5 min 一次,对于一般的管理,1 h 或 24 h 一次。

业务量控制是根据网络容量限制业务量过多流入网络或网络中的特定路线,以防止产生拥塞降低网络性能的一项技术,针对不同的网络、不同的服务,有不同的原则、策略和方法。路由选择是在网络中选择传递业务的最佳或合理路线,以提高网络服务质量和效率的技术。路由选择技术也常常被用来进行业务量的控制。在下面两章中,我们将对这两项技术进行详细的讨论。

7.4 故障管理

故障管理的目的是迅速发现和纠正网络故障,动态维护网络的有效性。故障管理的主要功能有告警监测、故障定位、测试、业务恢复、故障修复以及故障日志维护等。

网络对于设备和传输媒体的故障是脆弱的。同时网络的故障类型也多种多样,硬件、软件和数据的问题都可能引发网络故障。例如,施工作业切断电缆、系统改造或重新设定时的错误、程序缺陷、数据库错误、自然灾害等都是引发网络故障的原因。因此,为了保证网络的正常运转,故障管理是很重要的。

网络发生故障后要迅速进行故障诊断和故障定位,以便尽快恢复业务、修复故障。进行故障管理可以采取两种策略,即事后策略和预防策略。事后策略是一旦发现故障迅速进行修复的策略,而预防策略是通过随时进行性能分析,一旦发现故障苗头便采取修复措施的策略。另一种预防策略是事先配备备用资源,用备用资源迅速替换故障资源的方法。

随着网络容量的迅猛扩大,网络故障所带来的损失也越来越大。因此,现在进行故障管理越来越多地采用预防策略。网络自愈就是按照预防策略实现故障管理的一种技术。这种技术对光纤传输网络非常重要,得到了大力的研究、开发和应用。本书第 10 章将对此项技术进行详细讨论。

7.4.1 告警监测功能

告警监测功能要完成网络状态监督和故障检测两个任务。

网络状态监督可以通过配置管理中的网络拓扑服务功能进行网络状态显示,监督网络中的业务量状态,以发现问题。

故障检测的关键是确定有效的故障检测手段,以产生正确、及时、清楚的告警信息。但是,往往有些故障难于用一种手段准确地检测出来,因而需要设计多种检测手段。但是对一种故障采用的检测手段过多,会导致告警信息过多,反而不利于故障的排查。

发现告警信息后,要进一步收集有关信息。如功能单元或硬件单元的类型和标识符、发现故障的检测方法、发现故障的时间以及告警等级等。要将收集到的信息按时间顺序登录到告警日志中,以便为故障定位提供数据。

为了确认是否发生了故障,要对产生的告警信息进行过滤分析。过滤告警信息有多种方法,如阈值过滤、分组过滤、优先级过滤等。目前,基于数据挖掘的告警关联分析越来越受到重视,它将告警之间的关联关系挖掘出来,在此基础上实现告警过滤。通过过滤会去除大量冗余的告警信息,有利于针对主要问题进行分析和判断,快速找出根源故障。

7.4.2 故障定位功能

故障定位功能的作用是确定设备中故障的位置。为确定故障原因,常常需要将诊断、测试以及性能监测获得的数据结合起来进行分析。

故障定位的手段主要有诊断、试运行以及软件检查。

（1）诊断

诊断的作用是检验设备的性能是否正常。诊断常常是打扰性的,即在诊断进行期间,被诊断的设备不能进行正常的业务。诊断也是业务提供时设备验收测试的有效工具。诊断程序通常一发现故障就中止运行,但为了报告多个故障,也可以将诊断设计为连续模式,这种模式在测试新安装的设备时特别有用。

（2）试运行

试运行是将部分网络元素隔离,利用被试行设备正常的输入/输出端口和测试器,系统地测试被隔离网络元素的所有服务特性。

（3）软件检查

软件检查有核查、校验和、运行测试、程序跟踪等多种方法。核查是与备份的数据相比较。校验和的值依赖于软件的总的内容。程序或数据的改变,都会引起校验和的变化。校验和是快速检验软件正确性的一种方法。运行测试是用一组特定的输入数据执行程序,将输出与预期值相比较,检查被执行程序的正确性。程序跟踪是查找程序设计中的缺陷的手段。

7.4.3 电路测试功能

传输设备的测试功能与诊断功能不同。诊断可以在一个系统内进行,而测试常常涉及位于不同物理位置的多个系统。在测试中,故障定位包括故障划分和故障隔离两个方面,故障划分是确定包含故障的电路,故障隔离是确定包含故障的特定光缆、线对及可更换模块。

测试在业务开通和维护时进行。开通测试是检验功能或设备是否正常。开通测试最有效的方式是端到端测试。维护测试是检测障碍和检验修复。提供测试入口的装置可以在电路、通道或传输媒体中设计。一般在不同的维护区间的接口处需要设置测试入口,另外,为测试特定的线路特性也需要测试入口。测试可以在电路、通道、传输线等各种层次上进行,可以是打扰性的,也可以是非打扰性的。

发生故障后,一般采用端到端测试检查故障。在端到端测试中,二分查找策略可以获得较高的效率,即选取靠近线路中心的测试入口,分别测试与两个端点所构成的两个区间段。然后将测试范围缩小到包含故障的区间段,继续二分查找策略。注意这里的中心,不是距离概念下的中心,而是基于区间段内可利用的测试入口数的中心。

7.4.4 业务恢复功能

业务恢复功能是指在网络发生故障后,利用迂回路由或备用资源等手段继续提供业务的功能。这里的恢复有两个含义,一个含义是恢复对新建立的连接的业务的传递,另一个含义是恢复对已建立的连接的业务的传递。相对前者,后者对恢复技术的响应速度要求更高。

恢复策略主要有以下几种:

(1) 隔离包含故障的设备,利用其余资源继续维持业务。这种策略通常会引起业务能力下降。

(2) 将业务从故障设备切换到预备设备。

(3) 使用环或网状网络本身具有的异径功能。

7.5 安全管理

安全管理的目的是提供信息的保密、认证和完整性保护机制,使网络中的服务、数据以及系统免受侵扰和破坏。目前采用的网络安全措施主要包括通信伙伴认证、访问控制、数据保密和数据完整性保护等。一般的安全管理系统包含风险分析功能,安全服务功能,告警、日志和报告功能,网络管理系统保护功能等。

需要明确的是,安全管理系统并不能杜绝所有的对网络的侵扰和破坏,它的作用仅在于最大限度地防范以及在受到侵扰和破坏后将损失尽量降低。具体地说,安全管理系

的主要作用有以下几点:

(1) 采用多层防卫手段,将受到侵扰和破坏的概率降到最低;

(2) 提供迅速检测非法使用和非法初始进入点的手段,核查跟踪侵入者的活动;

(3) 提供恢复被破坏的数据和系统的手段,尽量降低损失;

(4) 提供查获侵入者的手段。

网络信息安全技术是实现网络安全管理的基础。近年来,网络信息安全技术得到了迅猛的发展,已经产生了十分丰富的理论和实际内容。本书将在第 11 章对此进行详细讨论。

7.5.1 风险分析功能

风险分析是安全管理系统需要提供的一个重要功能。它要连续不断地对网络中的消息和事件进行检测,对系统受到侵扰和破坏的风险进行分析。风险分析必须包括网络中所有有关的成分。

进行风险分析的一个方法是构造威胁矩阵,显示各个部分潜在的非攻击性或攻击性威胁。表 7.1 给出了一个威胁矩阵的例子。

表 7.1 威胁矩阵例

威胁对象	消极威胁			积极威胁				
	盗听通话	盗听数据	分析业务流	重复信息	修改信息	插入信息	伪造身份	拥塞网络
端点用户	H	M	L	H	H	H	H	H
交换机 (电缆) (光缆)	M L	M L	M L	M L	M L	M L	M M	M M
本地网 (电缆) (光缆)	L L	L L	L L	L L	L L	L L	M M	M M
长途网 (电缆) (微波) (光缆) (卫星)	H H L M	H H L M	H H L M	H H L M	H H L M	H H L M	H H L M	H M L M
软件 (OS) (数据库) (应用)	L L M	L L M	L L M	M M H	M M H	L L H	M M H	M M H

表中:H = 高度威胁,M = 中度威胁,L = 低度威胁

非攻击性威胁包括：
① 盗听通话：目的是识别通话双方，获取秘密信息；
② 盗听数据：目的是获取口令等秘密信息；
③ 分析业务流：获取业务量特征，以便进一步进行侵扰破坏。

在大多数情况下，非攻击性威胁是可以防范的。而攻击性威胁却不能完全防范，常常会引起较严重的后果。

攻击性威胁包括：
④ 阻延或重发：重复或阻延信息的传送，以迷惑和干扰信息的接收者；
⑤ 插入或删除：插入或删除传输中的信息，使信息接收者产生错误的反应；
⑥ 阻塞传输：通过播放大量的信息拥塞传输系统，阻止网络中信息的正常传送；
⑦ 修改数据：对关键数据（如账号）进行修改，引起网络管理的混乱；
⑧ 伪造身份：使用伪造的身份标识进入网络，访问无权访问的信息，进行非法操作。

7.5.2 安全服务功能

网络可采用的安全服务有多种多样，但是没有哪一个服务能够抵御所有的侵扰和破坏。只能通过对多种服务进行合理的组合来获得满意的网络安全性能。

网络安全服务是通过网络安全机制实现的。OSI 系统管理标准中定义了 8 种网络安全机制，它们是加密、数字签名、访问控制、数据完整性、认证、伪装业务流、路由控制、公证。本书第 11 章将具体讨论这些机制。

下面介绍几种比较重要的网络安全服务：

(1) 通信伙伴认证

通信伙伴认证服务的作用是使通信伙伴之间相互确认身份，防止他人插入通信过程。认证一般在通信之前进行。但在必要的时候也可以在通信过程中随时进行。认证有两种形式，一种是检查一方标识的单方认证，另一种是通信双方相互检查对方标识的相互认证。

通信伙伴认证服务可以通过加密机制、数字签名机制以及认证机制实现。

(2) 访问控制

访问控制服务的作用是保证只有被授权的用户才能访问网络和利用资源。访问控制的基本原理是检查用户标识、口令，根据授予的权限限制其对资源的利用范围和程度。例如是否有权利用主机 CPU 运行程序，是否有权对数据库进行查询和修改等。

访问控制服务通过访问控制机制实现。

(3) 数据保密

数据保密服务的作用是防止数据被无权者阅读。数据保密既包括存储中的数据，也包括传输中的数据。保密可以对特定文件、通信链路甚至文件中指定的字段进行。

数据保密服务可以通过加密机制和路由控制机制实现。

(4) 业务流分析保护

业务流分析保护服务的作用是防止通过分析业务流来获取业务量特征、信息长度以及信息源和目的地等信息。

业务流分析保护服务可以通过加密机制、伪装业务流机制、路由控制机制实现。

(5) 数据完整性保护

数据完整性保护服务的作用是保护存储和传输中的数据不被删除、更改、插入和重复。必要时该服务也可以包含一定的恢复功能。

数据完整性保护服务可以通过加密机制、数字签名机制以及数据完整性机制实现。

(6) 签字

签字服务用发送"签字"的办法来对信息的发送或信息的接收进行确认,以证明和承认信息是由签字者发出或接收的。这个服务的作用在于避免通信双方对信息的来源发生争议。

签字服务通过数字签名机制及公证机制实现。

表 7.2 列出了以上各种服务与 OSI 安全机制之间的关系。

表 7.2 安全服务与安全机制的关系

安全服务	OSI 安全机制							
	加密	数字签名	数据完整性	认证	访问控制	路由控制	伪装业务量	公证
通信伙伴认证	(Y)	(Y)		Y				
访问控制					Y			
数据保密	Y					Y		
业务流分析保护	Y					(Y)	Y	
数据完整性保护	Y	Y	Y					
签字		Y						Y

表中:Y = 可用,(Y) = 一定条件下可用

7.5.3 告警、日志和报告功能

网络管理系统提供的安全服务可以有效地降低安全风险,但它们并不能排除风险。因此与故障管理相同,安全管理也要提供告警、日志和报告功能。该功能要以大量的侵扰检测器为基础。在发现侵入者进入网络时触发告警过程,登录安全日志和向安全中心报告发生的事件。在告警报告和安全日志中,主要应包括以下信息:

① 事件的种类;

② 发生的时间;

③ 事件中通信双方的标识符;

④ 有关的资源标识符;

⑤ 检测器标识符。

7.5.4 网络管理系统的保护功能

网络管理系统是网络的中枢,大量的关键数据,如用户口令、计费数据、路由数据、系统恢复和重启规程等都存放在这里。因此网络管理系统是安全管理的重点对象,要采用高度可靠的安全措施对其进行保护。每个安全管理系统首先要提供对网络管理系统自身的保护功能。

7.6 计费管理

计费管理的主要目的是正确地计算和收取用户使用网络服务的费用,同时,计费管理还要进行网络资源利用率的统计和网络的成本效益核算。对于以营利为目的的网络经营者来说,计费管理功能无疑是非常重要的。

在计费管理中,首先要根据各类服务的成本、供需关系等因素制定资费政策,资费政策还包括根据业务情况制定的折扣率;其次要收集计费收据,如使用的网络服务、占用时间、通信距离、通信地点等计算服务费用。

计费管理主要提供费率管理功能和账单管理功能。

7.6.1 费率管理功能

费率管理要根据资费政策进行。制定资费政策时,要考虑到网络运行成本和资源的利用情况。网络运行成本主要包括网络设备的折旧费、线路租用费、人员工资、办公行政费等。不同的服务需要不同的资源支持,在提供服务的过程中,不同资源的余缺状况、忙闲状况不同,并且这种状况还随时间发生变化。因此,制定服务的资费政策要调查提供服务时所用资源的种类、数量以及时间等情况。

服务计费的方式主要有以下几种:
① 按流量计费:如在分组网中,按为客户传递的数据包的数量计费;
② 按时间计费:如在电话网中,按客户的通话时间长度计费;
③ 按次计费:如手机发送短信息按次数计费;
④ 包租计费:如一个月固定费用的拨号上网服务。

费率管理功能的作用就是根据网络运行成本和资源利用情况,合理地设定和调整各种服务的资费标准和计费方式,以利于网络服务获得较好的经济效益。

7.6.2 账单管理功能

账单管理功能的主要作用是收集计费数据、计算客户应付的网络服务费用、保存和维护账单。

采集计费数据是实现账单管理功能的基础。对于不同的网络服务,需要不同的计费数据,主要包括客户标识、开始时间、结束时间、服务类型、服务量等。这些数据被采集后,将被作为被管对象存储在 MDB 中。

计算客户应付的网络服务费用时,从 MDB 中获取指定时间段的客户计费信息,然后根据资费标准和计费方式进行计算,形成账单。

账单是客户关心的重要数据,需要在数据库中保存和维护,以备客户查询和置疑。

小 结

网络管理模型和网络管理功能是网络技术的两个主要方面。网络管理模型为建立网络管理系统的基础结构提供参考,而网络管理功能是完成管理任务的直接手段。OSI 将网络管理功能划分为配置管理、性能管理、故障管理、安全管理和计费管理 5 个领域,并对各个领域的管理目的和主要功能进行规范定义。

本章的教学目的是使学生掌握 OSI 的管理功能领域的划分及各个功能领域的管理目的,了解各功能领域的主要管理功能。

思考题

7-1 OSI 定义的 5 个管理功能域是什么?它们各自的目的和相互关系是什么?
7-2 配置管理主要包含哪些功能,为什么说它是最基本的网络管理功能?
7-3 性能管理的目的是什么?网络性能指标主要有哪些?
7-4 故障管理的目的是什么?故障监测与性能监测有何不同?
7-5 为了进行故障定位,可采用故障诊断和电路测试两种手段,二者有何区别?
7-6 安全管理的目的是什么?安全管理系统的主要作用是什么?
7-7 网络中存在哪些攻击性和非攻击性威胁?
7-8 安全管理系统主要提供哪些安全服务?
7-9 简述计费管理的主要功能、重要性和复杂性。

习 题

7-1 请设计一个利用 SNMP 和 MIB-II 发现互联网静态拓扑结构的方案,并对方案进行概要描述。

7-2　请设计一个基于 RMON 技术的具有子网性能指标动态计算(如 20 min 一次)、告警阈值设置及报告、事件通报等功能的性能管理模块的方案,并对方案进行概要描述。

7-3　指出 SNMP MIB 和 RMON MIB 中可用于进行故障监测的被管对象。

7-4　请参考 SNMPv3 的 USM 和 VACM 设计一个面向用户的提供认证、保密、数据完整、访问控制等服务功能的安全管理模块,给出模块内部的结构模型。

7-5　试利用 RMON MIB 建立一个基于流量的面向主机的计费管理模块。

第 8 章

业务量控制技术

8.1 基本概念

8.1.1 网络拥塞

现代网络的用户可以通过用户设备不受任何限制地随时发出呼叫或发送数据,这就使得网络有发生过负荷甚至拥塞的可能。

网络过负荷是指进入网络的业务量超过了设计容量。发生过负荷,会导致网络性能下降,如呼损率或丢包率上升、时延增大,情况严重时会导致拥塞。进入拥塞状态后,网络的疏通能力下降,进入的业务量越大,疏通的业务量越小,甚至因基本丧失疏通能力而瘫痪。

发生拥塞的机制与网络的转接方式有关。

在电路转接的情况下,过负荷会导致呼损上升。由于被叫不通,主叫会反复呼叫,这些反复呼叫绝大多数是接不通的无效呼叫,它们又进一步占用交换机及电路设备,使得接通率进一步下降,从而产生恶性循环,使流入网络的业务量猛增,而多数都得不到疏通,从而进入拥塞状态。

电路转接网络中一般是"电路数量有限"的。就是说,在正常情况下,相对于交换机的容量而言中继电路的数量是瓶颈。但是在过负荷状态,这种情况会发生变化。由于网中的无效呼叫增多,一次呼叫的平均占线时间大大缩短,使得一条电路在单位时间内能够接纳更多的呼叫,而交换机对这些呼叫的处理却成了瓶颈。由于这个原因,网络发生过负荷时,一般要经历电路群过负荷、电路群和交换机同时过负荷、交换机拥塞而电路群过负荷消失这样 3 个阶段。

在信息转接的情况下,当主机发送到通信子网中的分组数量在其传输容量之内时,它们将全部被送到目的地。然而,当分组到达速度超过节点机的处理速度时,缓冲区就会被充满,导致分组丢失。分组丢失率的上升也会产生恶性循环。发送分组的节点机在超时后将重新发送此分组,这种重发常常会持续多次。发送节点机在未收到确认之前不能丢掉已发出的分组,因此接受方的拥塞导致发送方不能按时释放缓冲区,使拥塞影响到发送方,并可能使发送方也产生拥塞。

产生过负荷的原因主要有网络故障、自然灾害、重大节日、电子投票等。

图 8.1 显示了一个设计业务量为 1 600 Erl 的电路转接网络随输入业务量增加的性能变化情况。横坐标表示输入业务量,纵坐标表示疏通业务量。从图中可见,在输入业务量低于设计业务量(1 600 Erl)时,输入业务量等于疏通业务量,即输入的业务量全部被疏通。当流入业务量超过设计业务量时,进入过负荷状态。当轻度过负荷时(A~B),疏通业务量开始小于输入业务量,但仍能随输入业务量的增加而增加。轻度过负荷的直接原因是电路群过负荷。随着流入业务量的进一步增加,进入重度过负荷即拥塞状态(B~C),这时随着流入业务量的增加,完成业务量反而急剧下降。这时电路群和交换机都已过负荷,如不迅速采取措施,网络将会丧失通信能力进入瘫痪状态。

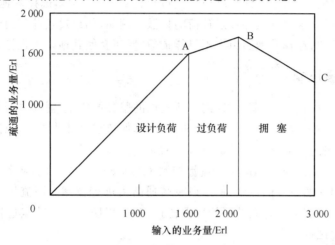

图 8.1 过负荷时的网络性能

8.1.2 拥塞的扩散

在电路转接网络中,当某个电路群过负荷时,网络会自动采用迂回路由传递业务量。通过迂回路由传递业务量使每次连续占用的电路数和交换容量增加,因而加重了全网的负荷。在严重情况下会使过负荷范围扩大到其他电路群和交换机。下面用图 8.2 来分析一下具有迂回路由网络的负荷扩散过程。

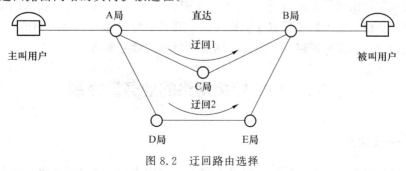

图 8.2 迂回路由选择

图 8.2 中有 A、B、C、D、E 共 5 个交换局。A 局用户呼叫 B 局用户时,A 局选择路由的顺序为:

① A~B 的直达路由;
② A~C~B 的第一迂回路由;
③ A~D~E~B 的最终迂回路由。

这 3 条路由占用的电路数依次是 1、2、3 条,占用的出入中继设备依次是 1、2、3 对,即业务量越被迂回传递,占用的电路数和设备数量越多。由此可见,在电路群进入过负荷状态时,迂回路由的存在可能会导致过负荷及拥塞状态的扩散。

在信息转接网络中,某条通信路由发生过负荷后,也会自动选择其他路由传递分组。但是在有些情况下,这会直接导致过负荷的扩散。例如,如果过负荷是由于分组的目的节点的故障所引起的,选择其他路由也不可能疏通,反而会使其他路由也被拥塞。

8.1.3 业务量控制

为了防止网络出现过负荷,保证网络所提供的服务的质量,需要进行业务量控制。所谓业务量控制就是控制进入网络中的业务量,使其保持在设计值之下,以防止发生过负荷和拥塞,保证网络的疏通能力和所提供服务的质量。

业务量控制(traffic control)与流量控制(flow control)不同,业务量控制一般是指对用户向网络提交的业务的数量、速度以及疏通路由进行控制。而流量控制一般是指在信息转接网络中控制节点之间的平均数据传送速率,以防止上一节点过快地发送数据而使下一节点缓冲区饱和。

为了进行业务量控制,需要周期性地收集网络的负荷信息和设备利用信息,对收集的信息进行汇总处理,计算节点和链路的负荷,判断负荷等级,在出现过负荷时采取适当的控制措施。

进行业务量控制有两种策略:一是扩散策略,二是保护策略。扩散策略是临时增加迂回路由,减轻拥塞区域的压力。保护策略是限制进入网络中的业务量。实施扩散策略是需要条件的,即网络中有较充足的剩余容量。这种策略一般在过负荷初期应用。但如果严重过负荷甚至出现了拥塞,扩散策略不但不能减轻问题,反而还会使拥塞现象扩散。因此在严重过负荷状态下只能采取保护策略。尤其是那些接通可能性较小的业务量,更要在源头进行限制。保护策略是有效解决网络过负荷的最终策略。

8.2 电路转接网络的业务量控制

8.2.1 一般原则

电路转接网络的业务量控制一般是在网络管理中心的指挥下进行的,也有一些交换机具有自动控制能力。业务量控制要根据网络管理原则和一套相应的控制方案进行。网络管理原则有 4 条：

(1) 充分利用一切可使用的电路；
(2) 将电路尽量提供给接通可能性大的呼叫占用；
(3) 在无电路可进一步调度使用时，优先接通串接电路数少的呼叫；
(4) 抑制交换拥塞，防止拥塞扩散。

进行业务量控制首先要区分业务量的类型，分清哪些业务量是造成过负荷的主要原因，哪些业务量在当前的过负荷状态下是无法接通或很难接通的。对那些无法接通的无效呼叫尽早予以封堵。同时也要对可以完成的呼叫分类，采取不同的控制策略。

划分业务量类型的方法有以下多种。
(1) 按业务量的来源划分有：用户拨叫业务、话务员拨叫业务、转接业务、其他业务；
(2) 按媒体类型划分有：电话业务、传真业务、数据业务、图像业务、视像业务等；
(3) 按出入局电路群的类型划分有：直达路由业务、迂回路由业务等。

在网络过负荷时，对不同类型的业务量采取不同的控制策略，是一种灵活有效的控制方法。它用不同的比例来限制不同类型的业务接入网络。从而做到严格控制那些难于到达目的地或占用设备时间长的业务量，腾出更多的网络容量来传递其他业务量，最大限度地降低网络过负荷所造成的损失。

8.2.2 控制方法

电路交换网络中的业务量控制方法有两种：呼叫量控制和路由选择控制。

(1) 属于呼叫量控制的具体方法

① 号码闭塞：阻止或限制对特定目的地的呼叫。闭塞的号码可以是国家号码、长途地区号码、交换局号码或用户号码。这种控制用于目的地发生集中过负荷，以控制对该目的地的呼叫次数。号码闭塞控制可以给发端交换机输入被控制目的地的号码以及限制的百分比。例如在限制百分比为 50% 时，交换机对向特定目的地的呼叫隔一个闭塞一个，使经过交换机后向该目的地的呼叫次数减少一半。

② 间歇呼叫控制：在单位时间内只允许有限次数的对特定目的地的呼叫通过交换机，使选择路由的呼叫次数不超过设定的上限值。这项控制与号码闭塞控制的目的是一样的，都是为了减少对负荷集中点的呼叫，但控制原理不同。这种控制常常是将单位时间内允许通过的上限值转换为放行一个呼叫之后的闭塞时间。因而，实现这种控制只需给发端交换机输入被控制的号码和间隔时间即可。

号码闭塞控制和间歇呼叫控制的控制性能不同。从图 8.3 中可见号码闭塞不能完全消除过负荷，而间歇呼叫控制效果较好。

③ 限制进入直达路由：限制进入一电路群的直达路由的业务量。通常用于减少业务量进入发生拥塞的电路群或者没有迂回路由的交换局。

④ 电路定向化：将若干双工电路改为单工电路。通常用于加强灾害地区向外呼叫的

能力,而限制呼入业务量。

⑤ 电路关闭/示忙/闭塞:暂时停用一部分电路。通常是在交换局出现拥塞现象,又无法采取其他控制措施解决时应用。

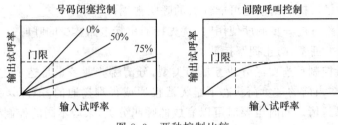

图 8.3　两种控制比较

(2) 属于路由选择控制的具体方法

① 取消迂回路由:这项控制有两项内容,一是阻止业务量从被控制的电路群溢出,用以在网络拥塞状态下限制多段链路连接;二是阻止溢出的业务量进入被控制的电路群,以减少对经过拥塞交换机的迂回路由的试占。

② 跳跃路由:使业务量跳过指定的电路群进入下一路由。用于跳过拥塞的电路群或交换机,用下一路由接续呼叫。

③ 临时迂回路由:将拥塞电路群的业务量改送到有空余容量的其他电路群。通常用于在电路群出现拥塞期间,提高呼叫的接通率,改善服务等级。

④ 录音通知:在网络出现过负荷时,通知话务员或用户,请他们推迟呼叫等。

以上业务量控制方法都是需要人工干预的。为了使控制及时有效,需要交换机本身具有自动控制功能。自动控制功能是事先指定的,对交换机检测到的信息和其他局送来的信息能做出实时反应。交换机自动控制功能主要有自动拥塞控制和选择电路保留控制。

自动拥塞控制系统中,发生拥塞的交换机通过公共信道信令方式向相邻的交换机发送拥塞标志。收到拥塞标志的各交换机,按照各自选定的措施做出响应,减少送到发生拥塞的交换机的业务量。

选择电路保留控制使交换机在电路出现拥塞或即将出现拥塞的时候,自动让某些类型的业务优先接通(如对直达路由呼叫比迂回路由呼叫优先、长途呼叫比本地呼叫优先等)。在选择电路保留控制中,有保留门限、控制响应、控制措施 3 个要素。保留门限规定保留多少电路用于接续优先业务类型。控制响应规定限制接入的业务类型及要控制的各类业务量的值。控制措施规定如何处理不许接入电路群的呼叫。

8.3　分组转接网络的拥塞控制

8.3.1　基本概念

分组转接网络会由于以下原因使分组被大量丢弃而引起拥塞。

(1) 通信线路容量不足：当输入链路的速率超过了输出链路的速率时，会使缓冲区队列快速增长而饱和。

(2) 节点机处理速度不够：如果节点机处理速度不够，当分组来得太快时，来不及处理，使大量分组积攒在缓冲区中，最终使其饱和。

在某种程度上加大缓冲区会缓解以上问题，但是太大的缓冲区会使队列增长时延增加，不但不会使拥塞减轻，反而会使其恶化。因为时延太长的分组会被重传，结果使网中存留许多无用的分组占用着缓冲区资源。

分组转接网络的业务量控制的主要内容是拥塞控制（congestion control），目前已经提出了许多拥塞控制方法。按照控制理论，可以将拥塞控制方法分为开环和闭环两类。开环控制的关键是从根本上避免拥塞的产生，主要研究如何接收业务，何时丢弃分组以及丢弃哪些分组等问题。闭环控制的关键是建立反馈机制，主要研究如何监测拥塞状况，如何向相关节点和源端反馈拥塞信息，以及相关节点和源端如何根据收到的拥塞信息进行业务量控制。闭环控制方法又分为显式反馈和隐式反馈两种。显式反馈由拥塞点向相关节点和源端发送反馈信息，隐式反馈需要源端通过本地的观察来判断是否存在拥塞。

网络的连接机制，即数据传递方式对拥塞控制影响很大。在分组转接网中，传递数据的方式有虚电路和数据报两种方式。在虚电路方式中，传递数据之前，源和目的节点间必须预先建立一条逻辑通路，来确定数据传递的中间节点和路由，逻辑通路建立好以后，所有的分组都沿着该通路传输。由于这种逻辑通路与电路转接网中的电路类似，所以被称为虚电路。这里的"虚"字是指这条电路不是专用的，分组仍然在每个节点先被缓存，然后等待转发。在数据报方式中，每个分组的传递是被单独处理的，与先前传递的分组无关。每个分组被称为一个数据报。每个数据报都必须包含目的端的完整的地址信息。当源端系统发送一个报文时，要把报文拆成若干个带有序号和地址信息的数据报，依次发送到网络节点。数据报在传递过程中所经由的路径可能会互不相同，各个节点会随时根据网络的流量、故障等情况来选择路由。

显然，进行拥塞控制时，首先要考虑网络的连接机制，适合于虚电路的方法，不一定适合于数据报。

其次，网络的分组排队和服务策略也对拥塞控制有很大影响。节点机可以采取不同的分组排队和服务策略，例如把所有的输入链路来的分组都放在一个队列中，还是将它们分别排队，以及是否划分分组的服务优先级等。显然，不同的策略要求不同的拥塞控制算法。

另外，分组丢弃策略、路由选择算法等也都对拥塞控制有重要影响。分组丢弃策略是指缓冲区充满时丢弃分组的策略。好的分组丢弃策略能够减缓拥塞，例如，为每个输入链路保留一个缓冲区，先检查一下新来的分组是不是确认分组，而不是不加区分地进行丢弃的策略有利于控制拥塞。因为确认分组能告诉节点机释放已发送分组的复本所占用的缓冲区。与电路转接网的情况相同，好的路由选择算法能够分散过多的负荷，消除拥塞，而不好的算法却会使拥塞扩散。

由此可见，分组转接网络的拥塞控制比电路转接网络更加复杂，在实际中要根据网络所采用连接机制、分组的排队和服务策略、分组丢弃策略以及路由选择算法进行设计。某个网络中有效的拥塞控制方法,不意味着可以简单搬移到其他网络之中。

8.3.2 控制方法

以下是几种有代表性的分组转接网络拥塞控制方法:

(1) 缓冲区预分配

如果采用虚电路方式传递数据,则可按下述方法进行拥塞控制。当建立虚电路时,"呼叫请求分组"在通信子网中边走边在途经节点中填写表目,以确定后继数据所要经过的路径和为后继的数据传输预留缓冲区。当呼叫请求分组到达目的节点时,就为数据传输建立了一条预留了缓冲区的虚电路。

正常情况下,呼叫请求分组不在中间节点机中保留任何缓冲区空间,而仅占用表格的空隙。然而,却可简单地通过修改建立算法,让每个呼叫请求分组预定一个或多个数据缓冲区。如果呼叫请求分组到达某节点机时,所有的缓冲区都已被占用,该节点机要返回一个"忙信号"给上一个节点机,上一个节点机应另选路径,如果已无路径可选,则返回"忙信号"给发送方。

由于将许多缓冲区专用于空闲虚电路的代价很高,因此一些通信子网可能仅在低时延和大带宽必不可少的情况下(如传送数字化语音的虚电路)才这样做。对于实时性要求不高的虚电路,一种合理的策略是对每个缓冲区设置一个计时器。如果缓冲区空闲时间太长,就将其释放,当下一个分组到来时重新获取。当然,得到一块缓冲区是要经过一小段时间的。所以,在缓冲区链再一次建立前,分组只好在没有专用缓冲区的情况下转发。

(2) 许可证法

这种方法是直接限制通信子网中的分组数量。依据通信子网的能力,保持子网中传送的分组的总数不超过某个设定值,从而避免拥塞。在通信子网中有固定数目的"许可证"分组被随机传送。在发送分组时,主机把分组送给它的相邻节点,如果该节点有许可证,分组就可以拾取许可证而被传送。如果没有许可证,则必须等到许可证的到来。当分组被传送到目的节点时,许可证被释放在该节点。这样子网内传送的分组总数不会超过许可证的总数。由于等待许可证,传送的分组就产生了额外的时延。这种时延被称为进场时延。

(3) 抑制分组法

让每个节点机监控其每条输出链路的使用率。每条链路有一个变量 u,其值在 $0\sim1$ 之间。它反应该条链路最近的使用率。为保证 u 的预测值比较准确,要周期性地监测链路瞬间使用状态 f(f 为 0,1 二值函数),然后按下列公式更新链路使用率 u:

$$u_{new}=au_{old}+(1-a)f \tag{8-1}$$

其中 a 为常数,取值范围一般在 $(0,1)$ 之间。

当 u 值超过设定的阈值时,输出链路就进入告警状态。每来一个新的分组都要查看它的输出链路是否处于告警状态。如果是,则节点机发送一个抑制分组(choke packet)到源端主机,并在抑制分组中指明原分组的目的地。源端主机得到抑制分组后,按一定比例减少发送给特定目的地的业务量。

(4) 流量控制法

流量控制的方法也常被用来消除拥塞。运用流量控制,可以在传输层防止一台主机使另一台主机饱和,也可以用来防止一个节点机使相邻节点机饱和。但是由于分组交换网中业务量的突发性很强,使得流量控制方法难以成为消除拥塞的有效方法。因为如果将用户的平均速率限制得过严,则当用户发送高峰业务量时,会感到网络性能很差。而如果平均速率限制得不严,则当若干用户同时发送高峰业务量时,网络拥塞又是无法控制的。

从源主机到目的主机之间的流量控制,可在不同环节、不同协议层次上进行,如图 8.4 所示。主机-主机之间的流量控制一般要由传输层协议来实现。在通信子网内,源节点与目的节点之间的流量控制由网络层协议实现,而相邻节点间的流量控制主要由数据链路层实现。主机和源节点间的流量控制,也称为网络访问流量控制,与网络拥塞控制关系最为密切。

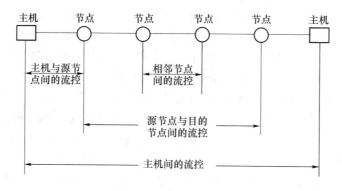

图 8.4 流量控制层次

8.4 ATM 网络的业务量控制

8.4.1 主要特点

ATM 是一种高速信息转接组网模式。在 ATM 网络中,普通话音业务、数据业务、图像业务、视频业务等多种速率、多种业务量特性和多种质量要求的业务混合在一起传递,使得业务量控制变得尤为复杂和重要。

ATM 网络是宽带交换网络,它将数据封装在信元(cell)中传送,信元的长度固定为 53 字节,前 5 个字节是信头,其余 48 个字节是有效载荷。在信头中,有表示目的端地址的虚通道标识符(VPI)和虚通路标识符(VCI),表示有效载荷类型(用户数据、信令数据还是维护信息)的净荷类型(PTI)以及信元丢失优先级(CLP)。在业务量控制中,CLP比特有重要意义。

在ATM交换机中,来自不同信息源的不同业务的信元在相同的缓冲区内排队。由于信息源发送信元的速率通常是不均匀的,而一般在同一时刻不同的信息源发送信元的速率有高有低,如果链路速率和交换机的处理速率都很高,网络同时可接纳的信息源的数量就会很大,在统计规律的作用下,对传输速率(带宽)的总需求会趋于各个信息源平均速率的总和,而不是各个信息源的峰值速率的总和。这样,ATM网络便可获得巨大的统计复用效益。

根据上述复用机制,在ATM网络中,存在多个信息源同时高速发送信元,使缓冲区瞬时总输入速率大于链路输出速率或交换机处理速率的可能,这意味着ATM机制是一个易于发生拥塞的机制。同时,由于实时的、非实时的、高速的、非高速的不同业务量特性的业务在相同的网络中传递,保证各自业务的服务质量要求(QoS)就成为一个非常复杂的问题。为了解决上述问题,在ATM网络中,必须特别加强业务量控制。

ATM网络本质上是虚电路方式的信息转接网络,由于它也能够提供实时连接开展话音、视频等实时业务,因此它也具有电路转接网络的一些特点。这使得ATM网络的业务量控制既不同于电路转接网络,也不同于普通的信息转接网络,而具有很大的特殊性。

ATM网络业务量控制的主要特点有两个。第一,需要能够有效描述宽带综合业务网络业务量性质的模型,传统的业务量理论只能对单纯的业务网络,如电话网、普通数据网提供业务量模型,要描述宽带综合业务,必须采用新的理论和模型。第二,因为是对高速网络进行控制,业务量控制的方法要有很高的实时性,否则就不能及时阻止拥塞的扩散和及时保护高等级业务的QoS。非高速网络中,业务量控制一般采用集中控制方式,即将各节点的负荷信息周期性地发送到网络管理中心,网络管理中心根据这些信息进行网络负荷状态分析后,向各节点发送业务量控制指令。在ATM网络中,这种方式显然已经不适应。由于收集信息和发送控制指令的时延,足以使高速业务所产生的过负荷蔓延,而导致网络陷入拥塞状态。因此需要各节点具有对拥塞的自率能力,能够迅速采取控制拥塞的早期措施。

ATM网络的业务量控制通常分网络级、呼叫级和信元级进行。

网络级控制是指在业务量监测中心等场所收集网络内的业务量信息,对连接交换节点间的通道容量,即ATM链路的容量进行控制。

呼叫级控制的主要内容是呼叫接纳控制。在呼叫要求进入ATM网络时,要根据网络当时的负荷情况、呼叫业务的统计特性及业务QoS要求等来判决是否接纳呼叫入网,这便是呼叫接纳控制(CAC)。

传统网络中的呼叫从建立到结束,一直将占用固定的容量(带宽)。因此在连接建立以后,对该呼叫不再需要进行拥塞控制。由于ATM网络的业务具有突发性,在接纳呼叫进入网络后,仍需要通过用法参数控制(UPC)等手段来对被接纳的呼叫的信元进行监视和控制,保证呼叫的业务量所占用的带宽与网络分配给它的带宽保持一致,这便是信元级控制。

8.4.2 网络级控制——VP 控制

网络级控制是业务量控制的最高级。

在 ATM 网络中虚电路被称为虚通路(VC),即 ATM 网络以 VC 的方式传递业务。每条 VC 为一个用户业务建立和利用,业务结束时便被撤销。但是,如果网络以 VC 为基础组织,会使得各节点之间的通信带宽完全不确定,这不便于网络的运营和管理。为了在端节点之间建立半固定的业务通道,提出了虚通道(VP)的概念。所谓 VP 就是连接两个端节点的一条虚通信链路,它的带宽也是可调整的,但调整的周期比较长,因此是半固定或称半永久的。一个 VP 的带宽被多个 VC 所利用,因此,从概念上讲,VC 是包含在 VP 之中的。

根据上述情况,ATM 网络通常是基于 VP 进行组织的,因此 ATM 的网络级业务量控制主要是对 VP 进行控制。而 VP 控制的主要内容便是为 VP 分配逻辑带宽,即虚带宽。

一条 VP 的虚带宽可定义为该 VP 的最大允许速率(MPR)。对一个 VP 的带宽分配是为了保证该 VP 中传递的呼叫的质量。VP 控制是要对变化相对缓慢的各类带宽需求状况及网络中的 VC 负荷状况进行适应,因此控制周期可以长一些。控制目标可以确定为在满足信元丢失率和时延要求的条件下,使被拒绝的带宽请求总量和信元丢失最小。VP 控制可以是集中式的,也可以是分布式的。

进行 VP 控制需要实时收集业务量监测数据,以此为基础预测下一个控制周期的带宽需求和网络的 VC 负荷。控制周期的长度要进行适当地选择,既要使 VP MPR 能及时适应带宽需求及网络的 VC 负荷的变化,又要考虑到处理及监测有关信息的代价。实验表明,如果让控制周期等于平均占用时间一半,则可使预测误差小于 5%。这对完成带宽的有效利用已经足够了。如果带宽充裕并且需求相对平稳,则控制周期可以设得更长一些,例如可以以小时或天为单位。

预测宽带综合业务量的方法有多种,利用这些方法能够动态地为各个 VP 分配合理的 MPR,有效地利用网络带宽。根据预测,VP 控制确定最优逻辑带宽分配,为每条 VP 计算 MPR,并将这个 MPR 传给该 VP 源节点的 VPI 分配模块,由此,在该控制周期内,所需的 VP 带宽在逻辑上被保留起来。

VP 控制还要决定 VP 配备和分配方案,对 VP 的实时和非实时请求的调度策略,设定信元级 VP 拥塞控制参数。这些策略和参数要分别传给呼叫级控制和信元级控制。

不同的 VP 配备和分配方案的主要区别是:

(1) VP 网络的联通性:即网络是全联通的,还是稀疏联通的(如星型或环状结构)。

(2) 怎样向 VP 映射各种业务。一个极端的作法是各类业务使用相同的 VP,因而只需较少的 VP。可是这样难以保证所有业务类的 QoS。相反的作法是,每类业务都被分别分配 VP,甚至在同类业务中不同的 QoS 也都分别分配不同的 VP。虽然这种方案有利于控制,但需要的总 VP 数将非常大。

8.4.3 呼叫级控制——CAC

(1) QoS 与 CAC

呼叫级控制在呼叫接入节点进行,主要任务包括呼叫接纳、路由选择以及为接纳的呼叫保留逻辑带宽。

呼叫级控制的主要内容是呼叫接纳控制 CAC。CAC 也可称为连接接纳控制,它是网络在呼叫建立阶段所采取的措施,用来确定是否接纳一个虚通路(VC)的连接请求。

一个连接请求被接纳的条件是:在维持已有连接的 QoS 的条件下,网络(某条 VP 中)的剩余带宽能够保证该连接所要求的 QoS。另外,CAC 还要考虑尽量提高网络资源的利用度。由于面向高速网络,CAC 必须具有很高的实时性。

进行 CAC,首先要了解请求连接的业务量特性,业务量特性由业务量参数描述,主要包括平均连接保持时间、最高信元速率、平均信元速率、平均突发保持时间等。

QoS 主要由以下参数描述:

① 信元丢失率 = 丢失信元数/发送信元数。

② 信元差错率 = 差错信元数/(成功传输的信元 + 差错信元数)。

③ 端到端时延:主要包括编码时间、封包时间、传输时间、等待时间、处理时间、拆包时间、解码时间。

④ 信元时延抖动:信元间隔的变化,通常被定义为信元的聚集度。

如果业务对信元丢失率和时延有要求,就需要进行 CAC。下面用一个简单的例子说明这一点。

假设某类信息源以 10 cells/s 的恒定速率在 100 cells/s 的传输链路上传送业务量。传递信元时,用一个先进先出(FIFO)的缓冲区暂存后继信元。不考虑时延和丢失时,这条链路能够同时支持 10 个这样的信息源。如果有 11 个这样的信息源,则总的进入业务量大于传输速率,这时不管缓冲区有多大都将产生溢出。

然而,在考虑 QoS 时,即使只有 10 个(甚至更少)这样的信息源,也可能由于系统中可用资源的限制,所要求的时延和信元丢失率指标得不到满足。例如,如果容许的最大时延为 0.05 s,则在这条链路上不能同时复用 5 个以上这种信息源。例如,如果链路上复用 6 个信息源,则可能会有 6 个信元同时到达,这时,各个信元的时延分别为 0.01~0.06 s,即有一个信元的时延大于 0.05 s。

如果有速率为 10 cells/s 的 10 个信息源,则用一个容纳 10 个信元的缓冲区,就不会产生缓冲区溢出。但是如果缓冲区小于 10 个信元,则缓冲区的溢出概率就不为零,因为 10 个信息源可能同时发信。

(2) 基于业务种类划分的方法

CAC 可以采用基于业务种类划分的方法,即以每类业务的连接数量为基础做出决策。在这种方法中,关键是对呼叫进行合理分类。在完成合理分类后对各类的组合情况加以考虑进行决策。

ATM 网络的目标是用统一的交换结构提供多种多样的业务。这些业务对带宽和服务质量有不同的要求,也有不同的业务量统计特性。一些宽带业务,如活动视像(live Video),是具有定常比特率(CBR)的实时业务。其他的业务,如局域网间通信有很大的突发特性,是变比特率(VBR)业务。VBR 业务又可以分为实时和非实时两种。

由 ATM 所支持的业务可分为 4 类:定常比特率 CBR、变比特率 VBR、可用比特率 ABR 以及非特定比特率 UBR。

CBR 及实时 VBR 连接具有严格的时延及信元丢失率的要求。

VBR 连接的业务速率在它的平均速率和峰值速率之间变动。

ABR 连接的业务速率在保证不低于一个指定的最小信元速率的条件下可被实时地调整。

UBR 信息源可以想多快就多快地发送,但网络不为它保证任何 QoS,因此对这类业务的 CAC 不是必须的。

所谓基于业务种类划分的业务量控制,就是按业务种类将业务划开,不同种类的业务按不同方法分配带宽和缓冲区资源进行 CAC。

对于 CBR 及实时 VBR 业务,由于每个呼叫需要的带宽比较固定,多个连接所需要的总带宽易于估算,因此 CAC 通常用一种简单的静态策略分配资源,但并不将带宽或缓冲区直接分给各个 VC 连接,而是将带宽总量和缓冲区总数分配给所有的连接。这意味着不同 VC 中的信元要共享和竞争资源。

对于其他种类的业务,则需要为信元和突发串分配带宽和缓冲区的动态策略及相应的外在机制。ATM 块传送能力就是这样一种机制,它利用资源管理(RM)信元为每个突发串分配带宽和缓冲区。例如,为了请求一个等于 1.5 Mbit/s 的带宽,用户发送一个"请求 1.5 Mbit/s"的 RM 信元。网络沿着连接转发这个信元,并且返回对该"请求"进行"应答"的 RM 信元。在每个交换单元,如果剩余带宽能够满足请求,则接受预留请求,并向源端发回一个表示接受的 RM 信元。释放带宽时,源端沿着相同的 VC 连接的路径发一个请求带宽为 0 的 RM 信元,通知释放带宽。

在 ABR 业务量控制中,可以采用另一种资源分配的外在机制。源端周期地发送 RM 信元,沿途的交换机和目的端在 RM 信元中写入业务量或拥塞信息,最后由目的端将这些 RM 信元发回源端。源端根据收到的 RM 信元确定发送用户信元的速率。利用这种机制的 ABR 业务量控制机制被称为外在速率(ER)模式 ABR 机制。下面结合图 8.5 和图 8.6 对这种机制进行讨论。

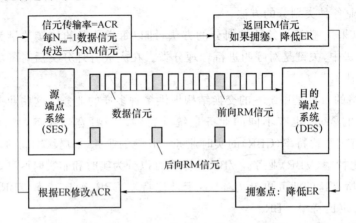

图 8.5 ER 模式 ABR 机制

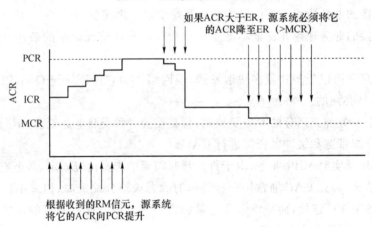

图 8.6 ER 模式 ACR 特征

允许 ABR 信息源发送信元的速率由允许信元速率(ACR)表示。ACR 的特征如图 8.6 所示。ACR 的初始值被设置为初始信元速率(ICR),ACR 始终处于最小信元速率(MCR)和峰值信元速率(PCR)之间。信息源不断地产生和发送 RM 信元,一般每发送 ($N_{rm}-1$) 个用户信元之后发送一个 RM 信元。信息源的速率由返回的 RM 信元控制,这些返回的 RM 信元由目的端返回。信息源将获准的发送信元的速率放入 RM 信元的当前信元速率(CCR)字段,将希望的传送信元速率(一般为 PCR)放在外在速率(ER)字段。

当 RM 信元到达目的端后,目的端改变 RM 信元的方向比特,然后将其发回源端。如果目的端拥塞不能支持 ER 字段的速率,目的端将 ER 降低到它能支持的程度。RM 信元返回网络后,每个 ER 模式交换机都检查该信元,看它能否支持该信元中的 ER 速率。

如果 ER 太高,交换机会将它降低到可支持的程度。信息源根据 RM 信元带回的信息重置它的速率 ACR。如果返回的 ER 比 ACR 高,源端可以将它的 ACR 提高。反之,如果 ER 比 ACR 低,信息源必须将 ACR 降低到 ER 的值。

(3) 基于需求带宽计算的方法

这种方法的核心是计算信息源所需带宽。在计算时要考虑每个信息源所请求的 QoS。对于 n 个复用的连接,确定由这些连接所需总带宽 C 的问题可简化为求解瞬时合计比特率超过 C 的概率小于给定值 ε 的问题。设 $R(t)$ 为代表 n 个复用连接的合计比特率的随机变量。则这些信息源所需的带宽为满足 $Pr[R(t) \geqslant C] < \varepsilon$ 的 C 的最小值。

已经提出了许多估算一个信息源集合在给定的 QoS 条件下所需带宽 C 的方法。这些方法一般都是先给定共享带宽 C,然后利用信息源模型考察信息源集合的 QoS 是否得到满足。等效带宽法和高斯近似法是估算需求带宽的两种重要的方法。

等效带宽法用"on-off"开关模型描述信息源。这意味着,信息源 u 在以某个峰值速率和某个随机持续时间发送信元后,有一个完全不发送信元的随机时间。on-off 周期的切换可按以下方法描述。设:

R_u 为 on 周期的峰值业务量速率;

θ_u^{-1} 为 off 周期的平均长度;

β_u^{-1} 为 on 周期的平均长度;

$\alpha_u = \theta_u/(\beta_u + \theta_u)$ 为信息源的活动性;

B 为缓冲区长度。

则等效带宽

$$C_u^e = R_u \frac{y_u^e - B + \sqrt{[y_u^e - B]^2 + 4Ba_u y_u^e}}{2y_u^e} \tag{8-2}$$

这里,对一个可接受的信元丢失率 ε,

$$y_u^e = -\ln \varepsilon \left[\frac{1}{\beta_u}\right](1 - \alpha_u)R_u$$

除非缓冲区较大,一般情况下等效带宽法比较保守。即计算出来的等效带宽高于实际需要的带宽。导致保守的一个原因是用缓冲区溢出概率表示信元丢失率。实际上,缓冲区溢出概率通常大于对应的信元丢失率。而且,链路利用度越高,缓冲区溢出的概率与信元丢失率之比就越大。

高斯近似法是另一个估计需求带宽的简单技术,它以总业务量的高斯近似理论为基础。所谓高斯近似是说:如果被复接的信息源数 n 较大,复用器的总业务量或到达比特率可用高斯过程描述。如果每个连接 u 都由它的比特率的平均值 λ_u 和标准偏差 σ_u 描述,则:

$$\lambda = \sum_{u=1}^{n} \lambda_u$$
$$\sigma^2 = \sum_{u=1}^{n} \sigma_u^2 \tag{8-3}$$

如果 n 值较小,高斯近似效果不是很好,用这个方法估算需求带宽就变得非常保守。这种简单的高斯近似有两个有用的估计。

① 溢出概率:

$$P_{r(\text{overflow})} = P_r(R(t) \geqslant C_g) \approx \frac{1}{\sqrt{2\pi}} e^{-\frac{(\lambda - c_g)^2}{2\sigma^2}} \tag{8-4}$$

② 信元丢失概率的上界:

$$P_{r(\text{loss})} = \frac{E[R(t) - C_g]}{\lambda} \leqslant \frac{\sigma}{\lambda \sqrt{2\pi}} e^{-\frac{(\lambda - c_g)^2}{2\sigma^2}} \tag{8-5}$$

式(8-4)和(8-5)的 C_g 表示高斯需求带宽,并且,

$$C_g = \lambda + \sqrt{-2\ln\varepsilon - \ln 2\pi}\sigma \tag{8-6}$$

高斯近似法的应用是有限制的。因为只有复接大量具有类似参数的连接时,才与实际情况比较符合。各种连接的比特流的标准偏差区别较大时,它也是不精确的。并且,它没有考虑各个连接的不同的信元丢失率的要求。另外,这个方法没有充分发挥统计增益的效果。因为在上面给出的公式中,没有考虑缓冲区的大小。

一种综合地计算需求带宽的方法采用的是 $\min\{C_e, C_g\}$ 的形式。这里,

$$C_e = \sum_{u=1}^{n} C_u^e$$

另一种方案是用各个等效带宽的非线性函数来决定接纳。该方案假设:具有峰值速率 R_u,平均速率 λ_u 和等效带宽 C_u^e 的业务流进入长度为 B 的缓冲区,等效于一个具有峰值速率 C_u^e 和平均值 λ_u 的 on-off 开关流进入一个长度为零的缓冲区。这个方法可给出较大的许可范围。但是实验表明,在缓冲区较小的情况下,该方案的结果过于乐观,可能引起高于 QoS 要求的信元丢失率。

8.4.4 信元级控制——UPC

用法参数控制 UPC 是信元级控制的主要内容,它的任务是进行 VC 速率管制和拥塞控制。理想的 UPC 应具备以下特点:

① 为了尽早控制,UPC 应尽量靠近业务源;
② 算法应简单快速,易于硬件实现;
③ 对履约的信元应尽量透明,对违约信元应及时采取控制措施。

下面介绍几种重要的 UPC 方法。

(1) 漏桶算法

J. S. Turner 提出的漏桶(Leaky Bucket)算法是一种有效的 UPC 算法,可以对进入网络的业务速率进行监控、调整和平滑,保证业务的平均(或峰值)速率不超过被接纳时的预置速率,而且容许业务有一定的突发性。

漏桶算法的思想很简单,就是设计一个具有漏桶特性的缓冲器。如果用一个底部开

有小孔的桶接水,那么不论向里倒水的速度是否变化,水从孔中流出的速度都是恒定的,只有桶空了,水的流出速率才变为零。如果不顾桶的大小,以过快的速度向里倒水,水就会从上沿溢出。这样的原理对于进入网络的业务量的突发性进行调节,对违约的高突发业务量进行丢弃(或标识)是很有效的。

在实现上,漏桶可被设计为一个计数器,每当信息源产生一个信元时计数值加1,同时计数值按一个适当的速率 a 减少。在计数值达到设定的阈值 N 时到达的信元将被丢弃或被标识(参见图 8.7)。漏桶的两个控制参数是漏出速率 a 和缓冲区容量 N。这两个控制参数要根据提交的业务量的特性来设定。

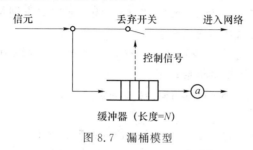

图 8.7　漏桶模型

(2) 跳窗算法

跳窗(Jumping Window)算法的基本思想是限制在窗口时间 T 内进入网络的信元数量 m。它将时间划分为一个个连续的固定长度的时间间隔 T 作为时间窗口,网络在一个时间窗口内最多只能接受 m 个信元,其余信元被丢弃或被打上违约标志。因此,实际进入网络的信元流量不超过 m/T。在 $m=1$, $T=1/a$ 时,跳窗算法就是漏桶算法,这里 a 是漏桶中信元的流出速率。

跳窗算法的关键是选取 m 和 T。选取时,应注意以下问题:

① T 如果太大,会使控制的实时性降低,导致漏判;

② T 如果太小,会对履约的信元进行错判。例如,对于周期性信息源,T 小于一个周期便会出现错判;

③ m/T 不能小于业务的平均信元速率,否则,业务无法被正常传递。

基本的跳窗算法中,窗口在时间轴上是一个个连续的时间段,起始点与信元的到达无关。为了提高算法的性能,提出了触发跳窗(Triggered Jumping Window)算法。在触发跳窗中,窗口的起始受信元的到达这一事件的触发。如果信息源有信元进入网络,则开始一个长度为 T 的窗口。窗口结束时,如果信息源无信元进入网络,则延迟下一个窗口的开始。所以,在时间轴上,窗口不是连续的。

另一种改进是用指数加权移动平均的方法调整一个时间窗口中能够接收的信元数。在这种改进中,一个窗口内允许进入网络的信元数不是固定的,而是根据前几个窗口进入网络的信元数自适应地调整本次窗口允许的信元数。

(3) 滑窗算法

与跳窗算法类似,滑窗(Moving Window)算法也是通过限制各个时间窗口内所能接收的最大信元数对业务量进行控制。区别是，在滑窗算法中，时间窗口不是向前跳，而是每过一个信元时间向前滑动一次，滑动的长度是一个信元的时间。

以上是几种 UPC 算法。信元一旦被 UPC 判定是违约的，就要对其采取管制措施。主要措施包括：

① 丢弃违约信元甚至所在连接上的所有信元。这是对违约信元及其连接的最直接、最严厉的惩罚。在有些场合下，这种措施不太合理。因为用现有的业务量参数难以对业务特征进行完全准确的描述，而且在呼叫建立阶段这些参数常常难以确定；

② 将违约信元打上标记（将信元头中的 CLP 置 1），交换节点在网络发生拥塞时丢弃这些信元。显然，这对违约信元的处理要宽松一些。但它要求网络能够区分标记和未标记信元。会为违约者盗用资源提供机会；

③ 延迟违约信元来平滑业务特性。这种方法需要很大的缓冲区，并会增加时延。同样也会为违约者盗用资源提供机会；

④ 通知源端降低发送速率。这种方法的缺点是反应迟缓，难以及时保护履约连接的 QoS。

信元级控制的另一个内容是信元调度。信元调度方案有多种，如加权公平排队、轮叫（round-robin）、虚时钟等。这里以加权轮叫（WRR）为例介绍一下信元调度。

WRR 的基本思想是为每个输入连接设一个队列，一个输出链路为所有的连接所共享，并且由一个服务器完成对该输出链路的接入控制。这个服务器按一个循环时间表的顺序对所有的队列服务，在循环时间表上，每个队列都有一定数目的入口。如果当前的队列是非活动的，即没有信元要传送，服务器将询问下一个队列，直到找到一个活动的连接。因此，信元时隙不会被浪费，除非所有的连接都是非活动的。

WRR 算法有几个特点，使它非常适合于支持基于资源分配的业务量控制。

① 保证分配的带宽。设 CS 为一个信元时隙，M 为时间表中信元时隙入口总数，W 为特定队列的调度入口总数，则为目标队列分配的带宽 $BW=W/M\times 1/CS$；

② 自动共享未使用带宽。如果在一个服务周期内一个连接没有足够的信元用完它的所有调度入口，WRR 服务器将利用这些"剩余"信元时隙为其他活动的连接服务进行带宽共享；

③ 本质上的公平性。剩余的时隙自动让给活动的连接。从这个意义上说，它提供了一个公平分布这些剩余带宽的手段。

8.5 NGN 及其业务量控制

8.5.1 NGN 的基本概念

网络技术的飞速发展带来了网络极其丰富的多样性。例如，在传输方面的光传输技术和无线传输技术，交换方面的 ATM 交换和 IP 交换，接入方面的超高速数字用户线路

VDSL、无线局域网 WLAN、以太无线光网 EPON，业务方面的话音业务、视频业务、数据业务，部门组织方面的电信网络、计算机网络、广播电视网络等。多样性网络的存在使网络互通的问题变得越来越复杂，造成了网络资源的浪费、运营管理成本的提高和用户使用的不便。为了将上述多样性的网络进行融合（convergence），20 世纪末期 IT 领域提出了 NGN 即下一代网络的概念。

大体上讲，NGN 是一个定义和部署网络的概念体系，它的总目标是以层次结构和开放接口实现网络的融合。NGN 的研究引起了 IT 界的广泛关注，ITU-T、IETF、TISPAN（Telecommunications and Internet converged Services and Protocols for Advanced Networking）、3GPP（3rd Generation Partnership Project）等国际标准化组织都在积极地开展标准的制定工作，并且各个组织之间的合作也达到了前所未有的程度。

按照现已达成的一致，NGN 采用如图 8.8 所示的分层网络架构。

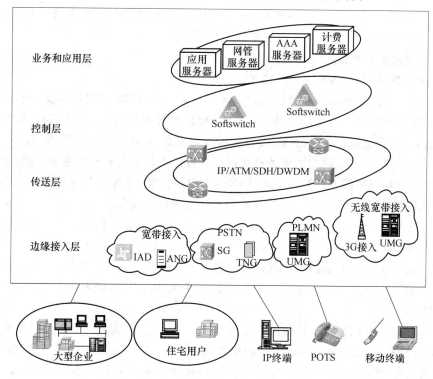

图 8.8　NGN 网络架构

按照这一架构，NGN 将网络分成了 4 层：边缘接入层、传送层、控制层以及业务和应用层。边缘接入层通过各种手段将各类用户接入网络，接入技术包括宽带接入媒体网关 AMG、公共交换电话网络 PSTN 的中继媒体网关 TMG 或信令网关 SG、公共陆地移动网络 PLMN 的通用媒体网关 UMG、无线宽带的 3G 接入或通用媒体网关 UMG 等。传送层通过 IP、ATM、SDH、DWDM 等技术构成承载网络，响应控制层的命令对连接进行交换和路由选择。控制层通过软交换平台支持众多的接口协议,实现不同类型承载网络的互通。业务和应用层采用标准协议和 API 支持地址解析、域名服务、AAA(认证、鉴权、计费)服务、Web 服务等功能,处理话音业务、数据业务、视频业务、智能网业务等各种各样不同业务,支持 VoIP 和 IPTV 等新业务。

目前,支撑 NGN 的主要技术包括解决大容量传输的光波传输技术,解决承载网络互联的 IP 技术特别是 IPv6 技术,实现异构网络端到端连接的软交换技术,解决 QoS 和安全性问题的多协议标签交换 MPLS 技术以及解决移动接入的无线宽带接入技术等。

另外,在移动网络与固定网络融合方面,IP 多媒体子系统 IMS 已经成为备受关注的 NGN 规范。

8.5.2 NGN 的业务量控制

由于融合了各种不同的网络技术,统一处理宽带、窄带、实时、非实时等不同的业务,NGN 的 QoS 问题是十分复杂的。主要原因在于:

① 不同的业务有着多样的 QoS 需求;

② IP 网络缺乏对 QoS 的一致性保证;

③ 一个端到端的业务由多样性的技术支撑是常见的,例如,收发两端支持不同等级的 QoS,传送过程中跨越不同的 QoS 支持,跨越不同的服务提供商等。这种 QoS 的极度复杂性使 NGN 中的业务量控制问题的重要性变得极为突出,成为 NGN 研究的焦点之一。

由前面的学习可知,网络的业务量控制很大程度上是用户业务的接纳控制,而控制的条件和根据是网络资源。ITU-T、TISPAN、3GPP、3GPP2 等标准化组织将 NGN 的网络资源控制和业务接纳控制统一考虑,开发制定了各种标准规范。如 ITU-T 的资源与接纳控制功能 RACF(Resource and Admission Control Function),TISPAN 的资源与接纳控制子系统 RACS(Resource and Admission Control Subsystem),3GPP 的策略控制与计费 PCC(Policy Control and Charging)等。各组织对资源接纳控制的称谓不同,功能架构和研究的范围等也有一定的差别。本节以 ITU-T 的 RACF 为例来介绍 NGN 的资源与接纳控制。

ITU-T RACF 的体系结构如图 8.9 所示。由图可见,RACF 位于业务层的业务控制功能 SCF(Service Control Function)和传送层的传送功能之间。RACF 由两部分组成:策略决策功能 PDF(Policy Decision Function)和传送资源控制功能 TRCF(Transport Resource Control Function)。PDF 基于网络策略规则以及 SCF 提供的业务信息、网络附属控制功能 NACF(Network Attachment Control Function)提供的传送层签约信息、TRCF 提供的传输资源控制信息,进行接纳控制的最后决策,并对策略执行功能 PEF(Policy Enforcement Function)进行控制。TRCF 负责收集和维护传送网的拓扑和资源状态信息,基于拓扑、连接性、网络和节点资源的可用性以及接入网中传送层签约信息等控制传送资源的使用。PDF 面向业务,独立于传送;TRCF 面向传送,独立于业务,按网段进行控制;PEF 一般是 NGN 边界传送元素的一部分,是包到包网关,可以位于用户终端设备和接入网络之间、接入网和核心网之间或者不同运营商网络之间。图中的传送执行功能(TEF,Transport Enforcement Function)框以及 TEF 与 TRCF 之间的连线为虚线,表示 TEF 功能及其与 TRCF 之间的参考点尚未完成定义。

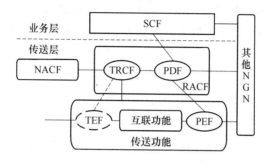

图 8.9　ITU-T RACF 的体系结构

RACF 支持"拉(Pull)"和"推(Push)"两种方式的 QoS 资源控制模式,以适应不同类型的用户终端设备 CPE。RACF 定义了 3 类 CPE,第 1 类是没有 QoS 协商能力的 CPE,在发起业务请求的时候不能直接请求 QoS 资源;第 2 类是具有业务层 QoS 协商能力的 CPE,如能发出会话描述的支持会话初始协议(SIP)的电话,通过业务层信令执行 QoS 的协商;第 3 类是具有传送层 QoS 协商能力的 CPE。

Pull 方式允许 CPE 直接请求传送层的 QoS 需求,并进行相应的资源预留,适用于第 3 类 CPE。而 Push 方式由 SCF 代表 CPE 决定所请求业务的 QoS 需求,或者从业务层信令中提取 QoS 的需求。前者适应于第 1 类 CPD,后者适应于第 2 类 CPE。

8.5.3　RACF 的应用

RACF 在 NGN 的业务量控制和资源管理中有广泛的用途,图 8.10 是一个基于链路的资源管理的应用。

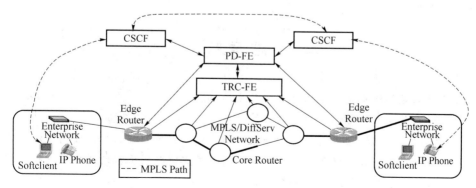

图 8.10　MPLS/DiffServ 网络的 RACF 应用

本例的多协议标签交换 MPLS 或区分服务 DiffServ 网络为各种应用的业务量预先建立了不同的标签交换通道 LSP,为了防止链路拥塞,采用 RACF 对资源进行控制。图中 RACF 由策略决策功能实体 PD-FE 和传送资源控制功能实体 TRC-FE 构成。TRC-FE 通过提取核心路由器及边界路由器的信息,周期性监测各类服务的链路利用状况。PD-FE 与呼叫会晤控制功能 CSCF 进行交换获得终端用户的业务及 QoS 信息,与 TRC-FE 和边界路由器交互获得链路利用信息,在此基础上进行接纳决策和配置边界路由器,以防止链路拥塞。

小 结

业务量控制是网络管理的主要任务之一。业务量控制搞不好,网络就会发生拥塞,导致性能下降。因此业务量控制技术是性能管理功能的重要支撑技术。网络的转接方式不同,拥塞的产生机制也不同,因此业务量控制方法分为面向电路转接网络的方法、面向分组转接网络的方法和面向 ATM 网络的方法。

业务量控制有扩散和保护两种策略,扩散策略是临时增加迂回路由,减轻拥塞区域的压力。保护策略是限制进入网络中的业务量。采用扩散策略需要网络尚存较充裕的剩余容量的前提条件,保护策略是业务量控制的最终策略。

电路转接网络的业务量控制有呼叫量控制和路由选择控制两种方法,分组转接网络的业务量控制主要内容是拥塞控制,ATM 网络的业务量控制通常分为网络、呼叫和信元 3 级进行。NGN 的业务量控制与资源控制统一进行,规范了资源与接纳控制功能,如 ITU-T 的 RACF。

本章的教学目的是使学生掌握网络产生拥塞的原理和业务量控制的基本策略;了解电路转接网络和分组转接网络业务量控制的常用方法;了解 ATM 网络业务量控制的特点和主要方法,特别是 CAC 和 UPC 的基本方法;了解 NGN 的基本概念及其业务量控制的基本方法和特征。

思考题

8-1 什么是网络拥塞?说明其拥塞产生的机制。

8-2 什么是业务量控制?有哪两种策略?

8-3 电路转接网络业务量控制的一般原则是什么?请列举出几种控制方法。

8-4 设计分组转接网络拥塞控制方法应主要考虑哪些因素?请列举几种控制方法。

8-5 ATM 网络业务量控制有哪些特点?

8-6 请说出表达 QoS 的几种主要参数及其物理意义。

8-7 CBR、VBR、ABR 和 UBR 四类业务的 QoS 的要求有何不同？

8-8 什么是 CAC？CAC 所依据的条件是什么？

8-9 列举几种基于需求带宽计算的 CAC 算法。

8-10 请描述基于 ER 模式的 ABR 机制。

8-11 什么是 UPC？为什么 ATM 网络需要 UPC？

8-12 请描述常用的 UPC 算法 LB 的工作原理。

8-13 请描述 WRR 信元调度的工作原理。

8-14 什么是 NGN？它的主要目的和技术特征是什么？

8-15 请描述 ITU-T RACF 的基本结构。

习 题

8-1 有关某电路转接网络的输入业务量(erl)和输出业务量(erl)有以下 4 组数据：1 000：800，1 100：820，1 200：810，1 300：750。请计算本网络的设计负荷及拥塞点。

8-2 某交换机对特定号码实行间歇呼叫控制，具体办法是每放行一个呼叫闭塞 2 min。请画出此控制的输入试呼率(单位时间内呼叫次数)与输出呼叫率之间的关系图。

8-3 设有 3 个恒定速率分别为 10 cells/s、8 cells/s 和 12 cells/s 的信息源在 30 cells/s 的传输链路上传送业务，请计算需要设置多少个缓冲区才能保证信元丢失率为 0，此时信元的最大时延是多少？

8-4 某可用 on-off 模型描述的信息源，on 周期的峰值业务量速率为 1 Mbit/s，on 周期的平均长度为 10 s，off 周期的平均长度为 4 s，若要求瞬时比特率超过总带宽的概率小于 0.01，请计算缓冲区长度分别为 10 cells 和 20 cells 时该信息源的等效带宽。

8-5 有 1 000 个比特率均值为 1M，标准差为 100 K 的信息源被复接在一个 VP 上，请计算瞬时比特率超过总带宽的概率小于 0.02 时的高斯需求带宽，并估算按此需求带宽分配后，信元的溢出概率和丢失概率的上界。

8-6 一个信息源的平均比特率为 200 cells，标准差为 10 cells，比特率的变化符合高斯分布。对于这个信息源，如果用一个漏出速率为 210 cells，缓冲区长度为 10 cells 的漏桶进行控制，试计算信元被丢弃的概率。

第 9 章

路由选择技术

9.1 基本概念

9.1.1 路由选择

路由选择是网络通信中的一个非常重要的概念。因为通过网络传递信息，通常需要一些中间节点进行转接。转接时，首先选择下一个节点，然后选择一条连接两个节点的链路。因此，所谓路由选择，就是通过选择转接信息的中间节点以及节点间的链路，在网络中确定一条连接发信节点和收信节点的信道。从理论上讲，不论哪种转接方式，路由选择问题都是相同的。但在实际中，电路转接网络中各节点间的通信路由通常是确定好的，在呼叫建立阶段按照确定的路由进行连接。只是在确定的路由发生溢呼或故障时，才需要选择新的路由，即迂回路由。而信息转接网络采用存储转发的方式进行通信，分组每到一个节点，往往都需要进行下一个节点和链路的选择。因此电路转接网络的路由选择一般是指迂回路由选择，而按照确定路由的连接被称为交换(switching)，转接设备也被称为交换机。信息转接网络的路由选择指所有分组的转接处理，与电路转接网络相比作用更加重要，转接设备也因此被称为路由器。

路由选择的问题，本质上是一个优化的问题，也就是选择哪条路由更好的问题。优化的标准可以根据转接次数、距离、时延、误码率、安全性等指标制定。优化的基本方法是图论中的最短路算法、最大流算法及最小费用算法。

9.1.2 路由选择的作用

路由选择是网络管理中的一个基本问题。对于电路转接网络来说，路由选择直接关系到全网呼损的大小，在网络过负荷时，组织和选择迂回路由也是疏散业务量的有效手段。对于分组转接网络来说，路由选择直接关系到全网的平均时延，合理地选择路由也是避免网络因时延过大进入死锁的关键，同时，路由选择又是与拥塞控制密切相关的。

路由选择控制,使网络具有对业务量及需求变化的适应性,可以有效地利用网络资源。特别是当业务量需求与网络资源间发生短时间不平衡时,路由选择控制可以进行临机处理。

9.2 电路转接网络的路由选择

9.2.1 我国电话交换网的路由结构

(1) 基础路由结构

在我国,以电话交换网为代表的电路转接网络的基础路由结构如图 9.1 所示。C1 代表大区中心,C2 代表省中心,C3 代表市中心,C4 代表县中心。常用的几种路由是:

① 基干路由

构成网络基本结构的路由。图 9.1 中实线连成的路由。基干路由电路群的呼损率要低于 1%,它的业务量不许溢出到其他路由。

② 高效直达路由

图 9.1 中的虚线路由为高效直达路由。设置高效直达路由的目的是使呼叫连接的电路长度尽量短,高效直达路由的呼损率可以超过规定的呼损标准,允许业务量溢出。高效直达路由都有一定的迂回路由。

③ 低呼损直达路由

两个交换中心呼叫时不经过其他交换中心,仅经过两个交换中心之间设置的电路群,而且电路群的呼损不大于规定

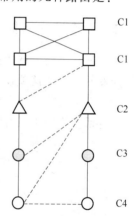

图 9.1 我国电话交换网的基础路由结构

的标准时,该电路群所组成的路由称为低呼损直达路由。此类路由上的业务量不允许溢出到其他路由上。

路由选择的基本原则是:

a. 确保传输质量和信令信号的可靠传输。我国电话交换网的长途部分最长不超过七段电路;

b. 路由选择应有明确的规律性,确保路由选择不出现死循环;

c. 路由选择应首先选择串接段数少的路由;

d. 能够在低等级网络中疏通的业务量尽量在低等级疏通。

按照上述原则所确定的我国自动电话交换网的路由选择规则是:

a. 有高效直达路由时的选择顺序为:高效直达路由、迂回路由、基干路由;

b. 无高效直达路由时的选择顺序为:跨级或跨区的路由、基干路由;

c. 发话区的路由选择顺序为自下而上,收话区的顺序为自上而下;

d. 为了使得低等级交换中心话务尽可能在低等级交换中心之间疏通,在一般情况下,各级交换中心可选择高效电路群;

e. 在路由选择中遇低呼损路由不再溢出,路由选择终止。

(2) 发展状况

20 世纪 80 年代以来,我国电话交换网的交换机程控化率迅速提高,目前已经接近 100%。交换局的规模也从以前的 1 万门以下发展到 2 万～8 万门,使得交换局的数目大大减少,网络的结构随之简化。同时,随着全网话务量的增长,两局之间设置直达电路群的情况不断增多,原有的相邻两级交换中心之间虽然还保留一定的上下级关系,但已形成一个范围扩大的网状网,并将逐渐演化成两级合并为一级的网。因此,目前我国的长途电话交换网正在由 4 级网向 2 级网过渡。具体地,原来的一、二级合并为一级,三、四级合并为一级,并计划在 10～20 年内合并为无级网。

9.2.2 动态路由选择控制

电话网动态路由选择技术是一项能够有效提高网络效率的技术。欧、美、日几个国家首先开发并应用了这项技术。

(1) 路由选择方式

在电话交换网中,迂回路由选择方式有静态路由选择和动态路由选择之分。

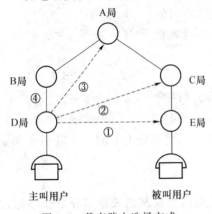

图 9.2 静态路由选择方式

静态路由选择是目前电话交换网中采用的传统的迂回路由选择方式,即一个发端交换局至某个收端交换局的接续,路由选择的顺序是固定不变的。在图 9.2 所示的网络中,假设 D 局至 E 局的路由选择顺序依次为:

首先选择 D～E 直达路由;

其次选择 D～C～E 第一迂回路由;

然后选择 D～A～C～E 第二迂回路由;

最后选择 D～B～A～C～E 最终路由。

D 交换局对每一个呼叫 E 局用户的接续,其路由选择都依照这个顺序,而不管这些路由上的负荷状态。

静态路由选择方式使网络资源的充分利用受到了限制,网络各部分负荷不能均衡,而且交换机重复试选次数多,接通率也自然相对较低。这种方式一般在等级结构的网络中使用。我国电话交换网目前采用这种路由选择方式。

程控交换技术和公共信道信令系统的发展为动态路由选择技术提供了前提条件。所谓动态路由选择方式,就是一个发端交换局至某个收端交换局的接续,可以选择的路由及路由选择顺序是随着时间或随着网中负荷的变化而变化的。

动态路由选择又可以分为时变动态路由选择和状态动态路由选择两种。

时变动态路由选择是交换局的路由选择随着时间而变化。在不同时间,路由选择顺序是不相同的。

状态动态路由选择是交换机的路由选择随着网络状态的变化而变化。这是根据网络当前的运行状态,即交换机和局间电路的负荷忙闲程度来确定路由的技术。

(2) 动态路由选择的优点

为什么要采用动态路由选择呢? 为了回答这个问题,首先来分析一下网络中负荷分布的特点。在同一地区内,负荷的大小是随时间不断变化的。而在同一时间内,不同地区的负荷分布也是不均匀的,这种分布特性称为忙时不一致性。正是由于这种忙时不一致性的存在,使网络可以依靠动态路由选择的手段提高效率。

在现代网络中,由于网络规模大,交换节点多,业务量也大,采用动态路由选择方式能带来许多好处。这些好处可以归纳为以下 4 个主要方面:

① 更好地利用网络资源

这是利用不同路由中的负荷忙闲规律而得到的好处。网络中的负荷一般是不均衡的。例如:住宅和公务电话负荷忙时不同;由于时差,使幅员较大的国家的不同地区负荷忙时不同;由于特殊事件使某时某路由负荷突然增加等。在等级网中,只能分别根据各部分的负荷峰值来确定电路群规模。而在动态网中情况就不同了,动态网统一考虑网络各部分的负荷,能将负荷从繁忙的路由疏导到空闲的路由上,使各电路群规模都不用按负荷峰值来设计。因而既减少了电路数,又提高了电路利用率,取得了充分利用网络资源的效果。

② 节省网络投资

在网络负荷相同的情况下,动态网络降低了所需的电路数量,使网络投资减少。此外,在每次选择路由时,可以灵活地从多个路由选择方案中比较,选出价格较低的路由予以采用,所以选择的路由是相对经济的。

③ 提高服务质量

由于灵活的路由选择方式,使呼叫的接通率提高,而且,可以减少呼叫经过的串接电路数。因而接续质量和传输质量都能得到提高。

④ 提高网络效率

由于每次选择的路由都是经过比较后确定的,因此接通的可能性大大提高,交换机的无效试选次数大大减少。此外,采用动态路由选择方式,能将若干个电路数少的电路群合并成一个大的电路群。由于在服务等级相同的条件下传送相同负荷时,一个大的电路群比若干小电路群的效率要高得多,因此,能提高网络的效率。

由于动态路由选择技术能带来上述好处,所以许多国家都在积极研究和实施。动态路由选择是路由选择方式的一次变革,是现代网络体制和网络管理的发展方向。

不论是时变动态路由选择还是状态动态路由选择,其应用的先决条件是无级网。在有等级的网络中应用是有困难的。由于我国原有的电话交换网是4级网络,因此无法采用动态路由选择技术。随着网络结构的简化,目前4级结构已经合并为2级并正在向无级网过渡,这为采用动态路由选择技术提供了条件。目前可以在第1级(原1、2级)网络中采用,等到实现全网无级化后,再在全网采用。

(3) 动态路由选择控制方式

① 时变动态路由选择

图9.3是时变动态路由选择的一个最简单的例子。该图的路由选择方案是上午和下午选择不同的路由,在一天中有两种不同路由选择顺序。

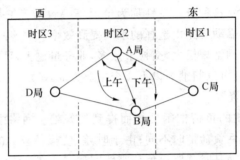

图9.3 时变动态路由选择例1

再看一个一天提供3种不同迂回路由选择顺序的例子。在图9.4所示的网络中有A、B、C、D、E、F共6个交换局,分别位于时区Ⅰ、Ⅱ、Ⅲ、Ⅳ、Ⅴ,相邻区域的时差为1小时,则当时区Ⅰ为上午8点的时候,时区Ⅴ是清晨4点。以A局至B局的呼叫为例,一天不同时候的路由选择顺序可以安排如下:

上午:①—②—③—④—⑤

下午:①—⑤—②—③—④

晚上:①—③—②—④—⑤

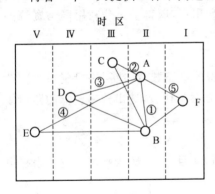

图9.4 时变动态路由选择例2

时变动态路由选择方式的路由安排,可以由网管中心根据全网的负荷特性分析计算得出,然后定时送给各交换机,更新交换机路由表来实现。处理过程与状态动态路由选择控制方式极其相似。

② 状态动态路由选择控制

状态动态路由选择可以依据各种能够衡量网络负荷状态的参数值来决定路由选择顺序,如电路占用率、溢出百分比、接通率等。可以用一个参数,也可以用多个参数综合考虑,选择最佳路由。比较各参数时,可以根据实际值的大小来判断,也可以按是否超过门限值来判断。

下面以图 9.5 所示的网络为例说明它的处理过程。

首先设定两个条件：一是路由改变周期为 10 s，二是以各电路群的占用率门限值为参数来衡量忙闲状况。工作过程是：网管中心每 10 s 收集一次各交换局统计的前 10 s 之内每个去话电路群的占用率数据，并将该数据与网管中心设置的各电路群的占用率门限值比较，小于门限值为闲（用"1"表示），大于门限值为忙（用"0"表示）。形成以"0"和"1"表示的忙闲矩阵，称为动态路由忙闲表，然后将该动态路由忙闲表送至各交换机。

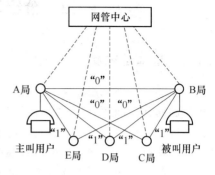

图 9.5 状态动态路由选择控制

当交换机接收到一个呼叫时，识别呼叫的被叫局号码，取出本交换机的局数据中到该被叫局的静态路由表，将此静态路由表与网管中心送来的动态路由表进行对照，直接选择对应动态路由表中为"1"状态的最佳路由，而不选"0"状态的路由。这个过程每 10 s 重复一次。

当 A 局用户呼叫 B 局用户时，静态路由表为：

a. A～B

b. A～C～B

c. A～D～B

d. A～E～B

这时的动态路由忙闲状况如图中用"0"和"1"所标出的那样，即各静态路由忙闲状态为：

a. A～B：0

b. A～C：0   C～B：1

c. A～D：1   D～B：1

d. A～E：1   E～B：0

即 A 局到 B 局的 4 条路由中，只有 A～D～B 路由是空闲的，因此，A 局直接选择这个路由。

在这个例子中，如果改用占用率实际值来安排路由顺序的话，其过程是十分类似的。假设某时刻各电路群的实际占用率如下：

   路　由   平均值

a. A～B：0.8   0.80

b. A～C：0.8   C～B：0.5   0.65

c. A～D：0.4   D～B：0.5   0.45

d. A～E：0.5   E～B：0.7   0.60

则此时路由选择顺序为③—④—②—①。

状态动态路由选择控制要求实时性强，所以工作的周期短，一般在 10 s 左右。

9.3 分组转接网络的路由选择

9.3.1 基本要求及方法类别

分组转接网络采用存储转发的方式传递信息,分组每到一个节点后,都有一个选择哪条出链路转接的问题,而不像电路转接网络那样只是在呼叫建立阶段现有路由忙的时候才进行迂回路由选择。因此路由选择对于分组转接网络来说具有更加重要的意义。它直接关系到网络的效率和分组的时延等传输质量。

分组转接网络对路由选择方法的基本要求是:
(1) 正确性:确保分组从源节点传送到目的节点;
(2) 简单性:实现方便,软硬件开销小;
(3) 可靠性:能长时间无故障运行;
(4) 公平性:每个节点都有机会传送信息;
(5) 最优化:尽量选取"好的"路由。

除了以上基本要求外,好的路由选择方法还应该能适应网络规模、拓扑和业务量的变化。网络规模的变化是比较缓慢的,主要由网络扩容引起。拓扑结构的变化则往往由网络设备发生故障造成,当然也有人为调整的时候。而业务量的变化则是快速的,有时甚至是急剧的。一旦网络规模、拓扑发生变化,原来的最短路由就可能不是最短的了。而如果业务量发生较大变化,原来的路由可能会由于拥塞而时延增大,时延最短的路由也会随之发生变化。

在设计路由选择算法时,要确定优化指标,主要有跳数、时延和吞吐量。最简单和常用的优化指标就是选择跳数最少的路由,它很容易测量,并且与所使用的网络资源密切相关。

路由选择方法可以按不同的原则分类。按源节点发送分组的方式分为扩散式、选择扩散式和单路式 3 种。在单路式路由选择中,按照适应性可分为静态策略和动态策略两类。静态策略不能依据当前实际业务量和拓扑结构来选择路由,而只能按事先设计好的路由传送;动态策略能较好地适应网络中的业务量和拓扑结构的变化,但实现难度大、开销多。动态策略又分为孤立式、集中式和分布式。

9.3.2 静态策略

(1) 扩散式和选择扩散式

扩散式路由选择是全路发送,每个节点将得到的分组复制多份发送到除输入节点以外的所有相邻节点。这种方法只要目的节点是可达的,分组总能传送成功。而且最先到达目的节点的分组走的是最佳路由。这种方法在分组转发的过程中迅速复制分组,网资源利用率低,吞吐量小。由于重复的分组越来越多,最后将泛滥成灾,这种算法要用某些方法限制分组的无限循环转发,如在分组报头中设置计数器,每转发一次,报头的计数器加1,当计数器的值超过设定的阈值时,就不再转发,并将其删除。当然还有查重复分组等方法。这种算法可靠性高,即使网内许多节点或链路损坏,也能使分组到达目的节点。

选择扩散式是节点选择向着靠近目的节点方向的一部分节点发送分组,因此也称为多路发送。它保持了扩散式算法的优点,但付出的额外信息流的代价要小。扩散式和选择扩散式算法如图9.6所示。这种算法仅适合于负荷轻的小规模网络。

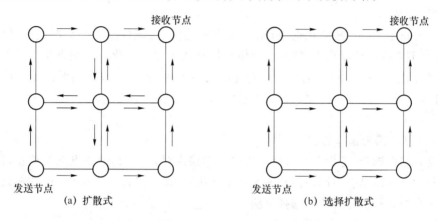

图9.6 扩散式和选择扩散式路由选择

(2) 随机式

随机式路由选择算法是由收到分组的节点随机地选择一个出口转发出去。缺点也是十分明显的,可能造成某些分组长期在通信子网中转,到达不了目的节点。

(3) 固定式单路由算法

在固定式单路由算法中,每个节点都有一张人工计算得到的固定路由表,它给出了子网中每个节点作为目的节点时,分组对应的转发出口的对应关系。每收到一个分组,去查表中目的节点,找出相应的转发出口。优点是简单、实现方便,可选择正常情况下的最佳路由。缺点是路由表不能联机修改,不能适应网络的业务量及拓扑变化。

(4) 固定式多路由算法

固定式多路由算法是任何一对节点之间有多条可选路由。一旦最佳的路由不通或负荷过大,就可以选择第二、第三条路由。实现方法是每个节点装有一张路由表,对应每个目的节点,给出最佳、次佳、再次佳……的后继节点和权数。该方法的缺点是路由表不能联机修改。

9.3.3 动态策略

最短路由选择算法是自适应式算法之一。该算法力求找出一条最佳的路由。所谓最佳路由是指或是经过的节点数最少或是传输时延最短的路由。在广域计算机网络中,链路长度的变化范围一般都很大。将测量的每段时延作为每段的长度,求出的最短路由也就是最快路由。

(1) 集中式路由选择算法

采用集中式路由选择时,网络中有一个路由控制中心(RCC)。每个节点定期地发送它的状态信息到 RCC,这些状态信息可包括处于运行状态的相邻节点名、当前队列长度、上次报告状态之后每条链路处理的业务量等。RCC 收集所有节点报告的信息并依据对全局的了解,根据某种算法为每个节点计算出一张最佳路由表,然后发送到各个节点,更新前次发送的路由表。

集中式路由选择方法的优点是,RCC 有全局性信息,能依据当前情况做出最佳路由选择,各个节点不必计算路由,能适应网络拓扑及业务量的变化。其缺点是一旦 RCC 出现故障,对网络影响大,RCC 向各节点发送新路由表时,各节点收到的时间不一致,更新交错时间内分组的时延可能更大。最严重的问题是,通往 RCC 链路上用于路由选择的业务量过分集中。

(2) 孤立式路由选择算法

孤立式路由选择,是指节点选择分组输出的路由时,不与其他节点交换信息,仅依靠节点本身拥有的信息。当网络拓扑和业务量变化时,孤立式路由选择的结果也随之变化。下面具体介绍几种孤立式路由选择算法。

① 热土豆(Hot Potato)算法

当节点收到一个分组后,为了让分组尽快脱手(即离开本节点),将分组放在该节点最短的输出队列中,而不管该分组的目的节点是什么。显然选择的不是最佳路由,但它减少了分组在各节点排队等待时间。如果某个链路发生故障,该链路上的队列很长,节点就不会再向该链路的输出队列上排入新的分组。

② 静态路由选择和热土豆算法相结合的算法

当分组到达节点后,路径选择算法要同时考虑链路的静态权重和队列的长度。在输出队列长度不超过某个限定值时,采用静态最佳选择(固定式),在静态权重太低时,按热土豆算法选择路由,最后将静态权重和队列长度都量化,按综合值来选择输出路由。无论选用哪种算法,应当负荷轻时选择静态权重最高的链路,当一条链路的队列排满时一些业务量就被转移到不太忙的链路上去。

③ 反向学习算法

这种算法是根据入分组中的路由信息来判断已有的路由信息,如果入分组中指出的路由比原来已有的路由好,用该路由代替原来的路由,经过反复学习比较得到最佳的路由选择表。采用这种方法时,在分组的报头部分设有源节点名和段计数两个字段。分组从源节点发出后,每经过一次转发,段数值加 1。当一个分组经过某节点进入本节点后,该节点就知道从源节点到本节点的段数,如果分组中的段数小于该节点作为目的节点的段数,就将进入的节点链路作为该节点向源节点转发分组的出口节点链路,如果分组中的段数大于本节点指向分组中源节点的段数时,保持原来的路由表。

(3) 分布式路由选择

分布式路由选择是每个节点与其相邻的各个节点交换路由信息,根据交换后的信息制定新的路由表,当网络拓扑结构或业务量发生变化时,都反映在交换来的路由信息上。分布式路由算法属于自适应式路由算法。

每个节点都有一张路由表,标明到网上所有节点所选用的路由及所需时间或距离。在路由后面,可以用段数表示距离,也可以用队列长度或时延。如果是时延,相邻节点可以用发"回声"分组来测定时延。

(4) 分层路由选择算法

在大型网络中,由于节点数目多,每个节点的路由表很大。当分组进入节点后,CPU扫描路由表为分组选择出口路由所耗费时间很长,节点间交换路由信息的分组也要占用很多的链路容量。为了解决这些问题,可以分层组织网络节点。

采用分层路由选择(Hierarchical Routing)时,将通信子网中的节点划分为若干个区,每个节点知道在本区内如何选择路由,同时也知道如何把分组送到其他区,但并不知道其他区的拓扑结构。实际上,节点把其他区仅当作和自己区连接的或间接连接的一个节点。这种方法类似于网络互联的情况,每个网是独立的,一个节点不需要也不可能了解到其他网的结构。

9.4 IP 网络的路由选择

9.4.1 IP 网络及其路由选择

(1) 网络互联与互联网

随着计算机网络技术的发展,产生了多种标准的网络,每种网络都有自己的特点。如LAN 适合于短距离内的高速通信,而 WAN 适合于大范围的通信。没有一种单一的网络技术对所有的需求都是最好的,一个大的组织往往需要多个物理网络。这就产生一个问题:计算机只能同连接在同一网络上的计算机相互通信。在 20 世纪 70 年代,这个问题开始凸显,一个大组织中的每个网络都形成了一个孤岛。为了解决这个问题,提出了网络互联的概念。所谓网络互联,就是将不同的物理网络(异构网络)相互连接起来,使得连接在不同网络上的计算机能够利用通用服务相互通信。连接各种物理网络的最终系统被称为互联网(Internet)。

(2) TCP/IP 与 IP 网络

虽然有许多协议都可用于互联网,但应用最广泛的协议是 TCP/IP,它得到了美国军方和国家科学基金会的大力支持,并在美国国防部的 ARPANET 中得到应用。ARPANET 的成功极大地促进了互联网技术的发展,在 ARPANET 的基础上形成了一个全球互联网。Internet 的迅猛发展引起了网络技术的一场革命,使得基于 TCP/IP 的网络技术成为未来统一和融合各种网络的最有竞争力的技术。IP 是 TCP/IP 的网络层协议,因此,基于 TCP/IP 的互联网的网络层以下部分被称为 IP 网络,它可以成为构筑各种业务网络的基础。

Internet 的成功已经证明当前版本的 IP 是非常成功的。但是,用户数的爆炸式增加和业务种类的扩展,也暴露出了当前版本的 IP 的不足:地址空间不足和 QoS 不能保证。在这一背景下提出了下一代 IP,即 IPv6。它用 128 位地址代替原来的 32 位地址,报头中增加了表示业务量种类的字段用于 QoS 的控制。

(3) IP 网络的路由选择

在网络互联协议中,网络层的互联有面向连接和无连接两种方式,但 IP 网络采用的是无连接方式。基于 IP 协议实现网络互联的设备被称为路由器。顾名思义,路由器的主要功能就是进行路由选择。在路由器中保存着各种传输路径的相关数据——路由表(Routing Table),供路由选择时使用。路由表中保存着子网的标志信息、网上路由器的个数和下一个路由器的名字等内容。路由表可以是由系统管理员设置好的,也可以由系统动态修改,可以由路由器自动调整,也可以由主机控制。前者被称为静态路由表,后者被称为动态路由表。

与单一网络中的路由选择相比,互联的网络中的路由选择复杂得多。当网络中的主机要给另一个网络中的主机发送分组时,首先要把分组送给同一网络中用于网间连接的路由器,路由器根据目的地址信息,选择合适的路由,把该分组传递到目的网络用于网间连接的路由器中,然后通过目的网络中内部使用的路由协议,将该分组送给目的主机。

(4) 自治系统(autonomous system)

在一个互联的网络中,由一个独立的管理实体控制的一组网络和路由器被称为一个自治系统。一个互联的网络一般由多个自治系统组成。自治系统内部可以任意选择路由协议,而与其他自治系统无关。但是,为了使自治系统中的网络能够被别的自治系统访问,必须把自治系统内的网络路由信息传递给其他自治系统,自治系统一般选择一个或多个路由器完成这一任务。为了使自治系统间的路由算法能够正常工作,每个自治系统都要由中央权威机构分配一个编号,以获得唯一的标识。两个属于不同自治系统并且交换路由信息的路由器被称为外部邻居,而属于同一自治系统并交换路由信息的两个路由器被称为内部邻居。内部邻居所使用的路由协议称为内部网关协议(IGP,Interior Gateway Protocol),外部邻居所使用的路由协议被称为外部网关协议(EGP,Exterior Gateway Protocol)。

下面将介绍两种 IGP 协议:RIP 和 OSPF,以及两种 EGP 协议:EGP 和 BGP。

9.4.2 RIP 协议

路由选择信息协议(RIP,Routing Information Protocol)是一个简单的距离向量路由协议。RIP 可以在主机和路由器中实现,因此 RIP 协议被分为两种不同类型的操作方式。主机中实现的 RIP 工作在被动状态。它不能向别的路由器传递自己路由表中的信息,而只是接收其他 RIP 路由器广播的路由信息,根据收到的信息更新自己的路由表。路由器中实现的 RIP 工作在主动状态。它定期把自己的路由信息传递给其他 RIP 路由器,并根据收到的信息更新自己的路由表。下面主要讨论主动型 RIP 路由器。

每个 RIP 路由器都保存了一张路由表,路由表是一个简单的二维表格,每一横条称为一个条目,每一纵列称为一个项目,每个条目提供一个目的地的路由信息,这条路由信息由多个项目组成,如目的地的 IP 地址、到达目的地的距离(通常为跳数 hops,即经过的路由器数)、下一个路由器的 IP 地址(如果目的地是直接连接的,这个项目的内容不需要)等。

以主动方式工作的 RIP 路由器每隔 30 s 广播一次它所保存的路由信息。RIP 路由器也可以发送 Request 消息来询问其他路由器有关某些路由或者所有路由的信息。例如,当一个主机启动后,会要求相邻的 RIP 路由器传递路由表中的所有信息。

当某一 RIP 路由器从另一路由器收到一个路由消息后,它会将该消息中包含的到达各个目的地的路由,与自己路由表中到达相同目的地的路由进行比较,看是否能通过发送路由消息的路由器的转接构成转距离更短的路由。如果对于某一目的地,可以构成更短的路由,便将路由表中对应该目的地的条目中的下一个路由器指定为发送路由消息的路由器,并将距离改为新路由的距离。

RIP 协议是一个非常简单的路由协议,在实际应用中还需要解决几个问题,即无穷计数问题、路由回路问题以及路由时效问题。

所谓无穷计数问题,是指当故障使某个路由器不可达(如链路中断)时,无法使所有的路由器立即在自己的路由表中将该不可达路由器的距离更改为表示无穷大的数值(16),而是一次增加 1 跳地修改,直到达到表示无穷大的数值。RIP 协议的这个特点叫做"好消息传得快,坏消息传得慢"。

所谓路由回路就是指在某个路由器 A 的路由表中到达某路由器 C 的路由经另一路由器 B 转接,而在路由器 B 的路由表中,到达路由器 C 的路由经路由器 A 转接,从而形成一个闭合的无效路由回路。

路由时效问题是指网络中的路由表的信息不能很快地反映网络状况的变化,尤其是当网络出现故障时,由于"坏消息传得慢",不能及时地修改受影响的路由,使得这些路由表中的路由信息成为无效信息。

9.4.3 OSPF 协议

RIP 协议的最大优点是简单,但它的缺点也是十分明显的。除了以上叙述的之外,还有一个很大的缺点就是它限制了网络的规模,因为它能使用的最大距离为 15 跳。为了克服这些缺点,开发出了开放式最短路优先协议(OSPF,Open Shortest Path First)。"开放"是指 OSPF 是一个公开的协议,可为任何人所免费使用。"最短路优先"是因为使用了

Dijkstra 最短路算法。

OSPF 是一种链路状态路由协议。在链路状态路由协议中，每个路由器维护它自己的本地链路状态信息——路由器到子网的链路状态和可以到达的邻居路由器，并通过扩散的方法把更新了的本地链路状态信息广播给自治系统中的每个路由器。这样，每个路由器都知道自治系统内部的拓扑结构和链路状态信息。路由器根据这个链路状态库计算出到每个目的地的最短路由。所有路由器都采用 Dijkstra 最短路算法计算最短路由，而且这个计算是在路由器本地进行的。

OSPF 最主要的特点就是它是一种分布式的链路状态协议，而不是像 RIP 那样的距离向量协议，它的主要特点是：

（1）所有的路由器都维持一个链路状态数据库，这个数据库实际上就是整个互联网的拓扑结构图。一个路由器的"路由状态"是指该路由器与哪些子网或路由器相邻，以及将数据发往这些网络或路由器所需要的开销。这里的开销可以是费用，也可以是距离、时延、带宽等，统一用"度量(metric)"称谓。

（2）由于网络中的链路状态可能经常发生变化，因此 OSPF 给每个链路状态都赋予一个 32 bit 的序号，序号越大，状态越新。OSPF 规定，链路状态序号增长的最大速率为每 5 秒 1 次。这样，全部序号空间在 600 年内不会产生重号。

（3）每个路由器根据链路状态数据库中的数据计算自己的路由表，因此说 OSPF 是一种分布式的链路状态协议。

（4）只要网络拓扑发生变化，链路状态数据库就能很快地更新，使各个路由器能够重新计算新的路由表。这是 OSPF 的一个主要优点。

（5）OSPF 依靠各路由器之间频繁的信息交换来建立链路状态数据库，并维持这数据库在全网范围的一致性，保持链路状态数据库的同步。

（6）OSPF 不用 UDP 而是直接用 IP 数据报传送，并且数据报很短，有利于减少路由信息的通信量。

OSPF 规定，每两个相邻路由器每隔 10 s 要交换一次 Hello 报文，用于确认哪些相邻路由器是可达的。在正常情况下，网络中传送的绝大多数报文都是 Hello 报文。若有 40 s 没有收到某个相邻路由器发来的 Hello 报文，则可认为该路由器是不可达的，应立即修改链路状态数据库，重新计算路由表。

除了 Hello 报文外，OSPF 还有其他 4 种报文用来进行链路状态数据库的同步。它们是：

① Database Description：向相邻路由器报告自己的链路状态数据库中的摘要信息；

② Link State Request：请求对方发送指定链路状态项目的详细信息；

③ Link State Update：用扩散法向全网发送更新的链路状态；

④ Link State Acknowledgment：对链路更新报文的确认。

当一个路由器刚开始工作时，只能通过 Hello 报文得知有哪些相邻路由器在工作，以及将数据发往相邻路由器所需的开销。之后，路由器可以用 Database Description 报文与相邻路由器交换链路状态摘要信息。之后，路由器就可以使用 Link State Request 报文，向对方请求发送自己所缺少的某些链路状态项目的详细信息。通过一系列这种报文的交换，全网的链路数据库就建立了。

9.4.4 EGP 协议

以上介绍的内部网关协议是在自治系统内部使用的路由协议。EGP 是一种用于自治系统之间交换路由信息的协议，即外部网关协议（EGP）。尽管这里的 EGP 与表示路由协议种类的 EGP 名字相同，但这里指的是一个具体协议，而不是外部网关协议这一个种类。

EGP 是 Internet 早期使用的一种外部网关路由协议，包含邻居获取、邻居可达性确认、网络可达性确认 3 个过程。通过 EGP 交换的消息都是只经过 1 跳，也就是说交换 EGP 消息的两个路由器必须是外部邻居，不能有中间路由器。路由器收到不是发给自己的 EGP 消息时，可以将其丢弃。EGP 包含的消息为：

① 邻居获取请求；
② 邻居获取确认；
③ 邻居获取拒绝；
④ 停止请求；
⑤ 停止确认；
⑥ Hello；
⑦ I-H-U (I Heard You)；
⑧ 询问请求；
⑨ 路由更新；
⑩ 出错。

邻居获取是一个两次握手的过程。路由器利用邻居获取消息来建立和另一个路由器的通信。两次握手过程是由一个路由器给它的邻居发送邻居获取请求消息开始的，邻居如果愿意建立这个邻居关系，则发送一个邻居获取确认消息，否则发送邻居获取拒绝消息。如果某个路由器想要中断这个邻居关系，可以发送邻居停止请求消息，另一个路由器用停止确认消息来响应。

路由器应能够及时知道它的邻居是否还是可达的，如果不可达，路由器将要停止向它的邻居发送信息。邻居可达性过程利用 Hello 消息和 I-H-U 消息来完成这个功能。一个收到 Hello 消息的路由器应立即发回一个 I-H-U 消息来响应。

EGP 允许采用两种方式来测试邻居是否是"活"的。在主动方式中，路由器定期发送 Hello 消息和 Poll 消息并等待回答。在被动方式中，路由器根据由它的邻居发来的 Hello 和 Poll 消息中包含的状态字段来判断邻居是否还"活"着，以及邻居是否知道该路由器是

"活"着的。一般路由器都工作在主动方式。

外部网关通过路由更新消息把它收集到的关于它所在的自治系统的子网的可达性信息传递给邻居。EGP 规定外部网关可以传递两种消息:一种是它所在的自治系统中可以到达的子网的信息,另一种是路由器学习到的自治系统之外的消息。

在 EGP 的路由更新消息中,包括内部网关(路由器)数和外部网关(路由器)数,这两个数字给出了消息中所包括的有关路由器的个数。但是,由于很难从路由器地址知道是外部网关还是内部网关,因此在实际中常常为外部和内部网关发送不同的路由更新消息。

EGP 采用第三方限制规则,即自治系统通过核心网关(路由器)连到主干网上,非核心网关(路由器)只传递自治系统内部的消息。EGP 对距离的定义很有限,到另外一个自治系统的子网的距离,是指到该自治系统的外部网关的距离,而不是到子网的距离,因此对子网来说,这个距离只传达了该子网是否可达的信息。只有在自治系统内部,距离才有准确意义。从这个意义上讲,EGP 不是一种路由算法,使用 EGP 互联的网络的拓扑结构被限制为一个树型结构,树根为核心网关。互联的自治系统不能形成环,使 EGP 协议的应用受到很大局限。

9.4.5 BGP 协议

由于 EGP 的局限性,在它的基础上提出了另外一种外部网关路由协议,边界网关协议(BGP,Border Gateway Protocol)。BGP 目前已经成为 Internet 的标准外部网关路由协议。

BGP 对于互联网络的拓扑结构没有任何限制,所传递的路由信息足以用来构建一个自治系统的连接图,可以此为根据删除路由回路。

按照 BGP 路由器的观点,与自己互联的网络由其他的 BGP 路由器及连接它们的线路组成。BGP 路由器之间通过交换 BGP 消息实现路由协议。BGP 消息通过 BGP 路由器之间的 TCP 连接发送。BGP 消息有 4 种:

① Open:建立与另一个路由器的邻居关系;
② Update:传输一个单一路由消息和/或列出取消的路由;
③ Keepalive:确认 Open 消息、定期维持邻居关系;
④ Notification:检测到错误时发送通报。

与 EGP 一样,BGP 包含邻居获取、邻居可达性确认、网络可达性确认 3 个过程。为了找到一个邻居,BGP 路由器首先在它与相邻路由器之间建立一个 TCP 连接,然后通过这个连接发送一个 Open 消息。接到消息的路由器如果接受了这个请求,就返回一个 Keepalive 消息作为响应,如果不愿意增加额外负担,也可以拒绝。一个自治系统可以有多个 BGP 路由器,属于同一个自治系统的 BGP 路由器间的连接被称为内部连接,属于不同自治系统的 BGP 路由器间的连接被称为外部连接。

一旦建立了邻居关系,就用邻居可达性确认过程来维持这个关系。这个过程非常简单,建立 BGP 连接两个路由器定期相互发送 Keepalive 消息,保证不超过 Hold Time 所要求的时间,Hold Time 是在 Open 消息中包含的字段,用来表示发送者建议的 Hold 计数器值。

在网络可达性确认过程中,每个路由器维护一个它能到达的子网的数据库以及到达那个子网的最佳路由。当数据库发生变化时,路由器会发送一个 Update 消息。这个消息被广播给所有实现 BGP 的其他路由器。所有的 BGP 路由器都通过 Update 消息建立和维护路由信息。Update 消息并不是定期发送的,第一个 Update 消息传递了该 BGP 路由器的完整的路由信息,以后当路由有变化时再通过 Update 消息通知其他的路由器。路由的变化一般就是路由的增加和取消。

BGP 协议基本上是一个距离向量协议,但它与其他同类协议又有很大不同。每个 BGP 路由器记录的是使用的实际路由,而不是到各个目的地的开销。BGP 路由器不是定期向它的每个邻居提供到各个可能目的地的开销,而是向邻居说明正在使用的实际路由。这一点使得它很容易解决其他距离向量路由协议中的无穷计数问题。

小　结

路由选择在网络管理中具有重要作用,合理的路由选择策略是平衡负荷、减小时延、避免拥塞的重要保证。路由选择技术与网络的转接方式密切相关。电路转接网络采用预先确定的路由,只是在发生溢呼需要迂回时才需要重新选择路由;分组转接网络在传递信息时,信息每到一个节点都需要进行路由选择;而互联网络的路由选择要区分内部网络和外部网络。

路由选择问题本质上是优化问题。优化的标准可以根据转接次数、距离、时延、误码率、安全性等指标制定。电路转接网络的路由选择有静态和动态两种方法。动态的方法更有利于提供网络的性能,但要求网络结构简单,不分级。分组转接网络也分为静态和动态两种策略。静态策略控制方法简单,可在小规模和低负荷的网络中采用,动态策略又可根据优化的方法分为集中式、孤立式和分布式等不同种类。互联网络的路由选择协议分为内部网关协议和外部网关协议两大类,前者常用的协议有 RIP 和 OSPF,后者常用的有 EGP 和 BGP。

本章的教学目的是使学生掌握在各种转接方式的网络中路由选择的概念和作用;了解电路转接网络和分组转接网络常用的路由选择算法;了解 IP 网络的路由选择协议。

思考题

9-1　什么是路由选择?电路转接网络与信息转接网络的路由选择有何不同?

9-2 路由选择在网络管理中有哪些作用?

9-3 电路转接网络有哪两种动态路由选择方式?采用动态路由选择的条件是什么?

9-4 分组转接网络对路由选择算法的基本要求是什么?

9-5 列举几种分组转接网络的静态路由选择算法。

9-6 列举几种分组转接网络的动态路由选择算法。

9-7 IP 网络的路由选择有何特点?

9-8 请说明互联网络中的自治系统的概念。

9-9 为什么 RIP 协议具有"坏消息传得慢"的特点?

9-10 请简单描述 OSPF 协议。

9-11 什么是 BGP 协议?请说明它的工作原理。

习 题

9-1 某大区内部的部分网络结构如题图 9.1 所示,请按照我国电话网路由选择规则给出局 A 到局 G 的路由选择顺序。

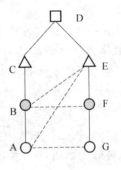

题图 9.1

9-2 请分别设计分组网络中的扩散算法和选择扩散算法。

9-3 举例说明 RIP 内部网关协议中存在的"无穷计数"问题。

9-4 某互联网络由 A 到 G 共 7 个 BGP 路由器互联而成。其中的 E 与 A 和 C 已经建立邻居关系,并收到了这两个路由器如下的路由信息:A—B,A—E—C,A—E—C—D,A—F,A—F—G;C—B—A,C—B,C—D,C—D—G,C—B—A—F。请画出立足 E 点的网络拓扑视图,并给出 E 到 D 的路由。

第 10 章

网络自愈技术

光纤传输网络具有很大的通信容量,一旦发生光缆被切断等故障,将会带来严重的损失。因此光纤传输网络必须具有较强的抵抗故障或灾害的能力。自愈便是提供这种能力的最重要的机制。本章对 SDH 光纤传输网络中采用的自动保护切换(APS)、自愈环(SHR)、分布式故障恢复(DR)3 种自愈机制进行讨论。对 DR 中的路由选择问题、容量一致性问题以及自愈网(SHN)协议进行分析。

10.1 概 述

10.1.1 SDH 光纤传输网络故障及自愈

一条 1.2 Gbit/s 速度的光纤可以容纳 16 000 路以上的电话,一根光缆可以容纳 48 条光纤,也就是说可以容纳 76.8 万路以上的电话。这样巨大的通信容量在带来经济效益的同时,也对网络的可靠性提出了极高的要求。骨干传输网络上的光缆一旦发生故障,将对业务量产生巨大影响,带来难以估量的经济损失。造成光缆破损的原因很多,如挖掘机械、雷击、树根、火灾、枪弹、车祸、船锚、鲨鱼等。

除光缆破损外,传输网络的节点也可能由于地震、洪水、火灾等自然灾害而失效,节点的设备也会发生电子故障。

面对这种情况,如果缺乏有效的防范措施和抵御能力,网络的可靠性就无从谈起。为了迅速有效地对故障做出反应,将损失降低,光纤网络必须具备有效的自愈(self healing)机制,即在网络发生故障时,无须人为干预就能自动而迅速地提供替代路由,重新配置业务,恢复通信。网络的自愈机制是提高网络可靠性尤其是存活性的主要手段之一。自愈机制的实现需要备用设备和线路容量,这涉及增加网络的建设成本。另外,对自愈机制存在速度和容量的要求。成本和要求之间往往存在矛盾,一个好的自愈方案就是在成本和要求之间获得折中的最佳方案。

10.1.2 自愈体系

目前有 3 个自愈体系：自动保护切换（APS）、自愈环（SHR）以及基于数字交叉连接的自愈网（SHN）。

APS 通过向备用系统切换来恢复业务。防止光缆被切断，需要 1∶1 的 APS，并且备用系统必须选取不同的路由，即异径保护（DRP）。在 DRP 中，保护线路不与被保护的服务线路在一起，因而能够避免光缆切断时的服务中断。DRP 是快速路由选择体系结构，在这种体系结构中，每个 DRP 系统只服务于两个中间没有终端的端局。因此，当对某局间的恢复速度要求较高时，DRP 是比较适当的体系结构。

SHR 有多种，基本上可以看成是 1∶1 或 1∶N APS 的扩充。例如，单向 SHR（U-SHR）使用 2 条互为反方向的光缆，环上的节点对 2 个方向来的信号形成 1∶1 的保护。而共享保护环 SHR 类似于 1∶N APS 系统。

SHN 是基于数字交叉连接（DXC）的自愈机制。SHN 与预先保留容量的 APS 及 SHR 相比具有优越性。它能够灵活地处理网络故障或业务量的变化，进行资源自组织。SHN 在每个节点上配置 DXC，利用光波跨接（span）形成节点间的连接。当一个跨接失效，导致两个节点间服务通道中断时，通过对其他跨接上的备用通道进行交叉连接形成恢复通道。目前，SHN 在实际应用中一般采取中心控制器对恢复过程进行控制。这要求控制器在它的数据库中维护一个网络视图。在收到故障信息时，控制器确定受影响的设备，通过计算决定迂回路由，并指示 DXC 实现这些路由，从而恢复服务。SHN 也可以采用分布式控制方法。分布式控制方法在 DXC 之间利用"扩散"机制传递信号，建立恢复通道。分布式控制方法明显的优点是处理器的负载对网络规模不敏感，因为各个节点上的处理只在其周围有限的范围内进行，仅限于与相邻的节点交换信息，因而明显地缩短了恢复时间。并且，由于与 DXC 紧耦合，消除了"数据库同步"的难题（集中控制器需要维护 DXC 交叉连接状态的精确视图）。

10.1.3 故障恢复速度及备用容量效率

(1) 故障恢复速度

不同的用户对故障恢复速度要求也不同。有的用户对网络的无间断运行具有强烈的依赖性，如银行自动取款机、大贸易公司等。对于这类用户，用以技术上能达到的最短时间进行故障恢复，目前这个时间约为 50 ms。但是多数应用的容许范围可以在几秒钟到几分钟之间。在业务成本比较低的时候，可以达到 30 min。

实验结果表明，50～200 ms 的传输中断将引起电路转接业务 5% 以下的呼损率的增大，对 7 号信令网的影响很小。传输中断 2 s，所有电路转接的连接都将被切断。中断 10 s，多数音频数据 MODEM 将出现超时，连接型数据会晤也会由于超时而中断，X.25 的会晤也会被切断。5 min 以上的传输中断,将引起数字交换机的严重拥塞。

由此可见,2 s 是一个门限,这个时间被称为连接切断阈值(CDT,Connection Dropping Threshold)。如果能在 2 s 以内完成故障恢复,话音用户会略有察觉,数据用户的会晤基本上不会被切断。因此,故障恢复系统的响应目标被定为 2 s。

目前,许多通信系统的故障恢复都是靠手工操作交叉连接器。平均故障恢复时间为 6~12 h,而且主要时间花在向无人中继站派人上。随着 DXC 的引入,故障恢复时间将大大缩短。但是,采用集中控制方式是难以达到 2 s 这个目标的。分布式控制不要求集中运算及网络实时数据库功能,也不要求节点具有向集中局传送数据及报告故障的功能。因而具有恢复速度快的特点。实验结果已经证明:采用分布式控制方法可以达到 2 s 这个目标。

(2) 备用容量的效率

采用 APS 系统进行故障恢复,需要 100% 的冗余度。采用单向 SHR,每个方向光纤环路的带宽必须要超过环上所有端到端通信需求量的总和。采用自我保护(SP)环路,环上所有跨接的备用容量决定于两个相邻节点间的通信需求量。

与此相对比,SHN 由多种网络路由形成故障恢复路由,可以灵活地进行故障恢复。各个跨接的备用容量对应多个环路的故障。由于备用容量高度共享,因此具有很高的利用率。

10.2 自动保护切换(APS)

10.2.1 APS 的两种体系结构

在 SDH 标准中,定义了两类 APS 体系结构:1+1 APS 和 1:n APS。在 1+1 结构中,同步传输模块(STM-N)同时在工作信道(段)和保护信道(段)上发送,也就是说在发送端 STM-N 信号永久地与工作信道和保护信道相连。接收端的复用段保护功能(MSP)对两个信道上的 STM-N 信号条件进行监视,并选择较合适的一路信号。这种保护方式可靠性较高,高速大容量系统经常采用。特别是在 SDH 发展初期,或网络的边缘处没有多余路由可选时是一种常用的保护措施。缺点是成本较高。

1:n APS 体系结构能够将 n 个工作信道中的任意一个切换到唯一的保护信道上。保护信道由 n 个工作信道共享。在两端,n 个 STM-N 信道中的一个信道与保护信道相连。MSP 对接收信号状况进行监视和评价,执行桥接和从保护信道选择合适的 STM-N 信号。需要注意,1:1 结构是 1:n 结构的特例。它具有 1+1 结构的保护能力,但由于 1:1 结构的保护信道可用以提供低优先级的附加业务(工作信道切换至保护信道时,附加业务丢失),因而系统效率高于 1+1 方式。

10.2.2 APS 协议

APS 协议通过 SDH 段开销中的 K1、K2 字节进行通信。K1 字节用于请求切换信道,1~4 位表示请求的类型,5~8 位表示请求切换的信道号。K2 字节用于确认桥接到保护信道的信道号,1~4 位表示桥接到保护信道的信道号,第 5 位为 0 时表示 1+1 APS,为 1 时表示 1:n APS,6~8 位保留。

APS 协议的操作可以概括如下(参考图 10.1):当一个故障被检测出来后,尾端通过保护信道发出包含故障信道号的 K1 字节。首端在收到 K1 字节后,桥接该西-东信道,并发出 K1 和 K2 字节。K1 字节用于反向请求(对双向切换),K2 字节用于确认。在尾端节点,接收的 K2 字节证实信道号,并完成西-东信道的保护切换。同时,按照 K1 的要求,东-西信道被桥接。为完成双向切换,K2 字节从尾端发出。当该 K2 字节被头端接收时,东-西信道被切换,从而完成 APS 过程。

在 1+1 APS 结构中,由于头端固定桥接,因此切换的决定只需由尾端单独做出。对双向切换,K1 字节被用于向另一端传送信号状况,而实际的切换由尾端决定。

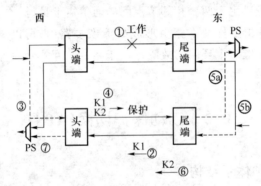

图 10.1 APS 协议

10.2.3 异径 APS(APS/DP)

基本 APS 的工作纤与保护纤在同一路由上,通常在一条光缆中。一旦光缆被切断,工作纤与保护纤同时切断,无法提供保护。异径 APS 将工作纤与保护纤放在不同路径的光缆上,因此这种结构可以对光缆被切断所产生的故障进行保护。

APS/DP 也有 1:n 和 1+1 两种结构,其 APS 协议与基本 APS 相同。

10.3 自愈环

10.3.1 自愈环(SHR)

由于具有共享带宽和提高存活性的特点,环型网络结构得到了广泛的应用。自愈环就是一种环型网络结构。SDH 自愈环可分为两类:双向 SHR(B-SHR)和单向 SHR(U-SHR)。环的类型决定于每对节点间的双工信道的方向。双工信道的两个方向相反(一个为顺时针,另一个为逆时针)的 SHR,被称为 B-SHR,而双工信道的两个方向相同(同为顺时针,或同为逆时针)的 SHR 被称为 U-SHR。图 10.2(a)和(b)描述了 B-SHR 的例子,(c)描述了 U-SHR 的例子。在图 10.2(a)和(b)的节点 2 和节点 4 之间的双工信道中,节点 2 到节点 4 的信道方向为顺时针(2→3→4),节点 4 到节点 2 的信道方向为逆时针(4→3→2)。在图 10.2(c)的节点 2 和节点 4 之间双工信道中,节点 2 到节点 4 的信道方向为顺时针(2→3→4),节点 4 到节点 2 的信道方向也为顺时针(4→1→2)。因此 B-SHR 需要两条工作纤承载一个双工信道,而 U-SHR 只用一条工作纤承载一个双工信道。为了对节点失效和光缆被切断提供保护能力,B-SHR 可以使用 4 条光纤(即一对工作光纤和一对保护光纤)或 2 条光纤(即所有的工作纤都有用于保护的备用容量);U-SHR 只需 2 条光纤(即一条工作纤,一条保护纤)。

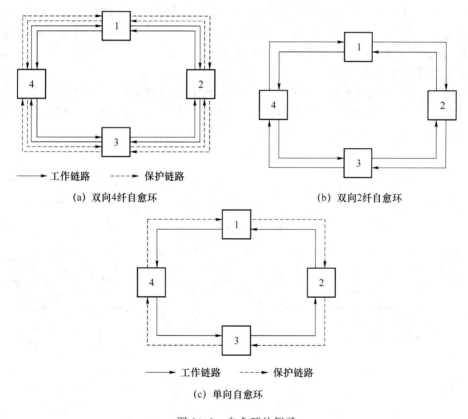

(a) 双向4纤自愈环　　　　　　(b) 双向2纤自愈环

(c) 单向自愈环

图 10.2　自愈环的例子

每种类型的环,都可以采用两种 SDH 自愈控制模式:线路切换和通道切换。线路切换模式使用 SDH 线路开销信道进行保护切换(在 SDH 中有通道、线路以及段边界 3 个层次,每个层次上都提供开销信道,以便进行分层维护),恢复由设备故障引起的线路要求;而通道切换模式使用 SDH 通道开销信道,恢复各个端到端服务通道。

另外,通道切换以环中每个通道的质量为基础保护业务。而线路切换是以每对节点间的线路的质量为基础的。当一条线路发生故障时,在故障的边界处整个线路都被切换到保护环路上。

10.3.2 单向自愈环(U-SHR)

U-SHR 只用 2 条光纤,一条工作,另一条备用。每个节点一个插/分复用器(ADM)。在 U-SHR 中,一个双工信道的两个方向经由两节点间的不同路由,利用 APS 环回或通道选择获得自愈能力。利用 APS 环回获得自愈能力的 U-SHR 被称为线路切换 U-SHR;利用通道选择获得自愈能力的 U-SHR 被称为通道切换 U-SHR。

(1)线路切换 U-SHR(U-SHR/APS)

U-SHR/APS 的工作原理见图 10.3(a),它的每一个节点在支路信号插/分功能前的每一高速线路上都有一个保护切换。正常情况下,信号仅在工作纤(S)中传输,保护纤(P)是空闲的。例如,从 A 到 C 信号 AC 的路由为在 S 纤上 A→B→C,从 C 到 A 的信号的路由为在 S 纤上 C→D→A。

如图 10.3(b)所示,当节点 B 和节点 C 之间的光缆被切断时,节点 B 和节点 C 执行环回功能。此时,从 A 到 C 的信号 AC 的路由为在 S 纤上 A→B,再在 P 纤上 B→A→D→C,从 C 到 A 的信号的路由仍为在 S 纤上 C→D→A。

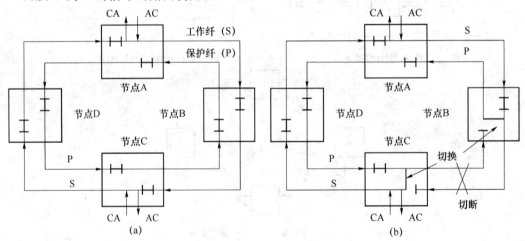

图 10.3 线路切换 U-SHR

在 U-SHR/APS 中,接收机和发射机的电子故障、光纤切断以及节点失效均由线路切换保护。

(2)通道切换 U-SHR(U-SHR/PP)

U-SHR/PP 的体系结构以信号双重输入概念为基础。它在每个节点有一个 ADM

和以相反方向传送业务量的一对光纤。信号按顺时针和逆时针两个方向被输入环中，在接收节点可以观察到具有不同时延的两个完全相同的信号。这两个信号被分别指定为主信号和辅信号。在正常操作中，尽管两个信号都被监测，但只使用主信号。如果环被切断，可以执行适当的保护切换来选择辅信号，使业务得到恢复。

如图10.4所示，在正常状态下 U-SHR/PP 的业务路由是单向的。从节点 A 到节点 C 的业务通过工作纤（S）顺时针传递，节点 C 到节点 A 的业务也通过 S 纤顺时针传递。注意发送侧的信号也被送到保护纤（P）上，所以在 P 纤上有一个逆时针传送的保护通道。每个通道分别根据信号质量标准进行切换。假如光缆在节点 B 和节点 C 之间被切断，每个正常情况下通过被切断线路的通道在它的接收节点被切换到保护纤，即节点 A 到节点 C 的业务量将被切换到 P 纤。从节点 C 到节点 A 的业务量仍然在 S 纤上传送，两个节点间的业务流向暂时为双向。未受影响的其他通道保持不变。

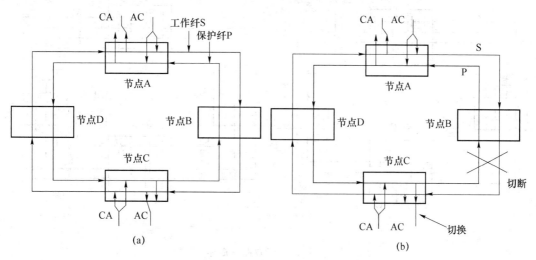

图 10.4 通道切换 U-SHR

在 U-SHR/PP 中，接收机和发射机的电子故障、光纤切断以及节点失效均由通道切换保护。

10.3.3 双向自愈环（B-SHR）

根据备用容量分配的不同，B-SHR 可以使用 4 条光纤或 2 条光纤。4 纤和 2 纤 B-SHR 分别用 B-SHR/4 和 B-SHR/2 表示。

（1）B-SHR/4

如图10.5所示，B-SHR/4 体系结构的保护能力是利用 APS 在光缆被切断或节点故障的情况下执行环回功能实现的。B-SHR/4 中的业务量在相同路由的 2 条光纤上双向传送,2条保护纤作为备用。在光缆切断的情况下,业务量在下一个节点被阻截,而通过保护纤被反向送往目的地。B-SHR要求每个工作ADM有一个保护ADM,以及每个节点一个1:1的非还原型电子保护开关。非还原型1:1开关是一种当故障线路修复后信号不需要切换回来的保护开关。

4纤双向环具有以下特点:用普通的跨接保护对接收机和发射机电子故障或者单根光纤故障进行保护。只是在光纤全部切断或节点失效时需要用线路切换进行保护。从图10.5(b)中可见,4纤双向环对光缆切断的自愈反应等效于"实时"异径,即在形成异径保护线路的过程中,断点的相邻节点在保护环路中起终端的作用,中间节点起中继器的作用。因此,只有在光缆被切断或节点失效时,4纤双向环才发挥环的作用而不是插/分链的作用。

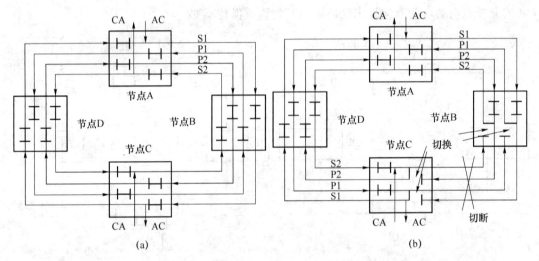

图 10.5 4纤双向自愈环

(2) B-SHR/2

采用4条"逻辑"纤,2纤配置也能获得4纤双向环的一些有利特性。在4纤双向环中,每个跨接都有两个方向的业务量,每个方向上工作容量和保护容量相同。如图10.6所示,2纤双向自愈环采用2条光纤,每条用于一个方向的业务量,并将每条的容量等分用于工作和保护。在这种模式下,将业务量平均分开后,分别送入外环(环B)和内环(环A),但每个环只提供半数时隙来承载业务量,其余的半数时隙用于保护。当光纤被切断或设备失效时,业务量被自动切换到相反方向的空的时隙中。

在2纤双向环中,接收机和发射机的电子故障、光纤切断以及节点失效都由线路切换功能保护。

2纤双向环的可靠性类似于1:n APS,这里的n等于节点数。图10.6(b)表示4个跨接竞争一条保护环路。当一个故障引起环的环回切换后,其他故障就无法获得环回。这正像 1∶4 保护切换一样,一旦一个服务线路获得保护,其他的服务线路就不能再获得,除非它具有更高的优先级。

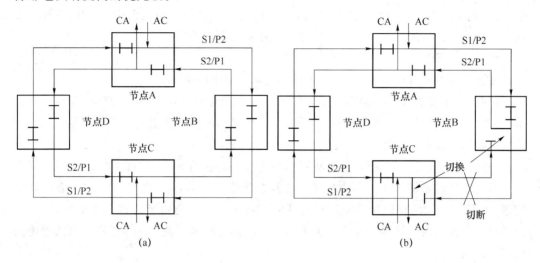

图 10.6　2 纤双向自愈环

不管是单向 2 纤自愈环还是双向 2 纤自愈环,都不能通过跨接切换保护电子故障。2 纤双向自愈环用环路保护切换机制保护所有故障,用增加保护电子故障所消耗的电路来换取对光纤/节点故障的保护。4 纤双向自愈环能够在提供对光纤/节点故障保护的同时,不增加保护电子故障所消耗的电路。

10.4　分布式故障恢复

10.4.1　基本概念与术语

(1) 分布式故障恢复的概念

分布式故障恢复(DR)的中心思想,是将每个 DXC 装置看做是连接多条通信链路,具有高度处理能力的计算机。基于 DXC 的传输网络是分布式互连的大规模的多处理器系统,它们在各自的拓扑范围内进行通道的计算。在这种计算中,数据库分布在网络中,各个节点以独立的方式运行,不需要传统的集中式数据库。

为了实现 DR,需要控制策略具有以下特性:

① 节点不获取或不依赖网络的全局描述;

② 每个节点都自律动作,不依赖外部的管理;

③ 各个节点只利用从链路上获得的局部数据;

④ 各个节点独立算出的交叉连接与所有其他节点构成的连接相配合,共同在网络级合成一个完全连通的路由计划。

DR 的目的并不是替换网络整体的集中控制方式,而是对集中管理系统进行实时辅助。NE 将对紧急事件自治地进行反应,但最后还要通过与网络运营中心(NOC)的正常联络来请求批准故障恢复动作或其他正常的开通或维护的执行。

(2) 技术用语

在讨论分布式故障恢复之前,必须对有关术语给予明确定义。

链路(link)是指相邻节点间某个特定的双向载波信号。例如,一个双向 STM-4 光纤系统实现 4 条 STM-1 链路。一般地,通过交叉连接形成恢复通道的容量单位是链路。网络中链路的链接形成通道(path)。

跨接(span)是指两个相邻节点间所有平行链路的集合,一个跨接中的链路可以来自多个不同的传输系统。跨接根据终端节点名来命名,如(A,B)。也可以用 $S[i]$ 表示网络的第 i 个跨接。网络中跨接的链接形成路由(route)。一个路由可以包含多个通道,一个通道只有一条路由。链路与通道的关系类似于跨接与路由的关系。通道和路由的理论长度用跨接数来定义。

工作链路(working link)是指使用中的链路。

备用链路(spare link)是已被装备的随时可以投入使用的链路。

相邻节点(adjacent node)是由一个跨接直接连接起来的节点。

保护节点(custodial node)是发生故障的跨接两端的节点。

恢复通道(restoration path)由备用链路组成,用于逻辑地替换某条被故障阻断的工作通道,故障通道可以被全部替换,也可以被部分替换。

(3) 跨接恢复与通道恢复

在跨接恢复中,用替代通道替换保护节点间的跨接。在通道恢复中,通过端到端地为每条受故障影响的工作通道重新安排路由来设计替代通道。图 10.7 以始点至终点间只有 1 条通道为例示意了跨接恢复与通道恢复的区别。

图 10.7 还描述了纯跨接恢复与纯通道恢复的迂回路由选择的范围。从中可以看出,越远离故障点选择,迂回路由的选择范围越大,也就越容易避免图 10.7(a)中的逆传。

跨接恢复是要找出一个替代通道集合,使其中所有的通道都具有相同的端点。换句话说,就是在两个端点之间找出 k 条通道,其中的 k 是故障跨接上的工作通道数。对比而言,通道恢复需要识别通过故障跨接的各条通道的源和目的地,然后为每对源和目的地生成端到端的替代通道。

通道恢复将单个节点对间的路由选择问题变成多个节点对间的路由选择问题,并且每个节点对间要求若干条通道。但是,复杂性换取了对备用容量要求的降低。为了获得故障恢复的最佳效率,必须找出适合备用容量状况的最佳通道恢复路由,所以必须考虑各个节点对所有顺序的路由选择过程。这使最优通道恢复比最优跨接恢复更加复杂。在实际中,可以在端节点对之间以任意顺序采用跨接恢复来得到一个准最优结果。

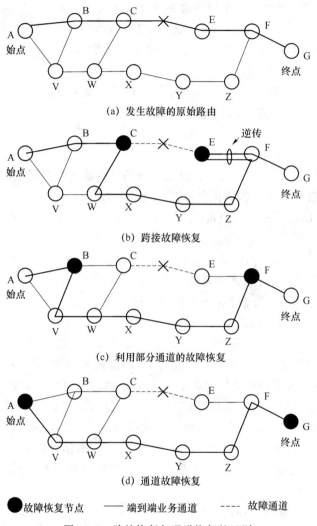

图 10.7　跨接恢复与通道恢复的区别

(4) 故障恢复与路由选择的关系

首先将 DR 与分组交换或电路交换的路由选择过程进行比较。许多分组交换网络的路由选择算法和电路交换的路由迂回方法虽然进行的是分布式路由选择,但本质上却采用集中式计算方法获得路由计划。为了对跨接中断进行恢复,保护节点之间需要多条替代通道。替代通道数应等于发生故障的工作链路数。每条恢复通道必须是专门替代一条故障链路的完全封闭的传输通道。而且,替代通道集合的路由选择必须与各个跨接上的离散的容量限制相一致。由于光载波信号在空间上、时间上和频率上完全充满恢复通道。

因此,恢复通道集合要满足以下条件:
① 各自的链路要相互独立;
② 合起来要与网络中每个跨接的总备用容量一致。

这些特性与普通的路由选择问题相比具有特殊性,即分组、电话、卡车、信件、列车等不像光载波信号那样在空间上、时间上、充满路由上的媒体。

(5) 跨接恢复的路由选择公式

对跨接(A,B)进行故障恢复,采用以下信息描述恢复通道:

$$k_{AB} = \min(W_{AB}, T_{AB}) \tag{10-1}$$

$$\boldsymbol{R}_{AB} = [\boldsymbol{r}_1 \cdots \boldsymbol{r}_k] \tag{10-2}$$

这里,W_{AB}是跨接(A,B)中的工作链路数;

T_{AB}是备用链路在 A 和 B 之间拓扑上可行的链路独立的通道数;

$\boldsymbol{R}_{AB}$是下式表示的具有各种长度的k_{AB}条恢复通道的集合。

$$\begin{aligned}
\boldsymbol{r}_1 &= [\mathbf{A}, u_{<1,2>}, x_{<1,1>}], [u_{<1,2>}, u_{<1,3>}, x_{<1,2>}], [u_{<1,n(1)>}, \mathbf{B}, x_{<1,n(1)>}] \\
&\vdots \\
\boldsymbol{r}_k &= [\mathbf{A}, u_{<k,2>}, x_{<k,1>}], [u_{<k,2>}, u_{<k,3>}, x_{<k,2>}], [u_{<k,n(k)>}, \mathbf{B}, x_{<k,n(k)>}]
\end{aligned} \tag{10-3}$$

这里,$[u_{<i,q>}, u_{<i,q+1>}]$为第 i 条恢复通道上第 q 个跨接;

$x_{<i,q>}$是第 i 个恢复通道中第 q 个跨接的链路的号码;

$n(i)$是第 i 条恢复通道的逻辑长度。

$[u_{<i,q>}, u_{<i,q+1>}, x_{<i,q>}]$表示第 i 条恢复通道的第 q 条链路的号码为$x_{<i,q>}$。$\boldsymbol{R}_{AB}$被称为节点对 AB 的恢复计划。式(10-3)意味着,跨接恢复需要说明各个跨接中的链路怎样相互连接,这对于实现 DR 是非常重要的。另外,因为必须在每个节点为各个替代通道指定各自的交叉连接信息,因此,故障恢复方法必须以跨接内各个链路为处理对象来构成。一般的路由选择方法不包含详细的交叉连接信息,因此$\boldsymbol{R}_{AB}$要由专门的故障恢复路由选择机制生成。任何恢复计划中的通道集合还必须同时满足以下约束条件。

约束条件 1:链路独立。恢复计划的一条通道中使用的所有链路不允许出现在该计划的其他恢复通道中。

$$\text{if}[u_{<q>}, u_{<p>}, x_{<i>}] \in \boldsymbol{r}_j \text{ then}[u_{<q>}, u_{<p>}, x_{<i>}] \notin \boldsymbol{r}_z \forall_z \neq j \tag{10-4}$$

约束条件 2:容量一致。利用相同跨接的所有通道的总和不超过该跨接的备用容量数。设 S 表示网络内的跨接数,r_i 表示恢复计划的第 i 条通道,$S(m)$表示第 m 个跨接,$C[m]$表示第 m 个跨接的备用链路数,$|\cdot|$计算通道经由第 m 个跨接的次数。则必须满足:

$$\forall m = 1 \cdots S; \sum_{i=1}^{k_{AB}} |[r_i] \cap [S(m)]| \leqslant C[m] \tag{10-5}$$

约束条件 3:映射保障。除了在保护节点间找出需要的通道数,两个保护节点还必须共用一个模式来安排替代通道的顺序。即如果 $M(\boldsymbol{R}_{AB}) \to \mathbf{Z}$ 表示将一个恢复计划中的恢复通道向整数集合 $\mathbf{Z}$ 中的元素进行一对一映射的函数,对于节点对 AB 间恢复通道的任意集合，节点 A 的映射函数 $M_A(R_{AB})$ 必须与节点 B 的映射函数 $M_B(R_{AB})$ 相等。

$$M_A(\boldsymbol{R}_{AB}) = M_B(\boldsymbol{R}_{AB}) \tag{10-6}$$

约束条件 4：通道总体最短。设运算 $L(r_j)$ 获得恢复通道 r_j 上的跨接数，由 k_{AB} 个恢复通道构成的恢复计划 $\boldsymbol{R}_{AB}$ 必须满足：

$$\sum_{j=1}^{k_{AB}} L(\boldsymbol{r}_j) = L_{\min} \tag{10-7}$$

这里，$L_{\min}$ 是含有 k_{AB} 个通道的 AB 节点间的故障恢复通道的总长的最小值。

以上是关于跨接恢复的公式。通道恢复的公式也可以类似地获得。

10.4.2 可用的路由选择算法

(1) 计算复杂度问题

表 10.1 总结了各种 DR 路由选择算法的计算复杂度。

表 10.1 DR 路由选择算法的计算复杂度

DR 路由选择算法	计算复杂度	
在中继网络中寻找最小成本替代路由	$O(n^2)$	(10-8)
采用前 k 条最短替代通道进行跨接恢复	$O(kn^2)$	(10-9)
采用最小成本最大流算法进行跨接恢复	$O(n^3)$	(10-10)
采用连续最短通道算法对跨接中断进行通道恢复	$O(kn^4)$	(10-11)

式(10-8)表示在图中找出最短替代路由的复杂度。这是基于 dijskstra 最短路由算法的计算复杂度得到的。对该标准下的故障恢复而言，单个路由上必须至少有与因故障而丧失的容量相等的容量。这虽然是最简单的方法，但在网型故障恢复方法中，需要的备用容量最多。因为每个跨接的所有备用容量只能被用在一条路由上。

式(10-9)是利用链路独立的前 k 条最短通道(KSP)进行跨接恢复。它通过反复运行寻找单个最短通道的算法来实现。这种方法复杂度不是指数上升的，最多为每个跨接平均工作链路数的数倍。

式(10-10)表示用最小代价下的最大流路由选择算法进行跨接恢复。它的计算复杂度为 $O(n^3)$，这是因为首先要计算两个节点间的最大可能的流，然后还要找出实现这个流的通道的集合。

准最优通道恢复的计算复杂度又增加了一个新的量级。式(10-11)表示的是一个跨接的中断可能对网内所有工作通道都产生影响的情况。这等于求解 $n(n-1)/2$ 个 KSP 问题。然而，这正是通道故障恢复的本来形式。式(10-11)的计算所获得的结果不是最短的，通道数和通道的长度都只是准最优的，而且，也难以预测生成的通道数。

(2) 最大流(MF)问题

最大流路由选择基于最小割集最大流(min-cut max-flow)定理进行。在故障恢复应用中,这个定理的意思是,AB节点对间能找出的故障恢复通道的最大数等于将A和B分割开的任意的割集中备用容量的合计的最小值。但是这时不包括(A,B)间故障跨接的备用容量。这里的割集是指某跨接的集合,如果从网络中将这个集合去除,网络将被分割成为2个分离的子网。图10.8显示了与跨接(A,B)的故障恢复有关的几个割集。备用容量最小的割集也可以说就是管道最小的横断面。它限定了AB节点对的最大流。最大流的计算复杂度为$O(n^3)$,但是这个复杂度并没有包括计算恢复通道集合的计算量。

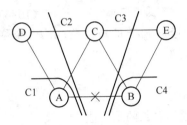

图10.8 与跨接(A,B)恢复有关的网络割集

(3) 链路独立的前k个最短通道(KSP)

KSP在计算上比MF简单,并能给出可供恢复时采用的具体的通道集合。可是通道集合不一定能给出MF的容量。KSP通道集合由最短路由上的所有通道、不使用最短路由上的链路的第二短路由上的所有通道、不使用上述两条路由上的链路的第三短路由上的所有通道、直至第k短路由上满足条件的所有通道所组成。已经证明,根据自愈网(SHN)协议得到的通道集合与集中方式计算的KSP相同。但这些通道集合在SHN中是并行分布求出的。

由于KSP生成可实现的通道集合比MF易于计算,因此已经成为网型故障恢复系统的一般方法。但是对于跨接恢复来说,需要知道KSP路由选择在多大程度上接近最佳结果MF的容量。图10.9显示了用KSP求出的故障恢复通道的解不等于MF容量的一种情况。节点1和节点4之间只有两个链路独立的通道。一条为1—5—3—4,另一条为1—2—6—4。可是,如果通道1—2—3—4被选择,节点1和节点4之间只能得到一条链路独立的通道。在KSP算法中,这种选择是可能的。但是MF算法将必定得到两条独立的通道。因此KSP算法和MF算法并不总是一致的,然而在实际中这种情况发生的可能性很小。因此KSP现已被作为DR系统的有效而实用的手段。

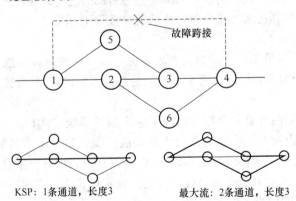

图10.9 KSP与MF算法的差别

10.4.3 分布式恢复的性能测定

(1) 跨接恢复率和网络恢复率

跨接 i 的恢复率：

$$R_{s,i} = \frac{\min(w_i, k_i)}{w_i} \tag{10-12}$$

这里，k_i 为可由 DR 恢复的通道数，w_i 为工作链路数，如果 $k_i \geq w_i$，$R_{s,i}=1$，网络恢复率：

$$R_n = \frac{\sum_{i=1}^{S}[\min(w_i, k_i)]}{\sum_{i=1}^{S}[w_i]} = \frac{\sum_{i=1}^{S}[R_{s,i} \cdot w_i]}{\sum_{i=1}^{S}[w_i]} \tag{10-13}$$

这里，S 为网络中的跨接数。R_n 并不等于各个跨接恢复率的平均。根据定义，R_n 与各个跨接的工作容量值有关，为被保护的工作容量的合计与总工作容量之比。这意味着大容量的跨接对网络的总体性能影响较大。

一个网络在最坏情况下的恢复率，被定义为网络中所有跨接中的最低恢复率：

$$R_{n,wc} = \min_{i \in S}\{R_{s,i}\} \tag{10-14}$$

在 $R_n < 1.0$ 时，$R_{n,wc}$ 可以用于判断是多条跨接都稍低于完全恢复，还是只有一条或几条跨接几乎完全没有恢复。

(2) 通道数效率(PNE)

$R_{s,i}$、R_n、$R_{n,wc}$ 都依赖于网络设计和故障恢复路由选择机制。对于给定的故障恢复等级，网络备用容量较大时较弱的路由选择机制也可达到目标，反之，就需要较强的路由选择机制。因此，对路由选择机制的实质性能的测定需要独立于测试网络。根据这一观点，比较分布式恢复算法(DRA)效率的最有意义的方法是，设网上每个故障跨接所影响的工作链路数为无限大，并将获得的恢复通道集合与 KSP 算法的参考方案相比较。设所有 w_i 为无限大，就会使 DRA 在给定的网络中受到寻找通道的最大压力。通过与 KSP 参考方案相比较就可以对 DRA 的路由选择效率进行评价。通道数效率(PNE)的定义如下：

$$\text{PNE} = \frac{\sum_{i=1}^{S} k_{dra,i}}{\sum_{i=1}^{S} k_{ref,i}} \tag{10-15}$$

这里，$k_{dra,i}$ 为利用被评价的 DRA 在"最大压力"条件下获得的恢复跨接 i 故障的通道数，$k_{ref,i}$ 为利用 KSP 算法获得的恢复跨接 i 故障的参照通道集合的通道数。如果 PNE 小于1，意味着实现不了 KSP 算法所算出的通道数。PNE 等于1意味着能够获得集中式 KSP 的同等性能，但并不意味能将故障100%地恢复，而只是意味着最大限度地利用了备用容量。

(3) 通道长度效率(PLE)

在故障恢复中,除了有效地利用备用容量之外,降低信号传输时延对于远距离网络来说也是很重要的。在极端情况下,通道长度性能不好,会导致通道数的下降。因此 PLE 与 PNE 不是完全无关的。因此,与 PNE 类似,需要有一个将被评价的 DRA 与 KSP 的时延性能相比较的尺度。PLE 的定义如下:

$$\text{PLE} = \frac{\sum_{i=1}^{S} \left[\sum_{j=1}^{k_i} L(P_{\text{ref},i,j}) \right]}{\sum_{i=1}^{S} \left[\sum_{j=1}^{k_i} L(P_{\text{dra},i,j}) \right]} \tag{10-16}$$

这里,$L[P]$ 为通道 P 的长度,$P_{\text{ref},j}$ 为利用 KSP 所得到的恢复计划中第 j 条通道的长度,$P_{\text{dra},j}$ 为利用被评价 DRA 所得到的恢复计划中第 j 条通道的长度。这里要求对应每个跨接,DRA 和 KSP 的通道数要相等,因为 PLE 只有在恢复通道数相同的时候才有意义。

(4) 恢复速度的性能尺度

① 第一恢复通道时间(t_{p1}):即最快能在多长时间内找出第一条故障恢复通道。这个尺度对于恢复高优先级的电路具有重要意义。

② 完全恢复时间(t_R):找出所能实现的最后一条恢复通道的时间。这里的"完全恢复"并不意味着 100% 的故障恢复,而是与恢复率无关的恢复过程结束的时间。

③ 个别及平均中断时间($t_{\text{p},i}$),(t_{pav}):$t_{\text{p},i}$ 为恢复第 i 条工作通道所需的时间,t_{pav} 是 $t_{\text{p},i}$ 的平均值。

④ 95%恢复时间(t_{95}):95%的链路得到恢复的时间。

10.4.4 DRA 中的容量一致性问题

DRA 的中心问题是容量一致性问题,即前面提到的约束条件 2。下面进一步讨论这个约束条件的意义,以便理解 DRA 的主要技术问题。

目前使用的 DRA 是以扩散(flooding)和反向连接(reverse linking)为基础的。扩散的基本思想来自数据网络中分散有关网络配置的更新信息所用的扩散算法。但是,在这种用法中,扩散过程不作为决定网络节点间路由的机制。路由选择通常由各个节点中的算法决定,它根据扩散过程分散来的网络数据,计算对各个目的地的时延或其他代价量度。在拓扑更新信息的扩散中,转接的顺序并不重要,允许出现环路。

DRA 必须对数据网络中的扩散算法进行改进,使其在各个节点之间能够得到一个完整的、链路独立的无环通道集合。这个通道集合必须总体上最短并且与各个跨接上可用的备用链路数一致。

利用简单扩散算法实现的 DRA 每次反复只能获得一条路由上的通道。一次获得所有通道的 DRA 中的扩散与简单扩散明显不同。例如,图 10.10 中跨接(6,7)发生故障。

图中给出了自愈网(SHN)协议的一次反复所建立的 10 条 KSP 恢复通道。现在利用简单扩散算法查找从节点 6 开始到节点 7 的所有不同的路由。

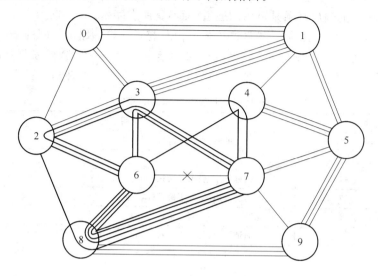

图 10.10　DRA 中的容量一致性问题示意图

简单扩散在 1 次跳转中可得到 3 条长度为 2 的路由,并且每个路由都能提供可行的通道。见表 10.2。

表 10.2　长度为 2 的路由

路由	可用通道数
6—4—7	1 条(受限于跨接(6,4))
6—3—7	2 条(受限于跨接(6,3))
6—8—7	4 条(受限于跨接(6,8))

在 2 次跳转中,简单扩散可得到 6 条长度为 3 的路由。但这时简单扩散已经出现问题,因为有 4 条路由没有容量一致的通道可用。如表 10.3 所示。

表 10.3　长度为 3 的路由

路由	可用通道数
6—2—3—7	1 条通道可用
6—3—4—7	无通道可用(受限于跨接(6,3))
6—4—5—7	无通道可用(受限于跨接(6,4))
6—8—9—7	无通道可用(受限于跨接(6,8))
6—2—8—7	1 条通道可用
6—4—3—7	无通道可用(受限于跨接(6,4),(3,7))

关键是简单扩散对所有不同路由的列举,不等于容量一致的不同的恢复通道的找出。虽然人们容易看出哪些路由是可行的,但 DRA 在用扩散算法试探网络时必须包含一个辨别方法。DRA 的输出必须是可用的通道,而不是所有路由。

随着跳转次数的增加,简单扩散产生的路由与容量一致的路由之间的分歧就更大了。在 4 次跳转中,可列举 7 条不同的路由,但只有 1 条提供了容量一致的恢复路由。在 5 次跳转中,可列举 21 条路由,只有 1 条是可用的,并且,出现了 4 个环路。见表 10.4。

表 10.4　长度为 4 和 5 的路由

路由	可用通道数
6—3—1—4—7	无通道可用(受限于跨接(6,3))
6—2—3—4—7	1 条通道可用
6—3—4—5—7	无通道可用(受限于跨接(6,3))
6—3—1—5—7	无通道可用(受限于跨接(6,3))
6—8—9—5—7	无通道可用(受限于跨接(6,8))
6—4—5—9—7	无通道可用(受限于跨接(6,4))
6—2—8—9—7	无通道可用(受限于跨接(6,2))
6—8—2—3—7	无通道可用(受限于跨接(6,8),其他)
6—2—3—1—4—7	无通道可用
6—2—3—1—5—7	无通道可用
6—2—3—4—5—7	无通道可用
6—2—8—9—5—7	无通道可用
6—2—0—3—4—7	1 条通道可用
6—2—0—1—4—7	无通道可用
6—2—0—1—5—7	无通道可用
6—2—0—1—3—7	无通道可用
6—3—0—2—3—7	无通道可用(环路)
6—3—0—1—4—7	无通道可用
6—3—0—2—8—7	无通道可用
6—3—0—1—3—7	无通道可用(环路)
6—3—1—5—9—7	无通道可用
6—3—1—4—5—7	无通道可用
6—4—1—5—9—7	无通道可用
6—4—1—0—3—7	无通道可用
6—4—1—5—4—7	无通道可用(环路)
6—4—1—3—4—7	无通道可用(环路)
6—8—2—3—4—7	无通道可用
6—8—2—0—3—7	无通道可用
6—8—9—5—4—7	无通道可用

通常容量一致的故障恢复可以允许 DRA 跳转 9 次来寻找通道。如果采用简单扩散算法,9 次跳转将产生大量的路由,而其中绝大多数都是无用的。这就为 DRA 提出一个实际问题:怎样从简单扩散产生的大量路由中找出满足容量一致要求的很小的一个子集。

通过前面的例子,可以将简单扩散算法与 DRA 容量一致性问题形式上联系起来。设 A 为一个 $[S \times R]$ 的 2 值矩阵,包含由简单扩散算法在规定的跳转次数限度内列出的两个节点 (x,y) 间所有不同的路由。S 为网络中跨接的个数,R 是由简单扩散列出的不同路由的总数。A 的每一列给出 x 和 y 之间的一条路由。A 的元素值为 1 或 0,表示在某条路由中是否包含该元素所代表的跨接。

这样,就能通过式(10-17)将容量一致性限制条件加入到故障恢复的路由选择之中。

$$Av \leqslant c \tag{10-17}$$

式(10-17)不是以向量而是以行为单位应用。c 是含有 S 个元素的列向量,表示网络中各个跨接的备用容量。v 是含有 R 个元素的路由一致性向量,为故障恢复描述一个最大的容量一致的无环通道集合。v 中的元素表示通过 A 中列举的各个路由可以实现的通道总数。图 10.11 表示了前面的例子在此框架下的 A 和 v。向量 v 对应图 10.10 中的 KSP 通道集合,表示怎样将故障恢复所需要的通道集合与简单扩散产生的通道集合联系起来。

图 10.11 简单扩散路由与容量选择矩阵对跨接 (6,7) 进行恢复

	由简单扩散生成的路由																		v		c
	1	2	3	4	5	6	7	8	9	10	11	12	13	14	15	16	17				
1 0—1	0	0	0	0	0	0	0	0	0	0	0	0	0	0	0	0	0		1		3
2 0—3	0	0	0	0	0	0	0	0	0	0	0	0	0	0	0	0	0		2		2
3 0—2	0	0	0	0	0	0	0	0	0	0	0	0	0	0	0	0	0		4		1
4 2—3	0	0	0	1	0	0	0	0	1	0	0	1	0	0	0	0	0		0		4
5 3—1	0	0	0	0	0	0	0	0	0	0	0	0	0	0	0	0	0		0		4
6 3—4	0	0	0	0	0	1	0	0	1	0	1	1	0	0	0	0	0		0		1
7 4—1	0	0	0	0	0	0	0	0	0	0	0	0	0	0	0	0	0		1		1
8 1—5	0	0	0	0	0	0	0	0	0	0	0	0	0	0	0	0	0		0		2
9 4—5	0	0	0	0	1	0	0	0	0	0	0	0	1	0	0	0	0		0		3
10 4—7	1	0	0	0	0	0	0	1	1	0	0	0	0	0	0	0	0		1		3
11 3—6	0	1	0	0	1	0	0	0	1	1	1	0	0	0	0	0	0		0		2
12 2—6	0	0	0	1	0	0	1	0	1	0	0	0	0	0	0	1	0		0		1
13 2—8	0	0	0	0	0	0	0	0	0	0	0	0	0	0	0	1	1		0		1
14 6—8	0	0	1	0	0	0	1	0	0	0	0	0	1	0	0	1	0		0		4
15 8—9	0	0	1	0	0	0	0	0	0	0	0	0	0	0	1	0	1		0		5
16 8—9	0	0	0	0	0	0	0	0	0	0	0	0	0	0	0	0	0		0		1
17 7—9	0	0	0	0	0	0	0	0	0	0	0	0	0	0	0	0	0		1		3
18 5—9	0	0	0	0	0	0	0	0	0	0	0	0	0	0	0	0	0		0		3
19 6—7	0	0	0	0	0	0	0	0	0	0	0	0	0	0	0	0	0		0		1
20 6—4	1	0	0	0	0	1	0	0	0	1	0	0	0	0	1	0	0		0		1
21 5—7	0	0	0	0	0	0	0	0	0	0	0	1	1	0	0	0	0		0		2
22 3—7	0	1	0	1	0	0	1	0	0	0	0	0	0	0	0	0	1		0		3

式(10-17)为研究现有的几个采用简单扩散的 DRA 的性质提供了方便。利用此公

式，DRA 的复杂性和它们的区别便体现为推导 v 的策略。基本方法有 3 种：

① 反复简单扩散

反复进行简单扩散，一次只取一条通道（或一条路由上的所有通道），并将获得的链路在以后的反复中排除。在式(10-17)的框架下，可看作是每次反复生成网络的一个完整的 A 矩阵，但 v 只能有一个非零元素。这是处理容量一致性的最简单的方法，但它的代价是整个过程需要 $O(k)$ 次反复来获得一个完整的恢复通道集合。

② 反向搜索生成 A 和求解 v

在这种方法中，先进行简单扩散，在每个节点记录所有到达的简单扩散消息。反向连接时通过各节点记录的扩散信息，在节点之间对通道集合的构成进行协调，找出一个容量一致的通道集合。在式(10-17)的框架中，这等价于一次生成 A 矩阵，将它在网上分散存储，然后通过公式 $v = A^{-1}c$ 来推导 v，利用 A 中包含的路由树通过反向搜索高效地求出 A 的逆。该方法只需要一次扩散来分散 A 的拷贝，但是难于预测利用反向搜索推导满足式(10-17)的 v 的时间。

③ 容量一致的改进型扩散

该方法通过给定节点规则改进简单扩散，在网络的链路上，建立容量一致性得到固有保证的扩散模式。隐含地，只有对应 v 的非零元素的 A 中的列被找出。但并不显式地生成 A 的整个矩阵。SHN 协议的工作原理就是如此。

10.4.5　分布式故障恢复算法(DRA)

DRA 有多种，但 SHN 是第一个被提出的。它的特性通过 PNE 和 PLE 得到了深入的讨论。其他 DRA 都是在 SHN 的基础上开发的。因此这里主要讨论 SHN。

(1) SHN 协议

SHN 协议通过事件驱动型有限状态机(FSM)实现。主要的 3 个状态为发送者(sender)、选择者(chooser)和串联(tandem)。所有的处理可以通过驱动 FSM 的两类基本事件，即签名(signature)到达事件和告警事件来描述。签名是指链路中承载的状态指示。签名类似于 APS 和自愈环的 K1，K2 字节。每条链路上总是存在签名，只是内容有变化。

SHN 签名包含以下基本字段：

① 保护节点名对

在签名中放入保护节点名对和所属的故障事件是处理多重故障的首要条件。另外，因为每个保护节点在发送签名时将自己的名字放在第一位，中间节点能从反向扩散签名（源自选择者）推断前向扩散签名（源自发送者）。

② 转发次数

对于入签名，串联节点将其转发次数加 1 后再发出。转发次数限度设置了签名从发送者开始能够传播的最大逻辑距离，因而也设定了恢复通道的最大长度。如果到达串联节点的签名的转发次数达到转发限度(RL),将被忽略。转发限度在全网范围内可以是一个常数,也可以通过改变发送者的初始转发值(IRV)进行局部特殊化或节点特殊化。这时的扩散范围等于(RL-IRV)。

③ 上一节点名

在一个节点发出的签名中包含自己的节点名,使相邻节点能够记录签名到达的逻辑跨接。节点名不是写到一个清单中,而是写到一个专用的上一节点 ID 字段中。

④ 索引(index)

发送者发出的每个初始签名被分配一个唯一的索引号。串联节点转发签名时不改变签名的索引。

⑤ 返回告警位(RA)

每当节点在工作链路上发现告警,它就在反向签名中设置 RA 位。在单向故障的情况下,告警位使跨接的两个端点受到激励,去执行保护节点规则。

SHN 协议的全部操作可以通过以下功能描述:①激励;②发送者-选择者仲裁;③多索引扩散;④反向连接;⑤业务切换。在实际中,②~⑤不是独立的阶段。但是为了简单,将分别加以讨论。

① 激励

在发生故障之前,节点对所有工作出链路和备用出链路使用空签名。空签名只包含一个非空字段,即节点名。使各个节点不用节点数据表便能识别同一逻辑跨接中的所有链路。当某个跨接发生故障时,开始 SHN 恢复事件。在只有一个故障这种可能性最大的情况下,自愈(SH)任务进入普通的初始状态,并首先识别所有处于报警状态的工作端口。

如果各个故障端口节点 ID 不同,则说明多个逻辑跨接发生故障。这时开始第二个 SH 任务的实例,来处理其他跨接的故障。

② 发送者-选择者仲裁

在跨接被切断之后,两个保护节点处的 SH 任务立即被"唤醒"。每个任务在 ALARM 为真、SPARE 为假的端口读取最后一个合法签名,以识别连接中断的节点。然后两个保护节点都相对对方进行节点名的顺序测试,以决定谁作为发送者,谁作为选择者。例如,如果跨接(B,C)被切断,ord(C) > ord(B),则节点 C 将作为发送者而 B 则作为选择者。

③ 多重索引扩散

角色得到仲裁之后,发送者立即进行初始扩散,对每个跨接的 $\min(w_f, s_i)$ 条出链路上传送的每个签名使用一个唯一的索引,并初始化签名的其他字段。其中 w_f 为故障跨接上的工作链路数,s_i 为发送者处的第 i 个跨接的备用链路数。故障跨接一般不包含在初始扩散中。

从发送者发出的初始签名在相邻的 DXC 的端口中被看做接收签名(RS)事件。RS

驱动这些节点的 OS 开始它们的 SH 任务。由签名到达所唤醒的节点进入串联节点状态,控制选择备用链路对入签名进行转播。如果备用链路构成的网络在转发限度之内使发送者与选择者连通,则会有一个或多个扩散签名到达选择者节点,而触发一个反向连接过程。

④ 反向连接

选择者收到具有某个索引值的第一个扩散签名后,在其到达的端口的发送侧发出一个互补签名(具有相同索引值)作为反向连接签名。当反向连接签名到达串联节点时,串联节点利用串联状态 SHN 协议进行本地交叉连接,在该索引的第一个签名的方向上传播该反向连接签名,中止由该节点播出的该索引的其他签名,并且,对多重索引扩散模式进行修改。

⑤ 业务切换

经过一个或多个串联节点后,反向连接签名到达发送者,形成一个相对于发送者初始签名的补足签名对。发送者由此得知已经与选择者建立了一个双向恢复通道。发送者将业务切换到恢复通道。

某个端口开始反向连接以后,选择者期待该端口的下一个事件是来自发送者的业务信号。发送者可以在业务信号中嵌入一个全网范围的信号 ID 或一个本地范围的信号 ID。选择者利用信号 ID 将被发送者切换的业务连接到正确的端口上。

(2) SHN 串联节点规则

串联节点规则是 SHN 协议合成 KSP 通道集合能力的关键。理解 SHN 串联节点规则,首先需要明确以下两个定义:

先导(precursor):在串联节点中,对应指定的索引,转发次数最低的签名到达的端口被称为该索引的先导。先导总是索引的转播树的根。

补足(complement):扩散签名与反向连接签名匹配(二者具有相同的索引和合法的转发次数)的端口,被称为满足补足条件的端口。

下面利用这两个定义讨论串联节点规则。这些规则在入签名改变状态或反向连接事件释放出链路时应用。

① 试图为串联节点上的每个索引在除其先导所在跨接之外的所有跨接(某条链路)上都提供一个出签名。

本规则常常不能满足每个索引的要求,各个索引的多重扩散模式是在与其他索引的竞争中确定的。竞争的基础是转发次数和它们的先导所在的跨接。

② 具体规则如下:

a. 在节点中寻找转发次数最低的先导,为该先导要求完全的目标广播模式。这可能要求链路被活动的出签名占满的跨接放弃某个索引的签名。

b. 在只承载转发次数比该索引高的签名的跨接上,选择转发次数最高的先导所在的出链路,为具有最低转发次数的先导应用目标广播模式。

c. 继续为每个先导调整广播模式,以使每个出现在该节点的索引最大限度得到满足。

获得多重索引竞争扩散模式的一种简单方法是保持一个根据转发次数排序的先导集合。每次修改多重索引模式,都要按转发次数从低到高的顺序将每个索引的基本扩散模式应用一次。在应用各个索引基本扩散模式时,放弃已经没有可用链路的跨接。

图 10.12 描述了 4 个跨接 5 个索引的例子。入链路上的先导被标上箭头和转发次数。各先导所在端口的发送侧可被用于其他索引的广播模式。图中的模式显得比较复杂,但基本原则是为多个同时进行的扩散过程(对应发送者发出的各个初始签名)提供最大而又相互一致的扩散模式。多个扩散过程在各个节点上根据转发次数进行多方协调。属于某个索引的转发次数不是最低值的签名的到达,将不予理会。当某些先导具有相同的转发次数时,相关索引之间的先后顺序可以随机处理。

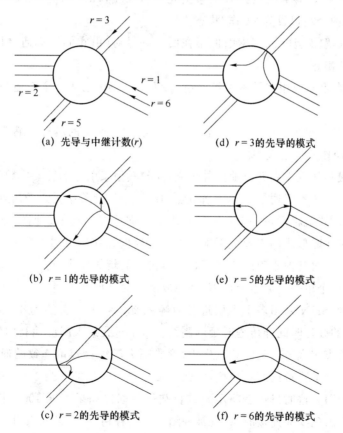

图 10.12　SHN 串联节点多重索引扩散模式例

应用这些规则还要经常处理以下3个事件：

　　a. 先导位置的移动(对于一个现有的索引,一个转发次数更低的签名出现在另一个端口)。在这种情况下,要将该索引的广播模式移到新的先导端口,并且按上述规则重新调整合成转播模式；

　　b. 一个新的索引出现在节点上。在这种情况下,也要按以上规则重新调整合成转播模式；

　　c. 来自反向连接的索引退回,留下一个或更多的出链路。在这种情况下,重新检查合成转播模式,对在该节点上的非完全广播模式的索引进行模式扩充。

　　串联节点规则的其他部分对应反向连接过程,涉及通道装配以及对合成广播模式进行本地调整。在串联节点上,当新进入的签名使某个端口进入补足状态时,将触发一个反向连接事件。在这种情况下,应用以下规则：

　　③ 将"补足形成"签名拷贝到补足索引先导所在端口的出侧。在那个端口建立一个补足条件,并将两个端口设为"工作"状态。

　　④ 在该节点取消具有同一索引但不在两个补足对(由它们构成通过该节点的通道)之中的所有其他出签名。

　　⑤ 在该节点重新应用多重索引扩散逻辑,为所有剩余的非完全广播模式索引调整转播模式。

　　⑥ 在该节点连接两个补足端口,不再理会具有同一索引的所有后继签名的出现。

(3) SHN操作的网络级视图

　　每个索引最初从发送者并行地向外扩展,在与其他索引基于转发次数的竞争中,相继到达各个节点。每个索引通过它的转播节点构成一个先导关系树。任何索引一旦到达选择者,它的扩散模式就将通过一个单一通道上的反向连接而退缩。回溯通道是由网络在前向多重索引扩散时形成的先导关系确定的。在反向连接所经过的节点上,释放的链路立即被合并到一个对其他索引的广播模式进行扩充的新的模式中。当这些索引到达选择者时,它们也在一个单一的通道上退缩,并释放链路为其他索引使用。

　　从网络级看,SHN采用多个索引进行故障恢复。各个索引的动作是异步的和并行的,只受节点内的处理时间和传输时延的制约。这个过程最大限度地利用网络的并行性,并且通过自我约束实现节点间的相互作用,形成距离最短且容量一致的通道集合。由于在转播模式中考虑了跨接的逻辑规模,因此容量一致是隐含的。当100%的恢复完成时,整个处理结束。因为这时发送者将不再进行初始签名。如果不能100%恢复,则当扩散进入饱和并不再出现反向连接时,系统被冻结。在这种情况下,某些索引的广播树碎片会残存到发送者超时。

小 结

网络自愈是保证大容量网络可靠性,实现网络故障管理中业务恢复功能的关键技术。目前光纤传输网络的自愈机制有 APS、SHR 和 DR 三种。随着数字交叉连接技术的成熟,DR 技术将成为未来的主流技术。

APS 通过向备用系统切换来恢复业务,有 1+1 和 1:n 两种类型。APS 协议通过 SDH 段开销中的 K1 和 K2 字节实现。SHR 有单向和双向之分,单向 SHR 又有线路切换和通道切换的不同类型,双向 SHR 通常用 4 纤实现,但也可以用 2 纤实现。DR 包含跨接恢复和通道恢复两种方法。前者算法比较简单,但恢复效率较低,而后者具有相反的特点。DR 算法的核心问题是解决容量的一致性问题,已开发了反复简单扩散、反向搜索等方法。SHN 是第一个 DR 算法。

本章的教学目的是使学生掌握 APS、SHR 和 SHN 三种自愈机制的基本原理和 DR 的基本概念;了解各种 APS 和 SHR 的功能和特点;了解 SHN 协议。

思 考 题

10-1 什么是网络自愈? 网络自愈有哪几种机制?

10-2 网络连接切断的时间阈值(CDT)等于多少? 它是根据什么确定的?

10-3 请分别描述 1+1 APS 和 1:n APS 的工作原理,并指出 1+1 APS 与 1:1 APS 的区别。

10-4 请描述 APS 协议。

10-5 SHR 主要有哪几种? 请描述各自的工作原理。

10-6 为什么要开发 DR 技术? 实现 DR 的技术基础是什么?

10-7 跨接恢复和通道恢复各自的特点是什么?

10-8 跨接恢复在进行路由选择时,受到哪些条件的约束?

10-9 请简要描述 SHN 协议。

习 题

10-1 请分别给出图 10.3(b)、图 10.4(b)、图 10.5(b)和图 10.6(b)中的 AC 信号和 CA 信号的传输路径。

10-2 网络结构如题图 10.1 所示,各跨接上的数字依次表示工作链路数和备用链路数。现假设跨接(8,9)发生线路切断,请顺序列出利用简单扩散算法能找出的长度小于 9 的有效路由。

10-3 根据题 2 的恢复方案,计算其跨接恢复率、网络恢复率、通道数效率和通道长度效率等性能指标。

10-4 试为 SHN 设计实现算法。

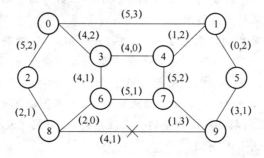

题图 10.1

第 11 章 网络信息安全技术

11.1 信息安全基础

11.1.1 基本概念

现代网络的作用除了信息的传送和交换外,还有信息的查询和共享。人们不仅通过网络打电话、发电报、发传真,还通过网络进行存款、取款、兑付等高级信用活动。网络作用的扩大要求网络具有与之相适应的更高的安全性。一个安全的网络要能够保证信息的保密性、完整性和真实性。保密性不仅涉及信息存放,更重要的在于信息的传输。信息的完整性是指通过网络对信息进行增删改以及对信息进行传递时,要保证相关信息不能残缺不全或被人有意篡改。信息的真实性主要是指对通信双方的身份进行认证和鉴别,以防止对系统的非法访问、对信息的破坏以及通信双方对信息的真实性发生争议。

信息安全的理论基础是现代密码学理论。在现代密码学中,数据加密标准(DES)和公开密钥密码体制是最重要的两个内容。

11.1.2 数据加密标准

现用的数据加密标准(DES)是由美国 IBM 公司研制的。1977 年美国国家标准局批准它供非机密机构保密通信使用。DES 采用的是传统的密码体制,利用传统的换位和置换的方法进行加密。

假定信息空间都是由$\{0,1\}$组成的字符串,信息被分成 64 bit 的块,密钥是 56 bit。经过 DES 加密的密文也是 64 bit 的块。设用 m 表示信息块,k 表示密钥,则:

$$m = m_1 m_2 \cdots m_{64} \qquad m_i = 0, 1 \quad i = 1, 2, \cdots, 64$$
$$k = k_1 k_2 \cdots k_{64} \qquad k_i = 0, 1 \quad i = 1, 2, \cdots, 64$$

其中 $k_8, k_{16}, k_{24}, k_{32}, k_{40}, k_{48}, k_{56}, k_{64}$ 是奇偶校验位,真正起作用的仅为 56 位。

$$E_k(m) = IP^{-1} \cdot T_{16} \cdot T_{15} \cdots T_1 \cdot IP(m) \qquad (11-1)$$

其中 IP 为初始置换,IP^{-1} 是 IP 的逆,$T_i (i=1,2,\cdots,16)$ 是一系列的变换。图 11.1 是对

DES 算法的示意。下面对算法进行说明。

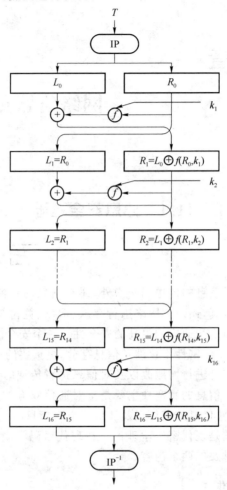

图 11.1 DES 算法示意图

（1）初始置换 IP

IP 与 IP^{-1} 的置换关系分别表示于表 11.1 和表 11.2。

表 11.1 IP							
58	50	42	34	26	18	10	2
60	52	44	36	28	20	12	4
62	54	46	38	30	22	14	6
64	56	48	40	32	24	16	8
57	49	41	33	25	17	9	1
59	51	43	35	27	19	11	3
61	53	45	37	29	21	13	5
63	55	47	39	31	23	15	7

表 11.2 IP^{-1}							
40	8	48	16	56	24	64	32
39	7	47	15	55	23	63	31
38	6	46	14	54	22	62	30
37	5	45	13	53	21	61	29
36	4	44	12	52	20	60	28
35	3	43	11	51	19	59	27
34	2	42	10	50	18	58	26
33	1	41	9	49	17	57	25

根据表 11.1,若 $m=m_1m_2\cdots m_{64}$,则:
$$\text{IP}(m)=m_{58}m_{50}\cdots m_7$$
注意,表 11.2 是表 11.1 的逆。例如,IP 中的第 1 位为 58,IP^{-1} 的第 58 位为 1;IP 的第 2 位为 50,IP^{-1} 的第 50 位为 2 等。

(2) 迭代过程 T

设第 i 次迭代 T_i 的输入为 $L_{i-1}R_{i-1}$,其中 L_{i-1}、R_{i-1} 分别是左半部 32 bit 和右半部 32 bit,则第 i 次迭代的输出为:
$$L_i=R_{i-1}, R_i=L_{i-1}\oplus f(R_{i-1},k_i)$$

$k_i(i=1,2,\cdots,16)$ 是根据 56 bit 的密钥 k 生成的 48 bit 密钥,具体方法如下:将 k 分成组,每组 7 个 bit,另加上 1 位奇偶校验位,使得密钥总长为 64 bit。其中的最后一位为校验位。k_i 的生成过程如图 11.2 所示。

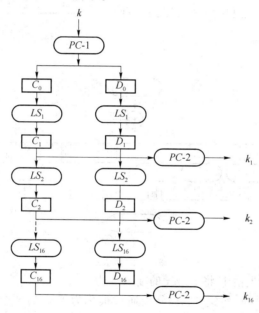

图 11.2 k_i 的生成过程

其中 PC-1 的作用是将 k 进行换位映射,映射关系见表 11.3。

PC-1 表为 8 行 7 列,前 4 行组成 C_0,后 4 行组成 D_0。即:

若 $k=k_1k_2\cdots k_{64}$,

则 $C_0=k_{57}k_{49}\cdots k_{36}$ $D_0=k_{63}k_{55}\cdots k_4$

LS_i 为左移运算,左移位数见表 11.4。

表 11.3　PC-1

57	49	41	33	25	17	9
1	58	50	42	34	26	18
10	2	59	51	43	35	27
19	11	3	60	52	44	36
63	55	47	39	31	23	15
7	62	54	46	38	30	22
14	6	61	53	45	37	29
21	13	5	28	20	12	4

表 11.4

LS_1	LS_2	LS_3	LS_4	LS_5	LS_6	LS_7	LS_8	LS_9	LS_{10}	LS_{11}	LS_{12}	LS_{13}	LS_{14}	LS_{15}	LS_{16}
1	1	2	2	2	2	2	2	1	2	2	2	2	2	2	1

例如,设 $C_0 = c_1 c_2 \cdots c_{27} c_{28}$,$D_0 = d_1 d_2 \cdots d_{27} d_{28}$,则

$$C_1 = c_2 c_3 \cdots c_{28} c_1, D_1 = d_2 d_3 \cdots d_{28} d_1$$

$$C_2 = c_3 c_4 \cdots c_1 c_2, D_2 = d_3 d_4 \cdots d_1 d_2$$

PC-2 的作用是将 56 位的 $C_i D_i$ 映射为 48 位的 k_i,映射关系见表 11.5。

设 $C_i D_i = b_1 b_2 \cdots b_{56}$,则 $k_i = b_{14} b_{17} \cdots b_{29} b_{32}$

图 11.3 中的 f 是 32 bit 向 32 bit 的一种映射。

表 11.5 PC-2

14	17	11	24	1	5
3	28	15	6	21	10
23	19	12	4	26	8
16	7	27	20	13	2
41	52	31	37	47	55
30	40	51	45	33	48
44	49	39	56	34	53
46	42	50	36	29	32

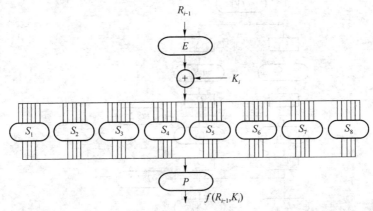

图 11.3 f 的算法示意图

映射 f 的算法是,先由 E 将 32 bit 的输入变为 48 bit 输入,这 48 个比特的符号串与 k_i 作 $\oplus$ 运算后被分成 8 组,每组 6 bit,分别通过被称为 S 盒的 8 个 6 bit 向 4 bit 的映射 S_i,最后再经过置换 P 输出。

E 为一个 8 行 6 列的选位表,它将 32 bit 的符号串变为 48 bit。表 11.6 为 E 选位表。

表 11.6 E 选位表

32	1	2	3	4	5
4	5	6	7	8	9
8	9	10	11	12	13
12	13	14	15	16	17
16	17	18	19	20	21
20	21	22	23	24	25
24	25	26	27	28	29
28	29	30	31	32	1

表 11.7 P 置换表

16	7	20	21
29	12	28	17
1	15	23	26
5	18	31	10
2	8	24	14
32	27	3	9
19	13	30	6
22	11	4	25

即,若 $R_{i-1} = r_1 r_2 \cdots r_{32}$,则 $E(R_{i-1}) = r_{32} r_1 r_2 \cdots r_{32} r_1$

P 的置换关系见表 11.7。

即,若输入 $H = h_1 h_2 \cdots h_{32}$,则 $P(H) = h_{16} h_7 \cdots h_{25}$

S 盒的作用是通过各自的映射关系将 6 bit 的符号串映射为 4 bit 的符号串。下面以 S_1 盒为例来看一下映射方法。S_1 盒映射关系见表 11.8。

表 11.8　S_1 盒映射关系

	0	1	2	3	4	5	6	7	8	9	10	11	12	13	14	15
0	14	4	13	1	2	15	11	8	3	10	6	12	5	9	0	7
1	0	15	7	4	14	2	13	1	10	6	12	11	9	5	3	8
2	4	1	14	8	13	6	2	11	15	12	9	7	3	10	5	0
3	15	12	8	2	4	9	1	7	5	11	3	14	10	0	6	13

若输入为 $b_1 b_2 b_3 b_4 b_5 b_6$,则由 $b_1 b_6$ 两位数确定表中的行数,由 $b_2 b_3 b_4 b_5$ 确定表中的列数。而由这两个行列数确定的表中的数值就是 4 个 bit 的输出。

例如,输入为 000110,则行为 $b_1 b_6 = 0$,列为 $b_2 b_3 b_4 b_5 = 3$,输出为 1,即 4 个 bit 位 0001。

DES 的解密过程是加密过程的逆过程,即

$$E_k^{-1} = IP^{-1} \cdot T_1 \cdot T_2 \cdots T_{16} \cdot IP \tag{11-2}$$

则,$E_k^{-1} E_k(m) = IP^{-1} \cdot T_1 \cdot T_2 \cdots T_{16} \cdot (IP \cdot IP^{-1}) \cdot T_{16} \cdot T_{15} \cdots T_1 \cdot IP(m)$

由于 IP 与 IP^{-1} 为互逆置换,所以

$E_k^{-1} E_k(m) = IP^{-1} \cdot T_1 \cdot T_2 \cdots (T_{16} \cdot T_{16}) \cdot T_{15} \cdots T_1 \cdot IP(m)$

$E_k(m)$ 在经过第 16 次迭代变换 T_{16} 之后

$$L_{16} = R_{15}, R_{16} = L_{15} \oplus f(R_{15}, k_{16})$$

再对 $L_{16} R_{16}$ 进行 T_{16} 变换,得到的左右两部分结果是

$$L_{15} \oplus f(R_{15}, k_{16}) \oplus f(R_{15}, k_{16}) \text{ 和 } R_{15}$$

由于 $L_{15} \oplus f(R_{15}, k_{16}) \oplus f(R_{15}, k_{16}) = L_{15} \oplus 0 = L_{15}$,所以可知对符号串进行两次迭代变换 T_{16},符号串保持不变。同理,对符号串进行两次迭代变换 T_{15},符号串也保持不变。依此类推,$E_k^{-1} E^k(m) = m$。

DES 的安全性是人们关心的问题。人们已经发现,DES 的每一密文比特是所有明文比特和所有密钥比特的复合函数。这一特性使明文与密文之间以及密钥与密文之间不存在统计相关性,因而使得 DES 具有很高的抗攻击性。DES 的密钥长度为 56 bit,密钥数量为 7.2×10^{16} 个,若对 DES 采取穷举搜索攻击,如果每秒能够搜索 1 000 万个密钥,则大约需要 200 年。但是,随着计算机运算能力的迅速提高,56 bit 的密钥长度已经显得不够充分。此外,DES 也具有一些弱点,比如在明文、密钥和密文之间存在互补性,这种互补性使得对密钥的穷举破译工作少了一半。

11.1.3 公开钥密码体制

传统的密码系统有以下两个明显的缺点：

① 密钥管理和分配缺乏安全有效的方法。一个有 n 个用户的通信系统为了在所有的用户之间进行保密通信,需要 $n(n-1)/2$ 个密钥。当 $n=1\,000$ 时,约需要 50 万个密钥。考虑到密钥还要适时地更换,所需要的数量要更大。这就为密钥的管理和分配提出了难题。密钥管理和分配本身存在着安全隐患。

② 认证困难。传统的密码系统加密密钥与解密密钥相同,因此密钥必须让发送和接收双方都知道,这样就难以用来唯一地证实用户身份,不能解决收发双方关于信息真实性的争议。

公开密钥密码体制克服了上述缺点,在理论上为网络信息安全提供了有力保障,是现代密码学最重要的成果。

公开钥密码系统的用户使用一对密钥 k 和 k',k 为加密钥,k' 为解密钥。在加密算法 E_k 和解密算法 $D_{k'}$ 下,对任意明文 m 有 $D_{k'}(E_k(m))=m$。每个用户的加密钥和加密算法都是公开的,使得任何想与他通信的人都可以方便地查到和使用,而解密钥则要对他人保密。例如当用户 A 向用户 B 用密文通信时,A 首先要从公开密钥本上查出 B 的加密钥 k,利用公开的加密算法 E 对明文 m 加密得到密文 $c=E_k(m)$,B 收到 c 后利用对应的解密算法 D 和保密的解密钥 k' 解密后获得明文 m,即 $m=D_{k'}(c)$。

显然,公开钥密码系统为密钥的管理和分配带来了极大的方便。用户不必事先向每个通信对方分配密钥,只要保护好解密钥就可以了。另外,加密和解密可以互逆,即 $E_k(D_{k'}(m))=m$ 的公开密钥密码系统还具有认证用户身份的功能。因为只有用户自己知道 k',若接收方能够利用公开密钥 k 恢复明文,就可以断定密文一定发自知道 k' 的用户。而在传统密码系统中,通信双方都知道加密和解密密钥(同一个密钥),因而难以断定报文是发自发送方,还是由接收方伪造的。

公开钥密码系统的理论基础建立在单向函数的概念之上。单向函数 $y=f(x)$ 的条件是,已知 x,计算 y 时是一个容易求解的 P 问题,而已知 y 求解 x 却是一个难解的 NP 问题。如果存在陷门信息 k',使得在 k' 已知时,通过 y 求解 x 就不再是难解的 NP 问题时,单向函数 $y=f(x)$ 就称为单向陷门函数。

单向陷门函数的性质启发人们,如果采用单向陷门函数构造加密算法,就可以将加密算法 (f_k) 公开。因为如果不知道陷门信息 k',就难以通过加密算法和密文 (y) 求解出明文 (x)。

由此可见,建立公开钥密码系统的核心问题是寻找单向陷门函数。从公开钥密码系统的思想被提出以来,已经提出了多种公开钥密码系统。下面对有代表性的系统进行介绍。

(1) RSA 系统

RSA 是第一个成熟的公开钥密码系统。它是由美国麻省理工学院(MIT)的 Rivest、

Shamir 和 Adleman 于 1978 年提出的。它的安全性是以数论中关于两个大素数的乘积易于计算,但难于反过来对乘积进行因子分解这个论断为基础的。

RSA 算法如下:

① 取两个大素数 p 和 q;
② 计算 $n = pq$,$\varphi(n) = (p-1)(q-1)$;
③ 随机选取整数 e,使 e 与 $\varphi(n)$ 之间的最大公约数为 1;
④ 计算 d,使其满足与 e 的乘积模 $\varphi(n)$ 后余 1。

加密钥 $k = (n,e)$,解密钥 $k' = d$

对明文 m 的加密过程为: $E_k(m) = m^e \bmod n = c$

对密文 c 的解密过程为: $D_{k'}(c) = c^d \bmod n = m$

利用数论中的 Euler 定理,证明解密运算可以恢复明文 m,并且 RSA 系统的加密和解密是可以互逆的。

(2) 背包系统

背包系统是 1978 年由 Merkle 和 Hellman 提出的公开钥密码系统。这个系统以背包问题的难解性为基础。所谓背包问题是,已知一长度为 b 的背包,以及长度分别为 a_1, a_2,…,a_n 的 n 个物品,假定物品的半径与背包相同,要求将哪些物品装入背包恰好能使背包充满。用数学语言来表达就是确定公式 $\sum a_i x_i = b$ 中的 x_i 为 0 还是为 1。

背包问题是著名的难题,至今没有好的求解办法。可能解有 2^n 个,当 n 不是很小时是无法进行穷举搜索的。

但是并不是所有的背包问题都是 NP 问题。当 $a_1, a_2, \cdots, a_n$ 满足条件 $a_i > a_1 + a_2 + \cdots + a_{i-1}$ 时,有多项式解。这样的背包问题称为超递增背包问题。

Merkle 和 Hellman 正是利用一般背包问题的难解性和超递增背包问题的易解性,提出了背包系统。

背包系统的构造过程如下:

① 构造一个长度为 n 的超递增背包分量 $b_1, b_2, \cdots, b_n$;
② 选择两个正整数 M 和 W,使得 $M \geqslant b_1 + b_2 + \cdots + b_n$,$W < M$ 并且 W 和 M 之间的最大公约数为 1;
③ 求出 W',使其满足与 W 的乘积模 M 后余 1;
④ 计算 $a_i = W b_i \bmod M, i = 1, 2, \cdots, n$。

加密钥 $k = (a_1, a_2, \cdots, a_n)$,解密钥 $k' = (b_1, b_2, \cdots, b_n, M, W')$

对明文 m 的加密过程为: $E_k(m) = \sum m_i a_i = c$

对密文 c 的解密过程为:利用 $(W'c) \bmod M = \sum m_i b_i$,求解 $m = m_1, m_2, \cdots, m_n$。

在上述的加密和解密过程中,m_i 取值为 0 或 1。对加密过程,在知道密文 c 和加密钥 $a_1, a_2, \cdots, a_n$ 的条件下,求解 $m = m_1, m_2, \cdots, m_n$ 是一个背包问题,由于 $a_1, a_2, \cdots, a_n$ 不是

超递增的,所以求解 m 是困难的 NP 问题。而在解密过程中,由于 $b_1,b_2,\cdots,b_n$ 是超递增的,所以求解 m 是容易的。

现在,Merkle 和 Hellman 提出的背包系统早已被破译。随后提出的许多修改的背包系统也几乎都被相继破译了。人们正在努力提出新的难于破译的背包系统。

11.1.4 消息摘要

在网络通信中,为了确认消息在传递过程中是否被篡改或破坏,需要在传递消息的同时传递校验信息。正如大家所熟悉的,在数字通信系统中可以采用 CRC(Cyclic Redundancy Check)来校验是否发生误码。消息的"CRC"被称为消息摘要(Message Digest),它是通过密码散列(hash)函数获得的。对消息进行摘要的过程就是从整个消息中计算出一个很小的特征信息(摘要 d,长度一般在 128～512 bit 之间)的过程。在相同的摘要函数下,相同的消息,摘要也相同。一个好的摘要函数具有消息的微小变化会导致摘要的显著变化的特点。最著名的消息摘要算法是 Message Digest 算法,简称 MD 算法。MD 算法已有多个版本,目前最常用的是第 5 个版本,即 MD 5。

MD 5 对要进行摘要的消息的长度没有限制,但在摘要时要将它分成若干 512 bit 的块。输出的摘要为 128 bit。其大体步骤如下:

(1) 对消息长度进行 2^{64} 模运算,获得 64 bit 的余数,并将该余数追加在消息最后;

(2) 在消息和余数之间填充首位为 1,其余为 0 的 1～512 bit,使填充后的数据总长度为 512 的整数倍;

(3) 将数据分成若干 512 bit 的数据块,并将计数器 j 置 1,4 个 MD 寄存器的初始值分别置为 16 进制的 "01234567"、"89ABCDEF"、"FEDCBA98" 和 "76543210";

(4) 利用特定的散列函数将第 j 个数据块与 MD 进行散列运算,结果存到 MD 中;

(5) 判断 j 是否指向最后一个数据块,如果不是,$j=j+1$,转(4);

(6) 输出 MD 寄存器中的 128 bit 的结果。

在上述步骤中,核心是散列运算,因为它是保证摘要性能的关键。MD 5 的性能得到了很好的验证,经过上述散列处理,摘要中的任意比特都与消息中的所有比特有关,只要消息发生变化就会引起摘要的变化。并且,MD 5 的算法是公开的。这便是它被广泛应用的原因。MD 5 有多种不同的实现,其中,集成在 FreeBSD2.x 中的 LINUX 下的 MD 5 很便于应用。

另外一种常用的消息摘要算法被称为 SHA(Secure Hash Algorithm),它是美国政府的一个标准。SHA 与 MD 5 相似,但摘要为 160 bit 长,安全性更高一些。如第 5 章所述,MD 5 和 SHA 在 SNMPv3 中均得到了采用。

11.1.5 ISO 信息安全体系标准

为了保证网络安全,国际标准化组织 ISO 制定了 OSI 安全体系标准 ISO7498-2。在这个标准中采用了8种安全机制。

(1) 加密机制：用于报文加密和密钥管理。

(2) 数字签名机制：用于保证信息的合法性和真实性，以防止以下问题的发生：

① 否认：发送者不承认自己发送过某个信息；

② 伪造及篡改：接收者伪造或篡改接收信息；

③ 冒充：冒充他人接收或发送信息。

(3) 访问控制机制：判别访问者的身份及权限，实现对信息资源的访问控制。

(4) 数据完整性机制：保证信息单元及序列的完整，以防止信息在存储及传输过程中被假冒、丢失、重发、插入及篡改。

(5) 认证机制：通过交换标识信息使通信双方相互信任。

(6) 伪装业务流机制：在无信息传送时发送随机序列，防止盗听者分析通信内容。

(7) 路由控制机制：为需要保密的信息选择安全的通信路由。

(8) 公证机制：建立公证仲裁机构，解决通信双方不信任的问题。

为了实现上述保密机制，要采取各种网络加密技术，主要有以下几种：

(1) 链路加密

链路加密是对链路上传送的信息进行加密，而节点中的信息为明文形式。加/解密由专用的密码设备完成，密码设备一般放在数据终端设备(DTE)与数据电路终接设备之间。这种加密方式可以有效地防止对网络业务流进行分析，并对网络口令和链路中的控制信息进行保护。

(2) 节点加密

节点加密在传输层上实施信息保护，加/解密由保密模块完成。发送端保密模块在节点的前端，接收端保密模块在节点的后端，使信息通过节点时为密文形式，从而克服了链路加密节点中的明文易受攻击的缺点。

(3) 端到端加密

端到端加密是在网络的表示层或应用层进行的，是对源端用户到目的端用户的信息提供保护的一种加密方式。采用这种方式不必担心信息在传输过程中受到攻击，但由于这种方式的编址信息、路由信息等在传输过程中为明文，因而难以避免盗听者对信息流进行分析及篡改报文路由。

(4) 报文鉴别及数字签名

报文鉴别包括报文内容鉴别、发方鉴别和时间鉴别。报文内容鉴别利用发方加在报文中的"鉴别码"进行。收方对收到的报文解密后按约定的算法进行计算，得到一个出来的"鉴别码"，将它与加在报文中"鉴别码"进行比较来判断报文的真伪。发方鉴别可以采用数字签名原理进行。

(5) 访问控制

访问控制的作用是防止非法用户进入系统和对系统资源的非法访问。访问控制的一次控制是对进入系统的用户进行识别和验证,二次控制是授权访问方式。

(6) 密钥管理

在现代网络中密钥管理是十分复杂而重要的。为了简化密钥管理工作,采用密钥分级策略。基本思想是用密钥保护密钥。一级密钥用于加/解密数据,二级密钥用于加密保护一级密钥,三级密钥为目前的最高级密钥,用于对一级、二级密钥提供保护。

11.2 认证技术

11.2.1 概述

在传统的保密通信系统中,密码主要用于信息加密,以防止他人从截获的密文中破译信息。网络信息安全系统的作用已经不仅限于信息加密。它还要能够抵抗他人的主动进攻,即能够鉴别收到信息的真伪、验证用户的身份以及获得信用证据。为了达到这一目的,在网络信息安全系统中产生了各种各样的认证技术。

认证技术按使用目的可分为消息认证、身份验证和数字签名3类。消息认证用于接收者验证收到的消息是否是约定的发送者发来并未被篡改的。身份验证用于识别个人身份。数字签名系统用于让发送者留下安全的难于假冒的签名证据,同时也能起到使接收者认证消息发自发送者的作用。

零知识证明是新兴的一种可用于认证系统的理论。由于它的理论价值和明显的应用前景,引起了人们的广泛兴趣。在通常的证明过程中,证明人会向验证人泄露验证人无须或不该知道的知识。例如,合法用户在进入计算机系统时,为了证明自己知道口令,就要告诉验证人口令。使用信用卡时,必须告诉验证人信用卡的 ID 号。事实上,验证人是不该知道用户的口令和 ID 号的,因为这样难以防止对所有权的盗用。零知识证明就是证明人不向验证者泄露任何额外知识的情况下,来证明某件事情为真。比如在不泄露口令的前提下,让验证人相信证明人知道口令。采用密码协议来实现零知识证明是目前广泛研究的课题。

11.2.2 消息认证

在一般的通信系统中,即使接收者收到的是密文,也不能肯定消息是发自约定的发送者。因为伪造或篡改密文并不一定需要知道密钥。因此消息认证系统的特殊功能在于能够证实发送者确实知道约定的密钥。它的工作原理是,在通信双方 A 和 B 之间建立一个共同的密钥 k,A 在向 B 发送消息 m 时,用 k 将 m 转换为密文 c,并将 m 和 c 一同发给 B。B 收到报文后,用 k 和 m 计算密文,如果与 c 相同,证明消息确实发自知道密钥 k 的人,并且中途未被修改。

消息认证也可以采用公开密钥密码来实现,但前提是加密过程和解密过程可以互逆。

当 A 向 B 发送消息 m 时,先用消息摘要函数提取 m 的摘要 d。

设用户 A 的公开钥为 k,加密算法为 E,秘密钥为 k',解密算法为 D,消息认证过程如下:

① A 用消息摘要函数 H 求解欲发消息 m 的摘要 d;
② A 用秘密钥 k' 和解密算法 D 对摘要 d 加密,即计算 $R = D_{k'}(d)$;
③ A 将 m 和 R 发送给 B;
④ B 用公开钥 k 和加密算法 E 对 R 解密,获得 $d' = E_k(R)$;
⑤ B 用与 A 相同的消息摘要函数 H 求解收到的消息 m' 的摘要 d'';
⑥ 如果 $d'' = d'$,则 $d'' = d' = d$,且 $m' = m$,说明消息来自 A,且中途未被修改。

产生最后结论的根据是,只有 A 能够进行计算 $D_{k'}(d)$,使得 $E_k(D_{k'}(d)) = d$;且如果收到的消息 m' 的摘要 $d'' = d$,便可说明 m 在传输过程中没有被修改,否则它的摘要就会发生变化。

在上述过程中,不使用消息 m 本身的加密值,而使用它的摘要 d 的加密值进行认证是为了提高处理速度和减小传输的数据量。因为对一个长消息进行公开钥加密变换是非常费时间的。当然,在必要的场合下,也可能会直接用消息本身的加密值进行认证。另外,用公开密钥密码实现的消息认证系统也具有发信人数字签名,即认可消息是自己发送的信用功能。

11.2.3 身份验证

网络通信中,通信双方不是面对面的,因此存在攻击者假冒他人进行欺骗另一方的危险。为了防止这种攻击,需要身份验证技术,即相互通信的一方核实另一方是否为所声称者的技术。身份验证系统可以基于共享密钥的方法实现,也可以利用公开密钥密码实现。

基于共享密钥的方法是让一对通信伙伴 A 和 B 共享一个对称密码 k_{ab},当 A 作为主叫方与 B 通信时,可以按照以下协议进行双向身份验证:

① A 将自己的名字 a 发给 B;
② B 发给 A 一个随机数 x,要求 A 进行加密变换,以确认 A 的身份;
③ A 利用共享密钥 k_{ab} 对 x 进行加密变换,获得 R_x,并将 R_x 发给 B;
④ B 利用共享密钥 k_{ab} 对 R_x 解密,获得 x',如果 $x = x'$,A 的身份被验证,转到⑤,否则,中途退出;
⑤ B 将自己的名字 b 发给 A,表示确认了 A 的身份;
⑥ A 发给 B 一个随机数 y,要求 B 进行加密变换,以确认 B 的身份;
⑦ B 利用共享密钥 k_{ab} 对 y 进行加密变换,获得 R_y,并将 R_y 发给 A;
⑧ A 利用共享密钥 k_{ab} 对 R_y 解密,获得 y',如果 $y = y'$,B 的身份被验证,转到⑨,否则,中途退出;
⑨ A 向 B 发送信息。

上述协议的每个步骤必须按顺序执行,否则,会受到反射攻击。比如,有攻击者 C 假冒 A 与 B 通信,如果按①—②—③—④—⑤—⑥—⑦—⑧—⑨顺序执行上述协议,虽然 C 不知道 k_{ab},但他可以令第⑥步的随机数 $y = x$,通过第⑦步获得 x 的加密值 R_x,然后在第③步中将 R_x 发给 B 来骗取他的信任。因此执行这种基于共享密钥的身份认证协议,必须要严格按照顺序执行。

身份验证系统也可以利用公开密钥密码实现。设用户 A 的公开钥为 k,加密算法为 E_k,秘密钥为 k',解密算法为 $D_{k'}$,则身份验证系统可以通过以下方法验证 A 的身份:

① 系统随机选取一个数 x,计算 $R = E_k(x)$,将 R 传给 A;

② A 计算 $x' = D_{k'}(R)$,并将 x' 传给系统;

③ 系统验证 x' 是否等于 x,如果相等,A 的身份得到验证。因为只有 A 能将 R 还原为 x。

11.2.4 数字签名

当通信的双方为某种利益的对立双方时,通信就需要留下可信的证据。日常生活中的笔迹签名的作用就在于此。当网络中出现电子银行、电子商店时,如何安全地实现用户签名就成为一个必须要解决的问题。数字签名系统的作用就是实现网络上的安全签名。签名人的签名方法必须向所有人保密,包括向验证人保密。但是验证人又要能够识别签名人的签名。如果采用传统的密码体系,由于加密钥与解密钥相同,验证人既能验证用户签名的真伪,也能伪造签名人的签名。而采用公开钥密码体系,就可以实现安全的数字签名系统。

采用公开钥密码体系实现数字签名系统的前提条件是加密过程与解密过程可以互逆,即有 $E_k(D_{k'}(m)) = m$。签名与验证过程为签名人用只有自己知道的算法 $D_{k'}$ 将签名 s 变换为密文的形式 s',验证人收到 s' 后用签名人公开的算法 E_k 将 s' 恢复成签名的明文 s。由于只有签名人自己知道 $D_{k'}$,所以他人是无法伪造 s' 的。

11.3 防火墙技术

11.3.1 概述

防火墙是在互联网络中广泛应用的一种基本的网络安全技术。因为互联网络是一个开放的网络,任何人都可以很方便地进入,因此当一个网络连到互联网上之后,就必须面对怎样防止自己网络(内部网络)中的信息被窃取、系统被非法侵入或破坏的问题。解决这个问题的基本方法就是在内部网络与外部网络之间设一道屏障阻挡非法访问的进入。防火墙技术就是在这种背景下产生的。所谓防火墙就是设在网络之间的只让合法访问进入内部网络的一组软硬件装置。

具体地讲,防火墙具有以下 5 个基本功能:
① 过滤进入内部网络的数据包;
② 管理进入内部网络的访问;
③ 阻挡被禁止的访问;
④ 记录通过防火墙的信息和活动;
⑤ 对网络攻击进行检测和告警。

防火墙的发展已经经历了 4 个阶段。第 1 阶段的技术特点是基于路由器进行设计,即通过分组过滤功能实现访问控制。过滤的根据是地址、端口号、ICMP 报文类型等。这种技术的不足主要是攻击者可以假冒地址,以假的路由信息欺骗防火墙。另外,防火墙所需要的过滤规则的严格性与路由器所需要的路由协议的灵活性相矛盾,过滤规则的设置会增加路由器的运算开销,降低它的性能;第 2 阶段的技术特点是应用防火墙工具软件包。应用这种软件包,用户可以将防火墙功能从路由器中分离出来,根据自己的需要构造个性化的防火墙系统。与第一代产品相比这种防火墙安全性高,但配置和维护复杂;第 3 阶段的技术特点是基于通用操作系统进行设计,包括分组过滤或借用路由器的分组过滤功能,通过专门设计的代理系统对通信协议中的数据和指令进行监控。这种产品通用性好,可为普通用户提供服务。缺点是通用操作系统与防火墙系统往往由不同厂商生产,两个系统的完美结合受到很大限制;第 4 阶段是出现了具有安全操作系统的防火墙。这种防火墙将操作系统包含其中,并进行内核的安全化,具有分组过滤、应用网关、加密与鉴别等功能。

到目前为止,主流的防火墙体系结构有 4 种:分组过滤型、双宿网关型、屏蔽主机型和屏蔽子网型。

11.3.2 体系结构

(1) 分组过滤型

分组过滤型防火墙通常采用一台过滤路由器实现,如图 11.4 所示。对所接收的每个数据包,防火墙要根据过滤规则进行允许或拒绝。过滤规则基于 IP 包的头信息,如 IP 源地址、IP 目的地址、内装协议(TCP、UDP、ICMP 等)、TCP/IP 目标端口、ICMP 消息类型等。如果根据规则允许数据包通过,则按照路由协议进行转发,否则就将其丢弃。

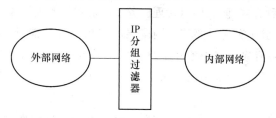

图 11.4 分组过滤型防火墙

这种防火墙可以根据 TCP/IP 端口号判断数据包所要求服务的类型,进而进行允许或拒绝的判断。例如,TCP 的 23 号端口对应的是 Telnet 服务。为了阻挡所有 Telnet 的连接,只需将所有 TCP 端口号为 23 的数据包丢弃便可。如果要将 Telnet 连接限制到指定的机器上,就再对目标 IP 地址进行检查,看是否是指定的主机,然后再决定是否拒绝。

分组过滤型防火墙的主要优点是:
① 处理速度快,对用户透明,用户不必改变客户端程序;
② 实现简单,开发费用低;
③ 不必在客户主机上安装特定的软件。

主要缺点是:
① 维护困难,需要网络管理员对各种服务、包格式等非常清楚才能定义和修改过滤规则;
② 只能防止对内部主机 IP 地址的冒充,不能防止对外部主机 IP 地址的冒充;
③ 因为不对载荷的数据进行检查,因此不能防止数据驱动式攻击;
④ 随着过滤规则的增加,路由器的数据转发效率会降低。

(2) 双宿网关型

双宿网关型又称双重宿主主机型。这种防火墙包含两个连接在不同网络上的网络接口,一个连在外部网络上,另一个连在内部网络上,如图 11.5 所示。防火墙既是外部网络的宿主主机,也是内部网络的宿主主机。这种防火墙阻止两个网络在 IP 层直接进行通信,通过应用层代理服务来完成。

图 11.5 双宿网关型防火墙

双宿网关型防火墙用两种方式提供服务,一种是用户直接登录到双宿网关上,另一种是双宿网关上运行代理服务器。前一种方式需要将很多用户账号存放在双宿主机中,这一方面给入侵者通过破解口令进行攻击提供了方便,另一方面也增加了双宿主机的负担。因此,实际中主要采用后一种方式,防火墙以代理服务器的形式对各种服务进行检查和认定。

双宿网关型防火墙在实现时要禁止网络层的路由选择功能,因此需要重新配置网络操作系统的内核,还要清除一些服务和工具。由于外部用户访问内部网络必须经由双宿主机的认定,因此它需要支持很多用户账号,这对主机的性能提出了较高的要求。

(3) 屏蔽主机型

屏蔽主机型防火墙通过一个分组过滤路由器将外部主机的连接限制到一个堡垒主机上,再由它提供向内部主机的连接,如图 11.6 所示。显然,这种类型的防火墙是前两种类型的结合,它既提供了分组过滤的安全保护,也提供了代理服务的安全保护,因此实现了更高等级的安全。

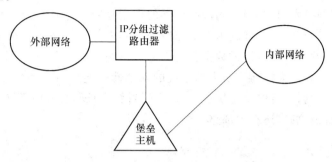

图 11.6 屏蔽主机型防火墙

堡垒主机被配置在内部网络之中,分组过滤路由器被配置在内部网络与外部网络之间。外部的访问要通过两个安全体系才能进入内部网络。分组过滤路由器的规则配置使得外部系统只能直接访问堡垒主机,去往内部网络其他主机的信息被阻隔。同时,对分组过滤路由器进行规则配置就可以使内部用户只能通过堡垒主机的代理服务而不能直接与外部通信,从而可以对内部信息向外传递采取统一的强制的安全措施。

在这种类型的防火墙中,正确配置过滤路由器是关键。如果没有正确配置,就会使外部连接越过堡垒主机,整个防火墙便被攻破。

(4) 屏蔽子网型

在屏蔽主机型防火墙中,如果由于分组过滤路由器配置错误等原因使堡垒主机被越过,内部网络就将完全暴露。为了提高防火墙的可靠性,提出了屏蔽子网型体系结构。即在内部网络和外部网络之间建立一个屏蔽子网,用两个分组过滤路由器将这个子网分别与内部网络和外部网络隔开,如图 11.7 所示。外部网络与屏蔽子网间的分组过滤路由器被称为外部路由器,屏蔽子网与内部网络之间的分组过滤路由器被称为内部路由器。在屏蔽子网中设一台堡垒主机以及一些公用服务器和信息服务器。

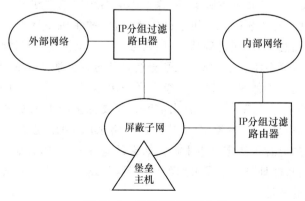

图 11.7 屏蔽子网型防火墙

对于从外部网络发来的信息,外部路由器的作用是只允许外部网络访问堡垒主机或屏蔽子网中的信息服务器,内部路由器的作用是只接收源于堡垒主机的数据包。

对于从内部网络发出的信息,内部路由器的作用是限制内部系统只访问堡垒主机或屏蔽子网中的信息服务器,外部路由器的作用是强制内部系统使用堡垒主机的代理服务(只接收堡垒主机发往外部网络的数据包)。

屏蔽子网的设立大大提高了防火墙系统的安全性。堡垒主机是最容易受到攻击的,如果不设立屏蔽子网,一旦堡垒主机被攻破,入侵者就会长驱直入内部网络。有了屏蔽子网,即使堡垒主机被攻破,还有内部路由器一道屏障。

11.3.3 关键技术

从前面的讨论中可以看到,防火墙的体系结构和实现方法是多种多样和迅速变化的。从实现的角度看,防火墙系统中所包含的关键技术是比较基本和重要的。

(1) 分组过滤技术

分组过滤是防火墙系统中最简单和最基本的技术,它通过检查分组的网络层和传输层的头信息来阻挡非法连接的分组。被检查的头信息包括 IP 源地址、IP 目的地址、传输层协议类型、TCP 或 UDP 的源端口、TCP 或 UDP 的目的端口、ICMP 的消息类型、TCP 头信息中的 ACK 位、序列号、确认号等。

通过以上头信息的检查,可以了解数据分组的源主机、目的主机、传递的服务及消息类型,再根据预先确定的过滤规则,如对某主机不能进行 Telnet 连接,便可对数据分组过滤,即将非法数据分组丢弃。

分组过滤的关键是确定过滤规则,而这需要结合具体的协议来考虑。

TCP 是面向连接的可靠传输协议,即目标主机将顺序地、不重复地接收源主机发来的所有分组,收不到确认时,源主机会重传数据以保证可靠传输。因此,要阻止 TCP 连接,只要阻止第一个连接请求分组就可以了。

UDP 是无连接的不可靠传输协议,即源主机虽然顺序地发送分组,但各个分组可以走不同的路由,到达目标主机时顺序可能已经被打乱,源主机不等待目标主机的确认,也不重传数据。在头信息中,不包含确认号、序列号、ACK 位。因此,UDP 数据分组的过滤方法与 TCP 不同,过滤系统无法判断 UDP 分组是从客户到服务器的请求还是从服务器到客户的确认。因此不能像对待 TCP 分组那样简单地对需要保护的主机的服务请求分组进行阻挡,而是要采用动态的方法,将内部网络需要保护的主机发出的 UDP 分组的目的地址、目的端口等信息记录下来,对于从外部网络来的 UDP 分组,要先看看是不是对这些发出去的分组的应答再决定是否阻挡。如果是应答分组,则有如下关系:目的端口是请求分组的源端口,目的地址是请求分组的源地址,源端口是请求分组的目的端口,源地址是请求分组的目的地址。

如前所述,ICMP 数据分组用于主机之间、主机与路由器之间的路由控制、流量控制、差错控制和拥塞控制,过滤规则应根据 ICMP 的类型来考虑。特别是对那些由路由器发给主机的 ICMP 消息,对于防火墙的安全有重要意义,应当严格过滤。例如,当路由器禁止一个数据分组通过时,通常会给主机返回一个 ICMP 消息告诉主机分组被禁止通过。如果对这些消息进行分析,就会获得防火墙的过滤规则,为攻击者提供线索。因此,这些 ICMP 消息应当禁止发送。

通过以上介绍可知,分组过滤技术的作用是十分有限的。首先,它只适用于一部分协议,对于其他协议,如基于远程过程调用的应用协议是无效的。其次,它只根据分组的头信息进行过滤,无法防止数据驱动型的攻击。

(2) 代管技术

与分组过滤技术不同,代管(proxy)技术不是在网络层拦截数据分组,而是通过为各种应用服务分别设立代管的方法在应用层对网络信息攻击进行防范。一个代管就是为一个应用服务而设计的进行安全控制的程序。它的主要特点是通过传输层及应用层的状态信息(而不仅是分组的头信息)实现更加严格和灵活的安全策略。

各种应用服务的代管通常被配置在应用网关上,因此要将应用网关作为内部网络向外提供服务的必经节点。要想得到内部网络的某种服务,必须有相应的代管程序配置在应用网关上,否则,请求的服务便被禁止。代管程序可以对服务进行控制,也可以对服务中的功能进行控制。代管程序一般具有解释应用层协议命令的功能,如 FTP 命令、Telnet 命令等。

代管技术对用户是不透明的,它往往要求用户改变操作方法。例如,通过代管的 Telnet 服务,一般要求用户分两步而不是一步建立连接。另外,往往还需要用户在自己的系统上安装特殊的软件。

代管技术的主要优点是:

① 能支持有效的用户认证;
② 应用层过滤规则比网络层过滤规则易于配置;
③ 能够完全控制会话,可以提供详细日志和安全审计功能;
④ 可以隐藏内部网络的 IP 地址。

主要缺点是:

① 每种应用服务都需要特殊的代管程序,实现应用服务的完全代管化需要众多的代管程序,因此是困难的;
② 对用户是不透明的,需要用户改变操作方法;
③ 需要较大的运算量,代管服务器性能不高时,会引起网络时延的明显增大。

(3) 地址转换技术

地址转换是指将一个 IP 地址映射为另一 IP 地址。它有两个方面的作用:

① 内部网络中的主机 IP 地址对外部网络无效,隐藏内部网络主机;
② 解决内部网络 IP 地址不足的问题。

通过地址转换,外部网络不能直接访问内部网络的主机,但内部网络的主机之间可以相互访问。地址转换技术提供了一种实现单向路由的方法,即内部网络的主机可以访问外部网络,而外部网络的主机不能直接访问内部网络的主机,从而对内部网络进行保护。

地址转换技术也可以更加灵活地应用,即有选择地隐藏内部网络的主机,而将一部分主机映射为外部网络可见的。

(4) 安全内核技术

安全内核技术是在操作系统上应用的技术,即通过重新配置和改造操作系统的内核,使其产生固有的安全特性,成为"安全的"操作系统。

安全的操作系统的内核配置和改造主要包含以下几方面的内容:

① 取消危险的系统调用;

② 限制命令的执行权限;

③ 取消 IP 的转发功能;

④ 检查分组的端口;

⑤ 驻留分组过滤模块;

⑥ 取消动态路由功能。

11.4 虚拟专用网络技术

11.4.1 概述

虚拟专用网络(VPN,Visional Private Network)是指在公用网络中建立的临时的安全连接。它可以帮助远程用户、公司分支机构、商业伙伴等建立穿越开放的公用网络的安全隧道。它提供安全连接,并保证数据的安全传输。

VPN 在 Internet 上得到了应用。基于 Internet 的企业 VPN 与实际的专用网络相比,成本可以大幅度地降低。VPN 还可用于移动用户的 Internet 接入,商业伙伴之间的安全连接等。VPN 通过数据加密、数据认证、身份认证、访问控制等手段实现安全连接。其中,认证和加密手段是主要的,而访问控制相对比较复杂,与控制策略和所用技术关系密切。为了保证 VPN 的安全性,认证、加密和访问控制必须紧密结合。

VPN 是一种连接,表面上看像是专用连接,但实际上是在共享网络上实现的。它采用隧道技术,建立点到点的连接,提供数据分组通过公用网络的专用隧道。来自不同信息源、不同网络协议的分组经由不同的隧道在同一体系结构上传输。具体地讲,所谓隧道技术,就是将原始分组加密和协议封装后放在另一种协议的数据分组之中在公用网络中传输。经过这样的处理,原始分组在公用网络的传递过程中是被密封的,只有到了目的端才被开封,因此,好像是在隧道中传输一样。

隧道的建立需要利用安全(隧道)协议,如 PPTP/L2TP 和 IPSec。隧道协议根据封装的数据分组协议所处的层次可分为第 2 层隧道协议和第 3 层隧道协议(如封装 IP 数据分组)。

VPN 有多种实现方案,不同的方案所提供的安全性和可用性不同,要根据具体的应用需求而选择。按照用途划分,VPN 可分为内部网络 VPN、远程访问 VPN 和外联网络 VPN 三种。

以下是 VPN 的信息处理的典型过程:

(1) 用户发送明文信息到连接公用网络的源 VPN 设备;

(2) 源 VPN 设备根据预先确定的规则,确定是对明文信息进行加密处理还是让其直接通过;

(3) 如果需要加密,源 VPN 设备在网络层对 IP 数据分组进行加密和数字签名;

(4) 源 VPN 设备将加密后的数据重新封装在某种指定协议的数据分组之中,然后在公用网络上传输;

(5) 数据分组到达目的 VPN 设备时,数据分组被开封,数字签名认证后,对原始数据分组进行解密。

11.4.2 VPN 的用法

(1) 内部网络 VPN

内部网络(Intranet)VPN 是通过公用网络将一个组织各个分支机构的局域网连接起来而形成的网络。这种 VPN 的基础是各个需要连接的局域网内部是可信的,因此主要问题是如何提供安全地穿越公用网络的隧道。由于相互通信的两端都是可信的,因此只要能够做到很好的认证和加密就可以保证安全。通过认证,可以确认通信伙伴,通过加密,可以防止双方交换的信息在公用网络上不被他人窃听。

(2) 远程访问 VPN

在互联网络上,用户可以远程访问内部网络,如用户可以在家里访问自己公司的内部网络。远程访问(Remote Access)VPN 就是为这类远程访问提供安全隧道。

远程访问 VPN 的客户端应简单易用,以便普通用户就能建立一条虚拟专用信道。而服务器端要管理大量的用户,因此需要比较复杂的功能和集中管理。

远程访问 VPN 应提供"透明的访问策略",使远程用户能够用与在公司一样的方式访问公司的资源和提供信息。

实现远程访问 VPN 需要进行端到端的数据加密,并要对远程用户进行认证。

(3) 外联网络 VPN

外联网络(Extranet)VPN 为公司的合作伙伴、顾客、供应商和外地雇员提供安全隧道。它要保证各种应用层服务的安全(如 E-mail、Http、FTP 等)。同时也要保证一些应用程序(如 Java、Active X)的安全。因为各个公司的网络环境是不同的,一个可行的外联网络 VPN 方案需要适用于各种操作系统、协议、认证方案及加密算法。

外联网络 VPN 的主要目标是保证数据在传输过程中不被修改，包含网络资源不受侵扰。它是一个由加密、认证和访问控制综合集成的系统，这些安全手段被配置在代理服务器上。通常代理服务器被放在一个防火墙之后。

外联网络 VPN 并不假定连接的双方存在信任关系，因此需要采用尽可能多的数据来控制对网络资源的访问，这些数据包括源地址、目的地址、应用程序的用途、采用的加密和认证类型、个人身份、工作组、子网等。系统还要能够对用户的个人身份进行认证。

11.4.3 VPN 的安全协议

（1）SOCKS v5 协议

SOCKS v5 原来是一个支持认证的防火墙协议，在访问控制方面具有优势，现在已被 IETF 建议为建立 VPN 的标准之一。

SOCKS v5 在 OSI 模型的会话层控制数据率，对访问控制有非常详细的定义。它在客户机和服务器之间建立一条虚电路，通过对用户的认证进行监视和访问控制。由于工作在会话层，因此可以同低层协议（如 IP、IPSec、PPTP、L2TP）一起使用。SOCKS v5 提供认证、加密和密钥管理等插件模块，由用户自由地选取。SOCKS 也可根据规则过滤数据流，如对 Java Applet 和 ActiveX 控件进行过滤。

基于 SOCKS v5 的 VPN 最适合于客户机到服务器的连接模式，因此适用于建立外联网络 VPN。

（2）IPSec 协议

IPSec 是一个范围广泛、开放的 VPN 安全协议。它提供网络层上的数据保护，提供透明的安全通信。IPSec 可以在隧道模式和传输模式下运行。在传输模式下，IPSec 把 IP 数据分组封装在安全的 IP 帧中，以提供从一个防火墙到另一个防火墙的安全性。在隧道模式下，进行信息封装以提供端到端的安全性。隧道模式是较安全的，但需要的系统开销也较大。

IPSec 最适合于在可信的 LAN 到 LAN 之间建立 VPN，即适合于建立内部网络 VPN。

（3）PPTP/L2PT 协议

点对点隧道协议（PPTP，Point to Point Tunneling Protocol）是用 IP 分组封装数据链路层的 PPP 分组的协议，采用简单的分组过滤来实现访问控制。第 2 层隧道协议（L2TP，Layer 2 Tunneling Protocol）是由 PPTP 协议与 L2F（Layer 2 Forwarding）组合而成的，可用于基于互联网络的远程拨号方式的访问，能够为使用 PPP 协议的客户端建立拨号方式的 VPN，也可用于传输多种协议数据。当 PPTP 与 L2TP 一起使用时，可以提供较强的访问控制功能。

PPTP/L2PT 最适合于建立远程访问 VPN。

11.5 数字内容安全技术

11.5.1 基本概念

随着数字化技术的发展,数字内容的内涵日益丰富,主要包括数字音像、科学出版、远程教育、动漫游戏、金融信息、政府公告、网络博客、网络论坛、短信彩信、彩铃音乐等,涉及教育、科学、金融、文化、娱乐、商业、通信等各个领域。数字内容产业的迅猛发展,使人们越来越关注数字内容的安全问题。

无论是学术界还是产业界,关于数字内容安全的内涵尚未形成统一的认识。从一般的信息安全的概念出发,数字内容安全主要应保证内容的隐私性、完整性和真实性。从理论上讲,这种概念是没有问题的,但面对实际应用却显得抽象和空泛。针对目前数字内容在开发制作、传递配送和消费使用中的主要问题,人们发现当前数字内容安全的关键是:①如何解决数字内容的盗版贩卖和非法使用的问题;②如何解决非法及有害内容破坏和污染社会环境问题;③如何解决数字内容消费者的安全合理付费问题。

针对第一个问题,提出了数字版权管理(DRM,Digital Right Management)技术,采用加密手段对数字内容进行保护,使其只能在授权的情况下被使用。针对第二个问题,提出了基于内容的过滤(CBF,Content based Filtering)技术,采用文字识别、语音识别、图像识别、文本分类等模式识别的方法将非法或有害的内容进行过滤和封堵。针对第三个问题,正在大力研究微支付(micro payment)技术,基于 PKI (Public Kay Infrastructure) 和第三方代理等平台来保证消费者资金的安全和合理地支付小额数字内容消费。

11.5.2 DRM 技术

全面来讲,DRM 并不仅仅是个技术问题。它是要通过技术、法律、商业等各种有效手段保证数字内容在制作、传递和消费各个环节中不受到盗版、侵权和滥用,以保护所有者的知识产权。但在本书中,我们只讨论通过技术手段所实现的 DRM 系统。

目前,常见的 DRM 系统由 3 部分组成:数字内容供应者(CP,Content Provider)、许可证发放器(LD,License Distributor)和用户播放器(UP,User Player)。

CP 利用打包程序将数字文件进行加密。目前常用 128 位或 156 位的对称加密算法。密钥利用与 LD 共享的密钥种子和一个全局唯一的密钥标识生成。内容加密后,再添加作者、版本号、发行日期、密钥标识等头信息。打包后的数字文件可以存放在 CP 的网站服务器上,也可以制成光盘发行。

UP 在访问 CP 网站服务器或通过光盘播放打包的数字文件时,首先在自己的许可证库中查找所需要的许可证(解密密钥),如果存在,便可播放,如果不存在,则必须向 CP 指定的 LD 申请播放该数字文件的许可证。

LD 接到 UP 的许可证申请后,对用户的身份进行验证,如果是合法用户或通过付费等手续成为了合法用户,则向 UP 发放播放该数字文件的许可证。许可证可根据需要设置有效期和不同的收费标准等。

在上述系统中,加密的作用也可以用数字水印(Digital Watermark)或数字签名(Digital Signature)技术来替代。学术界和产业界在这些方面开展了大量的研究和开发。虽然 DRM 系统可用不同的信息安全技术来实现,但系统的性能和实现成本是不同的。这是值得深入研究的问题。

近 10 年来,Image、Video、Audio 等多媒体的加密算法得到深入研究。人们越来越多地将加密过程与压缩编码过程相结合,以同时获得较高的安全性和较高的压缩率。同时还进一步考虑多媒体网络、无线网络、移动网络的带宽和可靠性的特点,研究开发满足异构网络环境下可伸缩性和实时性的要求的加密算法。

相对于互联网,DRM 在移动电信网上发展得更加迅速。主要原因是:①移动网络相对封闭,DRM 系统易于建立,且不易受到攻击;②移动网络用户数量巨大,受 DRM 保护的数字内容在这一平台上大量发布会降低内容的成本,有利于正版数字内容的推广和知识产权保护。

2002 年 11 月,OMA(Open Mobile Alliance)发布了移动 DRM 国际规范——OMA DRM 1.0 Enabler Release,为如何建立移动网络上的 DRM 系统提供了指南。OMA DRM 1.0 标准推出后,国内外厂商纷纷进行了相应开发,对其存在的问题进行了公开讨论。

2005 年 6 月,OMA 公布了 OMA DRM V2.0,制定了基于 PKI 的安全信任模型,给出了移动 DRM 的功能体系结构、权利描述语言标准、DRM 数字内容格式(DCF)和权利获取协议(ROAP)。

11.5.3 CBF 技术

基于内容的过滤(CBF)是数字内容安全的重要内容。CBF 的主要对象包括非法内容和有害内容,如非法广告、黄色信息、惑众谣言、网络病毒、黑客攻击等。早期的 CBF 技术主要采用串匹配的方法对 Text 文件和可执行文件进行过滤,防范的对象是有害文本信息和病毒。随着多媒体技术的发展,非法和有害的信息开始大量地利用 Image、Video、Audio 等形式传播,使得简单的串匹配技术无法对内容进行有效的识别。在这种情况下,人们开始将模式识别、自然语言处理、机器学习等智能技术引入 CBF。另外,基于上述智能技术的文本分类和挖掘也取得了长足的进展。从而推动 CBF 全面进入了以智能技术为依托的阶段。

在 Text 文件过滤方面,通过向量空间模型 VSM 或 n-gram 语言模型对文件进行表达,然后利用正反两方面的样本对需要过滤和不需要过滤的两类文件进行建模,从而生成可执行特定任务的分类器,如 Bayes 分类器、SVM 分类器、k-NN 分类器等。将这样的分类器放在网络节点或主机上,便可实现文本文件的过滤。目前最常见的文本文件过滤器是垃圾邮件过滤器(spam filter),国际著名会议 TREC(Text REtrieval Conference)从2005年开始将 spam filter 作为测试项目,有力地推动了该项技术的发展。在我国,除了垃圾邮件之外,垃圾短信等短文本中的非法有害信息的过滤也得到了学术界、产业界和政府的高度重视。目前已经有国家自然科学基金、国家信息安全计划、跨国企业资助的项目在加紧研究。

在 Image 和 Video 文件过滤方面,文字识别、人脸识别、人体识别、物体识别等图像识别技术是核心。通过这些技术,可对文件中包含的字牌、标语、广告等反映不同场景的文字,以及人脸、人体、物体等反映不同人物和事件的对象进行识别。获得这些关键信息后,便可以对 Image 和 Video 进行分类和过滤。例如对黄色图片进行过滤,对毒品广告进行过滤等。在上述图像识别技术中,人脸识别和物体识别是当前的研究热点。文字识别是开展较早的研究,但图像中的文字识别有其特殊性,如倾斜和光线的影响等。关于人脸识别和物体识别,近年来人们给予了极大的关注,并取得了显著的进展。

在 Audio 文件过滤方面,语音识别、语种识别、语音关键词检测技术是核心。对于安静环境下的新闻播报类语音文件,先通过语音识别技术将其转换为文本文件,就可以利用 Text 过滤技术进行过滤了。美国 NIST 和国防部的 TDT(Topic Detection and Tracking)计划对这项技术进行了长期的研究,取得了令人瞩目的进展。目前的研究热点是噪声背景下的语音文件或歌曲音乐类文件的过滤。这类文件不易用通常的语音识别方法进行内容识别,需要研究专用的方法。利用语种识别和语音关键词检测技术进行过滤时,不需要将整个文件转换成文本,而只是识别文件中的语音是不是指定的语种或是否包含指定的关键词。语种识别和语音关键词检测常被用于粗过滤,以提高过滤器的效率(速度)。

在网络环境中,过滤器的效率是一个突出问题。基于智能技术的过滤器通常具有较高的计算复杂度,时间开销较大。其主要原因是文件表达的模型一般为特征向量,维数过高。例如,在文本分类中,常常采用几万维的特征向量,每一维对应一个词(term)。因此,特征降维已经成为特别重要的环节。简单的特征降维方法是特征选择(feature selection),即从现有的特征中优选一部分。另一种方法是高维空间向低维空间映射变换的方法,通过去除数据值方差小(能量小)的维度,进行降维。如主成分分析(PCA,Principal Component Analysis)、线性鉴别分析(LDA,Linear Discriminant Analysis)、流形分析(manifold analysis)、图模型(graph model)等。

11.5.4 微支付技术

在线数字内容的消费常常是很小金额的,例如,下载一首歌曲、一个彩铃、一篇论文甚至书中的一页内容。这样的消费金额难以采用常规的方法进行消费者和商家之间的结算,因为结算本身的成本相对消费金额太高,甚至会超过消费金额。例如,如果下载一首歌是 5 分钱,通过通常的银行手续去交钱,光手续费可能至少就要 1 角钱。这样的结算是消费者和商家都不愿接受的。因此,数字内容的消费离不开微支付技术的支撑。

所谓微支付就是对任意小的消费金额进行电子支付的技术。它要解决的主要问题除了保证消费者在电子银行中的资金和数据的安全、商家不被骗取、交易数据不被篡改之外,就是以最低的成本实现电子付费,以保证交易成本不超过消费金额。目前,常见的微支付方式包括网络在线支付、手机支付、电子支票支付、信用卡支付等。

微支付系统中的核心技术包括 PKI 技术和交易代理技术。通过 PKI 技术对交易中所涉及的各方的标识符、交易数据等进行加密,以防止伪造身份、盗取密钥、破解消息等攻击的得逞。通过交易代理技术,实现信用担保、身份认证和公平交易。交易代理通过可转移硬币(Transferable Coin)等技术,最大限度地降低交易成本。

目前微支付研究的重点是协议和系统模型。微支付协议分为离线方式和在线方式两大类。典型的离线微支付协议包括 MPTP、Payword、Agora 和 MiniPay 等。这些协议以消费者的信用为基础,消费者在真正付款之前就可以完成交易。因此对重复消费(同一凭据反复使用)和恶意消费(透支消费)缺乏有效的控制。典型的在线微支付协议是 Millicent,它采用交易代理在线实时验证消费者账户信息的方式,可以有效防止重复消费和恶意消费,但也因此降低了协议的运行效率。

微支付协议和模型的优劣,主要从安全性、公平性、交易成本、运行效率等方面进行评价。安全性主要指交易者的身份不被伪造和不被泄露,以保证交易者的资金安全和交易的隐私;公平性主要指在整个交易过程中,消费者、商家和交易代理受到平等的对待,消费者的信用得到正确的评估,商家不受到欺骗,交易代理得到合理的利益;交易成本要尽量地降低,以满足微支付的要求;运行效率要尽量地提高,协议的时间开销和空间开销要尽量的小。

微支付协议和模型与系统所基于的网络有密切的关系。例如,基于移动电信网络的微支付系统、基于 WWW 网络的微支付系统、基于 P2P 网络的微支付系统等相互之间有明显的差别。

小　结

网络信息安全是网络管理的重要内容,是推进网络经济发展的重要保证。DES 和公开密钥密码体制是现代密码学的主要成果,也是网络信息安全的理论基础。认证系统、防火墙技术、VPN 技术是网络信息安全的 3 项主要的关键技术。

DES 是采用传统的密码体制的块加密技术。每块包含 64 bit,密钥也是 64 bit,但其中有 8 bit 的校验位,基本加密方法是移位和置换。公开密钥密码系统的加密钥(算法)和解密钥(算法)不同,加密钥可以公开,因此为密钥管理、认证和数字签名等提供了很大的方便。

认证系统、防火墙、VPN以及数字内容安全在网络信息安全中发挥着关键作用。各项技术都已经形成体系,并仍在迅速发展。

本章的教学目的是使学生掌握网络信息安全的基本概念;理解DES算法;熟悉公开密钥密码体制的工作原理;了解各类认证系统和认证方法;了解防火墙技术和VPN技术;了解数字内容安全的基本概念和方法。

思考题

11-1 什么是信息保密性、完整性和真实性?

11-2 简述数据加密标准(DES)的工作原理。

11-3 简述公开密钥密码体制的加密和解密过程。它的主要优点是什么?

11-4 ISO的信息安全体系标准ISO7498-2中制定了哪些安全机制?

11-5 认证系统有几种?各自的作用是什么?

11-6 简述基于摘要算法和公开密钥密码的消息认证过程。

11-7 怎样利用公开密钥密码系统进行数字签名?

11-8 什么是防火墙?其中包含哪些关键技术?

11-9 请描述屏蔽主机型防火墙的体系结构。

11-10 什么是VPN?它的主要作用是什么?

11-11 VPN有哪几种主要用法?

11-12 数字内容安全涉及的关键问题是什么?可采用哪些技术手段加以解决?

习题

11-1 请设计一种可实现的文本文件加密(解密)方案。

11-2 试编写RSA系统生成加密钥和解密钥,为文件加密以及解密的程序并进行加/解密试验。

11-3 请利用Linux的FreeBSD对MD 5的功能进行测试。

11-4 请参考相关文献描述IPSec协议。

11-5 请设计一个DRM系统的逻辑框图。

第 12 章

智能化网络管理

12.1 基于专家系统的网络管理

12.1.1 概述

专家系统技术是最早被应用于网络管理的智能技术,现在已经取得了很大的成功。专家系统能够利用专家的经验和知识,对问题进行分析,给出专家级的解决方案。

在网络管理中运用的专家系统按功能大致分为 3 类:维护类、提供类和管理类。维护类专家系统提供网络监控、障碍修复、故障诊断功能,以保证网络的效率和可靠性;提供类专家系统辅助制定和实现灵活的网络发展规划;管理类专家系统辅助管理网络业务,当发生意外情况时辅助制定和执行可行的策略。

实际应用的系统中,维护类专家系统占绝大多数。这类系统的大量应用,已经在大型网络的日常操作中产生了重要作用。现有的提供类专家系统大多数用于辅助网络设计和配置,最近也出现了用于辅助网络规划的系统,最常见的管理类专家系统是辅助进行路由选择和业务管理的系统,即在公共网中监视业务数据和加载路由表,以疏导业务解除拥塞。除此之外也开发了一些特殊用途的系统,如逃费监察系统等。

在专家系统中处理的问题分为综合型和分析型两类。综合型问题是如何在给出元素和元素之间关系的条件下进行元素的组合。这类问题常在网络配置、计费和安全管理中遇到。分析型问题是从总体出发考察各元素与总体性能之间的关系。这类问题常在网络故障诊断和性能分析中遇到。对分析类问题常采用"预测"和"解释"两种分析方法。预测法是根据网络各组成元素的性能,推测网络的总体性能。预测法是网络性能分析常用的方法。解释法根据网络元素及其观察到的性能推测网络元素的状态。解释法是网络故障诊断常用的方法。

网络管理专家系统有脱机和联机两种类型。脱机型是简单的事件驱动类型。当发现网络存在问题以后,利用专家系统解决问题。专家系统询问网络的配置情况和观察到的状态,根据得到的信息进行分析,最后给出诊断结果和可能的解决方案。脱机型专家系统的缺点是不能实时地使用,只能用于问题的诊断,而网络是否已经发生问题却要先由人来判断。联机型专家系统与网络集成在一起,定时监测网络的变化状况,分析是否发生了问题以及应该采取什么行动。

最初的专家系统由于基于特定的软硬件平台,与数据库系统缺乏通信能力,基本上都是作为脱机系统。随着基于 UNIX 操作系统的专业工作站成为普通的开发和应用环境,以及一些功能强大的工具的出现,这种状况得到了明显的改观。如今,能否实现与网络的无缝联机已经成为一个专家系统能否被接受的要素。目前已有许多联机网络专家系统投入使用。

12.1.2 网络管理专家系统的设计

(1) 专家系统

专家系统从功能上可以定义为在特定领域中具有专家水平的分析、综合、判断和决策能力的程序系统。它能够利用专家的经验和专门知识,像专家一样工作,在短时间内对提交给它的问题给出解答。

如图 12.1 所示,专家系统一般由知识库、推理机(规则解释器)和数据库 3 部分组成。知识库中存放"如果:<前提>,于是:<后果>"形式的各种规则。数据库中存放事实(如系统的状态、资源的数量)和断言(如系统性能是否正常)。当<前提>与数据库中的事实相匹配时,规则将让系统采取<后果>中指示的行动,通常是改变数据库中的断言,或向用户提问将其回答加到数据库中。

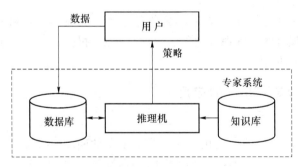

图 12.1 专家系统模型

专家系统具有以下一般特点:

① 知识面可以限于特定领域,但专业水平很高。解题质量、速度和运用启发式规则的能力等方面都要体现专家的水平。

② 专家系统处理的信息主要是用符号表示的知识和规则,因此要求它具有符号处理和基于符号的推理能力。

③ 交互式专家系统具有解释功能,即将用户的提问解释为内部符号和将用符号表示的结果解释为用户可理解的结果的功能。

(2) 网络管理专家系统的设计

在设计网络管理专家系统时,首先要确定它在整个网络管理系统中的位置和作用,为此需要考虑以下问题:

① 是将专家系统作为网络管理的基础还是将它作为一个功能的扩展;

② 专家系统与网络管理主系统之间是独立的松耦合关系还是嵌入主系统的紧耦合关系;

③ 是脱机地还是联机地应用专家系统的功能。

除此之外,根据网络管理的任务、要求和技术特点,在设计网络管理专家系统时,还应注意以下几个能力:

① 处理不确定性问题的能力

网络管理就是要对网络资源进行监测和控制。为了完成这个任务,网络管理专家系统不仅需要了解网络的局部状态,还要了解网络的全局状态。但是这一点是难以得到很好的满足的,因为网络的状态时刻都在变化,由于状态信息的获取和传递需要时间,当将它们提供给专家系统时,有些已经过时了。这就是说,网络管理专家系统只能根据不完全和不确切的信息进行推理。

② 协作能力

由于网络管理任务很重,需要的功能也很多,因此在一个网络管理系统中往往需要多个专家系统,每个专家系统面向特定的功能领域。由于在管理中,不同功能领域中的功能相互之间是有关系的,这就需要专家系统要有相互协作的能力。

③ 适应分布变化的能力

网络是一个不断变化的分布式系统,网络管理专家系统必须能够适应这一特点。联机专家系统要利用现有网络管理模型中的轮询机制及时地获取网络的最新状态,以便及时发现问题和给出解决方案。

12.1.3 网络管理专家系统的应用

(1) 配置管理

在配置管理中,资源分配的优化是一个非常复杂的问题。即使对于规划设计阶段的"静态"网络,诸如如何分配交换机以及骨干网的容量等问题也要花费大量的研究资金和人力。将专家系统用于网络规划设计中的优化资源分配已经取得了成功。

对于运行中的"动态"网络,预先确定的优化规则往往不能提供理想的网络配置方案。专家系统除了支持预先确定的针对偶然事件的处理策略外,还可采用启发式的方法提供比较理想的网络配置方案。

(2) 性能管理

在性能管理中,通过监测到的性能数据对网络的性能状态进行分析是一项复杂工作。单纯采用解析的方法是不够的,一般需要有专家的分析和判断。因此需要性能分析专家系统。这类专家系统着重研究专家系统的数据驱动问题和网络在不同性能指标下的状态变化。

性能分析专家系统应能察觉网络在进入低性能或故障之前的细微变化,以便及时采取启动故障管理或性能管理的功能,减小和避免损失。为了能发现这样的细微变化,需要系统支持定义基准状态的和不可接受状态的操作,专家系统的方法适合支持这样的操作。

(3) 故障管理

目前,应用最广的是故障管理专家系统。故障管理包含 3 个相关的功能:故障检测、故障诊断和故障修复。这也是专家系统所要提供的功能。

故障检测包括通过检测数据进行故障告警和根据性能数据预测故障两个方面。故障检测的基本功能就是识别并忽略那些表面异常但对检测没有参考意义的信息,以减少错误告警。这样的能力普通人是不具备的,而有经验的专家却能做出准确的判断。

故障诊断包括故障的确认和定位。为此系统要采取多种措施,包括运行诊断程序、分析性能统计数据、检查日志,通过历史数据和当前数据进行推理判断。这些工作可以由专家系统进行指导和完成。

故障修复中的一个问题是如何使故障产生的损失最小。解决这个问题既要考虑本地的情况,也要考虑全网的情况。为了尽快恢复业务,需要选择业务的恢复路由。这些问题往往难以通过解析的方法获得满意的解决,而专家的经验和知识却是十分有效的。利用专家系统,可以对不同的方式进行权衡,使故障修复的措施得到优化。

(4) 安全管理

在安全管理领域,也有许多适合于专家系统发挥作用的场合。通过建立专家级的访问控制规则保护网络资源以及网络管理系统便是典型的应用。普通的防火墙系统是通过设定严格的访问控制规则来保护网络资源,但这种做法常常会使一些合法的操作也受到限制。而专家系统的方法便于设定智能的灵活的访问控制规则,既严格有效地阻止非法侵入,又不对合法操作产生限制。

(5) 计费管理

计费管理是目前唯一没有采用专家系统技术的领域。这并不说明专家系统在这个领域没有用武之地。也有人因此批评计费领域保守,有一种观点是现在计费系统的自动化水平已经很高,即使采用专家系统还能使其继续有所提高,但其安全性令人顾虑。

目前的网络管理专家系统技术还存在一些缺点。

① 比较脆弱:通常它们被设计为一个专门知识范围内的基于规则的封闭系统。只有在专门知识的范围之内它才能发挥作用,一旦超过了这个范围就会完全失效。

② 通用性差:现代通信系统是由许多"完整的"子系统组成,这种状况设置了人为的界限,使得难以跨越这些界限实现诸如专家系统的智能系统。此外,由于缺少标准的"知识接口"和形式,使不同的专家系统之间难以相互沟通。

③ 知识获取难:在其他领域中应用的知识表达方法常常不适合于网络,网络中的知识表达主要是基于经验的,而不是依赖推导的。对于网络的快速变化,专家系统难以补充足够的知识。

12.2 基于智能 Agent 的网络管理

12.2.1 Manager、Agent 与智能 Agent

现代标准网络管理模型(如 CMIP、TMN、SNMP)的共同特点是整个体系结构由分布在各地的管理节点组成,本地节点以 Agent 的角色来接受远程节点以 Manager 角色下达的管理操作命令,对本地管理信息库(MIB)进行操作,完成管理任务。节点之间通过管理信息网络通信和协调。

这样的网络管理是一种分布式的、面向逻辑数据的、管理节点之间协同工作的管理。实践证明这种体系结构是灵活、方便和有效的。但是,随着网络技术和业务的发展,人们对网络管理水平也提出了更高的要求。如何让 Agent 更加自治地工作,以减少 Manager 操作命令等管理信息的传递,提高性能监测水平和缩短故障诊断及修复的时间等问题已经越来越突出和重要。尤其是那些 Manager 采用轮询机制与 Agent 通信的网络管理模型,如 SNMP,轮询操作命令及结果数据的传递引起了流量的显著上升,更加迫切地希望提高 Agent 的自治性和自适应性。如何解决这一问题呢?一个有效的方法是:用分布式人工智能的智能 Agent 来替代网络管理与控制体系结构中的 Manager 和 Agent,使得各个管理实体都自治地、主动地、实时地,同时又相互协同地工作。

Agent 一词在目前的网络管理中被翻译为"代理"或"代理者",是相对于远程的 Manager(管理者)的一个概念。Manager 是管理系统的管理进程(实体),Agent 是被管系统中的对等进程(实体)。Manager 向 Agent 发布管理操作命令,Agent 负责对自己所管理的管理信息库(MIB)中的被管对象(managed object)进行访问,执行 Manager 的下达的操作命令,并将操作结果报告给 Manager。另外,当被管对象发生需要 Manager 及时了解的事件时,Agent 要将被管对象的通报主动传递给 Manager。操作命令、操作结果以及通报的传递依靠标准通信协议,如 OSI、TCP/IP 完成。但是,在多数场合,一个管理节点并不只是 Manager 或只是 Agent,而是此时是 Manager,彼时又是 Agent。当它向另一个管理节点发布操作命令时,它便是 Manager;而当它接受其他管理节点的操作命令时,它便是 Agent。因此,Manager 和 Agent 也可以被看做是一个管理实体的两种角色。

由 Manager 和 Agent 两个角色共同构成的管理实体具有以下特性:

(1) 主动性:能以 Manager 角色发布命令或请求;

(2) 从动性:能以 Agent 角色接受命令或请求,完成指定的任务;

(3) 感知性:Agent 可以发现所管理的被管对象的异常,并将其通报给 Manager;

(4) 协作性:Agent 在执行 Manager 命令或请求时,可以再以 Manager 的身份将部分或全部任务转交给其他 Agent,请求它们协助完成;

(5) 交流性:Manager 和 Agent 之间通过标准通信协议进行通信。

然而,在分布式人工智能领域,Agent 却不仅仅是一个代理者,而是一个非常宽泛的概念。它泛指一切通过传感器感知环境,运用所掌握的知识在特定的目标下进行问题求解,然后通过效应器对环境施加作用的实体。这类实体具有下述特性:

(1) 自治性:Agent 的行为是主动的、自发的,Agent 有自己的目标或意图。根据目标、环境等的要求,Agent 对自己的短期行为做出计划;

(2) 自适应性:Agent 根据环境的变化自动修改自己的目标、计划、策略和行为方式;

(3) 交互性:Agent 可以感知其所处的环境,并通过行为改变环境;

(4) 协作性:Agent 通常生存在有多个 Agent 的环境中,Agent 之间良好有效的协作可以大大提高整个多 Agent 系统的性能;

(5) 交流性:Agent 之间可以采用通信的方式进行信息交流。任务的承接、多 Agent 的协商、协作等都以通信为基础。

分布式人工智能中的 Agent 是由知识和知识处理方法两部分组成的。知识是其自身可以改变的部分,而知识处理方法是其自身不可改变的部分。它的显著特征是"知识化",因而被称为智能 Agent。

由以上对比可以看出,由 Manager 和 Agent 两个角色共同构成的网络管理实体所具有的能力,仅是智能 Agent 能力的一小部分。它们各自的 5 条特性一一对应,但智能 Agent的特性更好、更高、更强。因此,用智能 Agent 来代替标准网络管理模型中的管理实体 Manager 和 Agent,是在现有的网络管理框架下实现智能化的一个很好的方案。

12.2.2 网络管理智能 Agent(IANM)结构

实现上述方案,关键是构造便于在现有网络管理框架下应用的智能 Agent。为此,我们提出如图 12.2 所示的网络管理智能 Agent(IANM,Intelligent Agent for Network Management)结构。

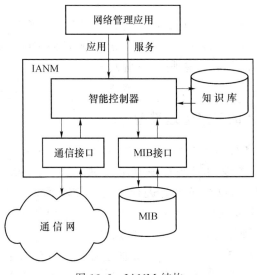

图 12.2 IANM 结构

IANM 由通信接口、智能控制器、MIB 接口和知识库构成。通信接口接收外部环境的管理信息(来自其他 IANM 的请求及通报),由智能控制器根据这些管理信息及其自身的状态,进行分析和推理,产生控制命令,通过 MIB 接口将控制命令变成对被管对象的操作,操作结果通过 MIB 接口返回智能控制器,然后通过通信接口向发来请求的 IANM 报告。上述活动与现有的 Agent 的活动是十分相象的。但是,除此之外更重要的活动是,IANM 会自治地检测环境(被管对象及其自身的状态),经过分析推理后,对环境进行调整和改造,必要时与其他 IANM 通信联络。

(1) 通信接口

通信接口是与其他 IANM 交换管理信息的接口。由接收器、发送器、通信簿等几部分构成。接收器接收其他 IANM 发来的管理信息。发送器将本 IANM 的管理信息发往其他 IANM,通信簿中登记了每个与本 IANM 有协作关系的 IANM 的通信地址。IANM 间传递的各种管理信息的语法结构由 Agent 通信语言(如 ACL)定义。

(2) 智能控制器

智能控制器是 IANM 智能化行为的核心。它具有通过通信接口或 MIB 接口与外部环境(其他的 IANM、MIB)交互的能力。根据获取的信息及自身的状态进行推理,并产生控制命令的能力。按照特定算法控制自身状态的能力。它处于网络管理应用的下层,通过服务原语的形式向它提供服务,网络管理应用可通过应用这些服务原语直接进行操作控制。这一点与现有的网络管理模型相一致。

(3) MIB 接口

MIB 接口提供 IANM 访问被管对象的能力。即根据智能控制器的控制命令对 MIB 中的被管对象进行访问操作。

(4) 知识库

知识库中存放智能控制器进行推理时所需要的知识(规则),这些知识主要是网络管理与控制方面的专门知识。如路由选择、业务量控制、故障诊断、网络信息安全、网络性能分析、计费控制等方面的知识。这些网络管理知识是 IANM 进行推理等智能活动的根据。

12.2.3 基于 IANM 的网络管理模型

基于 IANM 的网络管理模型如图 12.3 所示。每个网络节点配置一个 IANM,用于管理本地 MIB 和向本地的网络管理应用提供服务。IANM 之间通过通信网络和 Agent 通信协议相互通信,以在必要时进行协同工作和远程监控。这个模型与现有的标准网络管理模型的主要区别是大部分网络管理任务依靠 IANM 和本地网络管理应用在本地自治地完成,而不是必须将管理信息传递到管理者处进行集中处理。只是在需要多 IANM 协同工作和远程监控时,才通过通信网络传递管理信息。因此这是一个分布式的、自治的、协同工作的网络管理模型。实现这样的模型,会有效地降低网络中传递管理信息的负荷,提高网络管理的实时性。

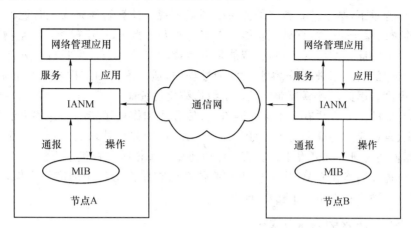

图 12.3　基于 IANM 的网络管理模型

12.3　基于计算智能的宽带网络管理

12.3.1　宽带网络管理与计算智能

宽带网络是今后信息网络发展和建设的方向,宽带网络管理对技术也提出了更高的要求。下面我们首先归纳一下宽带网络的特点。

(1) 业务种类多

宽带网络建设的主要目的之一,就是将各种各样的业务综合在一个网络中传输、交换和向用户提供。目前已有的业务主要有电话、数据、图像、视频以及 WWW 业务等。这些业务具有不同的业务量特性,如电话是低速实时业务,E-mail 等数据业务是低速非实时业务,而视频却是高速实时业务。不同的业务有不同的 QoS 要求。

(2) 容量大

宽带网络以大容量光纤传输网络为基础构建,网络可同时承载大量的业务。

(3) 高速处理

传输采用 SDH,交换采用 ATM 交换机或高速路由器,这些技术的共同特点是结构简化,高速处理,使网络能以很高的速率传递数据。

对于网络管理来说,业务种类多的特点显著提高了业务量控制的难度;容量大的特点要求网络要有很高的可靠性和存活性,故障自愈技术成为关键技术;高速处理的特点要求网络管理的算法要有实时性,否则便无法与网络的数据传递速率相匹配。

在功能方面,业务量控制、路由选择和故障自愈是宽带网络管理需要特殊研究和开发的 3 项关键技术。在研究和开发中,基于传统方法的技术遇到了很大的困难,主要原因是:

① 由业务种类多所导致的综合业务特性过于复杂,传统的方法难以处理;

② 实时性要求高,不适合采用复杂的解析方法。

在这种背景下,基于计算智能的方法受到了重视。计算智能是人工智能的一个重要分支,与传统的基于符号演算模拟智能的人工智能方法相比,计算智能是以生物进化的观点认识和模拟智能。按照这一观点,智能是在生物的遗传、变异、生长以及外部环境的自然选择中产生的。在用进废退、优胜劣汰的过程中,适应度高的结构被保存下来,智能水平也随之提高。因此说计算智能就是基于结构演化的智能。

计算智能的主要方法有人工神经网络、遗传算法和模糊逻辑等。这些方法具有自学习、自组织、自适应的特征和简单、通用、鲁棒性强、适于并行处理的优点。由于具有这些特点,计算智能为研究和开发上述宽带网络管理中的关键技术提供了方法。

本节以神经网络在 CAC 中的应用和遗传算法在路由选择中的应用为例,对基于计算智能的宽带网络管理做一个初步介绍。

12.3.2 基于神经网络的 CAC

神经网络的基本处理单元是神经元,由神经元可以构成各种不同拓扑结构的神经网络。最简单的神经网络是单层单个神经元形成的前馈式网络,如图 12.4 所示。通过对它的分析,可以了解神经元及神经网络的基本特性。

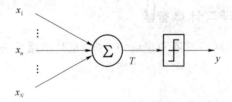

图 12.4 单层单个神经元的前馈式网络

用 $X=(x_1,\cdots,x_n)^T$ 所示神经元的输入向量,$W=(w_1,\cdots,w_n)^T$ 表示输入的权值向量,T 表示神经元的输出阈值,y 表示神经元的输出,则

$$y = \text{sgn}(W^T X - T)$$

$\text{sgn}(x)$ 是符号函数,如果 x 大于或等于 0,则 $\text{sgn}(x)=1$,否则 $\text{sgn}(x)=-1$。由此可见,如果输入的加权和 $W^T X$ 大于或等于输出阈值 T,则网络输出信号为 1,否则输出信号为 -1。这种输入输出关系正是对生物神经元工作原理的模拟。X 对应神经元的 n 个输入在某一时刻是否有电信号,W 对应神经元的 n 个输入突触对电信号的传导性能,具有用进废退的特点,神经网络的学习就是对 W 的调节,T 对应神经元的兴奋阈值,输出 y 对应神经元的兴奋和抑制状态。

神经网络具有以下一些重要特征:

① 具有并行的处理机制,不但各个神经元的输入被并行处理,而且网络内各个神经元之间也是并行工作,从而具有高速的信息处理能力;

② 信息分布存储在神经元的权值上,权值可以改变,因此具有可塑性和自适应能力;

③ 输入输出关系是非线性的,具有非线性信息处理能力;

④ 可以组成大规模的复杂系统,可以进行复杂问题的求解。

呼叫接纳控制(CAC)要根据对新呼叫和现有连接的 QoS、业务量特性的分析来进行。然而,在大型 ATM 网络中这种分析是非常复杂和耗时的。因为业务种类繁多,QoS 各异,并且因业务的同步关系、比特速率、连接模式、种类(话音、数据、视频、压缩与非压缩、成帧与非成帧)等都不尽相同,混合起来的业务更是十分复杂。

解决这类问题,需要具有高速运算机制和对各种复杂情况的自适应能力的方法。人们提出了基于 3 层前馈型神经网络和反向传播(BP)学习算法的 CAC 模型,为在大型 ATM 网络中实现自适应 CAC 提供了一个较好的候选方案。

图 12.4 给出的网络是单层前馈型网络。前馈网络是相对于反馈网络而言的,即在网络计算中不存在反馈。3 层前馈网络是在输入和输出层之间含有一个隐含层,每层含有多个神经元的前馈网络。BP 学习算法是目前最重要的一种神经网络学习算法,在学习过程中,从任意权值 W 出发,计算实际输出 $Y'(t)$ 及其与期望的输出 $Y(t)$ 的均方差 $E(t)$。为使 $E(t)$ 达到最小,要对 W 进行调节。调节方法利用最小二乘法获得,即计算 E 相对于所有权重的 W_{ij} 的微分,如果增加一个指定的权值会使 E 增大,那么就减小此权值,否则就增大此权值。在所有权值调节好了以后,再开始新一轮的计算和调节,直到权重和误差固定为止。

基于这样的神经网络实现 CAC 的基本原理是:将用户提供的业务量特性参数、要求的 QoS 参数以及信元到达速率、信元损失率、信元产生率、干线线路利用率和已接受连接数等交换机复用状态信号作为神经网络的输入,预测的 QoS 作为神经网络的输出。通过对大量历史数据的学习,计算和调整神经网络的连接权重,便可建立输入与输出之间的一个非线性关系。有了这样的关系,便可根据用户提交的业务量特性、要求的 QoS 以及当前的交换机复用状态来预测 QoS,如果满足要求便可接受连接请求,否则便拒绝。

12.3.3 基于遗传算法的路由选择

大多数生物体通过自然选择和有性生殖实现进化。自然选择的原则是适者生存,它决定了群体中哪些个体能够生存和继续繁殖,有性生殖保证了后代基因中的混合和重组。

遗传算法(Genetic Algorithm)是基于自然进化原理的学习算法。在这种算法中,以繁殖许多候选策略,优胜劣汰为基础,进行策略的不断改良和优化。

对环境的自适应过程,可以看作是在许多结构中搜索最佳结构的过程。遗传算法通常将结构用二进制位串表示,每个位串被称为一个个体。然后对一组位串(被称为一个群体)进行循环操作。每次循环包括一个保存较优位串的过程和一个位串间交换信息的过程,每完成一次循环被称为进化一代。遗传算法将位串视为染色体,将单个位视为基因,通过改变染色体上的基因来寻找好的染色体。个体位串的初始种群随机产生,然后根据评价标准为每个个体的适应度打分。舍弃低适应度的个体,选择高适应度的个体继续进行复制、杂交、变异和反转等遗传操作。

就这样,遗传算法利用简单的编码技术和繁殖机制来表现复杂的现象,解决困难的问题。它不受搜索空间的限制性假设的约束,不要求连续性、单峰等假设。并且它具有并行性,适合于大规模并行计算。

在应用遗传算法之前,首先要确定结构的表示方案、适应度的计算方法、算法中所需的控制参数和变量以及运行结束条件等。

表示方案是要确定表示结构(问题的解)的串长和字母表规模。适应度的计算方法一般根据具体问题确定。控制参数主要有群体规模、进化的最大代数、复制概率、杂交概率、变异概率等。

基本遗传算法的步骤如下:
(1) 随机产生一个由固定长度位串组成的初始群体;
(2) 对于位串群体,迭代执行下述步骤,直到满足运行结束条件为止。
① 计算群体中的每个个体位串的适应度;
② 应用下述3种操作来产生新的群体:
a. 复制:把现有的个体位串复制到新的群体中。
b. 杂交:通过遗传重组随机选择两个现有的子位串,产生新的位串。
c. 变异:将现有位串中某一位随机变异。
(3) 把在后代中出现的最高适应度的个体位串指定为遗传算法运行的结果。

遗传算法在宽带网络的路由选择中得到了应用。一个重要的例子是计算最优组播(Multicasting)路由。组播是信息网络中一种传递信息的形式。随着互联网络上各种新业务的普及,这种传递信息的形式变得越来越重要。例如,在发 E-mail 的时候,常常会把一封 E-mail 发向若干个接收者。

最优组播路由选择问题可归化为寻找图上最小 Steiner 树问题。将发送者和所有接收者所在的节点称为必须连接的节点,其他节点为未确定节点,而最终在最小 Steiner 树上的未确定节点称为 Steiner 节点。显然,如果确定了最小 Steiner 树上所有 Steiner 节点,就可以用最小生成树算法求出最小 Steiner 树(MST),亦即得到了组播的最佳路由。

在图论中,MST 问题可定义为:对于节点集为 V、边集为 E、边权重值集为 W 的图 G(V,E,W),给定节点集 V′,寻找一个包含 V′的最小树。这里最小树即树的总长度最小。

当 V′=V 时,即整个图上所有节点都是必要连接节点,该问题就简化为求图 G 的最小生成树问题。当|V′|=2,即只有一对必须连接节点时,该问题就转化为求解一对节点间的最短路问题。这两种情况都有多项式算法。但对任意的 G 和 V′,求解 MST 却是一个 NP 问题。

目前已有的求解 MST 问题的算法多是启发式算法。例如 KMB 算法,先求出图 G 的最小生成树 T,然后反复搜索 T,若发现其中的叶子节点不属于 V′(必要连接节点集合),则删除该叶子节点及其相连的边,直到所有叶子节点都属于 V′。

研究结果表明,MST 问题可以采用遗传算法来求解。算法的基本步骤是:
(1) 求整个图中的所有节点集合与必须连接节点集合的差集,求得未确定节点集合。

对此未确定节点集合用 0 和 1 进行编码,被定为 Steiner 节点的取 1,否则取 0,由此得到 0 和 1 的位串。不同的 Steiner 节点的选择方法对应不同的位串。

(2) 对于一个位串,值为 1 的位所对应的节点构成一个 Steiner 节点集合,将这个 Steiner 节点集合与必须连接节点集合合并形成一个新的节点集合 V',对 V' 用最小树算法求出 Steiner 树长度。若 V' 为非连通图,则将此情况下的 Steiner 树长度给予一个最大值。然后根据返回的 Steiner 树长度值,通过适应度函数计算位串(方案)的适应度。如果适应度达到要求,则结束。

(3) 利用适应度高的位串,通过复制、杂交、变异等遗传操作生成新的位串,转到 2。

可以看出,遗传算法与最小树算法相结合能很好地解决组播路由问题。且算法结构简单、自适应能力强、可并行计算和得到最优解。这样的特点适合于在宽带网络中应用。

此外,遗传算法也被用于求解网络的路由选择方案。通常,在网络级确定路由选择方法时应该考虑网络中各条线路上流量的动态均衡和最小时延。这是一个复杂度很高,动态性很强的问题。采用通常的解析方法虽然也能找到最优解的范围或可行解,但算法复杂,实时性难以得到保证。研究表明,遗传算法是解决这一问题的有效方法。

12.4 基于数据挖掘的网络故障告警关联分析

12.4.1 概述

网络的异常或故障会被多个相关设备检测出来并形成告警,因此网络经常会出现大量的告警,这种现象常被比喻为"告警风暴"。告警风暴的存在,使得网管系统和人员难以抓到问题的关键,判断出故障的根本原因。

告警关联分析是指对告警进行合并和转化,将多个告警合并成一条具有更多信息量的告警,确定能反映故障根本原因的告警,帮助准确定位故障并对可能发生的故障进行预测。由此可见,告警关联分析主要被看作是故障定位的重要辅助手段,即首先对故障引发的大量告警进行关联分析,滤除冗余告警,找出代表故障的根源告警,然后进一步做出故障定位。另外,由于网络设备之间以及组成设备的各个模块之间存在关联性,很多网络故障都具有一定的传播特性,反映到告警中就是与这些故障相关的告警之间也存在着相关性。如果应用告警关联分析能够找出这些关系,就可以对当前故障可能引发的故障进行预测。

常用的告警关联分析的方法有以下几种:

(1) 基于规则(Rule-Based)的关联分析

把告警相关性知识总结为规则,建立 IF condition THEN action 的规则库,或称知识库。显然,这是一种专家系统的方法。

(2) 基于事例的推理(Case-Based Reasoning)

通过直接利用过去的经验和方法来解决当前出现的问题。在这里,知识的单位不是规则,而是事例。过去的经验以事例的形式存放在事例库中,遇到新的问题就从事例库中寻找相同或相似的事例,用该事例的解决方法来解决新的问题,而解决新问题的经验又作为新的事例被添加到事例库中。

(3) 基于模型(Model-Based)的关联分析

通过建立网络模型来对网络的行为进行推理。网络模型主要包括网络结构信息(如网元类型、网络拓扑、包含的约束等)和网络行为信息(如告警关联分析的动态过程)。

(4) 基于数据挖掘(Data mining based)的关联分析

通过数据挖掘技术从历史数据中发现告警之间的关联性,并将其归纳为关联规则。

在上述方法中,基于数据挖掘的方法有其独特的优势。它自动化程度高,便于维护,能够发现潜在的关联规则,可以透明复杂网络结构,与基于规则、基于事例、基于模型等方法之间有显著的互补性。

12.4.2 告警序列模式挖掘的相关定义

告警之间的关联规则常常被称为序列模式。如图 12.5 所示,如果告警 A、B 发生后,告警 C 经常在很短的时间内发生,则表明告警 A、B 和告警 C 的出现在时间上存在一个固定的模式,而这种模式常常预示告警之间存在关联关系。

图 12.5 告警序列之间的关联关系

这种序列模式至少要满足"经常在一起发生"这个条件。所谓"经常"是指某种序列模式不是偶然出现的,要具有一定的规律性,需要达到一定的频度,才能够表示它们之间可能有关联关系;所谓"在一起"是指这些有关联的告警时间跨度不能太大。为了便于建立告警序列模式挖掘的模型,首先介绍一些相关概念。

(1) 告警序列

在给定的告警类型集合 E 中,每个告警事件 e 都与其出现的时间相关,因此告警事件 e 可以表示为时间和事件类型的函数 $e(a,t)$,其中 a 为网元 NE 的告警类型,$a \in E$,t 为告警发生的时间。

告警序列 S 由告警类型集合 E 上多个有序的告警组成,记为 $S(e, T_s, T_e)$,T_s 为告警序列起始时间,T_e 为告警序列终止时间。如图 12.6 所示。

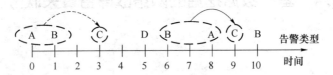

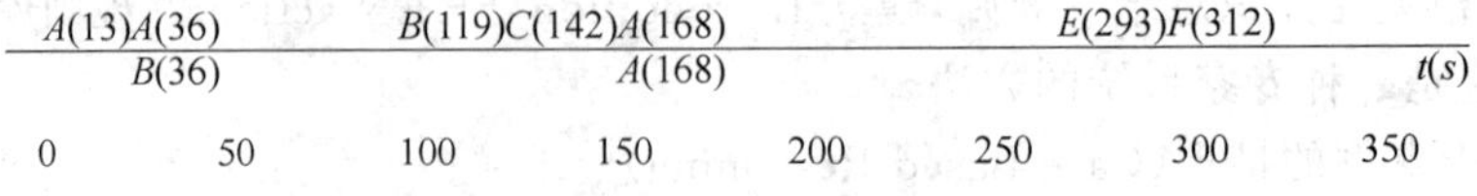

图 12.6 告警序列实例

图 12.6 中 $T_s = 0$，$T_e = 350$，告警序列由多个有序的告警 $e(a,t)$ 组成：
$S = <(A,13),(A,36),(B,36),(B,119),(C,142),(A,168),(A,168),(E,293),(F,312)>$

(2) 子序列窗口

如上所述，网络告警数据是一个时间序列。在进行相关性分析时，为了控制时间跨度，需要通过设置时间窗口的方法提取告警子序列。时间窗口从第一条告警记录开始，滑向最后一条告警记录。告警序列 $S(e,T_s,T_e)$ 上的子序列可以表示为 $W(e,t_s,t_e)$，$t_s < T_e$，$t_e > T_s$，即由所有满足 $t_s < t < t_e$ 条件的告警 $e(a,t)$ 组成，$t_e - t_s$ 为窗口宽度。显然，窗口宽度的选择决定关联规则挖掘的时间跨度。同时，窗口的滑动步长也会影响关联规则的挖掘。窗口滑动步长越大，挖掘的效率越高，但规则的准确性会下降；相反，步长越小，关联规则准确性越高，挖掘效率越低。一般情况下，为了保证规则的正确性，滑动步长要小于窗口宽度的一半。

(3) 挖掘参数

在关联规则挖掘中，经常用到支持数、支持度、置信度等参数，它们的定义如下：

① 支持数：告警序列 S 中包含告警模式 a 的频度，记做 $a.\text{freq}$。

② 支持度：告警模式 a 的支持数与告警序列 S 的总告警数 $|S|$ 之比，记做 $\sup(a)$。在规则的挖掘中常用最小支持度阈值 $\text{minSup}(a)$ 表示告警模式 a 的最低重要性，因此支持数可以表示为：$a.\text{freq} = \text{minSup}(a)|S|$。

③ 置信度：告警序列 S 中包含告警模式 a 也就包含告警模式 b 的可能性被称为 a 蕴含 b 的置信度，记做 $\text{conf}(a \Rightarrow b)$。定义 $\text{conf}(a \Rightarrow b) = \sup(a \bigcup b)/\sup(a)$。在规则的挖掘中通常利用最小置信度阈值 minConf 来约束规则的最低置信度。

(4) 频繁告警模式

告警模式 a 是由告警组成的有序集合。在给定告警序列 S 和子序列窗口宽度 win 条件下，遍历所有子序列 $W(S, \text{win})$，当 a 出现的频繁程度大于最小支持度时，称 a 为频繁告警模式。

12.4.3 告警序列模式挖掘算法

(1) Apriori 关联规则挖掘算法

告警序列模式挖掘主要基于关联规则挖掘算法，而 Apriori 算法在关联规则挖掘中最为经典。Apriori 算法最初是面向诸如售货记录之类的数据库的挖掘提出的，挖掘的结果是类似于"购买面包的同时也可能购买黄油"的关联规则。

关联规则挖掘的抽象表述为：设 $I = (i_1, \cdots, i_m)$ 是项(如商品)的全体构成的集合，项的集合称为项集，包含 k 个项的项集称为 k 项集(如购买 k 项商品的购货记录)。D 是包含各类项集的数据库，其中的记录被称为事务 T。显然 T 是一个项集，且 $T \subseteq I$。称事务

T 包含项集 A 当且仅当 $A \subseteq T$。关联规则挖掘就是从 D 中寻找形如 $A \Rightarrow B$ 的蕴含式,其中 $A \subset I$,$B \subset I$,且 $A \cap B = \varnothing$。

按照上一节的定义,对于关联规则 $A \Rightarrow B$ 的"强度"和"真度"可用支持度和置信度来表示。关联规则挖掘可以分解为两个步骤:首先找出 D 中满足 minSup 的 k 项集,由这些项集生成关联规则;然后找出置信度不小于 minConf 的规则。在第一步的基础上完成第二步比较容易,所以目前的研究主要集中第一步上。为了提高搜索频繁项集的效率,Apriori 算法利用了频繁项集的向下封闭性,即频繁项集的所有非空子集也必须是频繁项集。应用这一性质,Apriori 算法把由频繁 $k-1$ 项集的集合 F_{k-1} 生成频繁 k 项集的集合 F_k 的过程分为连接和剪枝两步:

① 连接步完成由 F_{k-1} 中的项集相互连接产生候选频繁 k 项集的集合 C_k 的操作。假设 f_1 和 f_2 是 F_{k-1} 中的项集,记 $f_i[j]$ 为 f_i 的第 j 项,并令 $f_i[j-1] \leqslant f_i[j]$。如果 f_1 和 f_2 满足:$(f_1[1] = f_2[1]) \wedge \cdots \wedge (f_1[k-2] = f_2[k-2]) \wedge (f_1[k-1] < f_2[k-1])$,那么称 f_1 和 f_2 是可连接的,进行连接操作,结果为一个 k 项集 $f_1[1] f_1[2] \cdots f_1[k-1] f_2[k-1]$。

② 剪枝步将生成的 C_k 中的非频繁项集删除。C_k 中的某个候选频繁 k 项集不被删除的条件是:它的所有 $k-1$ 项子集都在 F_{k-1} 中。C_k 中保留下来的 k 项集构成 F_k。

(2) FP-growth 关联规则挖掘算法

从 Apriori 算法的执行过程可以看出该类算法有两个缺点:① 挖掘中的关键步骤——寻找频繁 k 项集非常耗时;② 在算法中频繁项集的长度每增加一个,都要遍历一次数据库。

针对这两个缺点人们提出一种利用频繁模式树(FPT,Frequent Pattern Tree)进行频繁模式挖掘的 FP-growth 算法。与类 Apriori 算法相比,该算法具有以下特点:① 采用 FPT 存放数据库的主要信息,算法只需扫描数据库两次;② 不需要产生候选项集,从而减少了产生和测试候选项集所耗费的大量时间;③ 采用分而治之的方式对数据库进行挖掘,在挖掘过程中,大大减少了搜索空间。实验结果表明,FP-growth 算法的性能比 Apriori 算法快了一个数量级。

FPT 是一种特殊的前缀树,由频繁项头表和频繁项前缀子树构成。树的节点表示项目名称,路径表示项集,具有相同前缀的项集存储在一棵子树中。

FP-growth 算法中的 FPT 由频繁项目头表(Frequent Item Header Table)和项前缀子树(Item Prefix Subtree)构成。频繁项目头表由 3 个域组成:项目名称(item-name)、支持数(support count)和项目链头(item-head)。项目链头指向 FP-树中与之名称相同的第一个节点。项前缀子树中每个节点由 5 个域组成:节点名称(node name)、节点计数(node count)、节点链(node link)、子节点指针(child node)和父节点指针

（parent node）。结构如图 12.7 所示。

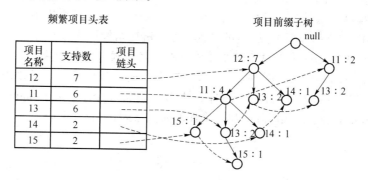

图 12.7　存放压缩的频繁模式信息 FPT

扫描数据库找出频繁 1 项集，并将项目名称按支持数递减的顺序排列，得到频繁 1 项集 F_1；然后在数据库的记录中找出所有由 F_1 中的元素开头的项集，递归地对各项集进行处理建立 FPT。由于 FPT 包含了项集的所有信息，以后的处理就不需要再扫描数据库。该算法将频繁项集压缩保存在一棵树上，适应不同长度的规则，不需要产生候选频繁项集，因此在效率上比 Apriori 算法有很大的提高。但是与 Apriori 相比 FP-growth 的存储开销明显增大。

（3）WINEPI 告警序列模式挖掘算法

WINEPI 算法是一种典型的类 Apriori 序列模式挖掘算法。WINEPI 的名称大概取自 window 和 episode，即"窗口"和"情景"。它从项目（告警）序列 S 中用窗口提取出子序列，然后去挖掘在各子序列中的"情景"，即序列模式。具体地，WINEPI 采用一个滑动时间窗在告警序列上提取子序列，通过统计每个候选情景在各子序列中的发生情况，来确定该情景是否频繁。具体过程如图 12.8 所示，位于时间轴上的是一个告警序列 S，标有字母的时刻表示有告警发生，字母对应告警的类型。采用一个长度为 win 的滑动时间窗从 S 的初始时刻开始，以单位步长向后滑动，直到 S 的末尾，由于时间窗的不断滑动而形成一个窗口集 $W(S, \text{win})$。$W(S, \text{win})$ 就相当于 Apriori 中的数据库 D，每个子序列就相当于 D 中的事物 T，所以有了 $W(S, \text{win})$ 后，WINEPI 算法基本上就变成了 Apriori 算法。

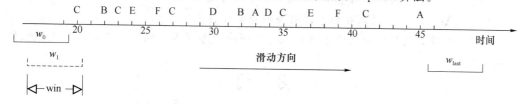

图 12.8　时间窗在告警序列上的滑动形成窗口集

（4）基于 FPT 的告警序列模式挖掘算法

基于 FP 树的告警序列模式挖掘算法的基本思想是：首先通过对经典 FPT 的改造，将告警数据库压缩到 FPT 上，然后针对 FPT 自底向上查找频繁告警项集，最后挖掘告警

间的关联关系。这里的关键是对经典 FP-growth 和 FPT 的改造,主要有以下两点:

① 为了提高算法的执行效率,在经典 FP-growth 算法项目头表中增加一个域:项目链尾(item-tail)。当插入新节点时,可以直接通过链尾指针插入。

② 经典的 FP-growth 算法在建立 FPT 时,仅考虑模式出现的频度,不考虑模式中告警发生的次序,如果希望得到序列的次序,需要重新遍历数据库。为了改进这一缺点,本算法在建立 FPT 时加入了时间特征,即树中节点包含 6 个域:node name、node count、node link、child node、parent node 和新增加的时间链表(time link)。

小 结

智能化是网络管理的发展方向。专家系统技术已经在网络管理中广泛运用,分布式人工智能中的智能 Agent 技术在分布式网络管理应用中受到重视,计算智能可为宽带网络管理中的业务量控制和路由选择提供高速自适应算法,而数据挖掘技术在网络故障告警关联分析中的作用越来越引起人们的重视。本章讨论了上述智能化网络管理技术,介绍了专家系统、智能 Agent、人工神经网络和遗传算法的基本概念,介绍了这些智能技术在网络管理中的典型应用。

本章的教学目的是让学生了解智能化网络管理的基本概念和基本知识,了解网络管理技术的发展方向,开阔视野,激发对前沿技术的兴趣。

思考题

12-1 网络管理专家系统有哪些类型?目前的网络管理专家系统主要用于哪些管理功能?

12-2 你认为基于智能 Agent 的网络管理在现阶段的可行性如何?

12-3 什么是计算智能?为什么基于计算智能的宽带网络管理受到了人们的重视?

12-4 什么是网络故障告警关联分析,有哪些常用方法?

12-5 Apriori 关联规则挖掘算法的关键步骤是什么?

12-6 为什么通过窗口提取子序列就可以将告警序列模式挖掘变成普通的关联规则挖掘?

习 题

12-1 请描述基于神经网络的 CAC 工作模型。

12-2 试编程实现遗传算法,并对其在宽带网络管理中的应用进行讨论。

12-3 试编程实现 Apriori 关联规则挖掘算法。

缩略语

A

A-NTS	first-class Network Transport Service	基类网络传送服务
ABR	Available Bit Rate	可用比特率
ACR	Allowed Cell Rate	允许信元速率
ACSE	Association Control Service Element	连接控制服务元素
ADM	Add/Drop Multiplexer	插/分复用器
API	Application Program Interface	应用程序接口
APS	Automatic Protection Switch	自动保护切换
ASN.1	Abstract Syntax Notation 1	抽象句法描述 1
ATM	Asynchronous Transfer Mode	异步传送模式
AVA	Attribute Value Assertion	属性值断言

B

B-DCN	Backbone Data Communications Network	基干数据通信网
B-ISDN	Broadband ISDN	宽带综合业务数字网
B-SHR	Bidirectional Self Healing Ring	双向自愈环
BCN	Backward Congestion Notification	反向拥塞通报
BML	Business Management Layer	商务管理层

C

CAC	Call Accept Control	呼叫接纳控制
CBR	Constant Bit Rate	定常比特率
CCR	Current Cell Rate	当前信元速率
CCSN	Common Channel Signaling Network	公共信道信令网
CDT	Connection-Dropping Threshold	连接切断阈值
CDVT	Cell Delay Variation Tolerance	信元时延变化容限
CL	Connectionless	无连接
CMIP	Common Management Information Protocol	公共管理信息协议
CMIS	Common Management Information Service	公共管理信息服务

CMISE	Common Management Information Service Element / 公共管理信息服务元素	
CO	Central Office / 中心局	
CO	Connection(-oriented) / 面向连接	
CSMA	Carrier Sense Multiple Access / 载波感测多重接入	

D

DBMS	Data Base Management System / 数据库管理系统
DCF	Data Communication Function / 数据通信功能
DCN	Data Communication Network / 数据通信网
DCS/DXC	Digital Cross-connect System / 数字交叉连接系统
DES	Data Encryption Standard / 数据加密标准
DES	Discrete Event Simulation / 离散事件仿真
DMI	Definition of Management Information / 管理信息定义
DR	Distributed Restoration / 分布式故障修复
DR	Dynamic Routing / 动态路由选择
DRA	Distributed Restoration Algorithm / 分布式故障修复算法
DRP	Diverse Routed Protection / 异径保护
DTF	Digital Transmission Facility / 数字传输装置

E

E-NTS	Express Network Transport Service / 快速网络传送服务
EBW	Equivalent BandWidth / 等效带宽
ECC	Embedded Communications Channel / 嵌入式通信信道
EL	Element Layer / 网络元素层
EML	Element Management Layer / 网络元素管理层
EOC	Embedded Operations Channel / 嵌入型操作信道
ER	Explicit Rate / 外在速率

F

FDDI	Fiber Distributed Data Interface / 光纤分布数据接口
FIFO	First-In, First-Out / 先进先出
FR	Feasibility Region / 可行性区域
FR	Frame Relay / 帧中继
FTAM	File Transfer Access and Management / 文件传送访问及管理
FTP	File Transfer Protocol / 文件传送协议

G

GCRA	Generic Cell Rate Algorithm / 通用信元速率算法
GDMO	Guidelines for the Definition of Managed Objects / 被管对象定义指南

GMI	Generic Management Information	一般管理信息
GNE	Gateway Network Element	网关网元

H

HEMS	High-Level Entity Management System	高层实体管理系统
HMA	Human Machine Adaptation	人机适配
HMP	Host Monitoring Protocol	主机监控协议

I

IAB	Internet Activities Board	互联网活动委员会
ICMP	Internet Control Message Protocol	互联网络控制信息协议
ICF	Information Conversion Function	信息转换功能
ICR	Initial Cell Rate	初始信元速率
IN	Intelligent Network	智能网
INA	Information Network Architecture	信息网络体系结构
INE	Intelligent Network Element	智能网元
INMS	Integrating Network Management System	综合网络管理系统
IP	Internet Protocol	互联网络协议
ISDN	Integrated Services Digital Network	综合业务数字网
ISO	International Standard Organization	国际标准化组织

K

KSP	K-Successively-Shortest Link-Disjoint Path	链路独立的前 k 条最短通道

L

LATA	Local Access and Transport Area	本地接入及传输区域
LB	Leaky Bucket	漏桶
LLA	Logic Layer Architecture	逻辑分层结构

M

MAF	Management Application Function	管理应用功能
MAN	Metropolitan Area Network	都市区域网
MBS	Multi class virtual Bandwidth Sharing	多类虚带宽共享
MCF	Message Communication Function	消息通信功能
MCMF	Multicommodity Maximum Flow	多品种最大流
MCR	Minimum Cell Rate	最小信元速率
MD	Mediation Device	中介装置
MDF	Main Distribution Frame	主配线架
MF	Mediation Function	中介功能

MIB	Management Information Base	/ 管理信息库
MIM	Management Information Model	/ 管理信息模型
MIT	Management Information Tree	/ 管理信息树
MO	Managed Object	/ 被管对象
MPR	Maximal Permitted Rate	/ 最大允许速率

N

NACF	Network Attachment Control Function	/ 网络附属控制功能
N-ISDN	Narrow ISDN	/ 窄带综合业务数字网
NCC	Network Control Center	/ 网络控制中心
NE	Network Element	/ 网络元素
NEF	Network Element Function	/ 网络元素功能
NEL	Network Element Layer	/ 网络元素层
NM	Network Management	/ 网络管理
NML	Network Management Layer	/ 网络管理层
NMS	Network Management System	/ 网络管理系统
NST	Network State Table	/ 网络状态表
NTCD	Nested Threshold Cell Discarding	/ 筑巢阈值信元丢弃
NTS	Network Transport Service	/ 网络传送服务

O

OAM&P	Operation, Administration, Maintenance & Provisioning	/ 运营、管理、维护及提供
OIM	Operation Interface Module	/ 操作接口模块
OO	Object-Oriented	/ 面向对象
OS	Operations System	/ 运营系统
OSF	Operations System Function	/ 运营系统功能
OSI	Open System Interconnection	/ 开放式系统互联

P

PCR	Peak Cell Rate	/ 峰值信元速率
PDF	Policy Decision Function	/ 策略决策功能
PDU	Protocol Data Unit	/ 协议数据单元
PEF	Policy Enforcement Function	/ 策略执行功能
PF	Presentation Function	/ 表示功能
PICS	Protocol Implementation Conformance Statements	/ 协议实现一致性陈述
PLE	Path Length Efficiency	/ 通道长度效率
PM	Performance Monitoring	/ 性能监控
PNE	Path Number Efficiency	/ 通道数效率

PCC	Policy Control and Charging / 策略控制与计费	
PPSN	Public Packet-Switch Network / 公众分组交换数据网	
PS	Protocol Stack / 协议栈	
PSN	Packet-Switch Network / 分组交换网	
PSTN	Public Switched Telephone Network / 公众电话交换网	
PTI	Payload Type Identification / 净荷类型标志	
PVC	Permanent Virtual Channel / 永久虚通路	

Q

QA	Q Adaptor / Q 适配器	
QAF	Q Adaptor Function / Q 适配器功能	
QoS	Quality of Service / 服务质量	

R

RACF	Resource and Admission Control Function / 资源与接纳控制功能	
RACS	Resource and Admission Control Subsystem / 资源与接纳控制子系统	
RDN	Relative Distinguished Name / 相对区分名	
RL	Repeat Limit / 转接次数限度	
RM	Resource Management / 资源管理	
RMON	Remote Monitoring / 远程监控	
ROER	Remote Operations Error Report / 远程操作出错报告	
ROIV	Remote Operations Invocation / 远程操作请求	
RORS	Remote Operations Response / 远程操作响应	
ROSE	Remote Operations Service Element / 远程运营服务元素	

S

SAP	Service Access Point / 服务接入点	
SC	Shared Channel / 共享信道	
SCF	Service Control Function / 业务控制功能	
SCR	Sustainable Cell Rate / 可接受信元速率	
SD	Source Destination pair / 源-目的对	
SDH	Synchronous Digital Hierarchy / 同步数字序列	
SGMP	Simple Gateway Monitoring Protocol / 简单网关监控协议	
SHN	Self-Healing Network / 自愈网	
SHR	Self-Healing Ring / 自愈环	
SLA	Service Level Agreements / 业务等级合同	
SM	Statistical Multiplexing / 统计复用	
SMAE	System Management Application Entity / 系统管理应用实体	

SMDS	Switched Multimegabit Data Service	千兆级数字交换业务
SMI	Structure of Management Information	管理信息结构
SMK	Shared Management Knowledge	共享的管理知识
SML	Service Management Layer	业务管理层
SMP	Simple Management Protocol	简单管理协议
SNML	Subnetwork Management Layer	子网管理层
SNMP	Simple Network Management Protocol	简单网络管理协议
SQL	Structured Query Language	结构化查询语言

T

TCP	Transmission Control Protocol	传输控制协议
TEF	Transport Enforcement Function	传送执行功能
TMN	Telecommunication Management Network	电信管理网
TRCF	Transport Resource Control Function	传送资源控制功能

U

U-SHR	Unidirectional Self Healing Ring	单向自愈环
UBR	Unspecified Bit Rate	非指定比特率
UDP	User Datagram Protocol	用户数据报协议
UPC	Usage Parameter Control	用法参数控制

V

VBR	Variable Bit Rate	可变比特率
VC	Virtual Channel	虚通路
VCI	Virtual Channel Identifier	虚通路标识符
VOD	Video Order Demand	视像点播
VP	Virtual Path	虚通道
VPC	Virtual Path Connection	虚通道连接
VPCC	Virtual Path Congestion Control	虚通道拥塞控制
VPG	Virtual Path connection Group	虚通道连接组
VPI	Virtual Path Identifier	虚通道标识符

参 考 文 献

1. Kornel Terplan. Communication Networks Management. Prentice Hall, Englewood Cliffs, New Jersey, 1992
2. Salah Aiclarous and Thomas Plevynk. Principles of Network Management. Telecommunications Network Management into 21st Century, IEEE Press, 1995
3. Veli Sahin. Telecommunications Management Network: Principles, Models, and Applications. Telecommunications Network Management into 21st Century, IEEE Press, 1995
4. Raymond H. Pyle. Applying Object-Oriented Analysis and Design to the Integrations of Network Management Systems. Telecommunications Network Management into 21st Century, IEEE Press, 1995
5. Victor S. Frost. Modeling and Simulation in Network Management. Telecommunications Network Management into 21st Century, IEEE Press, 1995
6. Kurudi H. Muralidhar. Knowledge-based Network Management. Telecommunications Network Management into 21st Century, IEEE Press, 1995
7. Gordon Rainey. Configuration Management. Telecommunications Network Management into 21st Century, IEEE Press, 1995
8. Charles J. Byrne. Fault Management. Telecommunications Network Management into 21st Century, IEEE Press, 1995
9. Subhabrata Bapi Sen. Network Performance Management. Telecommunications Network Management into 21st Century, IEEE Press, 1995
10. Wayne Grover. Distributed Restoration of the Transport Network. Telecommunications Network Management into 21st Century, IEEE Press, 1995
11. J. R. Haritsa et al. MANDATE: MAnaging Networks Using DAtabase Technology. IEEE J-SAC., Vol. 11, No. 9, Dec. 1993
12. M Butto et al. Effectiveness of the Leaky Bucket Policing Mechanism in ATM Networks. IEEE J-SAC., Vol. 9, No. 3, Mar. 1991
13. Alwyn Langsford. OSI Management Modes and Standards. Network and Distribu-

ted Systems Management, Addison-Wesley, 1994
14. Jeramy Tucker. OSI Structure of Management Information. Network and Distributed Systems Management, Addison-Wesley, 1994
15. Tony Jeffree. Guidelines for the Definition of Managed Objects. Network and Distributed Systems Management, Addison-Wesley, 1994
16. William Stallings. Simple Network Management Protocol. Network and Distributed Systems Management, Addison-Wesley, 1994
17. Michael Gering. Comparison of SNMP and CMIP Management Architectures. Network and Distributed Systems Management, Addison-Wesley, 1994
18. Roberta S. Cohen. The Telecommunications Management Network(TMN). Network and Distributed Systems Management, Addison-Wesley, 1994
19. Alexander Gersht et al. Dynamic Bandwidth Allocation, Routing, and Access Control in ATM Networks. Network Management and Control, Plenum Press, 1993
20. Ibrahim Habib. Bandwidth Allocation in ATM Networks. IEEE Communi. Maga., Vol. 35, No. 5, May 1997
21. Erol Gelenbe et al. Bandwidth Allocation and Call Admission Control in High-Speed Networks. IEEE Communi. Maga., Vol. 35, No. 5, May 1997
22. Raffaele Bolla et al. BandWidth Allocation and Admission Control in ATM Networks with Service Separation. IEEE Communi. Maga., Vol. 35, No. 5, May 1997
23. Kunyan Liu et al. Design and Analysis of a Bandwidth Management Framework for ATM-Based Broadband ISDN. IEEE Communi. Maga., Vol. 35, No. 5, May 1997
24. Hiroshi Saito. Dynamic Resource Allocation in ATM Networks. IEEE Communi. Maga., Vol. 35, No. 5, May 1997
25. Christos Douligeris et al. Neuro-Fuzzy Control in ATM Networks. IEEE Communi. Maga., Vol. 35, No. 5, May 1997
26. Tsong-Hu Wu et al. A Class of Self-Healing Ring Architectures for SONET Network Applications. IEEE Trans. Communi., Vol. 40, No. 11, Nov. 1992
27. CCITT Recommendation M. 3010. Principles for a Telecommunications Management Network (TMN). Geneva, Oct. 1992
28. CCITT Recommendation M. 3400. TMN Management Function. Geneva, 1992
29. CCITT Recommendation X. 700. Management Framework Definition for Open Systems Interconnection(OSI). Geneva, 1992
30. CCITT Recommendation X. 701. Information Technology - Open Systems Interconnection - Systems Management Overview. Geneva, 1992
31. CCITT Recommendation X. 710. Common Management Information Service defini-

tion for CCITT Applications. Geneva, 1991

32. CCITT Recommendation X. 720. Information Technology Open Systems Interconnection - Structure of Management Information: Management Information Model. Geneva, 1992

33. CCITT Recommendation X. 721. Information Technology Open Systems Interconnection - Structure of Management Information: Definition of Management Information. Geneva, 1992

34. CCITT Recommendation X. 722. Information Technology Open Systems Interconnection - Structure of Management Information: Guidelines for the Definition of Managed Objects. Geneva, 1992

35. ITU-T Recommendation X. 723. Information Technology Open Systems Interconnection - Structure of Management Information: Generic Managed Information. Geneva, 1993

36. William Stallings. SNMP SNMPv2 and RMON. Addison-Wesley, 1997

37. Mani Subramanian. Network Management – Principles and Practice, Higher Education Press- Pearson Education, 2001

38. Harrington, D., Presuhn, R. and B. Wijnen. An Architecture for Describing SNMP Management Frameworks. RFC 2571, April 1999.

39. Case, J., Harrington, D., Presuhn, R. and B. Wijnen. Message Processing and Dispatching for the Simple Network Management Protocol (SNMP). RFC 2572, April 1999.

40. Levi, D., Meyer, P. and B. Stewart. SNMP Applications. RFC 2573, April 1999.

41. Blumenthal, U. and B. Wijnen. The User-Based Security Model for Version 3 of the Simple Network Management Protocol (SNMPv3). RFC 2574, April 1999.

42. Wijnen, B., Presuhn, R. and K. McCloghrie. View-based Access Control Model for the Simple Network Management Protocol (SNMP). RFC 2575, April 1999.

43. Extensible Markup Language (XML) 1. 0 (Second Edition). http://www.w3.org/TR/2000/REC-xml-20001006

44. XML Information Set. http://www.w3.org/TR/2001/WD-xml-infoset-20010316/

45. XML Schema Part 0: Primer. http://www.w3.org/TR/2004/REC-xmlschema-1-20041028/primer.html

46. XML Schema Part 1: Structures. http://www.w3.org/TR/2004/REC-xmlschema-1-20041028/structures.html

47. XML Schema Part 2: Datatypes. http://www.w3.org/TR/2004/REC-xmlschema-2-20041028/datatypes.html

48. Enns, R., Ed., NETCONF Configuration Protocol, RFC 4741, Dec. 2006.
49. 斎藤洋. B-ISDNにぉける測定駆动型トラヒック技术. NTT R&D, Vol. 44, No. 4 1995
50. 山田慈朗,等. B-ISDN 实时间网管理技术の检讨. NTT R&D, Vol. 44, No. 4 1995
51. 横井弘文,等. B-ISDNルーチング方式の检讨. NTT R&D, Vol. 44, No. 4 1995
52. 周炯槃. 通信网理论基础. 北京:人民邮电出版社,1991
53. 林善希. 电信网络管理. 北京:人民邮电出版社,1994
54. 李庆标,唐宝民. 电信网. 北京:人民邮电出版社,1993
55. 冯明. 实用网络管理技术. 北京:人民邮电出版社,1995
56. 石柏铭. 计算机通信网与开放系统互连技术. 北京:人民邮电出版社,1993
57. 曾甫泉,等. 光同步传输技术. 北京:北京邮电大学出版社,1996
58. 胡谷雨. 现代通信网和计算机网管理. 北京:电子工业出版社,1996
59. 杨义先,林须端. 编码密码学. 北京:人民邮电出版社,1992
60. 卢开澄. 计算密码学. 长沙:湖南教育出版社,1993
61. 李文海. 电信网. 北京:人民邮电出版社,1995
62. 李增智. 计算机网络原理. 西安:西安交通大学出版社,1991
63. A.S.坦尼伯姆. 计算机网络. 曾华荣,等,译. 成都:成都科技大学出版社,1989
64. 郭军. 网络管理与控制技术. 北京:人民邮电出版社,1999
65. 杨义先,等. 网络信息安全与保密. 北京:北京邮电大学出版社,1999
66. 孟洛明,等. 现代网络管理技术. 北京:北京邮电大学出版社,1999
67. 郭军. 智能信息技术. 北京:北京邮电大学出版社,1999
68. 杨家海,等. 网络管理原理与实现技术. 北京:清华大学出版社,2000
69. 谢希仁. 计算机网络. 2版. 北京:电子工业出版社,1999
70. 单莘. 基于知识发现的告警相关性分析关键问题研究[D]. 北京:北京邮电大学信息工程学院,2006
71. 徐前方. 基于数据挖掘的网络故障告警相关性研究[D]. 北京:北京邮电大学信息工程学院,2007